操作岗位员工培训系列教材

井下作业工
JING XIA ZUO YE GONG

中国石油辽河油田公司 编著

石油工业出版社

内 容 提 要

本书是由辽河油田公司依据井下作业操作工标准化操作要求，统一组织编写的。本书详细讲述了井下作业的施工准备、起下作业、循环作业、稠油热采井作业、常用地面工具的使用、常用井下工具的使用、修井相关作业、安全防护用品的使用8个项目59个任务。本书同时对个别任务涉及的新工艺、新知识进行了拓展链接，便于员工在学习过程中了解掌握、开阔视野，是井下作业操作工的必备用书。

图书在版编目（CIP）数据

井下作业工 / 中国石油辽河油田公司编著. —北京：石油工业出版社，2014.12
（操作岗位员工培训系列教材）
ISBN 978-7-5183-0565-0

Ⅰ. 井…
Ⅱ. 中…
Ⅲ. 井下作业-职工培训-教材
Ⅳ. TE358

中国版本图书馆CIP数据核字（2014）第299376号

出版发行：石油工业出版社
（北京安定门外安华里2区1号　100011）
网　　址：www.petropub.com
编辑部：（010）64255590　发行部：（010）64523620
经　　销：全国新华书店
印　　刷：北京中石油彩色印刷有限责任公司

2014年12月第1版　2014年12月第1次印刷
787×1092毫米　开本：1/16　印张：26.5
字数：612千字

定价：75.00元
（如出现印装质量问题，我社发行部负责调换）
版权所有，翻印必究

编委会

(以姓氏笔画为序)

主　　任：李孟洲

副 主 任：王海凤　孙守国

委　　员：王志明　李士成　崔凯华　蒋生建　廉希金

主　　编：孙守国

副 主 编：田作勇

编审人员：王　宁　王　疆　王同立　王江宽　刘　扬
　　　　　刘　斌　孙松印　李桂库　杨平阁　张　军
　　　　　张　腾　张希桥　罗东明　赵占杰　赵鹏军
　　　　　崔　刚　董丹丹　魏后超

执行编辑：孙丽娟　张墩生

前　言

井下作业是伴随着油田开发而兴起的一项专业技术，是油田生产的重要环节，是保障油田生产稳定的关键。石油工业的快速发展对井下作业提出了更高的要求，要求井下作业系统各岗位的操作必须规范化、标准化、程序化，这是企业发展的需要。

本书为任务驱动型教材，通俗易懂，针对性和实践性都很强。本书根据井下作业施工流程来编排教学内容，从生产实际出发，以任务教学法为主线，以现场操作方法为重点，目的是对员工的业务素质、操作技能的培养，其内容叙述简明、突出细节、步骤清晰，使员工易理解、易运用。

本书在编写过程中着重介绍井下作业施工过程中所涉及的主要施工任务，详细讲解了各项任务的正确操作程序及注意事项。使操作员工在任务实施过程中掌握相关的理论知识和操作技能，将理论与实际有机结合，指导组织现场施工，有效地控制风险、防止事故的发生。

本书共分八个项目，59个任务。项目一由魏后超、刘斌编写；项目二由王疆、王宁编写；项目三由田作勇、魏后超编写；项目四由徐宪胜、刘扬编写；项目五由李桂库编写；项目六的任务1至任务4由孔宪龙编写，任务5由罗东明编写，任务6由张雷编写，任务7由董丹丹编写，任务8由崔刚编写，任务9由赵志明编写，任务10由李桂库编写；项目七由孙松印、王疆编写；项目八由张福生、张腾编写。全书由田作勇统稿。本书编写过程中得到了辽河油田公司兴隆台工程技术处和采油工艺处的关心和支持，参加审定的专家有王志明、王江宽等。在此表示衷心感谢！

由于编者水平有限，书中难免存在疏漏之处，恳请广大读者、同行和专家批评指正。

编　者
2014年10月

目 录

项目一　施工准备 ... 1
- 任务1　识读施工设计 ... 3
- 任务2　吊装设备 ... 10
- 任务3　运输设备 ... 17
- 任务4　摆放设备 ... 22
- 任务5　拨侧转式抽油机驴头 ... 27
- 任务6　人工下地锚 ... 33
- 任务7　立放井架 ... 38
- 任务8　更换提升大绳 ... 46
- 任务9　搭设管杆桥 ... 54
- 任务10　安装节流、压井管汇 ... 58
- 任务11　拆装井口装置 ... 64

项目二　起下作业 ... 79
- 任务1　起下抽油杆 ... 81
- 任务2　起下油管 ... 86
- 任务3　起下电潜泵管柱 ... 94
- 任务4　检泵 ... 102

项目三　循环作业 ... 113
- 任务1　洗井 ... 115
- 任务2　压井 ... 122
- 任务3　冲砂 ... 131
- 任务4　试压 ... 138
- 任务5　冲捞 ... 147
- 任务6　注水泥塞 ... 154
- 任务7　挤水泥 ... 160
- 任务8　钻水泥塞 ... 170
- 任务9　找漏、堵漏 ... 176
- 任务10　使用封隔器找窜 ... 184
- 任务11　封窜 ... 192
- 任务12　诱喷 ... 199

项目四 稠油热采井作业 ·· **209**

任务1 稠油热采井起下管柱 ··· 211
任务2 稠油热采井起下杆柱 ··· 216
任务3 稠油热采井转注汽 ·· 220
任务4 稠油注汽井转抽油 ·· 226

项目五 常用地面工具的使用 ·· **231**

任务1 管钳 ·· 233
任务2 大锤 ·· 241
任务3 黄油枪 ·· 246
任务4 吊卡 ·· 252
任务5 扳手 ·· 258
任务6 液压钳 ·· 263
任务7 活动弯头和活接头 ·· 270

项目六 常用井下工具的使用 ·· **275**

任务1 泄油器 ·· 277
任务2 封隔器 ·· 283
任务3 刮削器 ·· 293
任务4 油管悬挂器 ·· 299
任务5 抽油杆扶正器 ·· 304
任务6 安全接头 ·· 308
任务7 光杆密封器 ·· 313
任务8 通径规 ·· 317
任务9 铅模 ·· 322
任务10 打捞工具 ·· 328

项目七 修井相关作业 ·· **345**

任务1 常用几种连接操作 ·· 347
任务2 测量长度 ·· 355
任务3 测量密度 ·· 362
任务4 测量拉力 ·· 367
任务5 测量压力 ·· 373
任务6 测量容积 ·· 378

项目八 安全防护用品的使用 ·· **385**

任务1 安全带 ·· 387
任务2 硫化氢检测仪 ·· 391

任务3　正压式空气呼吸器 …………………………………… 395
　　任务4　劳动保护用品 …………………………………………… 403
　　任务5　防烫服 …………………………………………………… 409
参考文献 ……………………………………………………………… **413**

项目一 施工准备

施工准备是油水井在实施井下工艺措施之前所做的一系列前期准备工作的总称，主要是地面设施建设，目的是使井下作业整套工艺能够顺利实施。因此，施工准备阶段是否充分直接影响下步工序的进行。有时实施修井措施不同，施工准备的工序内容也会有所不同。本项目通过设立11个较为基本的工序作为学习任务，旨在使操作员工掌握施工准备各项任务的基本要求，能够安全、规范操作。

任务 1　识读施工设计

施工设计是井下作业所要执行的纲领性文件，是井下作业工艺实施的主要依据。识读施工设计是井下作业操作人员了解施工井施工工艺和技术要求的主要途径，操作人员只有全面理解设计要求，才能执行设计，按要求完成作业任务，所以操作人员能否识读施工设计是保证井下作业任务能否顺利完成的关键。

1.1.1　学习目标

通过本任务学习，使操作人员了解地质设计、工程设计和施工设计所包含的内容，掌握施工设计识读要领，能够明晰施工设计的各项内容，使操作人员在识读施工设计过程中能够抓住要点，达到熟练识读的目的。

1.1.2　学习任务

本学习任务：识读小修施工设计。

1.1.3　任务分析

本任务学习应准备地质设计、工程设计和施工设计。操作人员了解三项设计包含的内容，通过全面理解施工设计中的各项内容，掌握施工设计识读要领，抓住设计中的要点，完成识读任务。

1.1.4　背景知识

1.1.4.1　小修作业地质设计内容

小修作业地质设计是根据油田开发需要，结合油田综合调整方案要求，针对油水井油藏地质因素而编制的，主要包括以下 7 个方面内容。

1. 油气水井基本数据

(1) 作业井所属油气田或区块名称、地理位置。

(2) 钻完井数据：开钻日期、完钻日期、完井日期、完钻井深、人工井底、目前人工井底、钻井液性能、固井质量等。

(3) 生产油气层基本数据：层位、层号、解释井段、厚度、孔隙度、渗透率、含油饱和度、岩性等。

(4) 射孔数据：层号、射孔井段、厚度、射孔液等。

(5) 套管数据：规范、钢级、壁厚等。

2. 油气水井生产数据

油气水井生产数据包括油气生产情况，注水、注气（汽）情况，邻井生产情况。邻井生产情况包括相邻油气水井生产情况、连通井受益情况等。

3. 历次作业情况

历次作业情况包括作业时间、作业原因、施工目的、施工情况。

4. 存在问题及原因分析

包括目前生产状况、存在的问题及原因分析。

5. 施工目的及要求

包括施工目的和施工要求。

6. 与井控相关的情况提示

(1) 与邻井油层连通情况及气（汽）窜干扰情况。
(2) 本井和邻井硫化氢等有毒有害气体检测情况。
(3) 地层压力或压力系数、气油比、产出气及伴生气主要成分等。
(4) 井场周围500m的居民住宅、学校、厂矿等环境敏感区域说明和相应的井控提示等。

7. 目前井况、井身结构及生产管柱数据

包括井下落物情况、套管技术状况、井身结构及生产管柱数据等。

1.1.4.2 小修作业工程设计内容

小修作业工程设计是根据不同的施工项目，优化施工工艺，计算施工参数，合理选择施工材料、设备和工具，为保证地质设计的顺利实施，由工艺技术部门或委托第三方编制的，主要包括以下8个方面的内容。

1. 基础数据

包括油气水井基本数据、生产油气层基本数据、油层射孔及流体性能、近期生产情况、注水（汽）情况及预计井口最大关井套压等数据。

2. 施工目的

根据本次施工要求提出的施工目的，如检泵、调层、压裂等施工目的。

3. 主要施工步骤

根据作业先后顺序，列出的主要施工工序及要求，包括下井工具选用、作业深度等要求。

4. 参数设计

包括泵型、泵径、泵深、抽油杆组合、油管组合、封隔器卡点深度等参数设计。

5. 施工准备

包括队伍及设备要求，抽油杆、油管、抽油泵等下井工具准备等。

6. 安全环保及有关要求

包括消防器材准备；防喷、防火、防爆炸、防工伤、防触电工作要求；施工过程中的安全要求；井口返出液妥善处理、避免环境污染等环保要求。

7. 井控要求

包括修井液性能、类型及密度要求；防喷器的选择、安装、试压及施工过程中的井控要求；高压、高含硫化氢、高危地区作业井施工前的井控应急预案和防污染措施制定等要求。

8. 井身结构及完井管柱示意图

包括套管规格、下深、水泥返深、人工井底、生产层位、射孔井段；修前、修后井下工具名称、规格、型号及下入深度等。

1.1.4.3 小修作业施工设计内容

小修作业施工设计是以地质设计和工程设计为基础编制的，设计内容满足地质设计和工程设计要求，满足恢复油气水井正常生产要求，满足相关技术标准及安全操作规程要求，满足健康、安全与环保要求。其内容主要包括原井基础数据、油层及射孔情况、邻井及对应注（汽）水井情况、近期生产情况、上次作业情况、本井或邻井硫化氢等有毒有害气体情况、施工目的、井场周围环境描述及防范要求、施工准备、施工步骤、施工要求及注意事项、井身结构示意图、井控设计、环境保护预案。

1.1.5 任务实施

通过识读小修施工设计，掌握关键数据及施工要求，结合现场实际施工内容，指导现场作业施工。识读要点包括以下几方面。

1. 识读原井基础数据

重点了解以下关键数据：人工井底（目前人工井底）、套管数据（规范、壁厚、钢级、下深、接箍深度）、井斜数据、水泥返高、固井质量。

（1）根据人工井底（目前人工井底）数据，落实现场管材准备数量是否满足施工要求，施工过程中落实管柱组合是否合理、探井底或冲砂作业深度是否与井底深度一致，是否提前控制管柱下放速度等。

（2）根据套管数据，选择下井工具，落实下井工具尺寸（外径、内径、长度）是否合理，施工压力控制是否超过套管抗内压强度，压井液液量准备是否满足井筒容积要求，封隔器坐封深度是否避开套管接箍。

（3）根据井斜数据，核实下井工具是否满足井斜要求，在最大井斜处是否控制起下管柱速度，完井管柱是否考虑到井斜影响。

（4）根据水泥返高和固井质量，落实封隔器坐封位置、待射孔井段、挤水泥封堵井段的固井质量和水泥返高情况，以便采取相应措施。

2. 识读油层及射孔情况

通过了解层位、射孔井段、厚度、孔隙度、渗透率、含油饱和度、解释结果、生产现状、原始/目前压力系数等数据，落实压井液性能是否满足要求，参照计算挤封堵水泥浆量，解释结果为气层的要采取严格的井控防范措施。

3. 识读邻井及对应注（汽）水井情况

通过了解邻井及对应注（汽）水井压力、注入井段、注入量及连通受益情况，可以针对性地采取井控措施，有效防止井喷事故的发生。如要求连通注水（汽）井提前停注、施工前及施工过程中密切观察、采取提高井控级别和防喷器等级等措施。

4. 识读近期生产情况

通过了解近期生产方式、产量、井口压力、气油比、动液面、静液面、静压、压力系数，核实现场施工选取的压井液性能是否满足要求，压井方式是否合理，低压井是否采取堵漏措施，高压、高气油比井是否采取防喷措施。

5. 识读本井或邻井硫化氢等有毒有害气体情况

通过了解本井和邻井是否含有硫化氢等有毒有害气体，在施工过程中采取防范措施，如现场配置四合一多功能气体检测仪和正压呼吸器，施工前采取回收硫化氢、灌液、洗井等脱硫措施，施工全过程检测硫化氢含量，开展防硫化氢中毒应急演练，防止发生人员中毒事故。

6. 识读上次作业情况

通过了解上次作业情况，如出砂、漏失情况，井筒状况，压井施工参数及完井管柱结构等，为本次施工作业提供指导。

7. 识读施工目的

通过了解施工目的，清楚施工任务。

8. 识读井场周围环境描述及防范要求

通过了解井场周围环境及防范要求，核实井控级别和井控装备是否满足要求，是否采取有针对性的防喷、防污染措施。

9. 识读施工准备

通过识读设备及修井工具准备，了解该井施工作业所需的修井机、提升设备、井控设备及修井工具。

通过识读安全及消防设施准备，了解该井施工作业配备的消防器材、硫化氢气体检测仪、正压呼吸器等设施。

通过识读下井管材及工具准备，了解该井施工作业所需的管柱规范、尺寸、配长，下井工具要求等。

通过识读修井液准备，了解该井施工作业所需的修井液性能及液量。

10. 识读施工步骤、施工要求及注意事项

详细了解每道施工工序的执行标准、管柱结构组合、下井工具规范、操作要求、注意事项、安全质量控制点、施工风险及控制措施等内容，按照每步骤技术要求选择下井工具、组配管柱结构，依据标准要求规范操作，在安全、质量、井控受控的前提下，完成施工任务。

11. 识读井身结构示意图

通过识读井身结构图，直观了解修前修后井身结构、生产井段、管柱规范及配长、工具规范及下深、目前井筒状况及油、套补距等。通过识读修前井身结构示意图，了解

目前井内管柱结构和井下工具名称、规范、深度，便于提前准备修井工具。若井下有大直径工具，起管过程中提出限速要求，要落实井口装置内通径，确保大直径工具能顺利通过，安全起出原井管柱。通过识读修后井身结构示意图，了解完井管柱结构及工具规范、下深，提前做好管材、工具准备工作，指导现场操作人员施工。

12. 识读井控设计

通过识读井控设计内容，了解该井的井控级别、所选井控装备的规格型号、安装及试压要求、施工过程中的井控要求、井控应急处置预案、井控装置安装示意图等，指导现场操作人员做好施工过程中的井控工作。

1.1.6 归纳总结

(1) 全面理解施工设计中的各项内容，掌握识读要领。
(2) 识读施工设计时不要漏掉关键数据。
(3) 在识读施工步骤时，结合施工目的，重点领会每道工序施工技术要求和安全注意事项。

1.1.7 拓展链接

作业设计是根据油田开发的要求来编制的。编制作业设计要充分了解施工井的井况和地下油层的物性及现有的工艺条件，优化工艺技术参数，选择最佳施工方案，以提高作业施工的科学性，求得最佳施工效果和较好的经济效益。作业设计是指导作业施工的纲领性文件，是施工过程中应遵守的规定和原则。每项井下作业施工都应有地质方案设计、工程设计和施工设计。

1.1.8 思考练习

施工设计包含的主要内容有哪些？

1.1.9 考核

1.1.9.1 考核规定

(1) 考核采用百分制，考核权重：知识点100%。
(2) 考核方式：考核过程按评分标准及操作过程进行评分。
(3) 技能说明：本项目主要考核员工对识读施工设计要求掌握的熟练程度。

1.1.9.2 考核时间

(1) 准备工作：5min（不计入考核时间）。
(2) 正式操作时间：30min。

(3) 在规定时间内完成，到时停止操作。

1.1.9.3 考核记录表

识读施工设计考核记录表见表 1-1-1。

表 1-1-1 识读施工设计考核记录表

序号	考核内容	评分要素	配分	评分标准	备注
1	识读原井基础数据	人工井底深度；套管规范及壁厚；水泥返高；固井质量	10	未识读出人工井底深度扣2分；未识读出套管规范及壁厚扣2分；未识读出水泥返高扣2分；未识读出固井质量扣2分	
2	识读油层及射孔情况	层位、射孔井段、厚度、解释结果；孔隙度、渗透率、含油饱和度；生产现状；原始/目前压力系数	8	未识读出层位、射孔井段、厚度、解释结果扣2分；未识读出孔隙度、渗透率、含油饱和度扣2分；未识读出生产现状扣2分；未识读出原始/目前压力系数扣2分	
3	识读邻井及对应注（汽）水井情况	注（汽）水井压力；注入井段；注入量；连通受益情况	8	未识读出注（汽）水井压力扣2分；未识读出注入井段扣2分；未识读出注入量扣2分；未识读出连通受益情况扣2分	
4	识读近期生产情况	生产方式；产量、气油比；井口压力；动液面、静液面；静压、压力系数	10	未识读出生产方式扣2分；未识读出产量、气油比扣2分；未识读出井口压力扣2分；未识读出动液面、静液面扣2分；未识读出静压、压力系数扣2分	
5	识读本井或邻井有毒有害气体情况	是否含有有毒有害气体；有毒有害气体含量	4	未识读出有毒有害气体含有情况扣2分；未识读出有毒有害气体含量扣2分	
6	识读上次作业情况	出砂、漏失；井筒状况；压井施工参数；完井管柱结构	10	未识读出砂或漏失情况扣3分；未识读出井筒状况扣2分；未识读出压井施工参数扣2分；未识读出完井管柱结构扣2分	
7	识读井场周围环境	周围环境；防范要求	4	未识读出周围环境扣2分；未识读出防范要求扣2分	
8	识读施工目的及施工准备	施工目的；设备型号及修井工具规范；安全及消防设施配备；下井管材规范及配长；修井液性能及液量	10	未识读出施工目的扣2分；未识读出设备型号及修井工具规范扣2分；未识读出安全及消防设施配备扣2分；未识读出下井管材规范及配长扣2分；未识别出修井液性能及液量扣2分	
9	识读施工步骤	执行标准；管柱结构组合；下井工具规范；操作要求及注意事项；安全质量控制点；施工风险及控制措施	12	未识别每个步骤的执行标准扣2分；未识别管柱结构组合和下井工具规范扣4分；未识别每个步骤操作要求及注意事项扣2分；未识别每个步骤质量控制点扣2分；未识别每个步骤施工风险和控制措施扣2分	
10	识读井身结构图	生产井段；工具规范及下深；修前、修后管柱规范及配长；油/套补距	12	未识别生产井段扣2分；未识别工具规范及下深扣2分；未识别修前、修后管柱规范及配长扣2分；未识别油/套补距数据扣2分	

续表

序号	考核内容	评分要素	配分	评分标准	备注
11	识读井控设计	井控级别；井控装备的规格型号；安装及试压要求；施工过程中的井控要求	12	未识别井控级别扣2分；未识别井控装备规格型号扣2分；未识别安装及试压要求扣2分；未识别施工过程中的井控要求扣2分	
12	考核时限	30min，到时停止操作考核			
13	合计100分				

任务2　吊装设备

吊装设备是把井下作业设备和设施按标准装车，然后运输到新的施工现场，是搬迁作业中的一项重要施工任务。

1.2.1　学习目标

通过本任务学习，使操作人员了解吊装现场工具、用具、材料，以及运输车辆准备工作，掌握吊装设备、设施作业的正确操作步骤及注意事项，使操作人员在设备吊装施工过程中能够熟练、规范、安全操作。

1.2.2　学习任务

本学习任务包括准备工作，吊装设施、设备。

1.2.3　任务分析

本任务学习应准备待搬迁的设备、设施，操作人员应了解设备、设施在吊装过程中的安全风险、操作技术要领。操作人员应熟练掌握吊装设备标准操作程序，能够识别安全风险，并有效预防，避免意外伤害事故。

1.2.4　背景知识

1.2.4.1　施工现场设备、设施介绍

1. 轮式值班房

轮式值班房是施工现场作业人员办公、休息、学习的场所，是施工作业必不可少的辅助设施之一。该设施用随车吊牵引，如图1-2-1所示。

2. 修井机

修井机是井下作业的主要动力设备。有轮式修井机（图1-2-2）、履带式通井机（图1-2-3）。

3. 需吊装的设备、设施

修井作业常用的设备、设施搬迁时需要吊装，需吊装的设备、设施如表1-2-1所示。

图1-2-1 轮式值班房

图1-2-2 轮式修井机

图1-2-3 履带式通井机

表1-2-1 需吊装的设备、设施

序号	名称	规格	数量	序号	名称	规格	数量
1	防喷器		1台	6	管汇基墩		2个
2	远程控制台		1台	7	液压钳		1台
3	压井、节流管汇		1套	8	油管凳		24个
4	工具柜		1个	9	水龙带		1根
5	油管枕		1个	10	工具台		1个

1.2.4.2 辅助搬迁设备

1. 随车吊

随车吊用于吊装并装载施工工具、用具，牵引轮式值班房进行搬迁，如图1-2-4所示。

图1-2-4 随车吊

2. 拖板车

拖板车用于履带式通井机的搬迁运移，如图1-2-5所示。

图1-2-5 拖板车

1.2.5 任务实施

1.2.5.1 准备工作

工具、用具准备见表1-2-2。

表1-2-2 工具、用具准备

序号	名称	规格	数量	序号	名称	规格	数量
1	随车吊		1台	4	绳索		适量
2	钢丝绳套	$\phi 22mm \times 10m$	4根	5	卡车	15t	1台
3	吊装带	5t	1根	6	小卡	1t	1台

1.2.5.2 设备、设施吊装

（1）将远程液控台吊装在随车吊箱体最前部（注意防止磕碰液压管线接头），放置平稳后，将其固定。

（2）将工具柜吊装在随车吊箱体前部，放置平稳后固定。

（3）将防喷器吊装在随车吊箱体中部，放置平稳后固定。

（4）将工具台、井口操作台吊装在随车吊箱体中部，放置平稳后固定（也可由班组人员配合进行人工装车）。

（5）将油管凳吊装在随车吊箱体后部，放置平稳（也可由班组人员配合逐个进行人工装车）。

（6）将管汇基墩吊装在随车吊箱体后部，放置平稳。

（7）将压井、节流管汇吊装在卡车上，排放整齐。

（8）将液压钳吊装在随车吊箱体后部，放置平稳。

（9）将盘好的水龙带、液压管线吊装在随车吊箱体后部，放置平稳（也可由班组人员配合进行人工装车）。

（10）将垃圾箱、标志牌装在小型卡车上，并加以固定。

1.2.6 归纳总结

（1）吊车起吊前打好千斤顶，起吊时应专人指挥。

（2）吊装时车上严禁站人，待吊装物放稳后，方可上车操作。

（3）注意装车时车厢前侧放重物、大件，后侧放小件，不怕磕碰的放下部，怕磕碰的放上部。

（4）远程液控台内严禁放置任何物品。

（5）易损物件一定要单独摆放，以免损坏。

(6) 吊装作业时，吊臂活动范围内严禁站人。

(7) 吊装物品起吊后移动时必须用牵引绳控制方向，避免刮碰。

(8) 冬季，设备吊装时绳套容易打滑，在挂绳套时要认真，防止滑脱，人员在爬上和爬下设备时要注意防滑。

1.2.7 拓展链接

1.2.7.1 挂值班房牵引钩

专人检查值班房牵引钩是否完好，安全设施是否齐全（如安全绳、刹车气管线、刹车灯电源线等）。班组人员配合抬起值班房的牵引钩（牵引钩对正随车吊尾部），由专人指挥随车吊倒车，挂好牵引钩后锁死保险销，挂好保险绳，然后把值班房刹车灯的电源线和刹车气管线与随车吊连接好，并检查是否灵活好用。

1.2.7.2 履带式通井机爬拖板

(1) 拖板车就位后，将拖板车坡板保险绳摘下，放下坡板。

(2) 操作工将通井机摆正，朝向拖板车尾，车身与坡板同一方向，两个履带与拖车坡板对正。

(3) 专人指挥，操作工在地面将通井机调整好位置，使用一挡爬坡板，在爬坡中使用大油门，当通井机履带越过坡板上方时，减小油门，当通井机履带越过坡板上方一半时，收油门踩刹车，让通井机后部缓慢地落下。在专人指挥下对通井机位置进行微调，并停放到位。

(4) 通井机摆放好后，摘掉挡位，熄火，打好死刹车，切断电源，关闭门窗，锁好。

(5) 将拖车坡板抬起，挂好保险绳。

1.2.7.3 放固定式井架

(1) 井架车就位后，专人指挥、专人操作，打好千斤顶，起升背架，当背架靠上井架时，伸出背架上端两个气动挡销。

(2) 松开井架前绷绳，收回背架，当井架要靠上背架时，调整背架上的防窜装置，将井架横梁固定在内，井架回收至80°左右时上提井架，摘下后绷绳，将前后绷绳挂在背架挂钩上。

(3) 井架收回后，利用背架防窜装置，前后调整井架至合适位置。

(4) 将绷绳盘收至井架车上并加以固定。

1.2.8 思考练习

简述设备、设施吊装注意事项。

1.2.9 考核

1.2.9.1 考核规定

(1) 如违章操作,将停止考核。
(2) 考核采用百分制,考核权重:知识点30%,技能点70%。
(3) 考核方式:本项目为实际操作考题,考核过程按评分标准及操作过程进行评分。
(4) 考核说明:本项目主要考核员工对设备、设施吊装操作掌握的熟练程度。

1.2.9.2 考核时间

(1) 准备工作:5min(不计入考核时间)。
(2) 正式操作时间:30min。
(3) 在规定时间内完成,到时停止操作。

1.2.9.3 考核记录表

设备、设施吊装考核记录表见表1-2-3。

表1-2-3 设备、设施吊装考核记录表

序号	考核内容	评分要素	配分	评分标准	备注
1	准备工作	劳保着装整齐;选择工具、用具:修井设备、吊车、随车吊、卡车、拖板车、钢丝绳套、吊装带、值班房	10	未正确穿戴劳保用品不得进行操作;未准备工具、用具扣5分;少选一件扣2分	
2	设备设施装车	远程液控台吊装在随车吊箱体最前部(注意防止磕碰液压管线接头),放置平稳后,将其固定;工具箱吊装在随车吊箱体前部,放置平稳后,用绳索将其固定	20	吊装远程液控台时磕碰液压管线接头扣10分;工具箱未固定扣10分	
		防喷器吊装在随车吊箱体中部,放置平稳;工具台、井口操作台吊装在随车吊箱体中部,放置平稳(也可由班组人员配合进行人工装车)	20	防喷器装车未放置护板扣10分;工具台、井口操作台吊装在随车吊箱体中部,未放置平稳扣10分	
		油管凳吊装在随车吊箱体后部,放置平稳(也可由班组人员配合逐个进行人工装车);管汇基墩吊装在随车吊箱体后部,放置平稳	15	油管凳吊装在随车吊箱体后部,未放置平稳整齐扣8分;管汇基墩吊装在随车吊箱体后部,未放置平稳扣7分	
		压井、节流管汇吊装在卡车上,排放整齐;液压钳吊装在随车吊箱体后部,放置平稳	20	压井、节流管汇吊装在卡车上,未排放整齐扣10分;液压钳上面放置其他物品扣10分	

续表

序号	考核内容	评分要素	配分	评分标准	备注
2	设备设施装车	将盘好的水龙带、液压管线吊装在随车吊箱体后部，放置平稳（也可由班组人员配合进行人工装车）；由班组人员配合将垃圾箱、标志牌装在小型卡车上，并加以固定	15	水龙带、液压管线吊装在随车吊箱体后部，未放置整齐扣5分；由班组人员配合将垃圾箱、标志牌装在小型卡车上，未加以固定扣10分	
3	考核时限	30min，到时停止操作考核			
4		合计100分			

任务3 运输设备

井下作业施工是多工种、多设备联合作业的大型施工,其中运输设备是准备工作的重要环节,直接关系到整体作业的质量和施工效率。因此,要充分认识运输设备在井下作业施工中的重要性。

1.3.1 学习目标

通过本任务学习,使操作人员对井下作业施工中运输设备的各个环节有全面了解,掌握运输车况与路况、行程周边环境、井场的地理位置、安全措施、注意事项、运输设备前期勘察规划等方面知识;能够顺利将井下作业施工设备、工具、材料安全地搬迁到施工井场;使操作人员在设备运输施工过程中能够熟练、规范、安全操作。

1.3.2 学习任务

本学习任务包括工作准备、井位落实、查看井场、运输设备。

1.3.3 任务分析

本任务学习应准备随车吊、轮式值班房、车载式修井机、运输卡车等设备。施工前应先了解运输的基本步骤,懂得排查危险点源,熟悉施工现场环境、运输路况。在专人指挥、各岗位密切配合监督下,共同完成设备、装备、材料的运输工作。在整个操作过程中,操作人员应熟练掌握设备运输施工操作程序,能够识别安全风险,并有效预防,避免发生意外伤害事故。

1.3.4 背景知识

运输工作头绪多、分工细、劳动强度大,而且受到地形、道路、季节、气候、车辆配置、新老井场距离等多种客观因素制约。为确保运输工作的安全顺利完成,作业队首先要提前联系好调度、运输人员、运输主要负责人。人员配置好后召开协调会,会议要交代注意事项、进行安全教育、合理分工、明确工作任务和质量要求,会后做好现场安全监控。

1.3.5 任务实施

1.3.5.1 准备工作

工具、用具准备见表1-3-1。

表1-3-1　工具、用具准备

序号	名称	规格	数量	序号	名称	规格	数量
1	随车吊		1台	4	绝缘挑线杆		1把
2	轮式值班房		1栋	5	卡车	15t	1台
3	轮式修井机		1台	6	卡车	1t	1台

1.3.5.2　井位落实

施工队伍接到井号后首先要调查施工井井位，了解其具体位置；对照井位图核实井号；调查施工井归属单位并确认；了解该井的基本情况（井的生产情况、井下情况、周边环境等），落实本队的基本条件是否适合该井作业。

1.3.5.3　查看井场

(1) 井场可供井下作业施工使用的有效面积。
(2) 井场可供立放井架，摆放油管、抽油杆、工具台、值班房和停放车辆的位置能否满足施工要求。
(3) 井场有无散失设备或者其他干扰施工的物体。
(4) 井场是否有妨碍立放井架和作业施工的输电线路、通信线路及其他线路。
(5) 井场土壤状况能否满足车辆承载要求。
(6) 井场周围有无易燃易爆的危险物品及怕震动、怕噪声的民用设施。
(7) 了解周围有无排污池及排污池位置、大小。
(8) 除了上述需注意内容以外，还要留意井场上的供电电源、电压和供电距离。看清电源接线方式，需要上电线杆接线时，应该查清电线杆类型、高度、变压器情况等。

1.3.5.4　运输设备

(1) 井场及井调查完毕后，需要调查通往井场经过的公路、村庄、河流、沼泽、沙漠、树林等。针对不同的路况要采取不同的措施。
(2) 引路车在前，然后是车载式修井机、轮式值班房，最后是装载设备、工具的卡车。在路过村庄、学校等人口密集的公共场所车速应放慢，最好车下有专人指挥监视。
(3) 如果是特殊路段运输，车序基本不变。要注意的是过河流、峡谷、沼泽、沙漠等特殊路段的时候，要对该路段进行详细的调查研究后才能使车辆通过。同时操作人员应该掌握河流、峡谷的地理资料以及近期内有无异常变化（地震、泥石流、滑坡、沙尘暴等），要及时与当地百姓沟通，了解相关信息。
(4) 在局势动荡的地区运输时，车辆行驶过程中最好不要在路途中停留，防止出现车辆落单情况。如果是异地特别紧张区域，最好雇佣当地专业石油工人驾驶车辆，单位人员可统一乘坐其他交通工具到井场，以确保人身安全。操作人员在车队出发前一定要通知队员并且在运输过程中严格监视。

1.3.6 归纳总结

(1) 严禁人货混装，不稳定货物要用绳索固定或加垫木和方木。
(2) 装运货物时，严禁超长、超宽、超高、超重。
(3) 行车前，要认真检查轮胎、底盘及各部位固定螺栓和拖钩等。
(4) 轮式值班房要有完好的刹车装置及行车指示灯。
(5) 车载式修井机乘车人员不得超员，不得违章载物，非工作人员不准乘车。
(6) 运输前对行车路线上障碍要及时清理或制定防范措施。
(7) 运输进行时要严格控制速度，土路行驶时要选择平坦道路，通过危险路段（包括村镇、繁华地区、胡同、铁路道口、转弯、窄路、窄桥、掉头、陡坡、非机动车道）时必须有专人指挥，要提前100m减速到5km/h，严禁爬行坡度大于30°的斜坡。严禁在发动机熄火时下坡、转向。

1.3.7 拓展链接

1.3.7.1 履带式通井机运输

(1) 认真检查机车刹车、转向等关键部位。
(2) 拖板车停放在平整、坚硬、上空无障碍物、便于通井机上下的地面上，并刹好车，禁止直接在油漆路面上吊装设备。
(3) 上拖板车时要有专人指挥。
(4) 通井机爬上爬下拖板必须缓慢进行，在甲板上停稳后必须刹好刹车，关好门。
(5) 严禁通井机驾驶室内坐人。

1.3.7.2 轮式修井机行驶规定

(1) 轮式修井机在等级公路上的最高行驶速度不应超过60km/h，在非等级公路及冰雪道路上，最高行驶速度不得超过20km/h，行驶前应做出超长、超宽、超高等标志。
(2) 车辆行驶中发生故障不能行驶时，必须立即报告附近的交管部门，或自行将车移开；制动器、转向器、灯光等发生故障时，必须修复后方准行驶。故障车必须移至不妨碍交通的地点，必须在车身后设警示标志或开危险信号灯，夜间还必须开示宽灯、尾灯或设置明显标志，设置标准应符合交通法规要求。
(3) 车辆必须停在车场或准许停放车辆的地点。临时停车时，按行车方向靠道路右边有效路肩30cm以内停留，驾驶员不准离开车辆，不得妨碍交通。

1.3.8 思考练习

井场的查看有哪些内容？

1.3.9 考核

1.3.9.1 考核规定

(1) 如违章操作,将停止考核。
(2) 考核采用百分制,考核权重:知识点30%,技能点70%。
(3) 考核方式:本项目为实际操作考题,考核过程按评分标准及操作过程进行评分。
(4) 考核说明:本项目主要考核员工对运输设备操作掌握的熟练程度。

1.3.9.2 考核时间

(1) 准备工作:5min(不计入考核时间)。
(2) 正式操作时间:30min。
(3) 在规定时间内完成,到时停止操作。

1.3.9.3 考核记录表

运输设备考核记录表见表1-3-2。

表1-3-2 运输设备考核记录表

序号	考核内容	评分要素	配分	评分标准	备注
1	准备工作	劳保着装整齐;选择工具、用具:修井设备、吊车、随车吊、卡车、拖板车、绝缘挑线杆、轮式值班房	10	未正确穿戴劳保用品不得进行操作;未准备工具、用具扣5分;少选一件扣2分	
2	运输设备操作	施工队伍接到井号后首先要调查施工井井位,了解其具体位置;对照井位图核实井号;调查施工井归属单位并确认;了解该井的基本情况(井的生产情况、井下情况、周边环境等),落实本队的基本条件是否适合该井作业	20	接到井号后未调查施工井井位、了解其具体位置扣5分;未核实井号扣5分;未落实本队的基本条件是否适合该井作业扣10分	
		井场及井调查完毕后,需要调查通往井场经过的公路、村庄、河流、沼泽、沙漠、树林等。针对不同的路况要采取不同的措施	15	未查看运输道路扣10分;查看完道路未根据路况制定具体措施扣5分	
		引路车在前,然后是车载式修井机、轮式值班房,最后是装载设备工具的卡车。在路过村庄、学校等人口密集的公共场所车速应放慢,有专人指挥监视	20	未安排引路车辆扣5分;运输车辆排序错误扣5分;在路过村庄、学校等人口密集的公共场所车速未放慢扣10分	
		如果是特殊路段运输,车序基本不变。要注意的是过河流、峡谷、沼泽、沙漠等特殊路段的时候,要对该路段进行详细的调查研究后才能使车辆通过。同时操作人员应该掌握河流、峡谷的地理资料以及近期内有无异常变化(地震、泥石流、滑坡、沙尘暴等),要及时与当地百姓沟通,了解相关信息	15	运输车辆通过特殊路段未对该路段详细调查扣10分;未及时与当地百姓沟通,了解相关信息扣5分	

续表

序号	考核内容	评分要素	配分	评分标准	备注
2	运输设备操作	在局势动荡的地区运输时，车辆行驶过程中最好不要在路途中停留，防止出现车辆落单情况。如果是异地特别紧张区域，最好雇佣当地专业石油工人驾驶车辆，单位人员可统一乘坐其他交通工具到井场，以确保人身安全。操作人员在车队出发前一定要通知队员并且在运输过程中严格监视	20	在局势动荡的地区运输时，车辆行驶过程中在路途中停留扣10分；在运输过程中未严格监视整个车队的运行情况扣10分	
3	考核时限	30min，到时停止操作考核			
4		合计100分			

任务4　摆 放 设 备

设备摆放是把井下作业设备、装置和设施按要求摆放到施工现场。设备摆放前的准备工作、规范合理的现场布置是施工的重要基础工作。

1.4.1　学习目标

通过本任务学习,使操作人员了解井下作业中设备摆放的标准,掌握操作步骤及注意事项;能够辨识违章行为,消除事故隐患提高个人规避风险的能力,避免安全事故发生;使操作人员在现场设备摆放施工过程中能够熟练、规范、安全操作。

1.4.2　学习任务

本学习任务包括施工准备、设备摆放、工具柜摆放、消防器材摆放、警示标志摆放。

1.4.3　任务分析

本任务学习应准备标准的修井场地、修井设备、设备摆放所需的工具材料等。操作者施工前应掌握井场设备摆放的标准,摆放设备是否满足季节生产及防喷、防火等要求。在整个操作过程中,操作人员应熟练掌握现场设备摆放施工操作程序,能够识别安全风险并有效预防,避免意外伤害事故。

1.4.4　背景知识

井下作业井场布局标准见表1-4-1。

表1-4-1　井下作业现场布局标准

井场布局	井场规范	(1) 井场场地平整、干净,井场内无油污、杂草等易燃物品,无渗坑、无积水。 (2) 物料堆放整齐,便于行走和施工。 (3) 井场设置风向标和相应的安全标志
	管杆摆放	油管桥基础稳固,桥面水平,距地面高度500mm以上,各层横桥必须用绳索系牢;油管(抽油杆)排放整齐,每组第10根出头,与修井机的距离必须大于1m
	井场布置	(1) 修井机、通井机常规摆放应满足施工车辆进出,安全通道畅通,操作方便,操作工视线开阔。 (2) 值班房内整洁,工具房内工具清洁、摆放整齐、有序合理。 (3) 井口周围无积水、油污、泥浆,不摆放杂物,地面铺设防滑踏板,安全通道畅通,两侧无行走障碍。 (4) 施工区用黄色警示带隔离。 (5) 活动厕所摆放在井场以外

续表

井场布局	设备安全距离	(1) 油罐、值班房、发电房、住井房等距井口不得小于30m。 (2) 发电房、机房与油罐间距在20m以上。 (3) 防喷器远程控制台距井口25m以上。 (4) 在苇田等需防火地区井下作业时，井场周围应有防火隔离带，宽度不小于20m
	安全标志	必须系安全带、必须戴安全帽、当心落物、当心坠落、当心机械伤人、当心触电、禁止烟火、必须穿工作服、当心滑倒、防止井喷、防止H_2S及有毒气体泄漏中毒、安全逃生路线、紧急集合区、紧急疏散区、紧急高压区、风向标、施工重地非工作人员禁止进入等标志齐全。施工区用黄色警示带隔离
	管汇	(1) 压井、放喷管线应用钢质管线连接，不准使用软管线。 (2) 油水井放喷管线出口接至距井口大于50m的区域。 (3) 天然气井放喷管线出口接至距井口大于75m的区域。 (4) 放喷管线中间不准连接90°弯头，如连接弯头不小于120°，出口应在侧风方向处。 (5) 放喷管线必加地锚加固，放喷管线每隔10～15m有一个地锚固定，不准悬空连接；在放喷过程中管线不能有丝毫的跳动。 (6) 寒冷季节应对放喷管线、节流管汇及压力表采取防冻保温加热措施。 (7) 放喷管线出口不准对着车辆及行人，进出井场的路口不准跨越地面管线

1.4.5 任务实施

1.4.5.1 准备工作

工具、用具准备见表1-4-2。

表1-4-2 工具、用具准备

序号	名称	规格	数量	序号	名称	规格	数量
1	修井机		1台	5	远程控制台		1套
2	值班房		1栋	6	工具房		1栋
3	防渗布		根据设备数量	7	卷尺	50m	1把
4	铁锹		5把	8	铁镐		2把

1.4.5.2 设备摆放

（1）修井机应根据季节优先选择摆放在上风口位置，摆放前操作工必须铺好防渗布，轮式修井机或履带式通井机开到井场后摆放在抽油机正对面。修井机摆正后，履带式通井机打好死刹车，轮式修井机车轮下必须用掩铁掩住，各轮胎不承受负荷、不悬空，修井机下面防渗布四周必须围好围堰，防止污染。

（2）根据当地季风风向，值班房摆放在距井口30m以外的上风口位置，轮式值班房摆放完毕后必须用掩铁掩住车轮。

（3）工具房的摆放与值班房平行对齐，摆放之前下面铺好防渗布，工具房门朝向井口，以便拿放工具。

（4）根据当地季风风向，防喷器远程控制台摆放在距井口25m以外上风口位置，摆放的标准是：操作远程控制台者必须能看到井口。

(5) 发电房摆放在距井口 30m 以外的位置。

(6) 若井场内有发电房、库房、油罐设备时,发电房、库房、油罐须距井口不小于 30m,发电房与油罐区相距不小于 20m。

1.4.5.3　工具柜摆放

井口工具柜摆放在距井口 5m 的合适位置,里面主要摆放管(杆)吊卡、活动弯头、活接头、卡箍、旋塞、杆防喷器、管钳、旋塞扳手、井口螺栓、小件工具等。工具柜下面必须有防渗布,围好围堰。

1.4.5.4　消防工具摆放

(1) 消防工具柜摆放在值班房附近。

(2) 井口用灭火器摆放在井口附近容易取用的位置。

(3) 修井机用灭火器摆放在修井机上容易取放的位置。

1.4.5.5　警示标志摆放

(1) 井场四周应架设安全警示带,警示带架设平直清洁,距地面高度为 1.2m,井场入口摆放入场须知标志牌。

(2) 井场内摆放逃生路线指示牌,并在上风口的安全区域摆放紧急集合标志牌。

1.4.6　归纳总结

(1) 井场摆放设备前应平整、干净、无积水、无杂物。

(2) 摆放设备必须按照标准摆放。

(3) 修井机、工具柜、管杆桥下必须铺防渗布。

(4) 摆放设备不得压占油气管线,井场上方不得有高压线。

(5) 摆放设备、设施必须留出足够的安全逃生通道。

1.4.7　拓展链接

(1) 修井机井架基础承载区左右水平度偏差不大于 4mm/m,前后水平度偏差不大于 3mm/m,基础承载能力不得低于 250kPa。

(2) 若井场边缘距高压电线及其他永久性设施小于 40m,则须汇报上级部门,由上级部门给出处理意见。

(3) 在苇田等需防火地区井下作业时,井场周围应有防火隔离带,宽度不小于 20m。

1.4.8　思考练习

(1) 简述轮式值班房摆放标准。

(2) 简述远程控制台摆放标准。

1.4.9 考核

1.4.9.1 考核规定

(1) 如违章操作,将停止考核。
(2) 考核采用百分制,考核权重:知识点30%,技能点70%。
(3) 考核方式:本项目为实际操作考题,考核过程按评分标准及操作过程进行评分。
(4) 考核说明:本项目主要考核员工对修井设备摆放操作掌握的熟练程度。

1.4.9.2 考核时间

(1) 准备工作:5min(不计入考核时间)。
(2) 正式操作时间:30min。
(3) 在规定时间内完成,到时停止操作。

1.4.9.3 考核记录表

修井设备摆放考核记录表见表1-4-3。

表1-4-3 修井设备摆放考核记录表

序号	考核内容	评分要素	配分	评分标准	备注
1	准备工作	劳保着装整齐;选择工具、用具:修井设备、防渗布、铁锹、铁镐	10	未正确穿戴劳保用品不得进行操作;未准备工具、用具扣5分;少选一件扣2分	
2	修井设备摆放	修井机应根据季节优先选择摆放在上风口位置,摆放前操作工必须铺好防渗布,轮式修井机或履带式通井机开到井场后摆放在抽油机正对面。修井机摆正后,履带式通井机打好死刹车,轮式修井机车轮下必须用掩铁掩住,各轮胎不承受负荷、不悬空,修井机下面防渗布四周必须围好围堰,防止污染	20	修井机未根据季节优先选择摆放在上风口位置扣5分;修井机下未铺防渗布扣5分;轮式修井机或履带式修井机位置摆不正确扣5分;修井机摆正后,修井机未打死刹车或没有掩住车轮扣5分	
		根据当地季风风向,值班房摆放在距井口30m以外的上风口位置,房门朝向井口,轮式值班房摆放完毕后必须用掩铁掩住车轮	10	值班房距井口不足30m且不在上风口位置的扣5分;轮式值班房没有用掩铁掩住车轮扣5分	
		工具房的摆放与值班房平行对齐,摆放之前下面铺好防渗布,工具房门朝向井口,以便拿放工具	10	工具房与值班房没有平行对齐扣5分;工具房门没有朝向井口扣5分	
		根据当地季风风向,防喷器远程控制台摆放在距井口25m以外上风口位置,摆放的标准是:操作远程控制台者必须能看到井口	10	防喷器远程控制台距井口不足25m扣5分;操作远程控制台者未能看到井口扣5分	
		发电房摆放在距井口30m以外的位置。若井场内有发电房、库房、油罐设备时,发电房、库房、油罐须距井口不小于30m,发电房与油罐区相距不小于20m	10	发电房距井口不足30m扣10分	

续表

序号	考核内容	评分要素	配分	评分标准	备注
3	工具柜摆放	井口工具柜摆放在距井口5m的合适位置，里面主要摆放管（杆）吊卡、活动弯头、活接头、卡箍、旋塞、杆防喷器、管钳、旋塞扳手、井口螺栓、小件工具等。工具柜下面必须有防渗布，围好围堰	10	工具柜距井口不足5m扣5分；工具柜下面未铺防渗布扣5分	
4	消防工具摆放	消防工具柜摆放在值班房附近，里面摆放8kg干粉灭火器6个、消防桶4个、消防锹4把、消防钩2把。井口用灭火器摆放在井口附近容易取用的位置。修井机用灭火器摆放在修井机上容易取放的位置。	10	井口未摆放灭火器扣5分；修井机上未摆放灭火器扣5分	
5	警示标志摆放	井场四周应架设安全警示带，警示带架设平直清洁，距地面高度为1.2m，井场入口摆放入场须知标志牌。井场内摆放4个逃生路线指示牌，并在上风口的安全区域摆放1个紧急集合标志牌	10	安全警示带架设不标准扣5分；紧急集合标志牌摆放位置不正确扣5分	
6	考核时限	60min，到时停止操作考核			
7		合计100分			

任务5　拨侧转式抽油机驴头

拨侧转式抽油机驴头是小修常规作业中的一项重要施工工序，是用工具将抽油机驴头拨转180°后，使井下作业工序不受抽油机驴头干扰，给下步井下作业提供重要的安全保障。

1.5.1　学习目标

通过本任务学习，使操作人员了解拨侧转式抽油驴头操作规程，正确启停抽油机；掌握拨侧转式抽油驴头操作程序；能够辨识违章行为，消除事故隐患；使操作人员在拨侧转式抽油驴头施工过程中能够熟练、规范、安全操作。

1.5.2　学习任务

本学习任务包括准备工作、拨侧转式抽油机驴头、拨正侧转式抽油机驴头。

1.5.3　任务分析

本任务学习应准备侧转式抽油机、活动扳手、管钳、抽油杆方卡子、绳索、大锤、安全带等工具、用具。操作者施工前应先了解侧转式抽油机的外部结构，掌握配电箱各按钮作用及操作方法，掌握抽油机刹车结构及操作方法；掌握拨抽油机驴头操作各环节停机位置；熟知拆卸和安装悬绳器的方法；操作前进行设备检查，掌握操作的危害识别与控制方法；在整个操作过程中，操作人员应熟练掌握拨侧转式抽油驴头施工操作程序，能够识别安全风险并有效预防，避免意外伤害事故。

1.5.4　背景知识

游梁式抽油机是油田广泛应用的传统抽油设备，通常是由普通交流异步电动机直接拖动，其曲柄带配重平衡块，通过连杆、游梁、驴头，带动抽油杆做固定周期的上下往复运动，把井下的液体抽吸到地面。游梁侧转式驴头抽油机结构如图1-5-1所示。

1.5.5　任务实施

1.5.5.1　准备工作

工具、用具准备见表1-5-1。

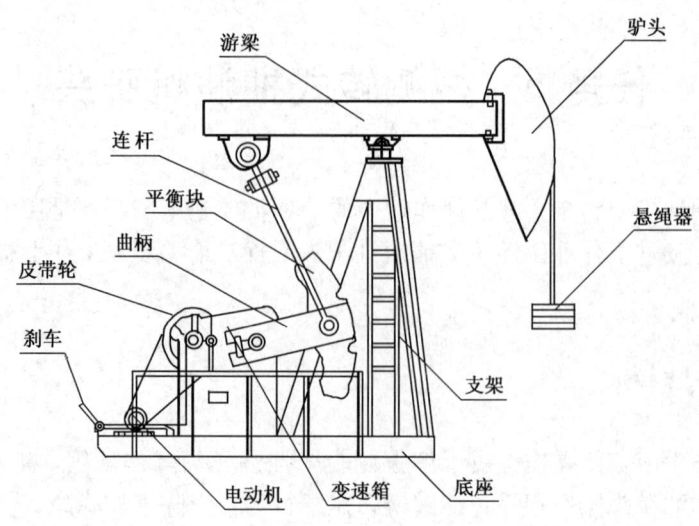

图 1-5-1 侧转式驴头抽油机结构图

表 1-5-1 工具、用具准备

序号	名称	规格	数量	序号	名称	规格	数量
1	侧转式抽油机		1 台	5	绳索		20m
2	管钳	600mm	2 把	6	大锤	5.44kg	1 把
3	活动扳手	300mm×36mm	2 把	7	安全带		1 条
4	方卡子		2 个	8	吊桶（或吊篮）		1 个

1.5.5.2 拨侧转式抽油机驴头

（1）将抽油机驴头停在距离下死点 0.3~0.5m 处，刹紧抽油机刹车。

（2）将方卡子卡在采油树防喷盒上方 0.1~0.2m 处。

（3）启动抽油机，使方卡子坐到防喷盒上，停抽油机，悬绳器处于无负荷状态，刹紧抽油机刹车，卸掉悬绳器上面的方卡子。

（4）卸掉悬绳器上的固定螺栓，去掉盖板，用绳索拴住悬绳器并拉开。

（5）调整刹车使抽油机处于水平位置，刹死刹车，打好死刹车；如果抽油机游梁没有处于水平状态，则松开抽油机刹车，启动抽油机，使游梁处于水平状态停车，刹死刹车。把悬绳器暂时固定在抽油机的梯子上。

（6）操作人员佩戴高空安全带，带引绳爬上抽油机游梁，系好安全带，固定好绳索并从一侧放下，连接好拨驴头的绳索。

（7）地面人员配合吊上大锤，操作人员砸出驴头一侧下、上两个销子，放入吊桶并和工具一起下放至地面。

（8）解开安全带，操作人员下到地面和班组人员向未砸销子的一侧拉驴头（向后转 180°）。驴头拉到位后，再爬上游梁，系好安全带，用绳索固定好驴头。

（9）解开安全带，操作人员回到地面，重新固定好悬绳器。

1.5.5.3　拨正侧转式抽油机驴头

（1）解开固定悬绳器的绳索，操作人员佩戴安全带，带上拉驴头的绳索爬上驴头，系好安全带，解开固定驴头的绳索，并系好拉驴头的绳索。

（2）操作人员解下安全带下到地面，配合班组人员拉动绳索，把驴头拉（向前转180°）至正常位置。

（3）操作人员再爬上游梁，系好安全带，固定好引绳并下放引绳，地面人员在吊桶（或吊篮）内装入大锤及驴头固定销子。操作人员用引绳吊上吊桶（或吊篮），取出大锤及驴头固定销子，放下吊桶。

（4）调整驴头位置，穿上销子并砸紧，吊上吊桶（或吊篮），将大锤等工具放入并吊下。

（5）解开拉驴头的绳索，放至地面；解开安全带，沿原路返回地面。

1.5.6　归纳总结

（1）抽油机曲柄旋转范围内及驴头下方不许站人。

（2）抽油机刹车一定要刹牢。

（3）悬绳器从光杆上拉出时，注意不要损伤光杆。

（4）驴头销子锈死时，要先用柴油浸泡，活动后再拔出。

（5）拉拔驴头时，抽油机上不得站人。

（6）在游梁上操作所用工具、用具必须拴好保险绳。

（7）所有工具、用具提起或下放过程中都必须装入吊桶（或吊篮），严禁从高处向下扔工具或其他物品。

（8）高空作业必须系安全带。

（9）各岗位密切配合作业、协同作业，服从指挥人员指挥。

（10）上、下抽油机梯子时，防止踩空。

1.5.7　拓展链接

1.5.7.1　拆卸式驴头操作

（1）吊驴头时要有专人指挥。将驴头放至下死点，在光杆上打好底卡子，卸开光杆方卡子，卸掉驴头的负荷。卸下悬绳器，慢慢松开抽油机的刹车，使游梁处在水平位置，把刹车刹死。断开配电箱的电源。

（2）爬上游梁，固定好安全带，挂好吊升绳套。

（3）吊车吊钩缓慢提紧吊升绳套，待绳套绷直后停车，卸下驴头销子。

（4）吊钩吊开驴头，用牵引车拉紧牵引绳套，大钩下行将驴头放下。

（5）松开抽油机刹车，使游梁扬起。

（6）安装时用绳套吊起驴头，固定在游梁上。

1.5.7.2 上翻式驴头操作

（1）在抽油机驴头处于下死点时挂好专用提升绳套和牵引绳。
（2）启动抽油机将驴头抬起至上死点后刹紧抽油机刹车。
（3）打开驴头锁紧装置。
（4）用游动滑车缓慢提升驴头上的专用绳套，当驴头上翻接近最高点时拉紧牵引绳，停止上提游车大钩，缓慢下放驴头，使其翻转在抽油机游梁上。

1.5.7.3 转角自让位（锁块）式驴头操作

1. 让位操作

（1）停机，将游梁停于水平位置，接下来将抽油机驴头停在下死点位置，按卸负载程序将光杆方卡子松开，使悬绳器与光杆脱开。在驴头下部的孔中拴一根绳子，并使之从驴头最下部绕过。
（2）拉动驴头，使其围绕挂轴向前转动约150mm，拉转锁块，慢慢松开驴头，就可实现让位。如有卡住，只要再向前拉动一次驴头，即可解决。
（3）慢慢松开刹车，靠平衡块自重使驴头上升到上死点，此时驴头绕挂轴摆动到结构允许的最大让位状态。

2. 复位操作

（1）启动抽油机将游梁停在下死点附近，在驴头下部的孔中拴一根绳子，并使之绕过驴头最下部。
（2）向前拉动驴头，定位板自行推动锁块转动。确保驴头定位板与锁块处于压紧状态，方可进行下一步操作。
（3）光杆装入悬绳器，拧紧悬绳器压板螺钉，卡好光杆方卡子，作好开抽油机准备工作。

1.5.8 思考练习

拨正侧转式抽油机驴头操作有哪些步骤？

1.5.9 考核

1.5.9.1 考核规定

（1）如违章操作，将停止考核。
（2）考核采用百分制，考核权重：知识点30%，技能点70%。
（3）考核方式：本项目为实际操作考题，考核过程按评分标准及操作过程进行评分。
（4）考核说明：本项目主要考核员工对拨侧转式抽油机驴头操作掌握的熟练程度。

1.5.9.2 考核时间

（1）准备工作：5min（不计入考核时间）。

(2) 正式操作时间：30min。

(3) 在规定时间内完成，到时停止操作。

1.5.9.3 考核记录表

拨侧转式抽油机驴头考核记录表见表 1-5-2。

表 1-5-2　拨侧转式抽油机驴头考核记录表

序号	考核内容	评分要素	配分	评分标准	备注
1	准备工作	劳保着装整齐；选择工具、用具：侧转式抽油机、管钳、活动扳手、大锤、方卡子、安全带、绳索等	10	未正确穿戴劳保用品不得进行操；未准备工具、用具扣5分；少选一件扣2分	
2	拨侧转式抽油机驴头操作	将抽油机驴头停在距离下死点0.3~0.5m处，刹紧抽油机刹车；将方卡子卡在采油树防喷盒上方0.1~0.2m处	10	将抽油机驴头停在距离下死点0.3~0.5m处，未刹紧抽油机刹车扣5分；在防喷盒上卡方卡子未卡紧扣5分	
		启动抽油机，使方卡子坐到防喷盒上，停抽油机，悬绳器处于无负荷状态，刹紧抽油机刹车，卸掉悬绳器上的方卡子	10	方卡子坐防喷盒未及时停抽油机扣5分；停抽油机后，还处于有负荷状态扣5分	
		卸掉悬绳器上的固定螺栓，去掉盖板，用绳索拴住悬绳器并拉开。调整刹车使抽油机处于水平位置，刹死刹车，打好死刹车；如果抽油机游梁没有处于水平状态，则松开抽油机刹车，启动抽油机，使游梁处于水平状态停车，刹死刹车	10	未使用绳索拉开悬绳器扣5分；停抽油机处于水平位置时刹车未刹死扣5分	
		操作人员佩戴高空安全带，带引绳爬上抽油机游梁，系好安全带，固定好绳索并从一侧放下，连接好拨驴头的钩子及绳索。地面人员配合吊上大锤，操作人员砸出驴头一侧下、上两个销子，放入吊桶并和工具一起下放至地面	10	在驴头上操作未系安全带扣5分；操作人员未使用吊桶吊工具扣5分	
		解开安全带，操作人员下到地面和班组人员拉驴头。驴头拉到位后（向后转180°），再爬上游梁，系好安全带，用绳索固定好驴头及悬绳器。解开安全带，操作人员回到地面	10	拨完后的驴头未固定扣10分	
	拨正侧转式抽油机驴头操作	解开固定悬绳器的绳索，操作人员佩戴安全带，带上引绳爬上驴头，系好安全带，解开固定悬绳器及驴头的绳索，并系好拉驴头的绳索	10	在驴头上操作未系安全带扣5分；拉驴头的绳索未牢固扣5分	
		操作人员解下安全带，下到地面配合班组人员拉动绳索，把驴头拉至正常位置	10	操作人员未下到地面拉驴头扣10分	
		操作人员再爬上游梁，系好安全带，固定好引绳并下放引绳，地面人员在吊桶（或吊篮）内装入大锤及驴头固定销子。操作人员用引绳吊上吊桶（或吊篮），取出大锤及驴头固定销子，放下吊桶	5	在驴头上操作未系安全带扣5分	

续表

序号	考核内容	评分要素	配分	评分标准	备注
2	拨正侧转式抽油机驴头操作	调整驴头位置，穿上销子并砸紧，吊上吊桶（或吊篮），将大锤等工具放入并吊下	10	驴头销子未砸紧扣5分；工具、用具未经过吊桶直接扔到地面扣5分	
		解开拉驴头的绳索，放至地面；解开安全带，沿原路返回地面	5	解开拉驴头的绳索未带回地面扣5分	
3	考核时限	60min，到时停止操作考核			
4		合计100分			

任务6　人工下地锚

人工下地锚是按要求经人力将地锚准确钻入地下的施工。常规井下作业中是通过绷绳与地锚连接来实现井架固定，所以人工下地锚是常规井下作业中一项重要的施工任务。

1.6.1　学习目标

通过本任务学习，使操作员工能够准确地测量地锚桩外径和长度；能够准确的测量地锚耳外径和直径；能够准确的确定地锚跨度和地锚坑位置；能够熟练的挖取地锚坑和钻进地锚桩；能够正确的挂地锚销子。使操作员工下地锚施工过程中能够达到熟练、规范、安全操作。

1.6.2　学习任务

本学习任务包括施工准备、确定地锚坑位置、挖地锚坑、钻进地锚桩。

1.6.3　任务分析

本任务学习应准备钬锹、铁镐、钎子、加力杆、卷尺、直板尺、游标卡尺、地锚、挡板和地锚销子，同时确保完好齐全。操作人员应掌握根据地锚跨度确定地锚坑位置的方法；掌握挖地锚坑和钻进地锚桩的操作要点；能够识别安全风险并有效预防，避免意外伤害事故。

1.6.4　背景知识

1.6.4.1　地锚

1. 地锚的定义

地锚是利用底部的螺旋锚片将地锚桩钻入地下，然后通过与井架绷绳连接来实现固定井架的工具。

2. 地锚的结构

地锚由螺旋锚片、地锚桩和地锚耳组成，如图1-6-1所示。

1.6.4.2　地锚布置尺寸

（1）单体井架地锚布置尺寸见表1-6-1。

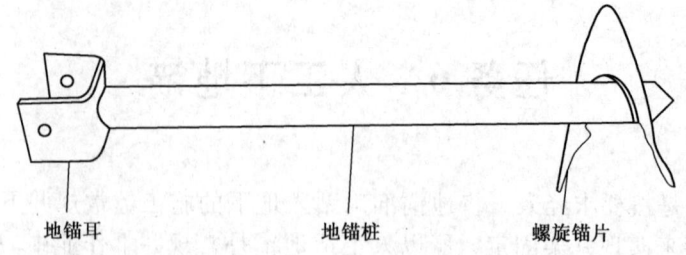

图 1-6-1 地锚结构图

表 1-6-1 单体井架地锚布置尺寸表　　　　　　　　　单位：m

序号	井架高度	前绷绳地锚			后绷绳地锚		
		距井口中心距离		内（外）绷绳之间距离	距井口中心距离		内（外）绷绳之间距离
		外绷绳	内绷绳		外绷绳	内绷绳	
1	18	22	20	14～16	24	22	14～16
2	24	26	24	20～24	28	26	20～24
3	29	29	26	26～30	29	26	22～28

（2）修井机地锚布置尺寸见表 1-6-2。

表 1-6-2 修井机地锚布置尺寸表　　　　　　　　　单位：m

序号	机型	A	B	C	D
1	≥80t	27±3	27±3	27±3	27±3
2	50t	23±3	23±3	23±3	23±3

1.6.4.3 地锚规格

（1）地锚桩长度不小于 1.8m。

（2）地锚桩直径不小于 73mm。

（3）螺旋锚片直径不小于 250mm。

（4）螺旋锚片长度不小于 400mm。

1.6.5 任务实施

1.6.5.1 施工准备

工具、用具准备见表 1-6-3。

1.6.5.2 确定地锚坑位置

（1）根据修井机类型确定地锚距离尺寸。

（2）以井口为起点，用卷尺沿修井机轴线方向，测量出地锚跨度的垂线距离，再左右确定两个后地锚坑位置。

(3) 再在修井机轴线与井口相反的方向，用同样方法确定两个前地锚坑位置。

表 1-6-3　工具、用具准备

序号	名称	规格	数量	序号	名称	规格	数量
1	地锚	1.8m	4个	6	卷尺	50m	1把
2	地锚销子		4套	7	直板尺		1把
3	铁锹		4把	8	加力杠		1个
4	铁镐		4把	9	游标卡尺		1把
5	钎子		2根				

1.6.5.3　挖地锚坑

(1) 根据地锚坑位置，用铁锹挖外径略大于螺旋锚片的地锚坑。
(2) 深挖地锚坑，达到螺旋锚片能够实施钻进为止。
(3) 达到要求后清理干净地锚坑，使螺旋锚片在地锚坑内完全着地。

1.6.5.4　钻进地锚桩

(1) 将地锚放入地锚坑中，扶正地锚，用铁锹将螺旋锚片掩埋。
(2) 用加力杠穿过地锚耳，两侧对向旋转进行地锚桩钻进，直至地锚桩外露地面不高于10cm。
(3) 将地锚耳开口方向朝向井架，取下加力杠，完成下地锚操作。
(4) 按以上操作方法，依次完成剩余待下地锚操作。

1.6.6　归纳总结

(1) 地锚坑应避开管沟、水坑、钻井液池等处，打在坚实的地面上。
(2) 地锚坑应避开地下电缆处。
(3) 地锚桩露出地面不高于10cm。
(4) 地锚耳及本体部分无开焊等缺陷。
(5) 地锚耳开口方向应朝向井架。
(6) 地锚销子强度可靠。
(7) 地锚销应安装垫圈和开口销进行锁固。
(8) 单体井架一般下6个地锚，修井机一般下4个地锚。

1.6.7　拓展链接

1.6.7.1　地锚车

地锚车主要用于石油行业钻修井作业中下地锚。地锚车不仅用于普通地层打地锚，还可用于冻土层地锚的钻进与拧出。数据显示地锚车可以节省人力90%以上，提高工作效率50%以上。

1.6.7.2 地锚车结构

地锚车主要由锚头减速器总成、吊臂总成、二类底盘、前支架总成、变幅油缸、支腿、操作室总成、回转支撑、液压绞车、副车架、卷管器总成和回转工作台组成，如图1-6-2所示。

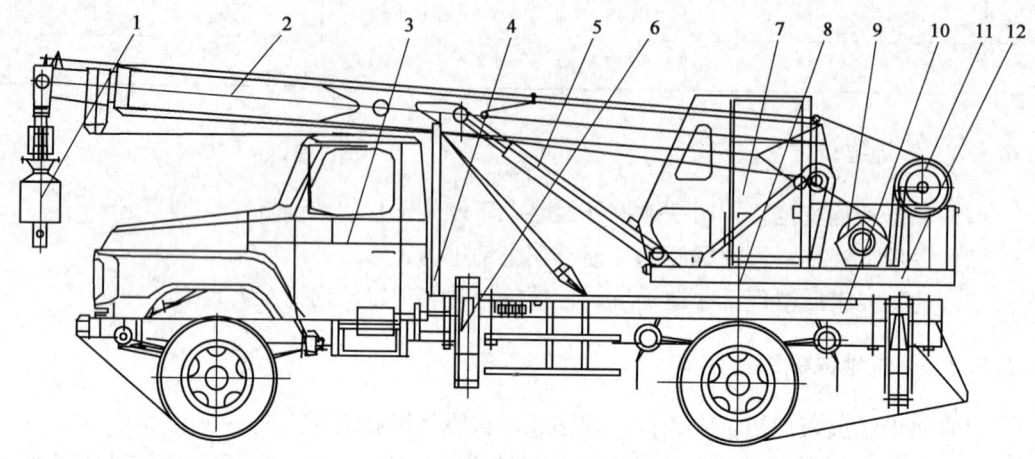

图1-6-2 地锚车示意图

1—锚头减速器总成；2—吊臂总成；3—二类底盘；4—前支架总成；5—变幅油缸；6—支腿；7—操作室总成；8—回转支撑；9—液压绞车；10—副车架；11—卷管器总成；12—回转工作台

1.6.8 思考练习

（1）简述修井机中50t、≥80t两种机型的地锚尺寸布置。
（2）简述如何确定地锚坑位置。

1.6.9 考核

1.6.9.1 考核规定

（1）如违章操作，将停止考核。
（2）考核采用百分制，考核权重：知识点30%，技能点70%。
（3）考核方式：本项目为实际操作考题，考核过程按评分标准及操作过程进行评分。
（4）考核说明：本项目主要考核员工对下地锚操作掌握的熟练程度。

1.6.9.2 考核时间

（1）准备工作：5min（不计入考核时间）。
（2）正式操作时间：60min。

(3) 在规定时间内完成，到时停止操作。

1.6.9.3 考核记录表

人工下地锚考核记录表见表 1-6-4。

表 1-6-4 人工下地锚考核记录表

序号	考核内容	评分要素	配分	评分标准	备注
1	准备工作	劳保着装整齐；选择工具、用具：铁锹、铁镐、钎子、加力杆、卷尺、游标卡尺、直板尺、地锚、地锚销子	10	未正确穿戴劳保用品不得进行操作；少选一件工具扣2分，扣完为止	
2	确定地锚跨度	根据要求选择地锚长度及外径，地锚桩长度不小于1.8m，地锚桩外径不小于73mm，螺旋锚片直径不小于250mm，螺旋锚片长度不小于400mm	10	地锚桩长度选择不正确扣3分；地锚桩外径选择不正确扣2分；螺旋锚片直径选择不正确扣3分；螺旋锚片长度选择不正确扣2分	
		根据修井机类型确定地锚跨度	20	修井机地锚跨度选择不正确扣20分	
3	挖地锚坑	挖外径略大于螺旋锚片的地锚坑	5	地锚坑外径不符合要求扣5分	
		深挖地锚坑，达到螺旋锚片能够实施钻进为止	5	地锚坑深度未达到要求扣5分	
		地锚坑应避开管沟、水坑、钻井液池等处，打在坚实的地面上	10	地锚坑未避开管沟、水坑、钻井液处扣10分	
		地锚坑应避开地下电缆处	10	地锚坑未避开电缆处扣10分	
4	钻进地锚桩	专人扶正，专人钻进	5	未专人扶正扣3分；未专人钻进扣2分	
		将地锚耳开口方向朝向井架，取下加力杆	10	地锚耳开口未朝向井架扣10分	
		地锚桩外露地面不高于10cm	10	地锚桩外漏地面高于10cm扣10分	
5	挂地锚销子	地锚销应安装垫圈和开口销进行锁固	5	未安装垫圈扣3分，未安装开口扣2分	
6	考核时限	60min，到时停止操作考核			
7		合计100分			

任务 7 立 放 井 架

井架是井下作业施工过程中的主要设备。立井架、放井架、校正井架是井下作业施工准备的一项重要内容,它关系到能否顺利施工和安全生产。立井架是将作业中的吊升起重系统安装在井口的过程;校正井架是指为保证井架施工安全,通过调整车载千斤顶,使井架与井口之间达到规定要求的过程;通过班组人员的配合,进行修井机摆正及起升井架、校正井架操作,达到安全施工的目的。

1.7.1 学习目标

通过本任务学习,使操作人员了解井架的用途、组成及要求;掌握立井架的基础要求,能够进行立井架、放井架、校正井架的安全操作,使操作人员在立井架、放井架、校正井架施工过程中熟练、规范、安全操作。

1.7.2 学习任务

本学习任务包括准备工作、立井架、放井架。

1.7.3 任务分析

本任务学习应准备 XJ90Z 修井机 1 部、游动滑车、大钩、绷绳等施工工具、用具,保证完好、齐全、好用。操作人员应了解井架的用途、组成及要求,掌握修井机立井架、放井架、校正井架的注意事项;在整个操作过程中,操作人员应熟练掌握立、放井架施工程序,能够识别安全风险并有效预防,避免意外伤害事故。

1.7.4 背景知识

1. 井架的用途

井架的主要用途是装置天车,支撑整个提升系统,以便悬吊井下设备、工具和进行各种起下作业。一般修井时均采用固定式轻便井架或修井机自带各种类型的井架,如图 1-7-1 所示。

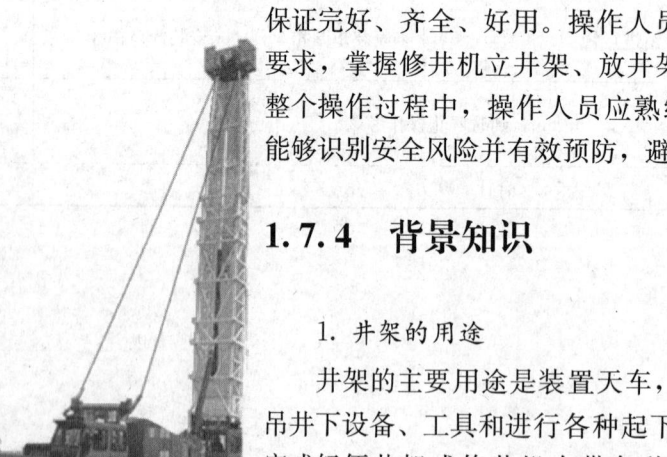

图 1-7-1 轮式修井机示意图

2. 自走式井架组成、载荷和高度

(1) 自走式井架由天车、主体、支座、梯子、绷绳、吊绳等组成。

（2）井架载荷是指大钩载荷、风载荷作用于井架的组合载荷，自走式修井机井架一般不计算地震载荷。

（3）井架高度是指从地面到天车梁底面的最小垂直距离。

3. 绷绳

绷绳是用来平衡井架所承受的重力负荷、风力负荷、钻具拉力负荷及钻具冲击负荷等所产生的作用力。使井架保持符合要求的工作状态。绷绳的松紧度对井架来说非常重要。绷绳过于松弛，井架在交变负荷的作用下产生前后摆动使其偏离井眼易发生事故。绷绳过于紧绷易使车载井架变形产生损坏，因此绷绳应有合适的松紧度。

绷绳应无扭曲，若有断丝则一个捻距内不得超过 6 丝。井架绷绳必须使用与钢丝绳规范相同的绳卡，每道绷绳一端绳卡应在 4 个以上，绳卡间距不小于 15~20cm。

1.7.5 任务实施

1.7.5.1 准备工作

1. 施工准备

工具、用具准备见表 1-7-1。

表 1-7-1 工具、用具准备

序号	名称	规格	数量	序号	名称	规格	数量
1	修井机	XJ90Z	1 部	4	扳手		2 把
2	绳卡子		若干	5	枕木		4 个
3	水平尺		1 把	6	卷尺		1 把

2. 铺设千斤顶基础

要求地基土壤硬实、平整，对于松软地基应铺设碎石（矿渣）或垫板。

3. 载车对正井口

（1）由专职司机驾驶、专人指挥倒车，将车倒至井口合适位置。

（2）用钢卷尺测量后支撑底座中心到井口中心距离，应在 1.6~1.65m 之间（具体参照各车立放井架标准）。

（3）测量支撑底座两侧对角与井口中心距离，使支撑底座两侧对角距离与井口中心一致。

（4）将千斤顶支腿下面铺设枕木，枕木铺设要求与修井机呈十字摆放，铺设平整。

4. 操作转换

先将发动机熄火，将驾驶室三位四通气阀转换至驻车位置，同时将液力变矩器输出离合手柄转换至台上作业位置（三位四通气阀转换至驻车位置，刹车分泵的压缩气由继动器排气口排出；刹车分泵里的强力弹簧将推杆推出，并维持推出状态，实现驻车刹车。将三位四通气阀放到解除位置，压缩气通过三位四通气阀向继动器供气，主气通过继动器向刹车分泵供气，弹簧被压缩，推杆缩回，刹车解除。三位四通气阀也是车上作业供气的控制阀，换到驻车位置时，车辆驻车，同时给车上作业供气；换到解除位置时，车辆可以行驶，车上作业断气），然后重新启动发动机。

5. 载车调平

将二联阀液压缸手柄置于工作位，操作六联阀将修井机千斤顶支腿伸出，使其轮胎刚承载负荷；使用水平尺将修井机前后左右调整平衡后锁紧千斤顶机械螺母，保证施工过程中载车不发生泄压倾斜。

6. 整理绷绳

检查绷绳，将井架之上缠绕的绷绳摘下并放置地面，无挂连、打扭现象。

1.7.5.2 立井架

（1）立井架时，专人观察指挥，专人操作六联阀控制箱立井架，其余人员负责拉、摘绷绳和钢丝绳，防止挂连、打扭。

（2）起升二级井架，操作控制井架起升油缸的手动换向阀向外拉，使井架离开前支架 100~200mm，并在此位置停留 2min 左右，观察液压系统有无漏油及压力过高现象。如有漏油现象，应停止起升井架，将井架放下，排除隐患后再进行操作，当井架起升到 85°位置时，应减少液压阀的开度，以便使井架平缓地坐在一级井架底座上，避免快速撞击损坏井架底座。

（3）然后插入一级、二级井架固定销，插好保险销。在二级井架起升过程中，要随时观察绷绳、大绳，不能挂碰。

（4）挂好井架四道防风绷绳，松紧度满足三级井架伸出需要，不能过紧或过松。

（5）检查二、三级井架防前窜挂钩是否打开，起升三级井架，操纵伸缩液压缸的手柄向外拉，使三级井架从二级井架中试伸出，保持井架上体缓慢伸出约 400mm，手柄回中位，井架静止 1~2min，观察液压系统伸缩液压缸、各管路无渗漏，表压正常，各附件无干涉、挂连等现象，井架上体无爬行现象，缓慢压下伸缩液压缸控制阀手柄，落下井架上体。

（6）抬起伸缩液压缸控制阀手柄，使井架上体缓慢伸出。在伸出过程中，每道扶正器正确扶正液压缸，无挂连卡阻。若发生故障，应立即停止上升，并放下井架上体，排除故障后，方可继续进行井架上体伸出操作。

（7）当接近行程终了时，减少液压阀的开度，待三级井架起升至锁紧机构以上 220mm 时，操纵"三位四通阀"气缸推动锁块至二级井架横梁上，然后缓慢下放三级井架压于锁块上，再把"三位四通阀"手柄扳至中位。

（8）将游动滑车放置在井口位置，观察大钩居中情况，若大钩偏离井口，需要校正井架。

注意：①如果大钩下端向井口正后偏离，说明井架倾斜度过小。应调整井架自身倾斜度，或升高车身千斤顶，或降低井架千斤顶，使之对正井口中心为止。

②若大钩下端向井口正前方偏离，说明井架倾斜度过大。应调整井架自身倾斜度，或降低车身千斤顶，或者升高井架千斤顶，使之对正井口中心为止。

③若大钩下端向正左方偏离井口，应升高井架左侧千斤顶和车身千斤顶，或降低井架右侧千斤顶和车身千斤顶，直到对正为止。

④若大钩下端向正右方偏离井口，应升高井架右侧千斤顶和车身千斤顶，或降低井架左侧千斤顶和车身千斤顶，直到对正为止。

⑤若大钩下端非正前后、正左右偏离井口，应先进行左右偏差调整，再进行前后偏差调整，直到对正为止。

（9）井架校正好后，上紧各个千斤顶背帽，调整车身两道负荷绷绳，再调整好其余四道绷绳（风绳），使绷绳垂度保持在150~250mm范围内。

1.7.5.3 放井架

（1）放井架时，专人观察指挥、专人操作放井架。

（2）将游动滑车上提至三级井架游动滑车托盘处，刹好刹车。

（3）将固定在前支架上的两根负荷绷绳及其他四根井架防风绷绳放松，松紧度满足三级井架从二级井架中伸出需要。

（4）操纵伸缩液压缸的手柄向外拉，使三级井架从二级井架中伸出，检查液路，如发现漏失，要检查故障，待处理完后再操作液压换向阀。

（5）待三级井架起升至锁紧机构以上220mm时，操纵"三位四通阀"气缸带动锁块从二级井架横梁上收回。

（6）向内推伸缩液压缸液压阀手柄，使井架上体缩回到井架下体中，滑车要处于三级井架游动滑车托盘处。

（7）摘下四道井架防风绷绳，班组人员配合拉好绷绳和车载绷绳，防止缠绕。

（8）摘下两边支架处的固定销子。

（9）由专人指挥、专人操作，缓慢平稳放下二级井架，当二级井架与地面成85°左右时，调整好两道前绷绳在二级井架挂钩上的位置，将两道前绷绳置于二级井架挂钩上，在放井架过程中，班组配合人员拉顺后绷绳和车身绷绳，防止缠绕，直至将二级井架完全放下，挂好二、三级井架防前窜挂钩。此时再扳动"三位四通阀"手柄至中位，操控六联阀伸缩缸手柄至中位，然后操纵二联阀手柄至中位，防止管线长期憋压损坏管线及阀件。

（10）在二级井架挂钩上收起井架绷绳，缠绕牢固，用棕绳固定牢靠，防止车辆运输过程中井架前窜，绷绳散落、挂碰。

（11）松开车身千斤顶背帽和井架千斤顶背帽，同时收起井架千斤顶和车身千斤顶，防止回收千斤顶不同步发生车身倾斜，并把千斤顶支腿防坠螺栓（绳链）挂好。

（12）发动机熄火，将驾驶室三位四通气阀转换至解除位置，同时将液力变矩器输出离合手柄转换至台下行走位置，再启动发动机进行搬迁转移。

1.7.6 归纳总结

（1）立、放井架时必须专人操作、专人观察指挥，并由班组人员配合操作。

（2）立、放井架时，在井架起升、回收的过程中手不能离开液压阀手柄，以免发生意外。

（3）校正井架调整时应缓慢进行千斤顶起升或降低，严禁快速起升或降低千斤顶。

(4) 升液压缸压力不得超过 14MPa。
(5) 风速大于四级不得升、降井架。
(6) 立、放井架时在绷绳拉伸范围内的抽油机必须停抽，待立、放井架完毕后方可启抽。
(7) 校正井架一定要做到绷绳先松后紧，防止井架变形，校正井架后，每道绷绳受力要均匀。
(8) 若井架倾斜度过大或左右偏差太大，必须放井架调整车身位置，调整完毕重新立井架。

1.7.7 拓展链接

校正固定式井架过程如下：
(1) 用作业机将油管上提至油管下端距井口 10cm 左右（注意：无风情况下），观察油管是否正对井口中心。
(2) 如果油管下端向井口正前偏离，说明井架倾斜度过大，松井架前二道绷绳，紧后四道绷绳，使之对正井口中心为止。
(3) 如油管下端向井口正后方偏离，说明井架倾斜度过小，松后四道绷绳，紧井架前二道绷绳，使之对正井口中心为止。
(4) 若油管下端向正左方偏离井口，松井架左侧前、后绷绳，紧井架右侧前、后绷绳，直到对正为止。
(5) 若油管下端向正右方偏离井口，松井口右侧前、后绷绳，紧左侧前、后绷绳，直到对正为止。
(6) 若油管下端向左前方偏离井口，松前左绷绳，紧后右绷绳，直到对正为止。
(7) 若油管下端向右前方偏离井口，松前右绷绳，紧后左绷绳，直到对正为止。
(8) 若油管下端向左后方偏离井口，松左后绷绳，紧前右绷绳，直到对正为止。
(9) 若油管下端向右后方偏离井口，松右后绷绳，紧前左绷绳，直到对正为止。
(10) 除以上校正方法外，有时可能井架底座基础不平而导致井架偏斜，遇此情况应与安装单位联系，由安装单位校正。

1.7.8 思考练习

(1) 简述轮式修井机立井架操作方法。
(2) 简述轮式修井机放井架操作方法。

1.7.9 考核

1.7.9.1 考核规定

(1) 如违章操作，将停止考核。

(2) 考核采用百分制，考核权重：知识点 30%，技能点 70%。

(3) 考核方式：本项目为实际操作考题，考核过程按评分标准及操作过程进行评分。

(4) 考核说明：本项目主要考核员工对立放井架操作掌握的熟练程度。

1.7.9.2 考核时间

(1) 准备工作：5min（不计入考核时间）。

(2) 正式操作时间：30min。

(3) 在规定时间内完成，到时停止操作。

1.7.9.3 考核表

轮式修井机立井架操作考核记录表见表 1-7-2。

表 1-7-2 轮式修井机立井架操作考核记录表

序号	考核内容	评分要素	配分	评分标准	备注
1	准备工作	劳保着装整齐；选择工具、用具：XJ90Z 修井机 1 部、水平尺 1 个、枕木 2 块、钢卷尺 1 把、扳手、绳卡子	5	未正确穿戴劳保用品不得进行操作；未准备工具、用具扣 2 分；少选一件扣 1 分（扣完为止）	
2	立井架	立井架时，专人观察指挥，专人操作，其余人员负责拉、摘绷绳和钢丝绳	10	未专人指挥、专人操作各扣 5 分	
		起升二级井架，使井架离开前支架 100～200mm，并在此位置停留 2min 左右，观察液压系统有无漏油及压力过高现象，当井架起升到 85°位置时，应减少液压阀的开度，以便使井架平缓地坐在一级井架底座上，避免快速撞击损坏井架底座	10	未停留检查扣 5 分；未减缓坐落扣 5 分	
		然后插入一级、二级井架固定销，插好保险销。在二级井架起升过程中，要随时观察绷绳、大绳，不能挂碰	10	未插固定销扣 5 分；未插保险销扣 5 分	
		挂好井架四道防风绷绳，松紧度满足三级井架伸出需要，不能过紧或过松	15	未挂绷绳扣 10 分；绷绳松紧不合适扣 5 分	
		检查二、三级井架防前窜挂钩是否打开，起升三级井架，使三级井架从二级井架中试伸出约 400mm，井架静止 1～2min，观察液压系统伸缩液压缸、各管路无渗漏，落下井架上体	10	未检查防窜钩扣 5 分；未观察渗漏情况扣 5 分	
		使井架上体缓慢伸出，每道扶正器正确扶正液压缸，无挂连卡阻	10	未观察扶正器工作状况扣 10 分	
		待三级井架起升至锁紧机构以上 220mm 时，操纵"三位四通阀"气缸推动锁块至二级井架横梁上，然后缓慢下放三级井架压于锁块上，再把"三位四通阀"手柄扳至中位	10	未锁紧锁块扣 5 分；三位四通阀手柄未至中位扣 5 分	

续表

序号	考核内容	评分要素	配分	评分标准	备注
2	立井架	将游动滑车放置在井口位置，观察大钩居中情况，若大钩偏离井口，需要校正井架	10	不观察井架居中情况扣5分；不会校正井架扣5分	
		井架校正好后，上紧各个千斤顶背帽，调整车身两道负荷绷绳，再调整其余四道绷绳（风绳），使绷绳垂度保持在150~250mm范围内	10	紧绷绳顺序错误扣5分；绷绳垂度不符合要求扣5分	
3	考核时限	30min，到时停止操作考核			
4		合计100分			

轮式修井机放井架操作考核记录表见表1-7-3。

表1-7-3 轮式修井机放井架操作考核记录表

序号	考核内容	评分要素	配分	评分标准	备注
1	准备工作	劳保着装整齐；选择工具、用具：XJ90Z修井机1部、扳手、绳卡子	5	未正确穿戴劳保用品不得进行操作；未准备工具、用具扣2分；少选一件扣1分（扣完为止）	
2	放井架	放井架时，专人观察指挥，专人操作放井架	10	未专人指挥、专人操作各扣5分	
		将游动滑车上提至三级井架游动滑车托盘处，刹好刹车	5	未上提游动滑车扣3分；未刹好刹车扣2分	
		将固定在前支架上的两根负荷绷绳及其他四根井架防风绷绳放松，松紧度满足三级井架从二级井架中伸出需要	10	未松绷绳扣5分；绷绳松紧度过大或过小扣5分	
		操纵伸缩液压缸的手柄向外拉，使三级井架从二级井架中伸出，检查液路，如发现漏失，要检查故障，待处理完后再操作液压换向阀	5	未检查故障扣2分；未停留扣3分	
		待三级井架起升至锁紧机构以上220mm时，操纵"三位四通阀"气缸带动锁块从二级井架横梁上收回	5	未回收三位四通阀气缸扣5分	
		向内推伸缩液压缸液压阀手柄，使井架上体缩回到井架下体中，滑车要处于三级井架游动滑车托盘处	10	游动滑车停放位置错误扣10分	
		摘下四道井架防风绷绳，班组人员配合拉好绷绳和车载绷绳，防止缠绕	10	未摘绷绳扣10分	
		摘下两边支架处的固定销子	5	未摘固定销子扣5分	

续表

序号	考核内容	评分要素	配分	评分标准	备注
2	放井架	由专人指挥、专人操作,缓慢平稳放下二级井架,当二级井架与地面成85°左右时,将两道前绷绳置于二级井架挂钩上	10	未挂绷绳扣10分	
		在二级井架挂钩上收起井架绷绳,缠绕牢固,用棕绳固定牢靠	10	未挂绷绳扣5分;绷绳未固定扣5分	
		松开车身千斤顶背帽和井架千斤顶背帽,同时收起井架千斤顶和车身千斤顶,并把支腿防坠螺栓(绳链)挂好	10	收千斤顶倾斜扣5分;未挂好支腿防坠螺栓扣5分	
		发动机熄火,将驾驶室三位四通气阀转换至解除位置,同时将液力变矩器输出离合手柄转换至台下行走位置	5	未转换三位四通气阀扣3分;未转换液力变矩器输出离合手柄扣2分	
3	考核时限	30min,到时停止操作考核			
4		合计100分			

任务8 更换提升大绳

井下作业的提升系统是由天车（定滑轮）和游动滑车（动滑轮）及连接天车和游动滑车的一根钢丝绳组成。滑轮组中的这根钢丝绳称为提升大绳，简称大绳。提升大绳在起下作业时受力大、使用频繁，所以磨损快、易断丝，一旦出现磨损严重或断丝较多的情况而没有及时更换，就可能会断裂，造成人员伤害和设备损坏。更换大绳就是把提升系统中已经不符合安全要求或施工要求的提升大绳，换成符合要求的新提升大绳。更换时如果操作不当，会出现大绳打扭或跳槽现象，甚至在更换大绳过程中还可能存在大绳脱落伤人等安全风险，所以操作员工掌握更换提升大绳的正确操作程序是基本技能。

1.8.1 学习目标

通过本任务学习，使操作人员掌握更换提升大绳的正确操作程序；会解除大绳扭劲；会连接新旧大绳；会卡死绳、卡活绳；了解如何穿提升大绳和滑切大绳；使操作人员在更换提升大绳时能够熟练、规范、安全操作。

1.8.2 学习任务

本学习任务包括施工准备、连接大绳、引大绳、卡死绳、卡活绳、排大绳。

1.8.3 任务分析

本任务学习应准备需要更换大绳的提升设备、工具及新大绳。操作人员先要知道更换大绳所需要的工具，懂得待换大绳需要解除扭劲，会连接大绳，在引大绳时能够安全操作，能够正确卡死绳、卡活绳及排大绳，知道大绳与绳卡子型号匹配关系。掌握这些操作要领，在更换提升大绳过程中才能正确操作，识别安全风险并有效预防，避免出现意外伤害事故。

1.8.4 背景知识

1.8.4.1 钢丝绳

1. 捻制方向分类

（1）右捻：钢丝捻成股或股捻成绳时，由右向左捻制，以代号"Z"标示。

(2) 左捻：钢丝捻成股或股捻成绳时，由左向右捻制，以代号"S"标示。

2. 捻制方法分类

(1) 顺捻：也叫同向捻。丝成股与股成绳的捻制方向相同。

(2) 逆捻：也叫交互捻。丝成股与股成绳的捻制方向相反，如图1-8-1所示。

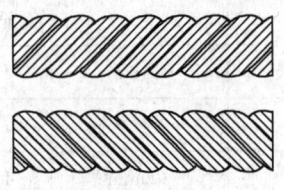 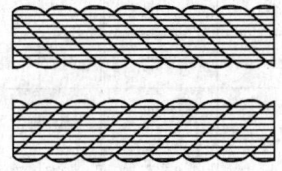 

顺捻　　　　　　　　　逆捻　　　　　　　钢丝绳横截面

图1-8-1　钢丝绳捻制示意图

3. 钢丝绳捻制的特点

(1) 顺捻钢丝绳的优点是柔软、易曲折、与滑轮槽和滚筒接触面积大，因此应力较分散、磨损较轻、各钢丝间接触面大、钢丝绳密度大、与同直径钢丝绳比抗拉强度大。缺点是由于捻向相同，故而具有较大反向力矩，吊升重物易打扭。

(2) 逆捻钢丝绳的优点是钢丝之间接触面小、负荷较均匀、使用时不易打扭、各股不易松散。缺点是柔性差，与同直径顺捻钢丝绳比强度小。

1.8.4.2　钢丝绳卡

钢丝绳卡又叫钢丝绳夹，是用于锁住钢丝绳的主要部件，由卡座和U形螺栓两部分组成，如图1-8-2所示。

图1-8-2　钢丝绳卡

工作状态中，钢丝绳卡一般是几个组合使用，根据钢丝绳的直径选择绳卡型号和卡距，根据受力情况等选择绳卡数量和方向。钢丝绳卡与钢丝绳匹配情况见表1-8-1。

表1-8-1　钢丝绳卡匹配表

钢丝绳直径（mm）	10	10～20	21～26	28～36	36～40
最少绳卡数（个）	3	4	5	6	7
绳卡间距（mm）	80	140	160	220	240

1.8.5　任务实施

1.8.5.1　准备工作

1. 工具、用具准备

工具、用具准备见表1-8-2。

表 1-8-2　工具、用具准备

序号	名称	规格	数量	序号	名称	规格	数量
1	钢丝绳	符合要求	符合要求	8	钢丝钳		1把
2	卡子绳	与大绳匹配	20	9	细铁丝		若干
3	活动扳手	250mm	2把	10	棉纱		适量
4	油管钳	600mm	2把	11	游标卡尺	150mm	1把
5	大锤		1把	12	安全带		1套
6	棕绳		若干	13	螺丝刀	300mm	1把
7	切绳器		1台				

2. 解除扭劲

从绳盘取下的钢丝绳有时会出现扭劲，一旦把有扭劲的钢丝绳穿入提升系统后，提升大绳就会打扭。所以对有扭劲的钢丝绳首先要进行扭劲解除，一般常用解除钢丝绳扭劲的方法是把整根钢丝绳展开，再重新缠到通井机的滚筒上，一般扭劲即可解除。也有用通井机等车辆在一段直路上把展开的钢丝绳拖拽一段距离以达到更好的效果，但这种方法拖拽距离不宜过长，以免钢丝绳被磨损过多。

1.8.5.2　连接大绳

（1）将游动滑车平放在地面上或挂在井架上卸掉载荷，将盘好的新钢丝绳放在井架底座附近。

（2）卸掉死绳头端的固定绳卡，把死绳头拉至地面，切掉弯曲的一段。

（3）将新钢丝绳间隔破开三股，破开长度1～1.5m，把破开的三股切掉。

（4）再将旧钢丝绳死绳端也间隔破开三股，破开长度与新钢丝绳相同，把未破开带有绳芯的绳股切掉。

（5）将新钢丝绳带绳芯的绳股伸进旧钢丝绳三股绳股内与绳芯断处对到一起，然后把旧钢丝绳的三根绳股顺捻编在新钢丝绳带有绳芯的绳股上。

（6）把钢丝接口处用棕绳坯或细铁丝捆绑并扎紧、扎牢。

1.8.5.3　引大绳

（1）指挥操作工缓慢平稳操作转动滚筒（正挡）带动新钢丝绳从死绳端升向井架天车。

（2）新钢丝绳端头到达天车时，操作工降低滚筒速度慢慢把新钢丝绳头引过天车，防止跳槽或拉断连接绳头。

（3）新钢丝绳端头从天车到达游动滑车时，操作工再缓慢操作滚筒把新大绳引过游动滑车，防止跳槽或把游动滑车拉翻。

（4）按上述操作依次利用旧钢丝绳将新钢丝绳牵引过天车及游动滑车所有的滑轮，最后将新钢丝绳缠绕在滚筒上，死绳端剩余的钢丝绳应够卡死绳或拉力表。

1.8.5.4 卡死绳

卡死绳一般又分为固定井架卡死绳和车载架子卡死绳两种情况。

1. 固定井架卡死绳和拉力表

（1）用 10~12m 的钢丝绳穿过拉力表底环，绕过井架大腿底部（井架大腿销子上部位置）分别系猪蹄扣，然后将两根绳头再次穿过拉力表底环，用 8 个绳卡子卡紧。

（2）用 4m 的钢丝绳绕过底绳后，两头对折用 4 个绳卡子以同方向卡紧、卡牢（制成保险绳圈）。

（3）将死绳头穿过拉力表上环和保险绳圈，对折后用 5 个绳卡子卡紧、卡牢。

2. 车载架子卡死绳

车载架子的死绳是穿入死绳固定器，然后用固定压板卡紧。

1.8.5.5 卡活绳

（1）指挥操作工挂倒挡下放钢丝绳，将滚筒上外层的新钢丝绳倒下来到新旧钢丝绳连接处。

（2）在新旧钢丝绳连接处将新钢丝绳头端切断，再把滚筒上的旧钢丝绳全部倒下来盘好。

（3）将新钢丝绳的活绳头用细铁丝扎好并用手钳拧紧，顺作业机滚筒一侧专门固定提升大绳的孔眼由内向外穿过，向外拉出 5~10m，把活绳头围成直径约 20cm 的圆环，然后用钢丝绳卡子卡在距离绳头 4~5cm 处，用活动扳手拧上绳卡子螺母（绳卡松紧程度以钢丝绳能在绳卡里窜动为准）。

（4）将绳环纵穿过井架底部呈三角形状的拉筋中间，撬杠卡住绳环卡子（不能穿进绳环之中），操作人员来回拉动钢丝绳，使绳环直径变小约 10cm 为止，取出绳环用活动扳手将绳卡子卡紧。

（5）在滚筒内侧拉回钢丝绳，使活绳头绳环卡在滚筒外侧，以不刮碰护罩为准。

1.8.5.6 排大绳

（1）操作人员拉紧钢丝绳，指挥操作工用正挡缓慢转动滚筒缠绕大绳。

（2）使钢丝绳沿滚筒的钢丝绳引导槽紧密排列（滚筒无钢丝绳引导槽的，可用大锤把缠绕在滚筒上的钢丝绳砸紧，避免缠绕成"S"形而加剧大绳磨损和跳动），不使钢丝绳互相叠压和存在间隙，直至把活绳端剩余钢丝绳全部缠上滚筒，指挥操作工慢慢提起游动滑车至井架中部，将死绳和拉力表（固定井架）拉起。

（3）检查死绳吃力情况和绳卡子松紧情况（固定井架），不符合要求进行调整，完成更换大绳操作。

1.8.6 归纳总结

（1）更换提升大绳操作前应准备好所需要的工具、用具。

（2）新启用的提升大绳若有扭劲应在换大绳前解除扭劲，以免大绳打扭，解除扭劲时要注意防止钢丝绳产生死弯、松股、夹偏等。

（3）连接大绳时要紧密，不能过松、过粗，接头要捆绑好，并扎紧、扎牢。

（4）引大绳时指挥人员要指挥操作工缓慢操作，尤其是大绳连接处通过天车和游动滑车的滑轮时，要避免跳槽或拉断接头。

（5）卡死绳时各股要拉直，各股吃力要均匀。

（6）钢丝绳与绳卡配合要合适，卡距一般为钢丝绳直径的6～7倍，绳卡子的卡紧程度以钢丝绳直径变形1/3为准。

（7）钢丝绳卡应把卡座扣在钢丝绳的工作段上，绳卡夹板应在受力的一侧，"U"形螺栓须在钢丝绳尾端，钢丝绳绳卡子的卡座要朝向同一方向（即朝向提升大绳主绳方向）。

（8）卡好的活绳环直径小于10cm，绳头长度不能大于5cm，以不磨碰护罩为准。

（9）当游动滑车放至井口时，大绳在滚筒上的余绳不少于15圈。

（10）操作人员在操作时要注意防止被钢丝扎伤、被大绳缠绕勒伤。

（11）操作过程中如需要上井架，操作人员要系好安全带并做好防坠落防护措施，患有心脏病、高血压的人员不准上井架工作。上井架人员随身携带的小工具必须用小绳系于身上，以免掉下伤人。

1.8.7 拓展链接

1.8.7.1 固定井架穿提升大绳

在早期搬运固定井架时，为防止游动滑车掉落，常把提升大绳全部抽下来，这样就需要施工前进行穿提升大绳作业，还有换新井架或换游动滑车，以及断大绳等情况也需要穿提升大绳。穿提升大绳就是把钢丝绳穿入天车和游动滑车各个滑轮。

（1）穿提升大绳前，要先把提升大绳缠在通井机滚筒上，在井架后面摆正停稳，将游动滑车平放在井架前。

（2）操作人员系好安全带，扣好防坠落自锁器，携带引绳爬上井架天车，固定好安全带，将引绳从放入天车右边第一个滑轮内，引绳两端分别从井架前后放到地面。

（3）地面操作人员把井架后边的引绳头与通井机滚筒上的提升大绳端头进行连接，引绳在大绳上的缠绕长度要超过1m，缠绕5～6圈，用细棕绳坯子（100～150mm）捆扎紧，再将井架前的引绳头从井架侧面绕过拴在提升大绳端部的引绳上。

（4）地面操作人员缓慢拉动井架前的引绳，通井机操作工同时慢慢下放大绳，将提升大绳拉向井架天车。

（5）提升大绳与引绳连接处到达天车后，天车处的操作人员解开引绳，把引绳在井架前方、天车下面由后向前穿过天车拴在提升大绳端部的引绳上，提升大绳在天车右边第一个滑轮内（快轮），引绳在第二个滑轮内。

（6）地面操作人员继续拉动引绳，将提升大绳从天车拉至地面的游动滑车，将提升大绳端头从游动滑车右边第一个滑轮自上而下穿过，引绳放在第二个滑轮内。

（7）地面操作人员再缓慢拉动前引绳带动提升大绳升向井架天车，提升大绳端头到井架天车后，天车处操作人员把提升大绳放入天车右边第二个滑轮，把引绳放入天车第三个滑轮内。

（8）地面操作人员继续拉动引绳，直到把提升大绳穿入天车最后一个滑轮。

（9）当提升大绳端头从天车最后一个滑轮穿过后，天车操作人员把引绳从井架中间放到地面。

（10）穿过井架天车最后一个滑轮的提升大绳被引绳从井架中间拉至地面后，即可进行卡死绳、卡活绳工作（卡死绳、卡活绳同换大绳），完成穿提升大绳操作。

1.8.7.2 车载井架穿提升大绳

车载井架穿提升大绳可以采用与固定井架相同的方法，只是卡死绳不同。车载井架穿提升大绳也有不用立起井架，而是在载车上直接把钢丝绳从快绳轮顺时穿过天车和滑车，只是操作人员的高空安全防护必须做好，由于安全带缓冲绳长度限制，需要操作人员从天车到滑车分开接应传递大绳，最后完成卡死绳和卡活绳工作。

1.8.7.3 滑切大绳

最早修井更换提升大绳一般是仅凭肉眼直观判断大绳是否存在断丝或磨损等情况，来确定是否更换大绳，由于提升大绳各段受力与磨损不是均衡的，所以会出现其中一段先磨损达不到安全要求的情况，这时一般都是更换整根大绳，相对大绳使用成本过高。滑切大绳是将较长的提升大绳穿入提升系统中，把剩余部分在死绳端做备用，然后根据提升大绳磨损情况，及时对钢丝绳进行从死绳端滑移和快绳端切除操作，以期达到钢丝绳的磨损均匀和移动改变那些可能出现折曲断丝、挤压变形及严重磨损的着力点位置，提高钢丝绳的使用寿命。一般来讲，进行滑切的大绳越长，相对单位长度的大绳使用成本越低。滑切大绳操作如下：

（1）把游动滑车挂起或放到地面，卸掉大绳载荷。

（2）通过计算或根据磨损情况确定需要切掉的大绳长度。

（3）卸开死绳，使备用大绳能够顺利滑移。

（4）操作工挂正挡缓慢转动滚筒缠上需要滑切的大绳，死绳端的滑绳被引入提升系统中。

（5）从滚筒上倒下大绳，从快绳端切掉需要滑切的长度。

（6）卡好活绳，再排够滚筒上的大绳，最后卡好死绳完成大绳滑切工作。

1.8.8 思考练习

（1）钢丝绳卡的使用有哪些要求？

（2）更换提升大绳时，对准备启用的钢丝绳有哪些要求？

1.8.9 考核

1.8.9.1 考核规定

（1）如违章操作，将停止考核。

(2) 考核采用百分制，考核权重：知识点30%，技能点70%。
(3) 考核方式：本项目为实际操作考题，考核过程按评分标准及操作过程进行评分。
(4) 考核说明：本项目主要考核操作员工换提升大绳的操作熟练程度。

1.8.9.2 考核时间

(1) 准备工作：10min（不计入考核时间）。
(2) 正式操作时间：60min。
(3) 在规定时间内完成，到时停止操作。

1.8.9.3 考核记录表

更换提升大绳考核记录表见表1-8-3。

表1-8-3 更换提升大绳考核记录表

序号	考核内容	评分要素	配分	评分标准	备注
1	施工准备	劳保着装整齐；选择工具、用具：大锤、手钳子、细钢丝、棕绳、绳卡子、活动扳手、切绳器、螺丝刀等	10	未正确穿戴劳保用品不得进行操作；工具、用具少一件扣2分，扣完为止	
2	连接大绳	将游动滑车平放在地面上或挂在井架上卸掉载荷		不卸掉载荷不得操作	
		卸掉死绳头端的固定绳卡，把死绳头拉至地面，切掉弯曲的一段	5	不切弯曲大绳扣5分	
		将新钢丝绳间隔破开三股，破开长度1~1.5m，把破开的三股切掉	10	操作不正确扣10分	
		再将旧钢丝绳死绳端也间隔破开三股，破开长度与新钢丝绳相同，把未破开带有绳芯的绳股切掉	10	操作不正确扣10分	
		将新旧钢丝绳头破开处对到一起，然后把旧钢丝绳的三根绳股顺捻编在新钢丝绳带有绳芯的绳股上	20	编制的松散或不正确扣20分	
		把钢丝接口处用棕绳坯或细铁丝捆绑并扎紧、扎牢。	5	未扎紧、扎牢扣5分	
3	引大绳	连接处过天车时操作平稳，过滑车时操作不宜过快	10	连接处过天车时是操作不稳扣5分；连接处过滑车时操作过快扣5分	
4	卡死绳	用10~12m的钢丝绳穿过拉力表底环，绕过井架大腿底部（井架大腿销子顶部位置）分别系猪蹄扣，然后将两根绳头再次穿过拉力表底环，用8个绳卡子均匀卡紧，防止吃力不均	10	卡死绳的钢丝绳长度不够或猪蹄扣系错扣10分	

续表

序号	考核内容	评分要素	配分	评分标准	备注
4	卡死绳	用4m的钢丝绳绕过底绳后,两头对折把提升大绳夹在对折的钢丝绳中间,再用4个绳卡子以同方向卡紧、卡牢(制成保险绳圈)	5	保险绳圈绳卡子卡错或未卡牢扣5分	
		将死绳头穿过拉力表上环和保险绳圈,对折后用5个绳卡子卡紧、卡牢	5	死绳绳卡子卡错或未卡牢扣5分	
5	卡活绳	正确使用绳卡子;活绳环不允许刮碰护罩	10	绳卡子使用不正确扣5分;活绳环刮碰护罩扣5分	
6	考核时限	60min,到时停止操作考核			
7		合计100分			

任务 9　搭设管杆桥

管杆桥是由高度 300~500mm 的支撑座搭建起三道或四道支撑横梁形成的一座架设平台,用来摆放管杆,使油管、抽油杆不接触地面,防止被压弯、损坏或接触脏物,便于丈量、检查和起下作业。由于受井场空间和地面条件限制,管杆桥搭设不合格不仅增加起下作业难度,还容易倒塌,轻则损坏管杆,重则伤人。所以,搭设管杆桥是井下作业准备工作中一项重要施工任务。

1.9.1　学习目标

通过本任务学习,使操作人员了解管桥和杆桥的作用,掌握搭设管杆桥的操作步骤及注意事项,能够做到会准备、会检查、会操作,使操作人员在搭设管杆桥施工过程中能够熟练、规范、安全操作。

1.9.2　学习任务

本学习任务包括准备工作、搭设管杆桥。

1.9.3　任务分析

本任务学习应准备钢卷尺,油管、抽油杆若干,棕绳数根,油管凳 24 个等。操作人员应了解施工现场环境,懂得排查危险点源,掌握搭设管杆桥操作步骤。在整个操作过程中,操作人员应熟练掌握搭设管杆桥施工操作程序,能够识别安全风险并有效预防,避免意外伤害事故。

1.9.4　背景知识

搭建管杆桥的井场应平坦坚实,能承受大型车辆的行驶,满足管杆桥搭设所需面积。井场整体符合中部高于四周的要求,以利于排水、排污。雨季时,管杆桥周围需挖排水沟,防止积水。根据自然环境、风向、修井工艺要求及井场实际,合理布局桥面,方便施工。遇有雨雪天气时,应做好防雷、防滑工作。

1.9.5　任务实施

1.9.5.1　准备工作

1. 工具、用具准备

工具、用具准备见表 1-9-1。

表1-9-1 工具、用具准备

序号	名称	规格	数量	序号	名称	规格	数量
1	油管		若干	4	油管凳		24个
2	棕绳		数根	5	钢卷尺		1把
3	防渗布		1捆	6	滑车		1个

2. 场地检查

(1) 熟读施工设计,根据施工内容准备好相应规格的管杆。

(2) 施工前施工人员到现场进行勘察,看现场环境是否符合施工要求,如果现场凹凸不平,施工前需立即整改,使现场平整便于桥的搭建。

(3) 管桥和杆桥应避免搭建在地面松软和有沼泽泥泞的区域。

3. 工具、用具的检查

(1) 检查油管凳、备用油管、棕绳等工具、用具是否完好,各部位连接是否紧固。

(2) 检查钢卷尺有无磨损、数字是否清晰。

1.9.5.2 搭设管杆桥

(1) 管杆桥搭在距井口2m处。

(2) 操作人员搭管桥和杆桥前铺好防渗布,四周用油管固定好、围上围堤,控制原油落地范围,做好防污染工作。

(3) 首先在地面上铺设3道管凳,每道之间间隔3.5～4m,每道至少放置4个油管凳且油管凳之间距离保持均匀。油管凳放置完后,将3根桥管放到每道油管凳上行成桥面。桥面要平整,可用一根标准油管从桥面一端滑到另一端来检测搭设是否平整。

(4) 将现场的油管和抽油杆摆到桥面上,摆平、排齐。每10根一组,第10根油管或抽油杆接箍要突出来。如果排放的油管或抽油杆数量多,要排放两层以上,层与层之间用三根油管隔开。

(5) 用棕绳将隔开的三根油管系牢。

(6) 最上排油管距离井口一端搭设滑道,滑道宽度以滑车宽为准。

(7) 记录好所用管、杆数量。

1.9.6 归纳总结

1.9.6.1 技术要求

(1) 管桥距地面300mm以上,杆桥距地面500mm以上。

(2) 管桥或杆桥要与设备设施之间留有1.0m以上的安全通道。

(3) 每根桥管下至少要有4个油管凳。

(4) 隔层的三根油管要捆绑牢固。

(5) 油管凳应处在同一平面上,且采取立式摆放。

(6) 抽油杆悬空部分小于全长的20%。

1.9.6.2 注意事项

(1) 油管凳牢固，摆放间距合理、恰当，便于操作油管。桥面摆放整齐，且两端都不得拖地，中间不向下弯曲。

(2) 搭管桥和杆桥时要相互配合，保证安全。

(3) 禁止人员在油管或抽油杆上走动，随时观察桥座塌陷、歪斜状况，防止倒塌伤人。

(4) 油管和抽油杆不能同桥。

(5) 油管和抽油杆要求搭设在便于起下作业、不影响工艺流程的位置上。

(6) 丛式井两抽油机之间禁止搭油管、抽油杆桥。

(7) 管桥或抽油杆桥搭成后，应平稳、牢固、耐负荷，防止使用中途歪斜和倒塌。不能利用石头堆砌作管桥或抽油杆桥支架。

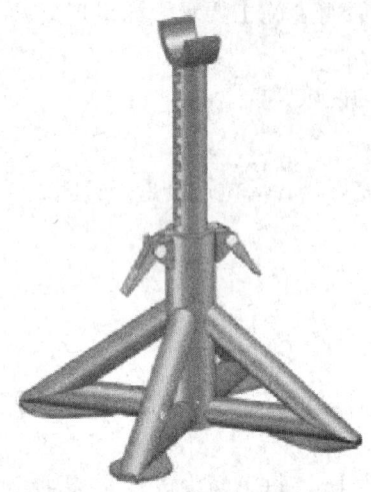

图 1-9-1 可调式油管凳

1.9.7 拓展链接

随着安全管理和人本管理的提升，企业对操作人员安全和劳动强度加大了成本投入，各种新科技、新设备以及小改革不断出现，如管座一体化、管座机械化等。下面介绍一款可调式油管凳，如图 1-9-1 所示。

这款油管凳是针对目前修井现场油管凳高度不可调，在冬季施工会给工人增加相当一部分劳动强度而设计。它的优点是：重量轻、方便工人搬运、高度可调。

1.9.8 思考练习

搭管桥和杆桥应注意什么？

1.9.9 考核

1.9.9.1 考核规定

(1) 如违章操作，将停止考核。

(2) 考核采用百分制，考核权重：知识点 30%，技能点 70%。

(3) 考核方式：本项目为实际操作考题，考核过程按评分标准及操作过程进行评分。

(4) 考核说明：本项目主要考核员工对管杆桥搭建操作掌握的熟练程度。

1.9.9.2 考核时间

(1) 准备工作：5min（不计入考核时间）。

(2) 正式操作时间：20min。

(3) 在规定时间内完成，到时停止操作。

1.9.9.3 考核记录表

搭设管杆桥考核记录表见表1-9-2。

表1-9-2 搭设管杆桥考核记录表

序号	考核内容	评分要素	配分	评分标准	备注
1	准备工作	劳保着装整齐；工具、用具准备：油管、油管凳、防渗布、滑车；场地检查：地面平整坚实；工具、用具检查：油管凳连接点是否牢固	30	未正确穿戴劳保用品不得进行操作；工具、用具准备少一样扣2分；地面不平整扣15分；地面松软扣5分；油管凳连接点不牢固扣7分	
2	搭设管杆桥	管杆桥搭在距井口2m处；做好防污染工作；在地面上铺设3道油管凳，每道油管凳之间相隔3.5~4m且每道至少放置4个油管凳，油管凳之间的距离保持均匀。每道油管凳上方放置一根桥管形成桥面，桥面要平整；将现场的油管和抽油杆摆到桥面上，摆平、排齐。每10根一组，第10根油管或抽油杆接箍要突出来；最上排油管距离井口一端搭设滑道，滑道宽度以滑车宽为准；记录好所用管、杆数量	70	未做防污工作扣15分；油管凳间隔不对扣5分；桥面不平扣10分；管杆摆放不对扣10分；滑车宽度不对扣10分；未记录管杆数量扣10分	
3	考核时限	20min，到时停止操作考核			
4		合计100分			

任务 10　安装节流、压井管汇

节流、压井管汇是控制井涌、实施油气井压力控制的重要设备。在防喷器关闭条件下,可通过压井管汇往井内注入流体使井内压力略大于地层压力,避免地层流体进一步流入井内。节流管汇可以进行泄压以实现软关井,当井内压力升高到一定极限时,通过它来放喷以保护所有承压部件,从而提高了井控的安全性。

1.10.1　学习目标

通过本任务学习,使操作人员了解节流与压井管汇、手动平板阀、手动节流阀、单流阀的工作原理及用途;掌握安装节流、压井管汇过程中的操作方法及技术要求,能够学会安装节流与压井管汇、使用节流与压井管汇等;使操作人员在安装节流、压井管汇施工过程中能够熟练、规范、安全操作。

1.10.2　学习任务

本学习任务包括施工准备、安装节流管汇、安装压井管汇。

1.10.3　任务分析

本任务学习应准备节流管汇、压井管汇、内控管等所需的工具、用具等。操作者施工前应先了解安装节流、压井管汇的整个操作过程及注意事项;正确掌握节流、压井管汇的操作技能,在操作过程中注意安全,防止抬重物时扭伤腰部或脱手砸脚;能够识别安全风险,并有效预防,避免意外伤害事故。

1.10.4　背景知识

1.10.4.1　阀件介绍

1. 手动平板阀

手动平板阀是节流管汇开通和截断介质流通的主要开关部件,阀门由阀体、闸板、阀座、阀盖、阀杆、平衡杆等零部件组成。手动平板阀闸板为金属密封,表面喷焊硬质合金,其密封面硬度高,具有良好的耐磨、耐蚀性能,可有效提高阀门的使用寿命,如图 1-10-1 所示。

图 1-10-1　手动平板阀

2. 手动节流阀

手动节流阀靠手轮的转动来调节阀板的开关，采用顶部为圆柱形的阀杆，具有流体流动性能好、震动小的特点。阀芯和阀座均采用耐磨和抗腐蚀性好的硬质合金材料制成，并且能够颠倒使用，因而能大大增加节流阀的使用寿命，如图1-10-2所示。

3. 单流阀

单流阀的主要零部件有：阀体、阀盖、阀芯、阀座、弹簧。此种单流阀采用盘形阀芯，利用弹簧力使阀芯复位并压在阀座上。当流体顺着标志箭头流动时，液体克服弹簧力推动阀芯，从而打开阀门，让流体通过，反之则流体压力和弹簧力同时压紧阀芯，使之密封。阀芯和阀座采用柱形弹簧推压，使密封面产生一定的预紧力以保证低压密封，高压密封借助介质的压力在密封面上生产较高的压力，而实现自密封效果，如图1-10-3所示。

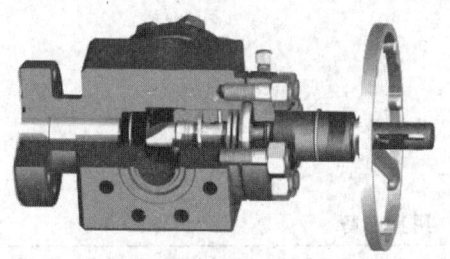 

图1-10-2 手动节流阀　　　　　　图1-10-3 单流阀

1.10.4.2 管汇介绍

1. 节流管汇结构及用途

结构：节流管汇是由手动节流阀、手动平板阀、四通、五通、连接管、汇流管、双层底座等组成。

用途：节流管汇是控制井涌、实施油气井压力控制的必要设备。在防喷器关闭条件下，利用节流阀的启闭，控制一定的套压来维持井底压力始终略大于地层压力，避免地层流体进一步流入井内。此外在实施关井时，可用节流管汇泄压以实现软关井。当井内压力升高到一定极限时，通过它来放喷以保护井口，如图1-10-4所示。

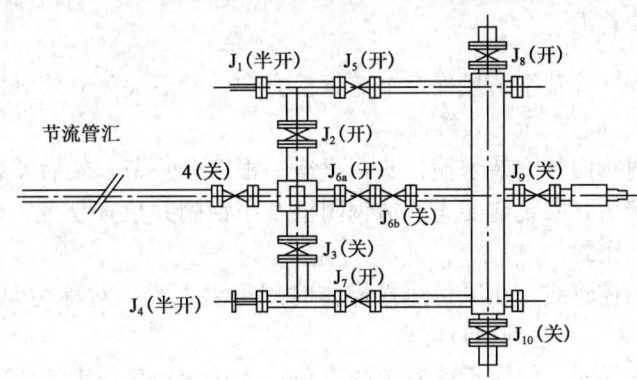

图1-10-4 节流管汇示意图

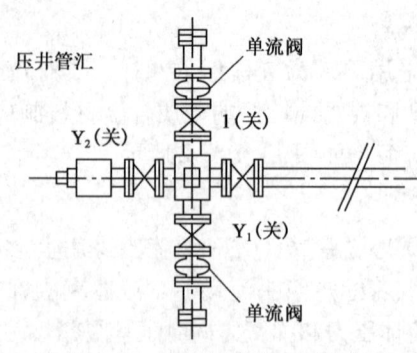

图 1-10-5 压井管汇示意图

2. 压井管汇结构及用途

结构：压井管汇由手动平板阀、单流阀、四通、双层底座等组成。

用途：当发生井喷时，可以在压井管汇上连接高压泵往井内灌修井液，使修井液经单流阀进入井筒循环压井。在修井液无法进行正常循环的情况下，也可以通过压井管汇往井筒里强行灌大密度液体，实施挤压井作业，如图 1-10-5 所示。

1.10.5 任务实施

1.10.5.1 施工准备

1. 工具、用具准备

工具、用具准备见表 1-10-1。

表 1-10-1 工具、用具准备

序号	名称	规格	数量	序号	名称	规格	数量
1	压井管汇		1套	5	卡箍		1套
2	节流管汇		1套	6	密封脂		适量
3	管钳	900 mm	2把	7	钢丝刷		1把
4	固定扳手		2把	8	大锤		1把

2. 工具、用具的检查

(1) 检查所需工具是否齐全、完好。

(2) 检查管线是否畅通、仪表是否正常。

(3) 检查连接件是否完好、匹配。

(4) 检查井控装置是否满足设计要求。

1.10.5.2 安装节流管汇

(1) 先根据井场环境及季节风确定节流管汇方向，然后关闭套管阀门，放净表补芯及压力表压力，将表补芯、压力表拆掉。

(2) 在井口四通阀门处安装卡箍接头，再连一根双公短节，然后安装法兰盘，把卡箍接头变换成法兰接头。安装前要先清洁钢圈槽及小钢圈并检查是否完好，安装时两头螺栓拧紧，确保紧固密封。

(3) 平直连接内控管线，在法兰连接操作时螺母要上满，对称均匀2次拧紧螺栓，外螺纹至少露出2~3扣，达到密封可靠。

(4) 连接内控管线时，如遇不可避免的弯角，其转弯夹角应大于120°，严禁直角转弯，管线每隔 10~15m 应固定。

(5) 调整、摆放节流管汇,(如要调整高度,只要吊起设备上部分到需要的高度,把销子插到定位孔内固定即可,最大调节范围为 0.8m),再将管汇和内控管连接在一起,完成节流管汇连接。

1.10.5.3 安装压井管汇

(1) 关闭另一侧套管及流程阀门,放压后拆掉套管流程。

(2) 平直连接内控管线,在 10~15m 位置进行固定,并要求接出井口 20m 以外与压井管汇有平板阀的一侧相连接,压井管汇摆放位置要便于接泵车进行洗压井施工。压井管汇与节流管汇连接方法相同。

(3) 管汇连接完毕后对管汇、活动接头等部位试压 25MPa,稳压 10min,各部位无刺漏。

(4) 根据节流管汇示意图(图 1-10-4 和图 1-10-5),调整节流、压井管汇手动平板阀、手动节流阀在施工中"待命"工况的开关位置(表 1-10-2)。

表 1-10-2 节流、压井管汇阀门开、关状态表

阀门编号	开关位置
J_5、J_{6b}、J_7、J_8	开
J_1、J_4	开 1/2
1、Y_1、Y_2、J_3、4、J_{6b}、J_9、J_{10}	关

1.10.6 归纳总结

(1) 节流管汇放喷管线应接出井场以外,放喷管线的布局应考虑风向与环境等因素,管线出口不得正对电力线、油罐区以及其他设施。

(2) 压井管汇距井口 20m,通径不小于 50mm,安装应考虑洗压施工时车辆进出方便。

(3) 内控管线使用卡子进行固定,要求垫胶皮等物质,防止震动时磨损管线。

(4) 压井节流管线必须用硬管线连接,如遇特殊情况需要转弯时,转弯处使用 120°同压力等级的锻造钢制弯管,转弯处前后 1.5m 以内须固定。

(5) 高压管汇无裂纹、无变形、无腐蚀,壁厚符合要求并探伤、测厚。

(6) 高压管汇、管线、井口装置等部位发生刺漏,应在停泵、关井、泄压后处理,不应带压作业。

1.10.7 拓展链接

1. 平板阀操作

平阀板是沿通道中心线垂直方向,进行直线移动的关闭件,起切断通道和开放通道的作用,阀板只能处于全开和全关两个位置。

特别注意:阀门禁止阀板处于半开半关状态工作。手轮开(或关)到位消除间隙后,

必须回转1/4～1/2圈。阀杆升降螺纹采用左旋梯形螺纹，顺时针方向为"关"，逆时针方向为"开"，与习惯一致。

2. 节流阀操作

操作节流阀时，顺时针旋转手轮开启度变小并趋于关闭，逆时针旋转手轮开启度变大，节流阀的开度可以从护罩上的刻度显示出来。在旋转手轮快到行程终点时，不可太快，以免损伤阀杆和限位帽。特别注意：节流阀只能控制压力和流速，绝不能作截止用。

3. 单流阀操作

单流阀上箭头所指为流体流动方向，安装时应保证阀盖螺栓、螺母拧紧，安装完毕后，按箭头指向施加液压，液体经单流阀进入井内，便证明其畅通。在使用时，单流阀不需从高压管线中移出就能进行日常维修，维修时，应把此阀和高压管线中的压力隔开。压井后须用清水清洗，一次使用后须进行检修，重新进行压力密封试验。

4. 节流管汇操作

在正常情况下要关闭管汇上的平板阀，节流阀处于半关闭状态。在发生溢流时根据工艺需要，先打开节流管汇中上游的平板阀，再关防喷器，最后再缓慢调节节流阀，以制止井涌与溢流。

5. 压井管汇操作

在正常修井工作过程中，管汇上的平行闸板阀处于关闭状态。如果需要压井，可打开管汇上与井口四通连接的平行闸板阀，然后直接开泵作业。当已经发生井喷时，通过压井管汇往井口强注清水，以防燃烧起火，当已经发生着火，通过压井管汇往井筒里强注清水，能助灭火。当井中压力过高需放喷时，应同时打开压井管汇上两个平行闸板阀，此时压井管汇下游平行闸板阀出口端应接放喷管线，并且放喷管线应接出井场以外，放喷管线出口不得正对电力线、油罐区以及其他设施。

1.10.8　思考练习

（1）节流管汇的结构及用途是什么？
（2）压井管汇的结构及用途是什么？

1.10.9　考核

1.10.9.1　考核规定

（1）如违章操作，将停止考核。
（2）考核采用百分制，考核权重：知识点30%，技能点70%。
（3）考核方式：本项目为实际操作考题，考核过程按评分标准及操作过程进行评分。
（4）考核说明：本项目主要考核员工对连接节流、压井管汇操作掌握的熟练程度。

1.10.9.2　考核时间

（1）准备工作：5min（不计入考核时间）。

(2) 正式操作时间：30min。

(3) 在规定时间内完成，到时停止操作。

1.10.9.3 考核记录表

连接节流、压井管汇考核记录表见表1-10-3。

表1-10-3 连接节流、压井管汇考核记录表

序号	考核内容	评 分 要 素	配分	评 分 标 准	备注
1	准备工作	劳保着装整齐；选择工具、用具：节流管汇、压井管汇、固定扳手、卡箍、管钳、钢丝刷、密封脂、大锤	5	未正确穿戴劳保用品不得进行操作；未准备工具、用具扣5分；少选一件扣1分	
2	连接节流、压井管汇操作	先根据井场环境及季节风确定节流管汇方向，将原井套管阀门的表补芯、压力表拆掉	10	确定管汇方向错误扣10分；拆卸压力表及表补芯未放压扣5分	
		在井口四通阀门接异形阀门，把卡箍接头变换成法兰接头。安装前要先清洁钢圈槽及小钢圈并检查是否完好，安装时两头螺栓要上紧，确保紧固密封	10	卡箍螺栓未上紧扣5分；安装前未检查、清洁钢圈槽扣5分	
		平直连接内控管线，在法兰连接操作时螺母要上满，对称均匀2次拧紧螺栓，外螺纹至少露出2~3扣，达到密封可靠	10	螺母螺纹未上满扣5分；内控管线连接不平直扣5分	
		内控管线连接时，如遇不可避免的弯角，其转弯夹角应大于120°，严禁直角转弯，管线每隔10~15m应固定	10	管线未固定扣10分；使用直角转弯扣5分	
		调整摆放节流管汇，吊起设备上部分到需要的高度后，把销子插到定位孔内固定，再将管汇和内控管连接在一起（最大调节范围为0.8m），完成节流管汇连接	20	未将管汇与内控管调平扣10分；管汇基础不平扣10分	
		关闭另一侧套管及流程阀门，放压后拆掉套管流程，通过内控管线与压井管汇有平板阀的一侧相连接，压井管汇摆放位置应便于接泵车进行压井洗压施工	20	未放压拆卸流程扣10分；压井管汇位置摆放不合理扣10分	
		管汇连接完毕后应连接可靠，并对管汇、活动接头等部位进行试压，25MPa/10min 无刺漏	10	管汇试压不合格扣10分	
3	清理场地	清理现场，收拾工具	5	未收拾保养工具扣2分；未清理现场扣3分；少收一件工具扣1分	
4	考核时限	30min，到时停止操作考核			
5		合计100分			

任务 11　拆装井口装置

拆装井口装置是拆除或安装油水井井口控制油气装置的作业。作业井施工前要拆下采油树安装其他井口装置，中途停工或完井要安装设计要求的井口装置，目的是不使井口出现失控状态，所以拆装井口装置是安全完成施工任务的重要保障措施。

1.11.1　学习目标

通过本任务学习，使大家了解各种井口装置的作用及结构，掌握各种井口装置的安装与拆卸方法，使施工操作人员在安装与拆卸井口装置施工时能够熟练、规范、安全操作。

1.11.2　学习任务

本学习任务包括准备工作、采油树安装与拆卸、热采井口安装与拆卸、螺杆泵井口安装与拆卸、防喷器安装与拆卸、射孔阀门安装与拆卸。

1.11.3　任务分析

本任务学习应准备采油井口、热采井口、螺杆泵井口、防喷器、射孔阀门各一套，施工工具、用具1套，保证完好、齐全、好用。操作人员应了解各种类型井口装置的结构和原理，在整个操作过程中，作人员应熟练掌握各种井口装置安装与拆卸施工操作程序，能够识别安全风险并有效预防，避免意外伤害事故。

1.11.4　背景知识

1.11.4.1　采油树

采油树安装在油管头上，作用是控制和调节油气井自喷，使油、气沿着某一出油通道进入油气分离器，或控制注水井的注水洗井。

采油树是由一些阀门、三通、四通和短节组成，如图 1-11-1 所示。

1.11.4.2　热采井口

热采井口连接注汽管柱后安装在井口大四通上，作用是悬挂注汽隔热管，控制和调节注入蒸汽量，使注入蒸汽进入油层，最终实现驱动采油。热采井口是稠油开采的重要装置。

热采井口包括套管头法兰、油管头、采油井口底法兰、油管短节、阀门、总阀门、卡箍、小四通、节流器总成、生产阀门、测试阀门、套管阀门，如图 1-11-2 所示。

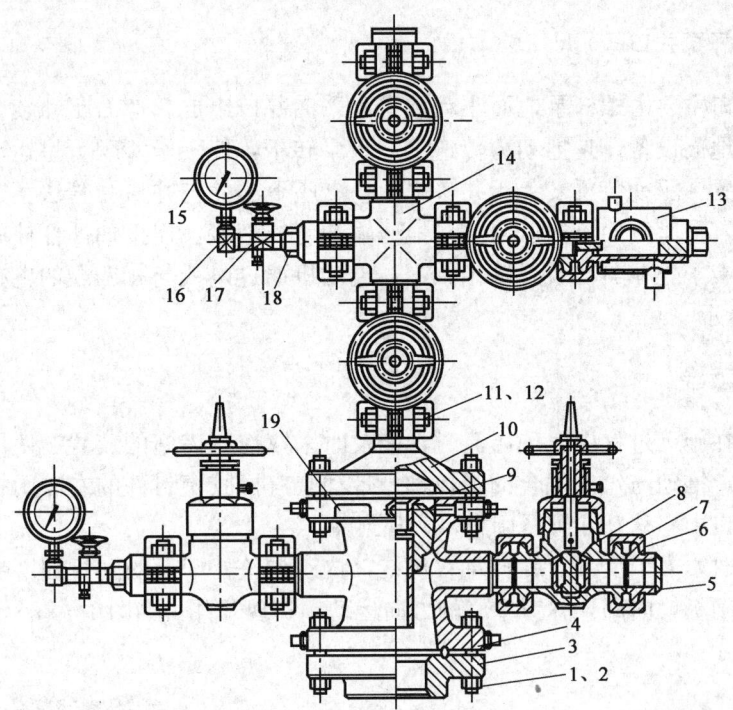

图 1-11-1 采油树示意图

1，11，12—螺母；2—双头螺栓；3—套管法兰；4—锤座式油管头；5—卡箍短节；6—钢圈；7—卡箍；8—闸阀；
9—钢圈；10—油管头上法兰；13—节流器；14—小四通；15—压力表；16—弯接头；
17—压力表截止阀；18—接头；19—铭牌

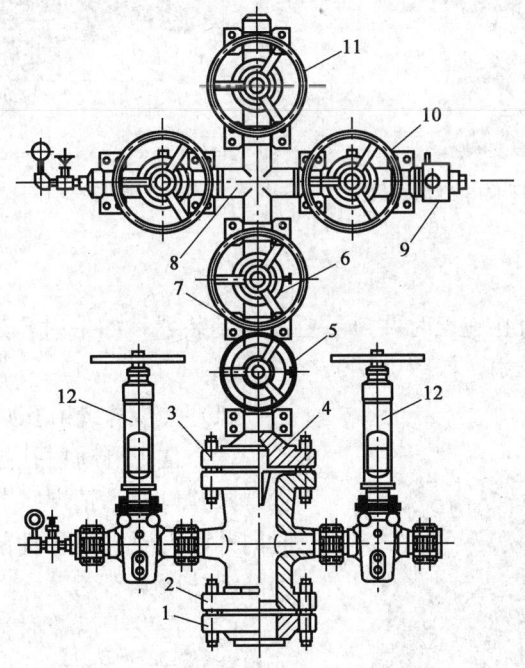

图 1-11-2 热采井口结构示意图

1—套管头法兰；2—油管头；3—采油井口底法兰；4—油管短节；5—阀门；6—总阀门；7—卡箍；8—小四通；
9—节流器总成；10—生产阀门；11—测试阀门；12—套管阀门

1.11.4.3 螺杆泵井口

螺杆泵井口主要由螺杆泵地面驱动装置和采油井口组成。地面驱动装置是螺杆泵采油系统的主要地面设备,是把动力传递给井下泵转子,使转子实现行星运动,实现抽汲原油的机械装置。驱动装置安装于井口之上,支座下法兰与井口套管法兰或专用井口法兰用螺栓连接,支座侧面出油口与井口地面输油管线连接,连接抽油杆柱的光杆穿过驱动装置通过方卡子坐在驱动装置输出轴上,电动机通过电线与相匹配的电控箱相连,如图1-11-3所示。

1.11.4.4 防喷器

防喷器是在施工过程中发现溢流时,能及时采取控制措施的装置。使用时,用人工旋转左右丝杠,推动与丝杠配合的闸板轴,带动装有橡胶密封件的左右闸板,沿壳体闸板腔分别向井口中心移动,锁紧闸板,实现封井。

恢复施工时,人工反方向旋转左右丝杠,拉动与丝杠配合的闸板轴,带动装有橡胶密封件的左右闸板,向离开井口中心的方向运动,实现开井,如图1-11-4所示。

图1-11-3 螺杆泵井口示意图

图1-11-4 防喷器示意图

1.11.4.5 射孔阀门

射孔阀门是常规射孔施工时井口重要的控制装置,如果射孔过程中发生溢流,起到封闭井筒控制井喷的作用,如图1-11-5所示。

图1-11-5 射孔阀门示意图

(1)常规电缆射孔必须安装射孔阀门。

(2)常规电缆射孔过程中井口要有专人负责观察井口显示情况,若液面不在井口,应及时向井筒内灌入同样性能的压井液,保持井筒内静液柱压力不变。

(3)在发生溢流时,应停止射孔,若电缆上提速度大于井筒液柱上顶速度,则起出电缆及枪身;若电缆上提速度小于井筒液柱上顶速度,则剪断电缆,迅速关闭射孔阀门。

(4) 射孔结束，要有专人负责监视井口，确定无异常时，才能卸掉射孔阀门并进行下一步施工作业。

1.11.5 任务实施

1.11.5.1 准备工作

准备工具、用具，如表 1-11-1 所示。

表 1-11-1　工具、用具表

序号	名称	规格	数量	序号	名称	规格	数量
1	大锤		1把	6	黄油		若干
2	井口扳手		2个	7	钢丝刷		1把
3	井口螺栓		12条	8	棉纱		适量
4	井口钢圈		1个	9	吊带		1根
5	井口异径钢圈		1个	10	牵引绳		1根

1.11.5.2 采油树安装与拆卸

1. 安装采油树

(1) 井口大四通上法兰钢圈槽内涂抹黄油，井口钢圈涂抹黄油放入钢圈槽内。

(2) 游动滑车大钩上安装吊带挂在采油树本体上，拴好牵引绳，缓慢吊起采油树本体，吊起过程中用牵引绳控制采油树，防止刮碰，吊起后在采油树底法兰钢圈槽内涂抹黄油。

(3) 缓慢下放，将采油树底法兰坐在大四通上法兰盘上，井口人员用手扶正。

(4) 左右转动采油树，使钢圈进入采油树底法兰钢圈槽内，转动调整采油树方向，对角上紧 4 条法兰螺栓，摘掉吊带及牵引绳。

(5) 将剩余的法兰螺栓对角上紧，并用大锤按对角顺序依次砸紧。

(6) 按设计要求对采油井口装置进行密封性试压。

2. 拆卸采油树

(1) 首先进行油、套管放压，确保井筒内无压力后再进行拆卸。

(2) 游动滑车大钩上安装吊带挂在采油树本体上，使吊带伸直但未受力。

(3) 先用大锤按对角顺序依次砸松并卸掉大四通上法兰除对角螺栓外的其余 8 条螺栓，然后用大锤按对角顺序依次砸松并卸掉 4 条对角螺栓。

(4) 采油树下部连接牵引绳，缓慢吊起采油树本体，用牵引绳控制采油树缓慢下放至地面（不影响井口操作），下部要铺设保护装置，避免损坏、脏污钢圈槽，保证采油树本体稳固后摘下吊带与牵引绳。

1.11.5.3 热采井口安装与拆卸

1. 安装热采井口

(1) 检查、清洁大四通钢圈槽并涂抹黄油，检查、清洁井口钢圈并涂抹黄油，将其放入钢圈槽内。

（2）在最上部测试阀门上连接一个提升短节，将油管吊卡扣在提升短节上，井口下部拴好牵引绳，用大钩上提提升短节，吊起过程中用牵引绳控制井口，防止刮碰。

（3）将井口提至操作人员胸部位置时，停止提升，检查、清洁钢圈槽并涂抹黄油。

（4）缓慢下放，当井口下部法兰盘与隔热管变扣接触时，井口操作人员用手扶正井口，将井口下部法兰盘螺纹孔与变扣对好，旋转井口，使螺纹上满，达到扭矩要求。

（5）上提大钩，摘掉隔热管吊卡。

（6）下放大钩，当井口下法兰盘距井口四通 2cm 左右时，停止下放，将井口螺栓放入井口螺孔内，上部螺帽上满扣，缓慢下放，操作人员用手扶正井口，使钢圈进入井口底法兰的钢圈槽内，转动调整井口方向，对角上紧 4 条法兰螺栓。

（7）将剩余的法兰螺栓对角上紧，并用大锤按对角顺序依次砸紧。

（8）按设计要求对井口进行密封性试压。

2. 拆卸热采井口

（1）首先进行油、套管放压，确保井筒内无压力后再进行拆卸。

（2）先用大锤按对角顺序依次砸松并卸掉大四通上法兰除对角螺栓外的其余 8 条螺栓，然后用大锤按对角顺序依次砸松并卸掉 4 条对角螺栓。

（3）吊卡扣在提升短节上，缓慢上提井口，露出隔热管接箍后扣上吊卡，下放大钩，大钩稍微吃力即可，转动井口将法兰盘与连接短节卸开。

（4）井口下部拴好牵引绳，缓慢吊起井口。

（5）用牵引绳控制热采井口缓慢下放至地面（不影响井口操作），下部要铺设保护装置，避免损坏、脏污钢圈槽。

1.11.5.4 螺杆泵井口安装与拆卸

1. 安装螺杆泵井口

（1）检查地面机组零部件是否齐全，准备好常用工具。

（2）检查、清洁井口钢圈槽并涂抹黄油，检查、清洁井口钢圈并涂抹黄油，将其放入钢圈槽内。

（3）吊带穿过游动滑车大钩钩体内，两端挂在驱动头上，上吊平衡，吊起过程中用牵引绳控制地面驱动装置，防止刮碰。

（4）将地面驱动装置提至操作人员胸部位置时，停止提升，检查、清洁钢圈槽并涂抹黄油，在出油口两侧下部法兰盘安装 4 条螺栓（将 4 条螺栓螺帽全部卸掉，将螺栓穿过法兰盘螺孔，在螺栓上部带上螺帽至满扣）。

（5）上提至光杆上端，然后缓慢下放穿入光杆，防止把光杆压弯。当下部法兰盘螺栓接触井口上法兰螺孔时，井口操作人员用手扶正地面驱动装置（使出油口与连接流程方向一致），将下部法兰盘螺栓顺利穿过井口上法兰螺孔，使其平稳坐在井口上。

（6）左右转动地面驱动装置，使钢圈进入其底法兰的钢圈槽内，转动调整驱动装置方向，对角上紧 4 条法兰螺栓，摘掉吊带及牵引绳。

（7）将剩余的法兰螺栓对角上紧，并用大锤按对角顺序依次砸紧。

(8) 下入提捞杆对扣,把光杆捞出,卡紧防转、防脱两个方卡子,将光杆坐在驱动头上卸去负荷,拆掉提捞杆,安装光杆丝堵。

2. 拆卸螺杆泵井口

(1) 切断螺杆泵驱动装置电源,进行油、套管放压,确保井筒内无压力后再进行拆卸流程。

(2) 在光杆上端连接提捞杆,上提,使固定方卡子离开驱动装置,停止上提。

(3) 将下端固定方卡子拆掉,缓慢下放,将光杆落至井内。

(4) 倒扣起出提捞杆。

(5) 用大锤按对角顺序依次砸松并卸掉大四通上法兰除对角螺栓外的其余8条螺栓(出口两侧下部法兰盘处4条螺栓先卸螺栓下部螺帽,螺栓与上部螺帽留在出口两侧下部法兰盘处),然后用大锤按对角顺序依次砸松并卸掉4条对角螺栓。

(6) 吊带穿过游动滑车大钩钩体内,两端挂在驱动装置上,下部拴好牵引绳,缓慢吊起驱动装置,井口操作人员用手扶正驱动装置轻轻摇晃,使螺栓顺利提出大四通上法兰盘螺孔,吊起过程中用牵引绳控制驱动装置,防止刮碰。

(7) 提至操作人员胸部位置时,停止提升,卸下下部法兰盘处4条螺栓。

(8) 用牵引绳控制驱动装置缓慢下放至地面(不影响井口操作),下部要铺设保护装置,避免损坏、脏污钢圈槽,然后摘下吊带与牵引绳。

1.11.5.5 防喷器安装与拆卸

1. 安装防喷器

(1) 检查、清洁大四通钢圈槽并涂抹黄油,检查、清洁井口钢圈并涂抹黄油,将其放入钢圈机槽内。

(2) 吊带穿过游动滑车大钩钩体内,两端挂在防喷器上,缓慢吊起防喷器,吊起过程中控制防喷器,防止刮碰。

(3) 将防喷器提至操作人员胸部位置时,停止提升,检查、清洁防喷器钢圈槽并涂抹黄油,在防喷器两侧对应井口大四通套管阀门处各安装两条螺栓。

(4) 缓慢下放,当防喷器两侧螺栓接触大四通上法兰螺孔时,井口操作人员用手扶正防喷器,使防喷器两侧螺栓顺利穿过大四通上法兰螺孔,将防喷器平稳坐在井口大四通上。

(5) 左右转动防喷器,使钢圈进入防喷器底法兰的钢圈槽内,摘掉吊带,对角上紧4条法兰螺栓。

(6) 将剩余的法兰螺栓对角上紧,并用大锤按对角顺序依次砸紧。

(7) 按设计要求对防喷器进行密封性试压。

2. 拆卸防喷器

(1) 先用大锤按对角顺序依次砸松并卸掉大四通上法兰除对角螺栓外的其余8条螺丝(防喷器两侧对应井口大四通套管阀门处的4条螺栓先卸螺栓下部螺帽,螺栓与上部螺帽留在防喷器两侧),然后用大锤按对角顺序依次砸松并卸掉4条对角螺栓。

(2) 吊带穿过游动滑车大钩钩体内,两端挂在防喷器上,缓慢吊起防喷器,井口操作人员用手扶正防喷器轻轻摇晃，将螺栓顺利提出大四通上法兰盘螺孔，吊起过程中控制防喷器，防止刮碰。

（3）将防喷器提至操作人员胸部位置时，停止提升，取下防喷器两侧法兰盘处的4条螺栓。

（4）控制防喷器缓慢下放至地面（不影响井口操作），下部要铺设保护装置，避免损坏、脏污钢圈槽，然后摘下吊带与牵引绳。

1.11.5.6 射孔阀门安装与拆卸

1. 安装射孔阀门

（1）检查、清洁大四通钢圈槽并涂抹黄油，检查、清洁异径钢圈并涂抹黄油，将其放入钢圈槽内。

（2）游动滑车大钩安装吊带，一端挂在射孔阀门上，射孔阀门下部拴好牵引绳，缓慢吊起射孔阀门，吊起过程中用牵引绳控制射孔阀门，防止刮碰。

（3）将射孔阀门提至操作人员胸部位置时，停止提升，检查、清洁射孔大阀门钢圈槽并涂抹黄油。

（4）缓慢下放，使射孔阀门平稳坐在井口大四通上，左右转动射孔阀门，使钢圈进入射孔阀门钢圈槽内，对角上紧4条法兰螺栓，摘掉吊带及牵引绳。

（5）将剩余的法兰螺栓对角上紧，并用大锤按对角顺序依次砸紧。

（6）按设计要求对射孔阀门进行密封性试压。

2. 拆卸射孔阀门

（1）游动滑车大钩上安装吊带，一端挂在射孔阀门上，使吊带伸直但未受力。

（2）先用大锤按对角顺序依次砸松并卸掉大四通上法兰除对角螺栓外的其余8条螺栓，然后用大锤按对角顺序依次砸松并卸掉4条对角螺栓。

（3）射孔阀门下部拴好牵引绳，缓慢吊起射孔阀门，吊起过程中用牵引绳控制射孔阀门，防止刮碰。

（4）用牵引绳控制射孔阀门缓慢下放至地面（不影响井口操作），下部要铺设保护装置，避免损坏、脏污钢圈槽，然后摘下吊带与牵引绳。

1.11.6 归纳总结

（1）检查钢圈及钢圈槽的损伤情况，若有损坏不得使用；钢圈上只能用钙基、锂基、复合钙基等黄油，绝不允许用钠基黄油。

（2）安装过程中要相互配合，确保安全操作；法兰缝间隙要一致，螺栓上紧后统一留半扣，安装完成后进出口必须方便施工作业。

（3）采油树安装一定要按操作顺序进行，采油树安装后要平直、规格、美观。

（4）井口螺栓紧扣、卸扣使用大锤进行锤击时，锤击方向严禁有人。

（5）拆、装防喷器时，井口要安装旋塞，对井筒进行控制。

（6）热采井口测试阀门上连接提升短节卡瓦一定要卡紧、卡捞，避免上提负荷过大提脱。

1.11.7 拓展链接

1. 安装带压拆光杆密封器装置

(1) 关闭小四通两侧阀门，确认阀门密封完好，确保不漏。

(2) 拆生产流程，在小四通两侧阀门安装与光杆规格相符的带压拆光杆密封器装置，卡紧卡箍，关闭带压拆光杆密封器装置，确保不漏。

2. 拆除光杆密封器

拆除光杆密封器上部光杆卡子，卸开光杆密封器下部卡箍，松开密封圈压盖，起出光杆密封器。

3. 安装带压起抽油杆装置

(1) 套装带压起抽油杆装置，由下至上分别为双闸板半封防喷器、下横梁、固定卡瓦、伸缩井口、环形防喷器、上横梁、游动卡瓦。

(2) 调节辅助支架，使游动卡瓦与井口同轴。

(3) 各部件连接螺栓齐全紧固、密封完好。

(4) 各部件通径不小于井内管柱通径。

(5) 双闸板半封防喷器前密封及游动、固定卡瓦牙规格与井内上部抽油杆规格一致，否则在起抽油杆时会造成井控失控和抽油杆上窜伤人事故。

4. 带压起抽油杆

(1) 夹紧固定卡瓦，将液压缸降至最低点。

(2) 夹紧游动卡瓦，抱紧环形防喷器，打开固定卡瓦，举升液压缸，带动伸缩井口至上死点，静密封完成一次起抽油杆过程。

(3) 关闭双闸板半封防喷器上半封，夹紧固定卡瓦，打开伸缩井口泄压阀门，泄净伸缩井口环空余压，打开环形防喷器，将液压缸降至最低点，夹紧游动卡瓦，抱紧环形防喷器，打开固定卡瓦，举升液压缸，静密封完成第二次起抽油杆过程。重复动作，直至起至变径抽油杆上一根抽油杆。

(4) 更换双闸板半封防喷器上半封前密封和游动、固定卡瓦牙，使之与下部抽油杆尺寸一致。

(5) 使用双闸板半封防喷器上半封与环形防喷器交替工作，起出井内全部抽油杆，带出活塞。关闭采油树总阀门。

5. 安装施压装置

(1) 关闭采油树总阀门。

(2) 吊装拆除采油树总阀门以上部件，采油树总阀门通径不得小于井下管柱最小内径，否则将造成油管堵塞失败，油管堵塞器下不到预定位置。

(3) 依次安装下横梁、防喷管、固定卡瓦、环形防喷器、液压缸、游动卡瓦和辅助调节支架。

(4) 调整辅助调节支架，使游动卡瓦与井口同轴。

(5) 防喷管长度至少大于堵塞器长度300mm，确保油管堵塞器能倒入防喷管内；防喷管内径与采油树总阀门通径一致，且带有泄压阀门。

(6) 安装施压装置，各部件之间连接螺栓紧固。

(7) 游动卡瓦与固定卡瓦方向一致，与液压缸平面垂直。

6. 封堵油管

(1) 更换半封闸板及卡瓦牙，使半封闸板及卡瓦牙与输送堵塞器管柱尺寸一致。

(2) 封堵油管：

①堵塞器规格应与井下管柱相匹配，将堵塞器送至距井口30m以上的油管内坐封，并避开油管接箍位置。

②封堵后，缓慢打开泄压阀门泄掉管柱内余压，将残液泄至污水回收罐，观察30min无溢流为封堵合格。若封堵不合格，起出井内堵塞器，重新下入新的油管堵塞器进行油管封堵，直至合格。

7. 安装起下油管防喷装置

(1) 选取标准吊具，整体拆除施压装置。

(2) 拆除采油树上法兰，清理钢圈槽，确认油管悬挂器扣型。

(3) 整体安装带压作业装置。

(4) 调整辅助调节支架，使游动卡瓦与井口同轴。

(5) 标准吊带安装爬梯及逃生滑道。

1.11.8 思考练习

(1) 简述采油树安装与拆卸的方法。
(2) 简述热采井口安装与拆卸的方法。
(3) 简述螺杆泵井口安装与拆卸的方法。
(4) 简述井口防喷器安装与拆卸方法。
(5) 简述射孔阀门安装与拆卸的方法。

1.11.9 考核

1.11.9.1 考核规定

(1) 如违章操作，将停止考核。
(2) 考核采用百分制，考核权重：知识点30%，技能点70%。
(3) 考核方式：本项目为实际操作考题，考核过程按评分标准及操作过程进行评分。
(4) 考核说明：本项目主要考核员工对井口装置的安装与拆卸操作掌握的熟练程度。

1.11.9.2 考核时间

(1) 准备工作：5min（不计入考核时间）。

(2) 正式操作时间：30min。

(3) 在规定时间内完成，到时停止操作。

1.11.9.3 考核表

采油树安装与拆卸操作考核记录表见表1-11-2。

表1-11-2 采油树安装与拆卸操作考核记录表

序号	考核内容	评 分 要 素	配分	评 分 标 准	备注
1	准备工作	劳保着装整齐；选择工具、用具：250采油树1套、井口大钢圈1个、井口螺栓12条、大锤1把、井口固定扳手2把、黄油、钢丝刷、吊带	10	未正确穿戴劳保用品不得进行操作；未准备工具、用具扣2分；少选一件扣1分（扣完为止）	
2	安装	大四通上法兰钢圈槽内涂抹黄油，井口钢圈涂抹黄油放入钢圈槽内	10	未涂黄油扣5分	
		吊带挂在采油树本体上，吊起过程中用牵引绳控制，吊起后在底法兰钢圈槽内涂抹黄油	20	吊装错误扣10分；未牵引扣10分；未涂黄油扣10分（扣完为止）	
		转动调整采油树方向，对角上紧4条法兰螺栓，摘掉吊带及牵引绳	20	钢圈未入槽扣10分；未对角安装4条螺栓扣10分	
		将剩余的法兰螺栓对角上紧，并按对角顺序依次砸紧	10	未对角砸紧扣10分	
3	拆卸	吊带伸直但未受力	10	未装吊带扣10分	
		依次砸松并卸掉大四通上法兰除对角螺栓外的其余8条螺栓，然后按对角顺序依次砸松并卸掉4条对角螺栓	10	拆卸螺栓顺序错误扣10分	
		缓慢吊起采油树本体，用牵引绳控制采油树缓慢下放至地面，下部要铺设保护装置	10	未牵引扣5分；未保护扣5分	
4	考核时限	30min，到时停止操作考核			
5		合计100分			

热采井口安装与拆卸操作考核记录表见表1-11-3。

表1-11-3 热采井口安装与拆卸操作考核记录表

序号	考核内容	评 分 要 素	配分	评 分 标 准	备注
1	准备工作	劳保着装整齐；选择工具、用具：热采井口1套、井口大钢圈1个、井口螺栓12条、大锤1把、井口固定扳手2把、黄油、钢丝刷、吊带	5	未正确穿戴劳保用品不得进行操作；未准备工具、用具扣2分；少选一件扣1分（扣完为止）	

续表

序号	考核内容	评分要素	配分	评分标准	备注
2	安装	大四通上法兰钢圈槽内涂抹黄油,井口钢圈涂抹黄油放入钢圈槽内	5	未涂黄油扣5分	
		连接提升短节,扣好油管吊卡,拴好牵引绳,吊起过程中用牵引绳控制井口,防止刮碰	10	未安装提升短节扣5分;吊装错误扣5分;未牵引扣5分(扣完为止)	
		检查、清洁钢圈槽并涂抹黄油	10	未检查扣5分;未清洁、涂油扣5分	
		缓慢下放,用手扶正井口,对好法兰盘螺纹孔与变扣,旋转井口,使螺纹上满,达到扭矩要求	10	井口未对正扣5分;上偏扣5分;螺纹未上紧扣5分;方向上反扣5分(扣完为止)	
		当井口下法兰盘距井口四通2cm左右时,停止下放,将井口螺栓放入井口螺孔内,缓慢下放,使钢圈进入井口底法兰的钢圈槽内,调整井口方向,对角上紧4条螺栓	20	直接接触,未装螺栓扣10分;钢圈未入槽扣10分;未对角上紧扣5分(扣完为止)	
		将剩余的法兰螺栓对角上紧,并按对角顺序依次砸紧	10	未对角砸紧扣10分	
3	拆卸	首先进行油、套管放压,确保井筒内无压力后再进行拆卸	5	未确认油、套管压力的扣5分	
		按对角顺序依次砸松并卸掉大四通上法兰除对角螺栓外的其余8条螺栓,然后按对角顺序依次砸松并卸掉4条对角螺栓	10	未对角拆卸扣10分	
		吊卡扣在提升短节上,缓慢上提井口,露出隔热管接箍后扣上吊卡,下放大钩,大钩稍微吃力即可,转动井口将法兰盘与连接短节卸开	10	大钩受力过大或过小扣10分;转动井口方向卸反扣5分(扣完为止)	
		用牵引绳控制热采井口缓慢下放至地面(不影响井口操作),下部要铺设保护装置,避免损坏、脏污钢圈槽	5	未牵引扣5分;未保护扣5分	
4	考核时限	30min,到时停止操作考核			
5		合计100分			

螺杆泵井口安装与拆卸操作考核记录表见表1-11-4。

表1-11-4 螺杆泵井口安装与拆卸操作考核记录表

序号	考核内容	评分要素	配分	评分标准	备注
1	准备工作	劳保着装整齐;选择工具、用具:螺杆泵井口1套、井口大钢圈1个、井口螺栓12条、提捞杆1根、方卡子2只、大锤1把、井口固定扳手2把、黄油、钢丝刷、吊带	5	未正确穿戴劳保用品不得进行操作;未准备工具、用具扣2分;少选一件扣1分(扣完为止)	

续表

序号	考核内容	评分要素	配分	评分标准	备注
2	安装	检查地面机组零部件是否齐全,准备好常用工具	5	未检查的扣5分	
		检查、清洁井口钢圈槽、井口钢圈并涂抹黄油,将井口钢圈放入钢圈槽内	10	未检查、清洁扣5分;未涂油保养扣5分	
		吊带挂在驱动头上,吊起过程中用牵引绳控制地面驱动装置,防止刮碰	5	未使用吊带扣3分;未用牵引绳控制扣2分	
		检查、清洁钢圈槽并涂抹黄油,在出油口两侧下部法兰盘安装4条螺栓	5	未检查、清洁扣2分;未涂油保养扣2分;未安装4条螺栓扣2分(扣完为止)	
		上提至光杆上端,下放穿入光杆,当下部法兰盘螺栓接触井口上法兰螺孔时,扶正地面驱动装置(使出油口与连接流程方向一致),将下部法兰盘螺栓顺利穿过井口上法兰螺孔,使其平稳坐在井口上	10	压弯光杆扣5分;方向装反扣5分;下放不平稳扣5分(扣完为止)	
		左右转动,使钢圈进入钢圈槽内,对角上紧4条法兰螺栓和其余螺栓,并用大锤按对角顺序依次砸紧	10	钢圈未入槽扣5分;未对角上紧螺栓扣5分	
		下人提捞杆对扣,把光杆捞出,卡紧防转、防脱两个方卡子	10	未下提捞杆对扣扣5分;未安装方卡子扣5分	
3	拆卸	切断螺杆泵驱动装置电源,进行油、套管放压,确保井筒内无压力后再进行拆卸流程	5	未切断电源扣5分;未确认油、套管压力扣5分(扣完为止)	
		在光杆上端连接提捞杆,上提,使固定方卡子离开驱动装置,停止上提	10	未连接提捞杆扣5分;上提高度不够扣5分	
		将下端固定方卡子拆掉,缓慢下放,将光杆落至井内,倒扣起出提捞杆	10	未拆方卡子扣5分;未下放光杆扣5分;未倒扣起出提捞杆扣5分(扣完为止)	
		按顺序卸掉井口螺栓	5	未按顺序拆卸螺栓扣5分	
		吊带挂在驱动装置上,下部拴好牵引绳,缓慢吊起,使螺栓顺利提出大四通上法兰盘螺孔,吊起过程中用牵引绳控制驱动装置,防止刮碰	5	未拴吊带扣3分;未拴牵引绳扣2分	
		用牵引绳控制螺杆泵井口缓慢下放至地面(不影响井口操作),下部要铺设保护装置,避免损坏、脏污钢圈槽	5	未牵引扣3分;未保护扣2分	
4	考核时限	30min,到时停止操作考核			
5		合计100分			

井口防喷器安装与拆卸操作考核记录表见表1-11-5。

表1-11-5 井口防喷器安装与拆卸操作考核记录表

序号	考核内容	评分要素	配分	评分标准	备注
1	工具准备	劳保着装整齐；选择工具、用具：防喷器1个、井口大钢圈1个、井口螺栓12条、大锤1把、井口固定扳手2把、黄油、钢丝刷	10	未正确穿戴劳保用品不得进行操作；未准备工具、用具扣2分；少选一件扣1分（扣完为止）	
2	安装	检查、清洁大四通钢圈槽并涂抹黄油，检查、清洁井口钢圈并涂抹黄油，将其放入钢圈槽内	10	未检查扣5分；未清洁、涂黄油扣5分	
		吊带穿过游动滑车大钩钩体内，两端挂在防喷器上，缓慢吊起防喷器，吊起过程中控制防喷器，防止刮碰	10	未用吊带扣3分；吊装不正确扣2分；刮碰扣5分	
		防喷器提至操作人员胸部位置时，停止提升，检查、清洁防喷器钢圈槽并涂抹黄油，在防喷器两侧各安装两条螺栓	10	未检查扣5分；未保养、未安装螺栓扣5分	
		缓慢下放，当防喷器两侧螺栓接触大四通上法兰螺孔时，井口操作人员用手扶正防喷器，将防喷器两侧螺栓顺利穿过大四通上法兰螺孔，使防喷器平稳坐在井口大四通上	15	防喷器装反扣5分；螺栓损坏扣5分；未扶正扣5分	
		左右转动防喷器，使钢圈进入防喷器底法兰的钢圈槽内，对角上紧4条法兰螺栓，摘掉吊带及牵引绳	10	钢圈未入槽扣5分；未对角砸紧扣5分	
		将剩余的法兰螺栓对角上紧，并用大锤按对角顺序依次砸紧	5	未对角砸紧扣5分	
3	拆卸	先用大锤按对角顺序依次砸松并卸掉大四通上法兰除对角螺栓外的其余8条螺栓，然后用大锤按对角顺序依次砸松并卸掉4条对角螺栓	5	拆卸螺栓顺序错误扣5分	
		吊带穿过游动滑车大钩钩体内，两端挂在防喷器上，缓慢吊起防喷器，井口操作人员用手扶正防喷器轻轻摇晃，使螺栓顺利提出大四通上法兰盘螺孔，吊起过程中控制防喷器，防止刮碰	15	未用吊带扣5分；螺栓损坏扣5分；刮碰扣5分	
		将防喷器提至操作人员胸部位置时，停止提升，卸下防喷器两侧4条螺栓	5	未卸螺栓扣5分	
		将防喷器缓慢下放至地面（不影响井口操作），下部要铺设保护装置	5	影响安全通道扣3分；未保护扣2分	
4	考核时限	30min，到时停止操作考核			
5		合计100分			

射孔阀门安装与拆卸操作考核记录表见表 1-11-6。

表 1-11-6 射孔阀门安装与拆卸操作考核记录表

序号	考核内容	评分要素	配分	评分标准	备注
1	准备工作	劳保着装整齐；选择工具、用具：射孔阀门 1 个、井口异径大钢圈 1 个、井口螺栓 12 条、大锤 1 把、井口固定扳手 2 把、黄油、钢丝刷、吊带	10	未正确穿戴劳保用品不得进行操作；未准备工具、用具扣 2 分；少选一件扣 1 分（扣完为止）	
2	安装	检查、清洁大四通钢圈槽并涂抹黄油，检查、清洁异径钢圈并涂抹黄油，将其放入钢圈槽内	10	未检查扣 5 分；未清洁、涂油扣 5 分	
		用吊带吊起射孔阀门上，下部拴好牵引绳，缓慢吊起，吊过程中用牵引绳控制，防止刮碰	10	未使用吊带扣 5 分；未牵引扣 5 分；吊起不平稳扣 5 分（扣完为止）	
		检查、清洁射孔阀门钢圈槽并涂抹黄油	10	未检查、清洁、涂油各扣 5 分（扣完为止）	
		缓慢下放，使射孔阀门平稳坐在井口大四通上，左右转动射孔阀门，使钢圈进入射孔阀门钢圈槽内，按顺序上紧螺栓	20	下放不平稳扣 5 分；钢圈未入槽扣 10 分；未对角上紧螺栓扣 5 分	
3	拆卸	安装吊带，挂在射孔阀门上，使吊带伸直但未受力	10	未安装吊带扣 5 分；吊带受力过大或过小扣 5 分	
		按对角顺序依次砸松并卸掉大四通上法兰除对角螺栓外的其余 8 条螺栓，然后按顺序依次砸松并卸掉 4 条对角螺栓	10	拆卸螺栓顺序错误扣 10 分	
		射孔阀门下部拴好牵引绳，缓慢吊起，吊起过程中用牵引绳控制，防止刮碰	10	未使用牵引扣 5 分；刮碰扣 5 分	
		缓慢下放至地面，下部要铺设保护装置，避免损坏、脏污钢圈槽	10	未牵引扣 5 分；未保护扣 5 分	
4	考核时限	30min，到时停止操作考核			
5		合计 100 分			

项目二

起下作业

起下作业是利用修井设备及工具对井下原有的结构进行更换或改变,从而来满足生产和施工需要的施工操作过程,是修井施工过程中最基础和最主要的施工操作,几乎所有的井下工艺和措施都是通过起下作业来实现的。

本项目根据小修作业操作员工应具备的技能,设置4个学习任务,使操作工人掌握最基础的操作程序和技术要领,掌握在操作过程中对安全风险的识别方法,使操作员工能够熟练、规范、安全操作,避免人身伤害和井下事故发生。

任务1　起下抽油杆

起下抽油杆是进行有杆泵常规维护性作业时,把井内的抽油杆起出和下入的操作过程。按照井内先下后起的顺序,一般都是先将井内的抽油杆起出,然后再进行起管柱等其他施工工序;下入时正好相反,待完成下泵管等工序后再下抽油杆完井,所以起下抽油杆是有杆泵维护性作业中一组连续的工序环节之一。

2.1.1　学习目标

通过本任务学习,使操作工能够正确使用管钳、抽油杆吊卡、小大钩;能够排放抽油杆;使操作工在起下抽油杆过程中能够熟练、规范、安全操作。

2.1.2　学习任务

本学习任务包括施工准备、起抽油杆、下抽油杆。

2.1.3　任务分析

本任务学习应准备小大钩、杆吊卡、管钳等工具,保证完好齐全。操作工应掌握使用抽油杆吊卡的操作方法;掌握使用小大钩的操作方法;掌握上卸抽油杆的操作要点;掌握拉放和排放抽油杆的操作要点;能够识别安全风险并有效预防,避免意外伤害事故。

2.1.4　背景知识

1. 小大钩

小大钩是用于悬挂抽油杆吊卡的装置,如图2-1-1所示。

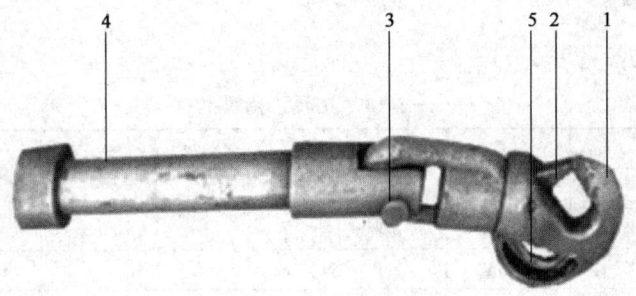

图2-1-1　小大钩
1—吊钩;2—锁销;3—轴销;4—短节;5—锁销拉手

2. 抽油杆吊卡

抽油杆吊卡是用于悬挂抽油杆,使其顺利起下的工具,主要由提环、扭簧、手柄、销轴组成,如图2-1-2所示。

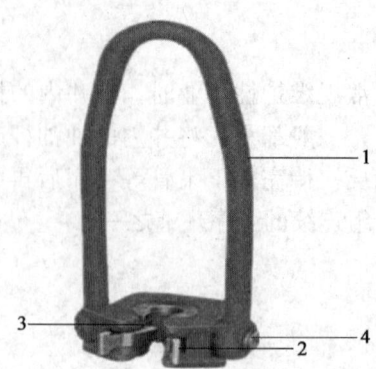

图2-1-2 抽油杆吊卡
1—提环;2—扭簧;3—手柄;4—销轴

3. 抽油杆

抽油杆是抽油机井的细长杆件,它上接总杆,下接抽油泵,起传送动力的作用,一般分为实心抽油杆和空心抽油杆,如图2-1-3所示。

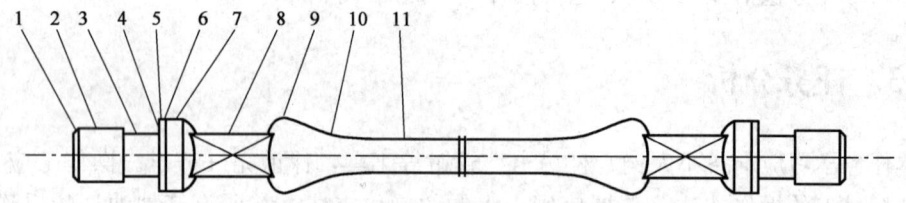

图2-1-3 抽油杆结构示意图
1—螺纹倒角;2—螺纹;3—卸荷槽;4—卸荷槽圆弧;5—推承面;6—台扁倒角;
7—台扁;8—扳手方;9—凸缘;10—过渡段;11—杆体

2.1.5 任务实施

2.1.5.1 施工准备

工具、用具准备见表2-1-1。

表2-1-1 工具、用具准备

序号	名称	规格	数量	序号	名称	规格	数量
1	修井机	90Z	1台	6	管枕		1个
2	抽油杆吊卡	23mm	2套	7	小大钩	1m	1套
3	抽油杆吊卡	26mm	2套	8	管钳	450mm	2把
4	抽油杆吊卡	30mm	2套	9	管钳	600mm	2把
5	抽油杆吊卡	33mm	2套				

2.1.5.2 起抽油杆

（1）选择合适的抽油杆吊卡扣在抽油杆上，缓慢上提小大钩，观察负荷是否正常。

（2）上提小大钩，至抽油杆接箍露出小四通合适高度为止，扣紧抽油杆吊卡。

（3）下放小大钩，使抽油杆接箍坐在抽油杆吊卡上。

（4）操作人员将主钳打在抽油杆上方形锻处，将背钳打在抽油杆下方形锻处，卸开抽油杆。

（5）下放小大钩，当抽油杆吊卡接近井口时，将抽油杆吊卡与小大钩分离，并拿掉抽油杆吊卡。

（6）操作人员将抽油杆排放到杆桥上。

（7）重复以上操作直至抽油杆全部起出。

2.1.5.3 下抽油杆

（1）将排放在杆桥上的抽油杆涂抹好密封脂。

（2）将活塞连接在下井第一根抽油杆下面，抬到管枕上，扣好抽油杆吊卡。

（3）下放小大钩，将抽油杆吊卡挂在小大钩上面。

（4）缓慢上提小大钩，将活塞置于井口正上方。

（5）下放小大钩，使活塞和抽油杆进入井筒。继续下放，使抽油杆吊卡坐在小四通上面，将抽油杆吊卡与小大钩分离。

（6）下放小大钩，将扣在杆桥抽油杆上的抽油杆吊卡挂在小大钩上面。

（7）上提小大钩，连接好抽油杆，并用手上 2～3 扣。将主钳打在抽油杆上方形锻处，背钳打在抽油杆下方形锻处，上紧抽油杆。

（8）上提小大钩，使抽油杆吊卡脱离小四通，并将其拿掉。

（9）重复以上操作直至抽油杆全部下入井内。

2.1.6 归纳总结

（1）抽油杆吊卡要与抽油杆的规格相符。

（2）抽油杆要排放整齐，十根一出头，悬空端长度不得大于 1.0m。

（3）起出的活塞要放置在不易被磕碰的地方妥善保管。

（4）提升抽油杆吊卡时手要握在吊卡吊柄中部，防止碰伤手指。

（5）操作过程中，要及时检查抽油杆吊卡是否回位将抽油杆卡牢。

（6）摘挂抽油杆吊卡时，动作要迅速准确。

2.1.7 拓展链接

目前，国内已有连续抽油杆作业车，可以完成连续抽油杆的起下作业，既能减小劳动强度、提高作业时效，又能完成一些疑难施工，如图 2-1-4 所示。

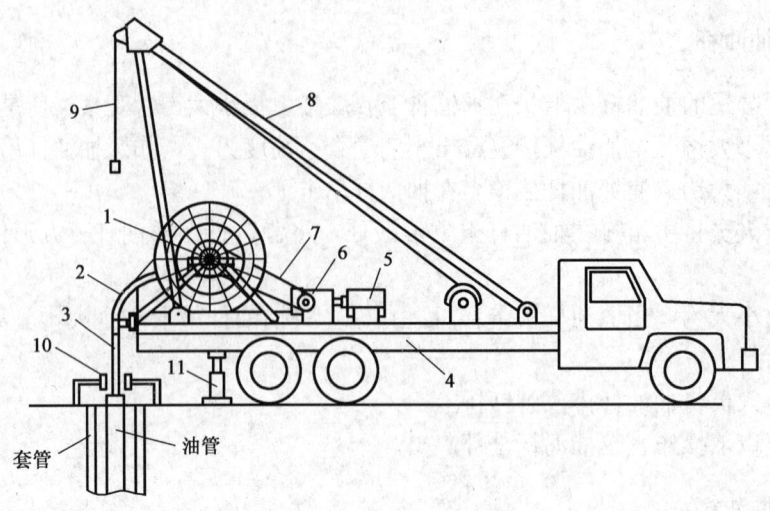

图 2-1-4 连续抽油杆作业车
1—滚筒；2—导向器；3—抽油杆；4—载车；5—电动机；6—减速器；
7—链条；8—吊杆；9—钢丝绳；10—卡瓦；11—千斤顶

2.1.8 思考练习

（1）简述起抽油杆的操作步骤。

（2）简述起下抽油杆的注意事项。

2.1.9 考核

2.1.9.1 考核规定

（1）如违章操作，将停止考核。

（2）考核采用百分制，考核权重：知识点 30%，技能点 70%。

（3）考核方式：本项目为实际操作考题，考核过程按评分标准及操作过程进行评分。

（4）考核说明：本项目主要考核员工对起下抽油杆操作掌握的熟练程度。

2.1.9.2 考核时间

（1）准备工作：5min（不计入考核时间）。

（2）正式操作时间：30min。

（3）在规定时间内完成，到时停止操作。

2.1.9.3 考核记录表

起抽油杆考核记录表见表 2-1-2。

表 2-1-2 起抽油杆考核记录表

序号	考核内容	评分要素	配分	评分标准	备注
1	准备工作	劳保着装整齐;选择工具、用具:小大钩、杆吊卡、管钳等	4	未正确穿戴劳保用品不得进行操作;少选一件工具扣1分,扣完为止	
2	起抽油杆	缓慢上提小大钩,同时观察负荷是否在正常范围内	20	未缓慢上提的扣10分;未观察负荷的本项不得分	
		抽油杆接箍露出小四通合适高度后,扣紧抽油杆吊卡	20	抽油杆接箍高度不符合一次扣10分,扣完为止	
		操作人员将主钳打在上方形锻处,将背钳打在下方形锻处,卸开抽油杆	16	主钳位置不对一次扣4分;备钳位置不对一次扣4分,扣完为止	
		下放小大钩,当小大钩接近井口时,拿掉抽油杆吊卡	20	打开小大钩时机不正确一次扣10分,扣完为止	
		操作人员将抽油杆排放到杆桥上	20	未排放到杆桥上的每根扣10分,扣完为止	
3	考核时限	60min,到时停止操作考核			
4		合计100分			

下抽油杆考核记录表见表 2-1-3。

表 2-1-3 下抽油杆考核记录表

序号	考核内容	评分要素	配分	评分标准	备注
1	准备工作	劳保着装整齐;选择工具、用具:小大钩、杆吊卡、管钳等	4	未正确穿戴劳保用品不得进行操作;少选一件工具扣1分,扣完为止	
2	下抽油杆	将排放在杆桥上的抽油杆涂抹好密封脂,将活塞连接在下井第一根抽油杆下面,抬到管枕上,扣好抽油杆吊卡	20	未涂抹密封脂每根扣5分,扣完为止;未抬到管枕上扣10分,扣完为止	
		下放小大钩,将抽油杆吊卡挂在小大钩上面,缓慢上提,将活塞置于井口正上方	20	挂抽油杆吊卡时机不对每次扣5分,扣完为止	
		下放小大钩,使活塞和抽油杆进入井筒。继续下放,使抽油杆吊卡坐在小四通上面,将抽油杆吊卡与小大钩分离	16	提前将抽油杆吊卡与小大钩分离一次扣10分,扣完为止	
		下放小大钩,将扣在杆桥抽油杆上的抽油杆吊卡挂在小大钩上面。上提小大钩,连接好抽油杆,并用手上2~3扣。将主钳打在抽油杆上方形锻处,背钳打在抽油杆下方形锻处,上紧抽油杆	20	主钳位置不对一次扣4分;备钳位置不对一次扣4分,扣完为止	
		上提小大钩,使抽油杆吊卡脱离小四通,并将其拿掉	20	抽油杆接箍露出高度不符合要求一次扣10分,扣完为止	
3	考核时限	30min,到时停止操作考核			
4		合计100分			

任务 2 起 下 油 管

起下油管是用提升系统将井内的管柱提出井口,逐根卸下放在油管桥上,再逐根下入井内的过程。通过这一过程可达到更换井下工具、井内油管,完成各种工艺施工的目的,是井下作业中最为频繁的一项工作。但在施工中往往会出现违章操作等人为因素,造成单吊环、油管脱扣导致油管落井或是转大修,甚至发生人身伤害事故。要避免类似事故发生,就必须要规范、熟悉、掌握起下油管的每个操作动作,从而达到安全施工的目的。

2.2.1 学习目标

通过本任务学习,使操作人员了解月牙式吊卡、液压钳工作原理及用途;掌握起下油管过程中的操作方法及技术要求;能够学会摘挂吊环、用液压钳上卸油管、正确使用吊卡;使操作人员在起下油管施工过程中能够熟练、规范、安全操作。

2.2.2 学习任务

本学习任务包括施工准备、下油管操作、起油管操作。

2.2.3 任务分析

本任务学习应准备提升设备、井控装置、油管桥等所需的工具、用具等。操作工施工前应先了解起下油管的整个操作过程及注意事项;正确掌握起下管的操作技能,在操作过程中注意安全,防止单吊环造成人员伤害;能够识别安全风险并有效预防,避免意外伤害事故。

2.2.4 背景知识

2.2.4.1 月牙式吊卡

用途:用来起下并卡住油管的专用工具。

工作原理:当活门处于开口位置,将油管放入,转动手柄抱住油管即可起下油管,如图 2-2-1 所示。

2.2.4.2 液压钳

用途:井下作业上卸油管、抽油杆、钻杆的专用工具。

工作原理：靠液压系统进行控制和传递动力，经两挡减速输出两种转速和扭矩，再通过夹紧机构，使钳牙板夹紧和转动管柱，在背钳的配合下，实现上、卸扣的目的，如图 2-2-2 所示。

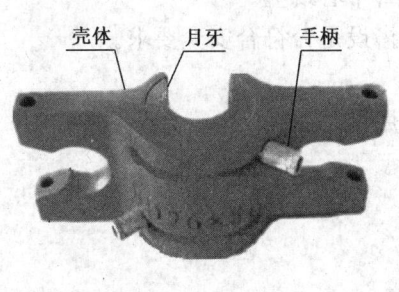

图 2-2-1 月牙式吊卡

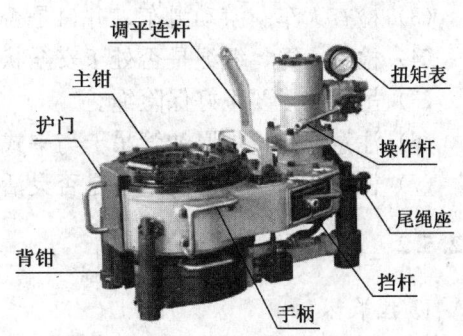

图 2-2-2 液压钳示意图

2.2.4.3 油管规选择标准

油管规用于检测油管内孔的通径尺寸是否符合标准，是井下作业检测下井油管通径尺寸的专用工具，选择标准见表 2-2-1。

表 2-2-1 油管规选择标准　　　　　　　　　　单位：mm

油管公称直径	油管外径	油管规直径	油管规长度
40	48.26	37	800~1200
50	60.32	47	
62	73.02	59	
76	88.90	73	
88	101.60	85	

2.2.5 任务实施

2.2.5.1 施工准备

1. 工具、用具准备

工具、用具准备见表 2-2-2。

表 2-2-2 工具、用具准备

序号	名称	规格	数量	序号	名称	规格	数量
1	油管		若干	5	吊卡		2个
2	管钳		3把	6	管枕		1个
3	液压钳		1台	7	小滑车		1个
4	密封脂		适量	8			

2. 工具、用具的检查

(1) 检查吊环、液压钳等工具、用具是否完好,各部位连接是否紧固。

(2) 检查防碰天车、刹车是否灵活好用。

(3) 检查天车、游动滑车、井口是否在同一垂直中心线上。

(4) 检查大绳、绷绳是否处于安全状态,管桥搭设是否符合安全要求。

(5) 吊卡销子要系好保险绳。

(6) 注意要防止加厚油管吊卡与平式油管吊卡用错。

(7) 检查活门、月牙及销子是否灵活好用。

2.2.5.2 下油管

1. 挂吊环

(1) 丈量、检查、清洁、保养油管,连接下井工具。

(2) 先将油管前移,使管接箍超过管枕,再将油管外螺纹一头放在小滑车上,然后接箍这头再抬上管枕放至距井口1m处排好(抬油管的过程中放入标准油管规,检验油管内径)。

(3) 选择与管柱规格相匹配的吊卡,扣在油管本体处,关闭吊卡活门,翻转180°,使吊卡活门朝上。

(4) 两人分别手持吊环在上提过程中挂吊环、插销子,上提时防止挂碰井口。

2. 提单根

(1) 指挥操作工上提油管。

(2) 当油管随小滑车接近井口时,操作工应放慢速度,井口操作人员上前接住油管移至井口(同时将掉落下来的油管规放入下一根油管内)。

(3) 在油管下放时扶稳对准,将外螺纹接头缓慢放入接箍,对扣合格。

3. 上螺纹

(1) 两人操作,使用液压钳咬住油管本体和接箍。

(2) 上扣时,一人操作液压钳,用手推动操作手柄,先用快挡将螺纹上满,再用慢挡上紧,最后慢挡退出液压钳,将其挂好固定,关闭护门。

(3) 操作工确认液压钳全部退出、油管螺纹连接合格后,上提油管。

4. 下入油管

(1) 提起油管,井口人员划开月牙,将吊卡移开。

(2) 操作工松开刹车控制速度,油管接箍缓慢进入井内,继续下放。

(3) 下放到接近井口时应暂时停止,两人同时拔出吊卡销子,侧身持续用力外拉吊环,落到井口后卸去负荷,两吊环同时被摘出。

(4) 两人持住吊环再将其挂入下一根油管吊卡内,插入销子提起油管,重复以上步骤下入第二根油管。

2.2.5.3 起油管

1. 挂吊环

(1) 井口操作人员侧身、双手持住吊环中下部。

(2) 操作工听从指挥平稳上提，同时将吊环挂入吊卡耳环内，迅速将销子插入吊卡并锁死护耳。

(3) 操作工确认吊环挂入合格。

2. 起出油管

(1) 井口人员后撤 1m 距离并抬头观察瞭望。

(2) 操作工听从专人指挥上提油管，待油管接箍提出井口后刹车停住。接箍高度超过吊卡 10～15cm 为标准。

(3) 由一名操作人员将吊卡前推扣住油管，关闭月牙，旋转 180°，将油管下放至吊卡去除负荷。

3. 卸扣

(1) 两人操作，抓住液压钳手柄通过一推一拽使液压钳咬住油管本体和接箍。

(2) 操作液压钳时要求手臂伸直，身体距液压钳保持一定距离，两手分别操作挡杆和操作杆。另一人则要后撤至安全距离，以防操作时液压钳转动伤人。卸扣时一定要先用慢挡，拽动操作杆将螺纹卸松，再用快挡卸开，最后慢挡退出液压钳，将其挂好固定，关闭护门。

(3) 操作工确认液压钳已全部退出后，上提油管，同时井口人员检查管柱螺纹磨损情况。

4. 下放单根

(1) 操作工平稳下放，井口人员扶住油管推向滑道，将油管放至小滑车向前滑动。

(2) 下放过程中人员后撤观察，以防发生意外。

(3) 拉管人员用管钳咬住油管后拉，防止其刮、碰井口。

(4) 当油管放至管枕时刹车停住，井口两名操作人员同时拔出吊卡销子，摘下吊环。

(5) 上提大钩，两人同时挂入吊环、插进销子，后撤观察。

(6) 将起出的油管以接箍为准排放整齐。油管两头悬空不得超过 2m，损坏的油管要做好标记。

(7) 全部提完后安装简易井口。

2.2.6 归纳总结

(1) 液压管线进、出口必须安装正确，保证上扣推、卸扣拽的正确操作。护门灵活好用。

(2) 吊环方位要求与滑道处于一条平行线上并固定锁死。

(3) 卸扣时防止粘扣，上扣时扭矩要达到要求，不得偏扣。

(4) 排油管的人员应站在较安全的侧面，严禁两腿骑跨正在拉放的油管。拉放油管下部严禁站人。

(5) 吊卡、吊卡销子相匹配，安全绳捆绑在吊环中下部位置，余下长度略长于到吊卡的距离。

(6) 液压钳钳牙要配套，磨损严重时要及时更换，防止伤害油管本体。

(7) 油管小滑车槽应用胶皮镶底,防止磨损油管螺纹。

(8) 油管吊卡月牙、手柄完好,手柄销锁紧,非特殊施工严禁使用双月牙。

(9) 禁止单吊环或吊环下放时挂入吊耳,起下时要打反吊卡。

(10) 液压钳各部连接紧固,固销子锁死。调节平衡高度适宜,备钳正好卡住油管接箍又不碰吊卡。尾绳卡牢、长度合格。主钳、备钳钳牙符合要求。

2.2.7 拓展链接

油管紧扣扭矩表见表 2-2-3。

表 2-2-3 油管紧扣扭矩表

规格 (in)	质量代号	外径 (mm)	壁厚 (mm)	内径 (mm)	钢级	螺纹	最小扭矩 (N·m)	折合压力 (MPa)	最佳扭矩 (N·m)	折合压力 (MPa)	最大扭矩 (N·m)	折合压力 (MPa)
2 3/8	4.6	60.3	4.83	50.7	J55	NU	740	2.4	990	3.2	1240	4.1
2 3/8	4.7	60.3	4.83	50.7	N80	EUE	1830	6.1	2450	8	3060	
2 7/8	6.4	73	5.5	62	J55	NU	1070	3.6	1420	4.8	1780	5.9
2 7/8	6.5	73	5.5	62	J55	EUE	1670	5.5	2230	7.3	2790	9.2
3 1/2	9.2	88.9	6.45	76	J55	NU	1500	5.1	2010	6.8	2510	
3 1/2	9.3	88.9	6.45	76	N80	EUE	3250		4330		5420	

2.2.8 思考练习

(1) 简述液压钳上油管螺纹的操作步骤。

(2) 简述液压钳卸油管螺纹的操作步骤。

2.2.9 考核

2.2.9.1 考核规定

(1) 如违章操作,将停止考核。

(2) 考核采用百分制,考核权重:知识点 30%,技能点 70%。

(3) 考核方式:本项目为实际操作考题,考核过程按评分标准及操作过程进行评分。

(4) 考核说明:本项目主要考核员工对起下油管操作掌握的熟练程度。

2.2.9.2 考核时间

(1) 准备工作:5min(不计入考核时间)。

(2) 正式操作时间:20min。

(3) 在规定时间内完成,到时停止操作。

2.2.9.3 考核记录表

起油管操作考核记录表见表2-2-4。

表2-2-4 起管操作考核记录表

序号	考核内容	评分要素	配分	评分标准	备注
1	准备工作	劳保着装整齐；选择工具、用具：油管、液压钳、吊卡、吊环、吊卡销子	5	未正确穿戴劳保用品不得进行操作；未准备工具、用具扣5分；少选一件扣1分	
2	挂吊环	侧身、双两手持住吊环中下部。将吊环挂入吊卡耳环内，迅速将吊卡销子插入并锁死护耳。操作工确认吊环挂入合格	25	抓吊环位置不对，没有侧身挂吊环扣5分；销子没有插到位扣5分；单吊环扣15分	
	上提井内油管	井口人员后撤1m距离并抬头观察瞭望。操作工听从专人指挥，上提油管。待油管接箍提出井口后刹车停住。接箍高度超过吊卡10～15cm为标准。将井口处的吊卡前推扣住油管，关闭月牙，旋转180°，油管下放至吊卡去除负荷	25	人员未后撤扣5分；无人指挥扣10分；没有反扣卡扣5分；吊卡手柄没关到位扣5分	
	卸扣	两人操作，抓住液压钳手柄通过一推一拽使液压钳咬住油管本体和接箍。操作液压钳时要求手臂伸直，身体距液压钳保持一定距离，两手分别操作挡杆和操作杆。另一人则要后撤至安全距离，卸扣时一定要先用慢挡，拽动操作杆将螺纹卸松，再用快挡卸丁，最后慢挡退出液压钳，将其挂好固定，关闭护门。上提油管，同时井口人员检查管柱螺纹磨损情况	20	液压钳未咬合到位扣5分；液压钳卸扣操作一处错误2分；没有检查油管螺纹扣5分	
	下放单根	操作工平稳下放，井口人员抓住油管推向滑道，将油管放至小滑车上向前滑动。下放过程中人员后撤观察，以防发生意外。拉管人员用管钳咬住油管后拉，防止其刮、碰井口。当油管放至管枕时刹车停住，井口两名操作人员同时拔出吊卡销子，摘出吊环。上提大钩，两人同时再挂住吊环、插入销子，后撤观察。同时将起出的油管以接箍为准排放整齐，十根一出头。油管两头悬空不得超过2m	20	油管未放至小滑车扣5分；管下站人扣5分；刮碰井口扣5分；吊环未摘出扣5分；油管没排放整齐扣5分	
3	清理场地	清理现场，收拾工具	5	未收拾保养工具扣2分；未清理现场扣3分；少收一件工具扣1分	
4	考核时限	20min，到时停止操作考核			
5		合计100分			

下油管操作考核记录表见表 2-2-5。

表 2-2-5 下油管操作考核记录表

序号	考核内容	评分要素	配分	评分标准	备注
1	准备工作	劳保着装整齐；选择工具、用具：油管、液压钳、吊卡、吊环、吊卡销子	5	未正确穿戴劳保用品不得进行操作；未准备工具、用具扣5分；少选一件扣1分	
2	挂吊环	(1) 丈量、检查、清洁、保养油管、连接下井工具； (2) 先将油管前移，使管接箍超过管枕，再将油管外螺纹一头放在小滑车上。然后接箍这头再抬上管枕放至距井口1m处排好（抬油管的过程中放入标准油管规，检验油管内径）； (3) 选择与管柱规格相匹配的吊卡，扣在油管本体处，关闭月牙活门，翻转180°，使吊卡活门朝上； (4) 两人分别手持吊环在上提过程中挂吊环、插销子，上提时防止挂碰井口	25	未使用小滑车扣5分；销子没有插到位扣5分；未打反吊卡扣5分；吊卡选择错误扣10分	
	提单根	(1) 指挥操作手上提油管； (2) 当油管随小滑车接近井口时，操作手应放慢速度，井口操作人员上前接住油管移至井口（同时将掉落下来的油管规放入下一根油管内）； (3) 在油管下放时扶稳对准，将外螺纹缓慢放入接箍，对扣合格	25	人员未后撤扣5分；接油管时小滑车落地扣10分；油管外螺纹未放入接箍内扣5分；未使用油管规通管扣5分	
	上螺纹	(1) 两人操作，使用液压钳咬住油管本体和接箍； (2) 上扣时，一人操作液压钳，用手推动操作手柄。先用快挡将螺纹上满，再用慢挡上紧，最后慢挡退出液压钳，将其挂好固定，关闭护门； (3) 操作手确认液压钳全部退出、油管螺纹连接合格后，上提油管	20	液压钳未咬合到位扣5分；液压钳上扣操作中螺纹偏扣10分；没有检查油管螺纹磨损程度扣5分	
	下入油管	(1) 提起油管，井口人员划开月牙，将吊卡移开； (2) 操作手松开刹车控制速度，油管接箍缓慢进入井内，继续下放； (3) 下放到接近井口时应暂时停止，两人同时拔出吊卡销子，侧身持续用力外拉吊环，落到井口后卸去负荷，两吊环同时被摘出； (4) 两人持住吊环再将其挂入下一根油管吊卡内，插入销子提起油管，重复以上步骤下入第二根油管	20	吊环未摘出扣5分；无人指挥扣5分；未打反吊卡扣5分；吊卡销子未插到位扣5分	

续表

序号	考核内容	评分要素	配分	评分标准	备注
3	清理场地	清理现场，收拾工具	5	未收拾保养工具扣2分；未清理现场扣3分；少收一件工具扣1分	
4	考核时限	20min，到时停止操作考核			
5		合计100分			

任务3　起下电潜泵管柱

起下电潜泵管柱是把电潜泵的生产管柱从井内起出和下入的过程。由于有管外电泵电缆给起下作业带来不便,需要有回收电缆操作配合施工,所以起下电潜泵管柱与常规泵管柱有所不同。

2.3.1　学习目标

通过本任务学习,使操作人员了解起下电潜泵管柱的标准操作步骤及注意事项,正确使用起下电潜泵管柱的工具、用具,能够使操作人员掌握起下电潜泵管柱操作过程,使操作人员在起下电潜泵管柱施工过程中能够熟练、规范、安全操作。

2.3.2　学习任务

本学习任务包括准备工作、下电潜泵管柱、坐油管悬挂器、安装采油树、起电潜泵管柱。

2.3.3　任务分析

本任务学习应准备提升设备、井控装置、起下油管所需的工具和用具、油管桥等材料。操作者施工前应先了解起下电潜泵管柱的操作步骤,了解逐步排查每项危险点源的方法;要熟练掌握各岗位的操作技能,清楚不同工序、不同管材、不同井况的正确操作规程及注意事项;还要有处理应急意外情况和预防井喷事故发生的能力,才能满足起下电潜泵管柱施工作业要求,保证安全施工。在整个操作过程中,操作人员应熟练掌握起下电潜泵管柱施工操作程序,能够识别安全风险并有效预防,避免意外伤害事故。

2.3.4　背景知识

电潜泵机组是以电能为动力源,通过潜油电缆将电能输给潜油电动机,潜油电动机将电能转换为机械能,带动潜油离心泵高速旋转,潜油离心泵中的每级叶轮、壳体使井液压力逐步提高,在潜油泵出口处达到潜油泵要求的举升扬程,井液通过油管被举升至地面。电潜泵组成如图2-3-1所示。

2.3.5　任务实施

2.3.5.1　准备工作

工具、用具准备见表2-3-1。

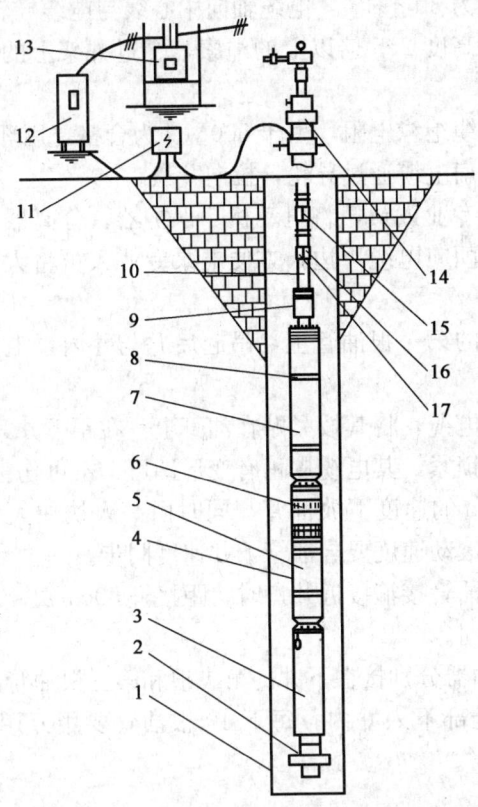

图 2-3-1 电潜泵组成示意图

1—套管；2—导向器；3—电动机；4—引线电缆；5—保护器；6—分离器；7—泵；8—电缆卡子；9—泵头；10—油管；11—接线盒；12—控制柜；13—变压器；14—井口；15—泄流阀；16—单向阀；17—动力电缆

表 2-3-1 工具、用具准备

序号	名称	规格	数量	序号	名称	规格	数量
1	起下作业设备		1套	10	电缆导轮		1套
2	液压钳		1套	11	吊卡		2只
3	电潜泵		1套	12	密封脂		适量
4	大扁电缆		按设计要求	13	管钳	900mm	2把
5	小扁电缆		按设计要求	14	活动扳手	300mm×36mm	2把
6	电缆卡子		根据井深配备	15	万用表		1只
7	电缆锁扣工具		1套	16	剪断电缆专用钳子		1把
8	闸板防喷器		1套	17	旋塞阀		1个
9	清水		1.5倍井筒容积	18	400型水泥车		1台

2.3.5.2 下电潜泵管柱

(1) 安装好防喷器，将电缆导轮吊在井架中部。

(2) 将电缆滚筒摆在井架后面修井机侧边，距井口25m以上，电缆滚筒与井口连线与修井机与井口连线夹角为30°～40°，电缆轴向中心线与电缆导轮、井口在同一平面上。

(3) 将长度大于导轮高度2.5倍以上的绳索，穿过井架上的导轮，两端垂到地面作引绳。

(4) 用万用表测量电缆绝缘电阻，大于500MΩ为合格，用环形扣把滚筒的大扁电缆绑在引绳上。拉引绳使大扁电缆通过导轮，拉向井口。

(5) 操作工配合电泵专业人员，将电动机、保护器、分离器等下入井内。其中扣在电泵短节上的吊卡月牙要朝向电缆一边，方便电泵专业人员将大扁电缆接在电泵的小扁电缆上。

(6) 将吊卡扣在下井的第一根油管上，吊起后并与井内泵上的接箍对扣，用液压钳上紧。

(7) 由一人扶住大扁电缆，将其按紧贴在油管上，在距下井第一根油管尾部50cm左右处，卡上卡子，用锁扣锁紧，其电缆皮稍有变形即可，不可伤害铠皮。

(8) 操作工以5m/min的速度下放油管，同时由一人扶住大扁电缆，使其始终紧贴在油管上，放松电缆，其滚动速度要与油管下井速度同步。

(9) 将电缆拉紧，当油管接箍接近井口时，距接箍50cm处卡上第三个电缆卡子，另有一个卡子要卡在油管中间。

(10) 将单流阀、泄油器分别接在下井的第二根和第三根油管的尾部。

(11) 将油管和电缆全部下入井内。每下10根油管要用万用表检查一次电缆电阻，其电阻大于500MΩ为合格。

2.3.5.3 坐油管悬挂器、安装采油树

(1) 油管下到最后一根时，在井口以下2m处的油管上打2～3个电缆卡子，并将分瓣油管悬挂器连同提升短节接在油管上，用管钳上紧。

(2) 指挥操作工上提油管80～100cm高度，把油管悬挂器下方30～40cm处的大扁电缆铠皮剥开，露出缆芯，但不要损伤电缆。

(3) 撬开分瓣油管悬挂器，将电缆卧进油管悬挂器槽内，合上分瓣油管悬挂器，卡上电缆卡子。

(4) 指挥操作工下放，将油管悬挂器坐进套管四通内，用活动扳手上紧四通上的4个顶丝并卸掉提升短节，此时锥体上平面高出套管四通法兰面5cm。丈量井口至配电房的距离，从电缆滚筒上切下足够长度的电缆，用引绳从电缆导轮上拉下，拆掉防喷器。

(5) 将带卡箍头的短节接在锥体上，用管钳上紧。

(6) 将开口法兰盖在油管悬挂器上，开口朝向电缆那一边。

(7) 将套管四通法兰与开口法兰用井口螺栓对角上紧。

(8) 将采油树总阀门以上部分坐在短节的卡箍头上，上好卡箍。

(9) 用万用表测量电缆电阻，大于500MΩ合格。

2.3.5.4 起电潜泵管柱

(1) 切断电源，从接线盒上拆下井下电缆的接线端子。

(2) 用万用表测量井下电缆及机组的绝缘电阻。

(3) 将电缆滚筒摆在井架后面，距井口 25m 以上，电缆滚筒连线与井架或井口成 30°～40°角，接反循环洗井管线。

(4) 用清水反洗井两周，洗出井内残油及黏结在油、套管壁上的蜡垢。

(5) 在井架腰部吊装电缆导轮，电缆滚筒轴向中心线与导轮、井口在同一平面上。

(6) 将长度大于导轮高度 2.5 倍以上的绳索穿过井架上的导轮，两端垂到地面作引绳。

(7) 卸下井口采油树并安装好防喷器。

(8) 将井下电缆捆绑在绳索上，从导轮穿过，绕在电缆滚筒上，拉紧排齐。

(9) 将提升短节接在油管悬挂器上，用管钳上紧，卸掉顶丝，扣上吊卡吊环，指挥操作工慢慢上提油管，当油管悬挂器提出防喷器时，拆掉油管悬挂器上的电缆卡子，掰开油管悬挂器，拉出电缆。

(10) 将油管悬挂器坐在防喷器的吊卡上，用管钳卸下锥体，放在一边。

(11) 继续上提油管，每当电缆卡子露出井口时，便由一人扶住卡子，另一人用剪刀剪断卡子。注意不要损伤电缆，同时将电缆绕到滚筒上，电缆滚筒的滚动速度要与油管上提速度同步，且吊卡开口始终朝向油管电缆，油管电缆始终朝向滚筒。

(12) 每当油管接箍露出井口时，坐好吊卡，用液压钳低速卸扣（液压钳口要始终朝向电缆），将油管卸下。

(13) 重复以上操作直至起至电泵短节，当电泵露出井口时，将大扁电缆与小扁电缆分离，将大扁电缆绑在引绳上，穿过导轮排上滚筒。

(14) 将起出的电动机、电泵装箱保护，收拾井场，余下工作交电泵专业组负责。

2.3.6 归纳总结

2.3.6.1 下电潜泵管柱注意事项及安全要求

(1) 电缆下井过程中，修井机起车、停车和运行操作应平稳；应有专人管理电缆滚筒。

(2) 保护器和离心泵侧面的扁电缆及电缆护罩应与电泵机组中心线平行，并避开防倒块，扁电缆不应弯曲或缠绕在机组上。

(3) 电泵机组上的小扁电缆护罩应卡紧，表面应平整光滑，不许有凹痕。

(4) 下油管时，要打好背钳，防止下井的油管转动将电缆缠绕扯坏。

(5) 下油管时要保持电缆有一定的拉力，使电缆能紧贴在油管上，不出现突起，拉力又不能太大，以免损坏电缆。

(6) 电缆从滚筒上导下来时不能拖地，以免将泥土和茅草带入井内，堵塞电泵。

(7) 打电缆卡子力度要合适，卡子松紧度以电缆、铠皮略有变形为宜。

(8) 每根油管应打两个电缆卡子，一个打在油管接箍下方 0.5m 处，另一个打在油管接箍上方 0.5m 处。

(9) 打电缆卡子时必须卡紧，不允许有窜动。

(10) 严禁在电缆连接包上打电缆卡子，应在电缆连接包上方 0.3m 和下方 0.3m 处各打一个电缆卡子。

（11）大雨天和风力大于 5 级以上时，不得进行起下电泵作业，夜间起下电泵要有充足的照明。

（12）摘扣吊卡时，吊卡开口要始终朝向电缆方向，油管上的电缆要始终朝向滚筒方向。

（13）施工作业要安装防喷器。

（14）井口附近准备好电缆剪断钳，一旦发生紧急情况，立即剪断电缆，按程序关井。

2.3.6.2　起电潜泵管柱注意事项及安全要求

（1）拆井口前应切断电源，并将电缆从电泵控制柜接线端子上拆下来。

（2）剪电缆卡子时，不要破坏电缆。

（3）卸油管扣，要打好背钳，避免井下管柱转动，使电缆缠绕在油管上。

（4）滚筒转动速度要与起油管速度同步。

（5）起管柱速度小于 5m/min。

（6）边起管柱边灌注修井液，保持液面在井口。

（7）起油管过程中，应在见到油管内的液面后才向油管内投直径 35～40mm、长 2.5m 的金属棒，砸断泄油阀上的泄油销子（或滑套），严禁在未见油管内液面前向油管内投棒。

（8）起出电缆时，施工人员应仔细检查并记录电缆的损坏情况（打扭、变形、断、磨损、起泡、腐蚀等）和损坏位置，并做好标记。

（9）起电缆时，电缆应从电缆滚筒上方缠绕到滚筒上。

（10）电缆应在滚筒上排列整齐，严禁电缆打扭挤窜。

（11）应检查并记录起出管柱上电缆卡子的数量，由现场技术人员分析缺少原因并采取处理措施。

（12）大雨天和风力大于 5 级以上时，不得进行起下电泵作业，夜间起下电泵要有充足的照明。

（13）摘扣吊卡时，吊卡开口要始终朝向电缆方向，油管上的电缆要始终朝向滚筒方向。

（14）施工作业要安装防喷器。

（15）井口附近备好电缆剪断钳，一旦发生紧急情况，立即剪断电缆，按程序关井。

2.3.7　拓展链接

起下电潜泵管柱挂导向滑轮操作如下：

（1）在起下电潜泵电缆时，必须使用导向滑轮。

（2）导向滑轮的结构应防止电缆在操作中跳出轮子。

（3）当使用扁动力电缆时，应采用扁平轮缘作为倒向轮。

（4）在使用前，应检查导向轮轴、支架、轮缘与框架之间的间隙。

(5) 将导向滑轮固定在井架上、距地面 10~14m 的位置，该位置适合游动滑车上下移动。

2.3.8 思考与练习

简述起电潜泵管柱注意事项。

2.3.9 考核

2.3.9.1 考核规定

(1) 如违章操作，将停止考核。
(2) 考核采用百分制，考核权重：知识点 30%，技能点 70%。
(3) 考核方式：本项目为实际操作考题，考核过程按评分标准及操作过程进行评分。
(4) 考核说明：本项目主要考核员工对起下电潜泵管柱操作掌握的熟练程度。

2.3.9.2 考核时间

(1) 准备工作：5min（不计入考核时间）。
(2) 正式操作时间：60min。
(3) 在规定时间内完成，到时停止操作。

2.3.9.3 考核记录表

下电潜泵管柱考核记录表见表 2-3-2。

表 2-3-2 下电潜泵管柱考核记录表

序号	考核内容	评分要素	配分	评分标准	备注
1	准备工作	劳保着装整齐；选择工具、用具：液压钳、电潜泵、大扁电缆、小扁电缆、电缆卡子、电缆锁扣工具、闸板防喷器、电缆导轮、吊卡、管钳、活动扳手、万用表、剪断电缆专用钳子、旋塞阀、卷尺等	10	未正确穿戴劳保用品不得进行操作；未准备工具、用具扣5分；少选一件扣2分	
2	下电潜泵及管柱操作	安装好防喷器，将电缆导轮吊在井架中部	5	挂电缆导轮位置不正确扣5分	
		将电缆滚筒摆在井架后面通井机侧边，距井口25m以上，电缆滚筒与井口连线与作业机与井口连线夹角为30°~40°，电缆轴向中心线与电缆导轮、井口在同一平面上	5	电缆滚筒摆放位置不正确扣5分	
		将长度大于导轮高度2.5倍以上的绳索，穿过井架上的导轮，两端垂到地面作引绳	5	穿电缆过导轮未用引轮扣5分	

续表

序号	考核内容	评 分 要 素	配分	评 分 标 准	备注
2	下电潜泵及管柱操作	用万用表测量电缆绝缘电阻，大于500MΩ为合格，用环形扣把滚筒的大扁电缆绑在引绳上。拉引绳使大扁电缆通过导轮，拉向井口	10	未测量电缆电阻扣10分	
		操作工配合电泵专业人员，将电动机、保护器、分离器等下入井内，其中扣在电泵短节上的吊卡月牙要朝向电缆一边，方便电泵专业人员将大扁电缆接在电泵的小扁电缆上	10	连接电潜泵及附属部件错误扣10分	
		将吊卡扣在下井的第一根油管上，吊起后并与井内泵上的接箍对扣，用液压钳上紧油管扣	5	液压钳上扣未把电缆拉向一侧扣5分	
		由一人扶住大扁电缆，使其紧贴在油管上，在距下井第一根油管尾部50cm左右处，卡上卡子，用锁扣锁紧，其电缆皮稍有变形即可，不可伤害铠皮	10	卡电缆卡子位置不正确扣10分	
		操作工以5m/min的速度下放油管，同时由一人扶住大扁电缆，使其始终紧贴在油管上，放松电缆，其滚动速度要与油管下井速度同步	10	下放油管的速度与放电缆的速度未同步扣10分	
		将电缆拉紧，当油管接箍接近井口时，距接箍50cm处卡上第三个电缆卡子，另有一个卡子要卡在油管中间	10	卡电缆卡子位置不正确扣10分	
		将单流阀、泄油器分别接在下井的第二根和第三根油管的尾部	10	泄油器位置连接错误扣10分	
		将油管和电缆全部下入井内。每下10根油管要用万用表检查一次电缆电阻，其电阻大于500MΩ为合格	10	每下10根油管未测量电阻扣10分	
3	考核时限	60min，到时停止操作考核			
4		合计100分			

起电潜泵及电缆考核记录表，见表2-3-3。

表2-3-3 起电潜泵管柱考核记录表

序号	考核内容	评 分 要 素	配分	评 分 标 准	备注
1	准备工作	劳保着装整齐，选择工具、用具：液压钳、电潜泵、大扁电缆、小扁电缆、电缆卡子、电缆锁扣工具、闸板防喷器、电缆导轮、吊卡、管钳、活动扳手、万用表、剪断电缆专用钳子、旋塞阀、卷尺等	10	未正确穿戴劳保用品不得进行操作；未准备工具、用具扣5分；少选一件扣2分	

续表

序号	考核内容	评 分 要 素	配分	评 分 标 准	备注
2	起电潜泵及电缆操作	切断电源，从接线盒上拆下井下电缆的接线端子	5	未切断电源拆电缆扣5分	
		用万用表测量井下电缆及机组的绝缘电阻将电缆滚筒摆在井架后面，距井口25m以上，电缆滚筒连线与井架或井口成30°～40°角，接反循环洗井管线	5	未测量井下电缆及机组的绝缘电阻扣5分；电缆滚筒摆放位置不正确扣5分	
		用清水反洗井两周，洗出井内残油及黏结在油套管壁上的蜡垢。在井架腰部吊装电缆导轮，电缆滚筒轴向中心线与导轮、井口在同一平面上	5	未洗井扣5分；电缆导轮位置吊装不正确扣5分	
		将长度大于导轮高度2.5倍以上的绳索，穿过井架上的导轮，两端垂到地面作引绳。卸下井口采油树并安装好防喷器	5	未安装防喷器扣5分	
		将井下电缆捆绑在绳索上，从导轮穿过，绕在电缆滚筒上，拉紧排齐	10	电缆在滚筒上未排齐扣5分	
		将提升短节接在油管悬挂器上，用管钳上紧，卸掉顶丝，扣上吊卡吊环，指挥操作手慢慢上提油管，当油管悬挂器提出防喷器时，拆掉油管悬挂器上的电缆卡子、掰开油管悬挂器，拉出电缆	10	上提油管悬挂器未卸顶丝扣10分	
		将油管悬挂器坐在防喷器的吊卡上，用管钳卸下锥体，放在一边	5	未用管钳卸下锥休扣5分	
		继续上提油管，每当电缆卡子露出井口时，便由一人扶住卡子，另一人用剪刀剪断卡子。注意不要损伤电缆	10	剪电缆卡子损坏电缆扣10分	
		每当油管接箍露出井口时，坐好吊卡，用液压钳低速卸扣（液压钳口要始终朝向电缆），将油管卸下	10	卸油管螺纹时液压钳未使用低速扣10分	
		重复以上操作直至起至电泵短节，当电泵露出井口时，将大扁电缆与小扁电缆分离，将大扁电缆绑在引绳上，穿过导轮排上滚筒	10	拆大扁电缆未使用引绳扣10分	
		将起出的电动机、电泵装箱保护，收拾井场，余下工作交电泵专业组负责	5	未收拾井场扣5分	
3	考核时限	60min，到时停止操作考核			
4		合计100分			

任务 4 检 泵

抽油泵因各种不利因素造成生产效率下降甚至停产，或者由于生产条件的变化需要调整生产参数，把这种为消除故障或者调整生产参数而进行的作业称为检泵。因每个区块的油质及产能不同，各油井的抽油泵规格、型号、种类也有所不同，所以要满足施工需要，就必须掌握各类泵型的工作原理及施工步骤，从而达到检泵施工的要求。

2.4.1 学习目标

通过本任务学习，使操作人员了解管式泵、杆式泵、螺杆泵的工作原理及用途；掌握检泵施工过程中的操作方法及技术要求；能够学会检管式泵操作、检杆式泵操作；检螺杆泵操作，使操作人员在检泵施工过程中能够熟练、规范、安全操作。

2.4.2 学习任务

本学习任务包括施工准备、检管式泵、检杆式泵、检螺杆泵。

2.4.3 任务分析

本任务学习应准备提升系统、循环系统、管材及井下工具、地面辅助设备等所需的工具、用具。操作者施工前应先了解检泵施工的整个操作过程及注意事项；正确掌握检泵施工的操作技能，在操作过程中注意安全，防止在拆装过程中出现机械伤人事故；能够识别安全风险并有效预防，避免意外伤害事故。

2.4.4 背景知识

2.4.4.1 管式抽油泵

管式抽油泵主要由游动阀、活塞、泵筒、固定阀等部分组成，如图 2-4-1 所示。工作原理：抽油杆带着活塞向上运动，活塞上的游动阀受阀球自重和管内压力作用关闭。泵内（活塞下方）容积增大，压力降低，固定阀在环形空间液柱压力（沉没压力）与泵内压力差的作用下被打开，原油进泵，同时井口排出液体。抽油杆带着活塞向下运动，固定阀关闭，活塞挤压泵中液体使泵内压力升高到高于活塞上方压力时，游动阀被顶开，泵中液体排到活塞上方的油管中，同时由于光杆进入井筒，在井口挤出相当于光杆体积的液体。

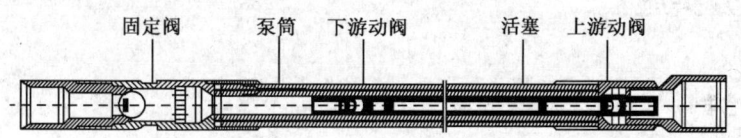

图 2-4-1 管式泵活塞、泵筒结构示意图

2.4.4.2 杆式抽油泵

杆式泵又称为插入泵，有内外两个工作筒，外工作筒上端装有锥体座及卡簧（卡簧的位置为下泵的深度）。下泵时把外工作筒随油管先下入井中，然后把装有衬套、活塞的内工作筒接在抽油杆的下端下入到外工作筒中，并由卡簧固定。检泵时不需要起出油管而是通过抽油杆把内工作筒拔出。在相同的油管直径下，允许下入的泵径较管式泵要小，因而杆式泵适用于下泵深度大、产量较小的油井。杆式泵类型可分为定筒式顶部固定杆式泵、定筒式底部固定杆式泵、动筒式底部固定杆式泵，如图 2-4-2、图 2-4-3 所示。

图 2-4-2 顶部固定杆式泵结构示意图　　　图 2-4-3 底部固定杆式泵结构示意图
1—抽油杆；2—油管；3—顶部固定式泵筒锚；　　1—抽油杆；2—油管；3—活塞、游动阀；
4—活塞、游动阀；5—杆式泵筒；　　　　　　　4—杆式泵筒；5—固定阀；6—底固定式
6—固定阀；7—油管　　　　　　　　　　　　　泵筒锚；7—油管

2.4.4.3 螺杆泵

螺杆泵的主要工作部件是偏心螺旋体的螺杆（称转子）和内表面呈双线螺旋面的螺杆衬套（称定子），如图 2-4-4 所示。工作原理是各啮合螺杆之间以及螺杆与缸套间的间隙很小，在泵内形成多个彼此分隔的容腔。转动时，下部容腔容积增大，吸入液体，然后封闭。封闭容腔沿轴向推移，新的吸入容腔又在吸入端形成。一个接一个的封闭容腔移动，液体就不断被挤出。

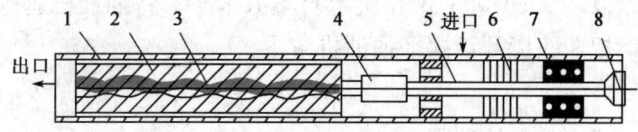

图 2-4-4 螺杆泵结构示意图
1—泵壳；2—衬套；3—螺杆；4—偏心联轴；5—中间传动轴；6—密封装置；7—径向止推轴承；8—普通连轴节

2.4.5 任务实施

2.4.5.1 施工准备

1. 工具、用具准备

工具、用具准备见表2-4-1。

表2-4-1 工具、用具准备

序号	名称	规格	数量	序号	名称	规格	数量
1	修井机		1台	6	小大钩		1个
2	防喷器	SFZ18—21	1套	7	抽油杆防喷器		1套
3	旋塞阀	$3\frac{1}{2}$in×35mm	1套	8	管钳		4把
4	抽油杆吊卡		4副	9	油管凳		2套
5	油管吊卡		4副				

2. 工具、用具的检查

(1) 修井机必须满足施工提升载荷的技术要求,运转正常、刹车系统灵活可靠。

(2) 井架、天车游动滑车、绷绳、绳卡、死绳头和地锚等均符合技术要求。

(3) 调整井架绷绳,使天车、游动滑车和井口中心在一条垂直线上。

(4) 检查液压钳、管钳和吊卡,应满足起下油管规范要求。

(5) 大绳要整齐地缠绕排列在滚筒上。游动滑车放至最低点时滚筒余绳不少于15圈。

2.4.5.2 检管式泵

1. 洗压井操作

(1) 洗井前确认井内抽油杆无卡阻,井内油、套管畅通无堵塞。

(2) 连接进出口管线,试压21MPa,稳压时间不低于15min,允许压降不大于0.5MPa,密封部件无渗漏为合格。

(3) 先开油管阀门,套管阀门待泵车将进口管线备压后,再缓慢全部打开。按照设计要求采用清水进行反洗井,如果发现油井漏失,应采取堵漏措施或采用气化水洗井,保护油层不受污染。

2. 拨抽油机驴头

在光杆距下死点以下50cm左右的位置上打紧方卡子。将抽油机运行到下死点,卸去负荷,拆掉悬绳器,把驴头拨开,摆平抽油机游梁。

3. 提杆

(1) 将光杆密封器底部卡箍卸开。

(2) 安装光杆接箍,然后打好杆吊卡,挂在小大钩上提出光杆。

(3) 提出井内全部抽油杆,摆放在抽油杆桥上。

(4) 提出活塞,放置在不易被磕碰的地方妥善保管。

4. 提泵管

(1) 卸掉井口 12 条螺栓,用钢丝绳套将采油树吊下,摆放位置不得堵塞逃生通道、妨碍施工操作。

(2) 在井口悬挂器上安装提升短节及旋塞阀。

(3) 检查、保养底法兰和防喷器钢圈槽及大钢圈,吊装防喷器安装方位符合井控要求,上紧 12 条螺栓,并按要求对防喷器进行试压。

(4) 退回法兰四条顶丝,提出井口悬挂器及井内全部油管和其他井下工具。起出油管摆放在油管桥上。对起出的深井泵应注意保护,不得摔击,并与活塞一起及时送修。

5. 深井泵及下井工具的深度计算

(1) 丈量油管并编号记录,计算累计长度,误差不超过 0.02%。

(2) 计算出下井管柱的各段油管长度、根数和管柱总长度。计算管柱深度时,应包括油补距。

(3) 尾管深度=油补距+油管挂短节长度+油管长度+泄油器长度+泵以上油管长度+泵长度+尾管长度;

泵深度=油补距+油管挂短节长度+油管长度+泄油器长度+泵以上油管长度+泵长度;

泄油器深度=油补距+油管挂短节长度+泄油器以上油管长度+泄油器长度。

(4) 下井管柱配好后,油管桥上多余的油管应用明显的记号隔开。交接班时要交接清楚,避免误下或错下油管。

6. 下泵

(1) 抽油泵在下井前应先将活塞接上连杆在泵筒内来回推拉,同时另一人戴上劳保手套用手掐住泵底部检验泵的抽汲能力,然后取出活塞(指 $\phi70mm$ 以下的泵)放置在清洁、安全、不易被磕碰的地方。再将泵单独下入井内,采用灌注的方法检验密封性,合格后起出待下。

(2) 按组配好的管柱顺序,先后依次将下井工具和油管螺纹上均匀涂上密封脂或缠上密封胶带,自下而上依次下入井内,完成生产管柱。

(3) 更换油管悬挂器的密封填料,坐入大四通,拧紧四条顶丝,安装完善井口。

(4) 对油管和井口进行试压,压力为 10MPa,稳压 30min,压降不超过 0.5MPa 为合格(验证管柱和井口是否有漏失现象)。

7. 下杆

(1) 将深井泵活塞连接在抽油杆上,使用相匹配的杆吊卡下入井内。

(2) 在下每一根抽油杆过程中,要上紧抽油杆螺纹,防止抽油杆脱扣造成返工。下放速度要均匀,避免遇阻时发生杆柱跳动冲击。

(3) 当活塞进入泵筒时,一定要平稳操作,放慢下放速度,以防碰伤活塞。

8. 调防冲距

(1) 将抽油杆下到底进行试抽,返液正常后在抽油杆上做好记号,提出两根或两根以上的抽油杆丈量入井深度(防止提杆将泄油器打开),计算出所加抽油杆短节的长度。

(2) 下入短节及光杆，到底后光杆外露防喷盒以上 1.5m 左右为合格。若方余过短，在检泵后不能进行碰泵操作。

(3) 按每 1000m 泵挂深度上调防冲距 80～100cm 的原则调好防冲距，保证活塞不撞击固定阀。光杆方入要大于深井泵的最大冲程，若方入短，光杆在上行时上挂井口，会使光杆密封器损坏。

(4) 安装光杆密封器，光杆要保持垂直、无弯曲、无伤痕并与密封盒密封良好。

9. 试抽交井

拨正驴头，挂好悬绳器，启动抽油机。试抽憋压正常后，清洁采油树进行交井。

2.4.5.3 检杆式泵

1. 洗井、拨驴头

洗井、拨驴头操作步骤与检管式泵相同。

2. 提杆

(1) 提出光杆，在上提力的作用下使锁爪和支承皮碗与支承接头脱开。

(2) 提出井内全部抽油杆，将杆式泵带出，如不改泵型或无其他工艺可不提油管。

3. 下杆

(1) 检查杆式泵是否损坏或出现锈蚀，各部位连接螺纹是否己拧紧，拉动柱塞上下运行是否灵活。

(2) 将杆式泵与抽油杆相连，下到预定深度碰泵，支承皮碗与支承接头形成坐封，同时锁爪在预定位置自锁。这时支承皮碗和支承接头形成双密封、双自锁，防止正常抽油时泵被提出。

4. 调防冲距

起出两根抽油杆，这时泵的锁紧装置会脱离密封支撑接头，当下入短节及光杆时需重新碰泵，确保杆式泵坐封可靠。安装光杆密封器，按每 1000m 泵挂深度上调防冲距 80～100cm 的原则调好防冲距，保证活塞不撞击固定阀。

5. 试抽交井

杆式泵试抽交井操作步骤与检管式泵试抽交井步骤相同。

2.4.5.4 检螺杆泵

1. 拆驱动头

(1) 停泵后棘爪装置将方卡子锁住，应先通过棘爪装置将扭矩缓慢释放后再作业，如果盲目起杆很容易发生安全事故。

(2) 专人配合拆开变压器与电控箱的连接电缆，拆开电控箱与驱动电动机的连接电缆。

(3) 放净井内油、套管压力，卸去光杆丝堵，安装提捞杆，将光杆提起 20cm，拆掉防脱、防转两个光杆卡子，继续缓慢上提光杆，将转子提出定子空腔后立即停止，防止上提过高顶到驱动头。

(4) 重新将防脱、防转两个光杆卡子卡在光杆上，坐回驱动头，压严密封填料。

(5) 连接洗井管线，因转子已提出定子空腔，螺杆泵底部没有球座，所以可采用反洗井、正洗井两种方式。

2. 提驱动杆

(1) 起光杆之前必须把提捞杆连接在光杆上进行探泵操作，卸去负荷，将驱动头摘掉，放置在距井口1m以外处，放置时最大倾角不得超过45°，同时使用防渗布将驱动头盖好，防止沾上油污。

(2) 安装驱动杆防喷装置后，开始起光杆，转子出泵过程中要缓慢上提，注意负荷变化。若光杆发生快速旋转，应立即停止上提光杆，待扭矩力完全释放，再继续上提。

(3) 提出光杆后，正常起出井内全部驱动杆及转子和扶正器等其他井下工具。

(4) 起驱动杆过程中，需将起出的扶正器装回原杆，以判断杆管偏磨情况。

(5) 提出的驱动杆排放整齐，起出转子后要保证转子表面不磕碰、弄弯。

3. 提泵管

(1) 安装井口防喷器，连接提升短节，用钢丝绳反勒油管，退回大四通顶丝，缓慢下放大钩，去除钢丝绳。正常起出悬挂器及井内油管（直接卸顶丝，易造成管柱上顶，顶丝划坏油管悬挂器密封段）。

(2) 提出 $\phi 89mm$ 油管，认真检查油管螺纹磨损情况，仔细核实检泵真正原因。

(3) 当井内 $\phi 89mm$ 泵管全部提出，清洗干净妥善保管。

4. 检查杆、管

(1) 认真检查抽油杆杆体及接箍，以防因偏磨而损坏的驱动杆下入井内。

(2) 需将管柱底带球座的油管下入井内进行试压，确保完井油管密封无渗漏。

5. 下泵管

(1) 使用锅炉车刺洗管杆，保证下井管、杆清洁干净。

(2) 丈量油管时不得少于三人，反复丈量三次，做好记录，按设计要求认真核实各井下工具深度，进行调配管柱。

(3) 下井前验证油管锚锚定是否正常。检查螺杆泵、砂锚及其他井下工具是否完好。

(4) 下入 $\phi 89mm$ 油管，油管上提高度不宜过高，防止油管锚中途坐封，并用油管规通过，在外螺纹涂抹密封脂。

(5) 下至设计要求深度，在专人指导下按照操作规程释放锚定工具，上提管柱800mm左右，缓慢下放油管，坐卡位置（油管头上平面与套管法兰平面距离）控制在3~20mm，如坐卡位置不合适，可反复调整几次，直到达到要求。用钢丝绳反勒油管，压下油管悬挂器，拧紧顶丝。安装驱动防喷装置。

6. 下驱动杆

(1) 螺杆泵转子连接在第一根驱动杆上，拧紧螺纹防止脱扣，缓慢下入井内。

(2) 先将扶正器安装在驱动杆上，下入时要缓慢，防止扶正器刮碎落入井内。

(3) 提单根过程中不得拖地，插接杆上扣时要求把扇形插口对好后，再把接箍上紧，如图2-4-5所示。

(4) 转子进入泵筒时要缓慢下放，防止下放速度过快造成杆柱脱扣。

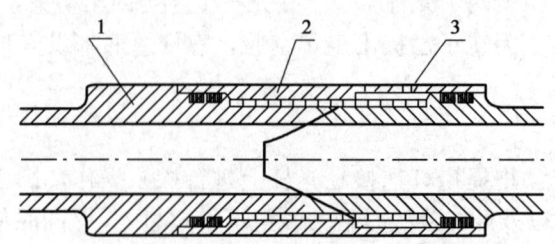

图 2-4-5 插接杆
1—杆体上接头；2—接箍；3—杆体下接头

（5）驱动杆到底后上调防冲距，如管杆长度不合理，应及时进行调配。防冲距的制定原则如下：防冲距为泵挂深度的千分之一，杆径小于 $\phi 28mm$ 加 0.4m 的伸长量；杆径大于 $\phi 38mm$ 加 0.3m 的伸长量，要求光杆提完防冲距后不超过驱动头 60cm。

（6）下入光杆后将提捞杆倒开，将光杆留在管内。

7. 安装驱动头

（1）平稳吊装驱动头进行安装，防止挂碰造成损坏。

（2）安装驱动头要求保持水平，不能倾斜，应使用水平仪对其测量，不合格的使用调偏钢圈进行调整。

（3）下入提捞杆对扣把光杆捞出，卡紧防转、防脱两个方卡子，坐在驱动头上卸去负荷，拆掉提捞杆，安装光杆丝堵。

8. 试抽交井

连接流程及井口附件，启动螺杆泵进行憋压。启动后尽量避免停机，防止释放扭矩时脱扣（停机后，上部杆柱停止，下部杆柱由于惯性继续旋转，容易造成脱扣）；压力上升至 3MPa 即为合格，打开出油阀。待出液正常后交井。

2.4.6 归纳总结

（1）反循环洗井后，停泵观察漏失量及井口动态，确认出口无溢流。

（2）起光杆时要缓慢上提，当抽油杆遇阻时，不能盲目硬拔。应查清原因制定措施后再进行处理，防止抽油杆弯曲和造成井下落物。

（3）拆井口前做好准备工作，并要准备好防喷器、提升短节、井口螺栓、钢圈、吊索等工具、用具。

（4）起下油管过程中，遇卡时不得猛提，应慢慢上下活动，并分析原因进行处理。

（5）下管、杆前必须检查管杆完好情况，如有弯曲、腐蚀、孔洞、偏磨和螺纹损坏，及时更换。

（6）管、杆桥上面不许摆放杂物，不许在上面行走。

（7）每根油管必须缠密封胶带或涂抹密封脂，将螺纹上满、上紧，以免因油管螺纹泄漏而造成泵效低。

（8）下油管时应平稳操作，做到不顶、不碰、不墩、不掉。

2.4.7 拓展链接

2.4.7.1 安全设施配备

（1）配备高空作业防坠落装置和安全带。
（2）配备有毒有害气体检测仪及应急用正压呼吸器。
（3）配备防止意外伤害和预防机械伤害必要的急救包（含有急救药品和用品）。
（4）提升系统应安装防碰天车并进行检查，确保其灵活好用。

2.4.7.2 油井交接制度

油井检泵交接，要求作业前后应与采油矿厂有关人员在现场进行交接，交接清楚后，认真填好油井交接书，交接人必须签字。交接内容有抽油机设备、供电设备、制动设备、采油树配件、井场情况、井下泵工况。

2.4.8 思考练习

（1）简述管式泵的结构及工作原理。
（2）简述螺杆泵的结构及工作原理。

2.4.9 考核

2.4.9.1 考核规定

（1）如违章操作，将停止考核。
（2）考核采用百分制，考核权重：知识点30%，技能点70%。
（3）考核方式：本项目为实际操作考题，考核过程按评分标准及操作过程进行评分。
（4）考核说明：本项目主要考核员工对检泵操作掌握的熟练程度。

2.4.9.2 考核时间

（1）准备工作：5min（不计入考核时间）。
（2）正式操作时间：40min。
（3）在规定时间内完成，到时停止操作。

2.4.9.3 考核记录表

拆螺杆泵驱动头考核记录表见表2-4-2。管式泵、杆式泵调防冲距考核记录表见表2-4-3。

表2-4-2 拆螺杆泵驱动头考核记录表

序号	考核内容	评 分 要 素	配分	评 分 标 准	备注
1	准备工作	劳保着装整齐；选择工具、用具：管钳、活动扳手、提捞杆、吊带、杆吊卡	5	未正确穿戴劳保用品不得进行操作；未准备工具、用具扣5分；少选一件扣1分	
2	拆螺杆泵驱动头操作	停泵后先放净井内油、套管压力。棘爪装置将方卡子锁住，通过棘爪装置将扭矩缓慢释放	15	不放压扣5分；没有释放扭矩扣10分	
		专人配合拆开变压器与电控箱的连接电缆，拆开电控箱与驱动电动机的连接电缆	10	未拆变压器与电控箱的连接电缆扣5分；未拆电控箱与驱动电动机的连接电缆扣5分	
		卸去光杆丝堵，安装提捞杆，将光杆提起20cm，拆掉防脱、防转两个光杆卡子	20	提捞杆未上紧扣10分；操作过程中工具落地扣5分；活动扳手打反扣5分	
		将提捞杆连接在光杆上进行探泵操作，卸去负荷	10	未平稳操作扣10分	
		用吊带将驱动头挂好，摘掉上提大钩，卸去井口螺栓，将驱动头吊起，放置在距井口1m以外处，放置时最大倾角不得超过45°，同时使用防渗布将驱动头盖好，防止沾上油污	20	未先挂好吊带扣10分；驱动头摆放不平扣5分；距井口位置近扣5分；驱动头未采取防污措施扣5分	
		安装驱动杆防喷装置后开始起光杆，转子出泵过程中，要缓慢上提，注意负荷变化	15	起光杆时未缓慢操作扣5分；防喷装置安装不合格扣10分	
3	清理场地	清理现场，收拾工具	5	未收拾保养工具扣2分；未清理现场扣3分；少收一件工具扣1分	
4	考核时限	40min，到时停止操作考核			
5		合计100分			

表2-4-3 管式泵、杆式泵调防冲距考核记录表

序号	考核内容	评 分 要 素	配分	评 分 标 准	备注
1	准备工作	劳保着装整齐；选择工具、用具：管钳、活动扳手、方卡子、光杆、杆短节、杆吊卡	5	未正确穿戴劳保用品不得进行操作；未准备工具、用具扣5分；少选一件扣1分	

续表

序号	考核内容	评分要素	配分	评分标准	备注
2	拆螺杆泵驱动头操作	当抽油杆下到底进行试抽，返液正常后在抽油杆上做好记号，提出两根或两根以上的抽油杆丈量入井深度（管式泵防止提杆将泄油器打开），计算出所加杆短节的长度	25	抽油杆未做记号扣10分；提出抽油杆过多将泄油器打开扣15分	
		下入短节及光杆，到底后光杆外露防喷盒以上1.5m左右为合格。若方余过短，在检泵后不能进行碰泵操作（杆式泵下入短节及光杆时需重新碰泵，确保杆式泵坐封可靠）	20	下入短节螺纹未上紧扣10分；光杆外露不符合要求扣10分	
		按每1000m泵挂深度上调防冲距80～100cm的原则调好防冲距，保证活塞不撞击固定阀。光杆方入要大于深井泵的最大冲程，若方入短，光杆在上行时上挂井口，会使光杆密封器损坏	25	未按要求上调防冲距扣10分；方卡子未打紧扣10分；活动扳手打反扣5分	
		安装光杆密封器，光杆要保持垂直，无弯曲、无伤痕并盒密封良好	20	光杆密封器安装不密封扣10分；未安密封填料扣10分	
3	清理场地	清理现场，收拾工具	5	未收拾保养工具扣2分；未清理现场扣3分；少收一件工具扣1分	
4	考核时限	40min，到时停止操作考核			
5		合计100分			

项目三

循 环 作 业

本书中的循环作业是指井下作业工艺中有泵车配合施工的工艺项目，是施工中利用泵车把修井液或其他流体通过循环或替、挤等方式对井内流体进行置换，或通过修井液循环携带出井内砂子、钻屑等杂物的工艺过程。循环作业可完成平衡井内压力、挤注水泥、查堵窜漏、清除井筒内脏物等一些工艺措施。

本项目共设置了12个有泵车配合作业的学习任务，使操作人员了解循环作业在井下作业中工作原理，掌握各种工艺措施中循环作业的操作方法，清楚操作过程中的技术要求和注意事项，使操作员工熟练掌握各项任务的安全操作程序，避免因操作不当造成人身事故或工程事故。

任务 1 洗 井

洗井是在地面向井筒内注入具有一定性能的洗井液，通过在油管与套管环形空间建立循环，把井壁和油管上的结蜡、死油、锈蚀残渣等杂质和脏物混合到洗井液中带到地面的工艺过程。稠油井、注水井及结蜡严重的井，经常通过洗井来清洁或解卡，注水泥等工艺也通过洗井对井筒进行清洁、降温、脱气等，因此，洗井是小修常规作业中一项应用十分广泛的施工工艺。

3.1.1 学习目标

通过本任务学习，使操作工人了解洗井的特点和适用井况；能够根据要求和现场情况摆放车辆；按照施工设计要求的洗井方式，进行正确的管线连接和洗井施工；取全、取准洗井资料；掌握洗井施工过程中的注意事项；能够辨识风险，做到安全操作、规范施工。

3.1.2 学习任务

本学习任务包括施工准备、洗井施工、录取资料。

3.1.3 任务分析

本任务学习应准备具备正反循环洗井的施工井，并准备好洗井施工所需的车组、洗井液、管线等。操作人员要先按照施工设计要求确定洗井方式，根据现场情况合理摆放车辆，并掌握正、反洗井管线的连接方法，掌握正确开关进出口阀门的方法，会观察和判断进出口液性和排量，能够描述出口携带返出物的名称、形状及数量，能够取全取准数据资料。在洗井操作过程中还要能识别安全风险，做到有效预防，防止在操作过程中出现管线憋压刺漏、崩开伤人，以及指挥车辆摆放出现挤伤碾压等安全事故。

3.1.4 背景知识

3.1.4.1 洗井设备

1. 泵车

能进行洗井、循环、压井、封堵及注水泥等作业的车载洗井设备由洗井泵和动力运载车两部分组成。泵是完成洗井作业的主要设备，常见的有 300 型、400 型、700 型和 1200 型等几种。

2. 管汇

管汇是汇集液流和改变液流方向,并控制高压液流的总机关。整体的洗井节流管汇总成由高压阀门、活接头、弯头、三通和短节等组合而成。将符合压力要求的管线和活接头等连接,可组装简易洗井节流管线。

(1) 闸阀:控制流体流量、开启或切断管道通路。

(2) 弯头和活接头:是组装洗井、节流管线的主要部件,弯头用于改变管线方向,弯头的角度常用的有90°与120°两种,若出口需要使用弯头,只能用120°以上的弯头;活接头用于连接各部件,如图3-1-1所示。

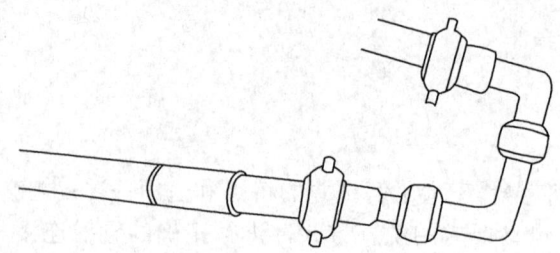

图3-1-1 弯头、活接头连接示意图

3.1.4.2 洗井方式

1. 正洗井

洗井液从油管进入,从油套环形空间返出,如图3-1-2所示。

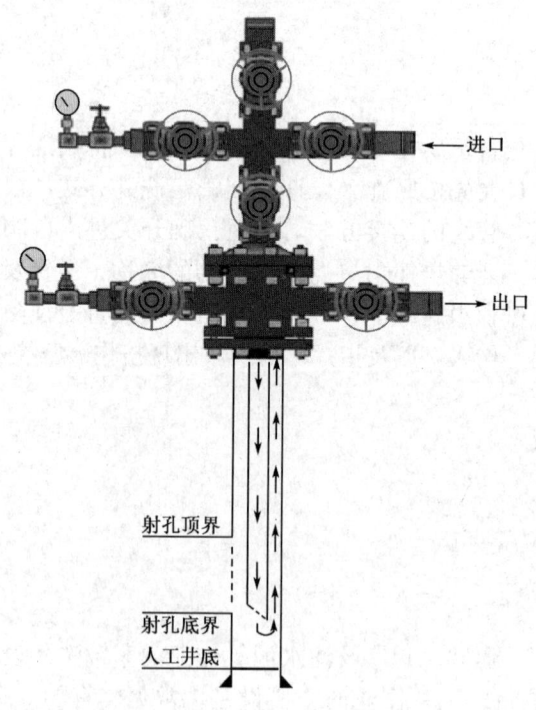

图3-1-2 正洗井示意图

正洗井对井底造成的回压较小,相对地层伤害较小,因此为保护油层,当管柱结构允许时,一般采取正洗井。但正洗井时,洗井液在油套环形空间上返的速度稍慢,对井内的脏物携带能力较反洗井弱,对套管壁上脏物的冲洗力度相对小。因此,正洗井一般适用于具备正循环通道的井地层压力较低的井以及油管内结蜡较多的井和出砂不十分严重的井。

2. 反洗井

洗井液从油套环形空间进入,从油管返出,如图3-1-3所示。

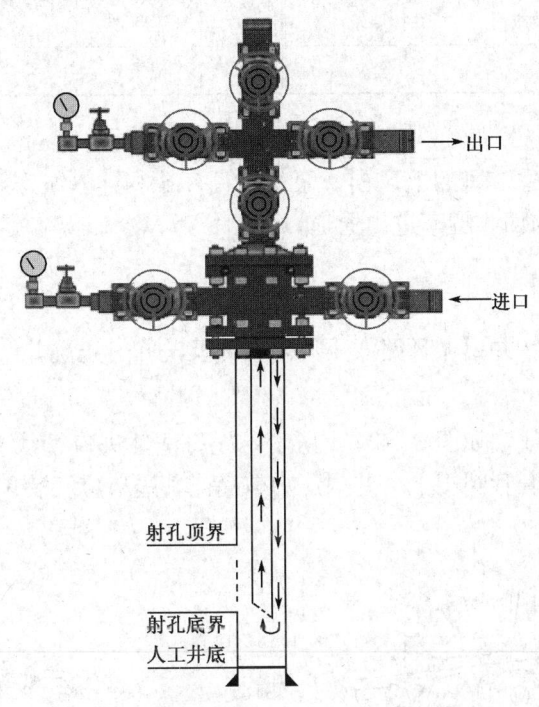

图3-1-3 反洗井示意图

反洗井对井底造成的回压较大,相对地层伤害较正洗井大些,但洗井液在油管中上返的速度较快,较正洗井携带井内脏物能力要强,对套管壁上脏物的冲洗力度相对要大,一般适用于不具备正循环通道、地层压力较高、大尺寸井眼的井以及出砂严重的井、斜井、水平井等。

3.1.5 任务实施

3.1.5.1 施工准备

1. 工具、用具准备

工具、用具准备见表3-1-1。

表 3-1-1 工具、用具准备

序号	名称	规格	数量	序号	名称	规格	数量
1	泵车		1台	8	活接头		1套
2	水罐车		4台	9	管钳	900mm	2把
3	循环罐		1台	10	大锤		1把
4	回收罐		1台	11	密封脂		适量
5	洗井液		井筒容积2倍以上	12	棉纱		适量
6	洗井管线	井控要求	井控要求	13	生料带		适量
7	弯头		1套	14	记录笔		1支

2. 摆放车辆

洗井车组应摆放在季节风的上风向,泵车与循环罐相连(泵车不应位于循环罐下风向位置),留出水罐车与回收罐车进出通道。

3.1.5.2 洗井施工

洗井施工按洗井液在井内循环路线不同,分为反洗井、正洗井及正反交替洗井三种。

1. 反洗井

(1) 连接反洗井管线,如图 3-1-4 所示,先将洗井进口管线一端用活接头连接到泵车上,另一端连接到套管阀门上(井内压力较高的井进口应安装单流阀)。

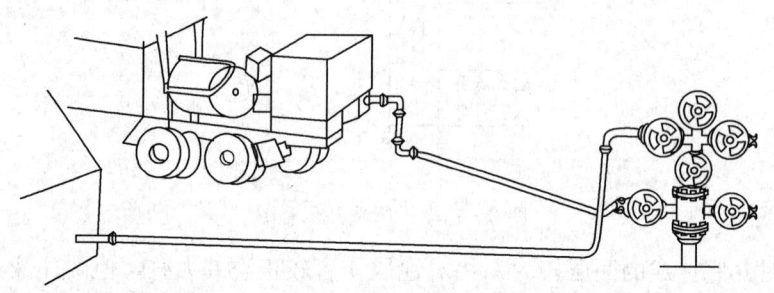

图 3-1-4 反洗井管线连接示意图

(2) 再将洗井出口管线一端用活接头连接到油管生产阀门上,另一端连接循环罐或回收罐(出口进站的只需倒好流程,不用连接管线),井内压力较高的井出口应安装针型阀控制排量。

(3) 启动泵车对管线试压至设计施工压力的1.5倍,不刺、不漏为合格。

(4) 打开进、出口阀门,开泵循环洗井(对于井内有压力的井,应先启动泵车泵液憋压到稍大于井内压力,再慢慢打开进口阀门)。注意观察泵压变化,排量由小到大,出口排液正常后逐渐加大排量,洗至进出口液性一致。

(5) 结束后拆掉洗井管线,记录洗井时间、洗井方式、洗井液名称、黏度、相对密度、切力、pH值、温度、添加剂及杂质含量,洗井泵压、排量、注入液量及喷漏量,洗井液排出携带物名称、形状及数量。

2. 正洗井

正洗井的进口管线连接在油管阀门上，出口连接在套管阀门上（出口洗井进站的只需倒好流程，不用连接管线），开泵循环与录取资料和反洗井相同。

3. 正反交替洗井

正反交替洗井就是先利用正洗方式冲击力大的特点进行正洗，然后再交换进出口管线，利用反洗携带力强的特点进行反洗，操作与正、反洗井相同。

3.1.6 归纳总结

（1）连接地面管线，地面管线试压至设计施工泵压的1.5倍，不刺、不漏为合格。

（2）有油管悬挂器的井口，洗井前对称顶紧四条油管悬挂器顶丝，注意观察是否短路打直流。

（3）洗井过程中，随时观察并记录泵压、排量、出口排量及漏失量等数据。泵压升高洗井不通时，应停泵及时分析原因并进行处理，不得强行憋泵。

（4）严重漏失井采取有效堵漏措施后，再进行洗井施工。

（5）出砂严重的井优先采用反循环法洗井，保持不喷不漏、平衡洗井。若采用正循环洗井，应连续活动管柱，防止砂卡。

（6）洗井过程中加深或上提管柱时，洗井工作液必须循环二周以上方可活动管柱，并迅速连接好管柱，直到洗井至施工设计深度。

（7）施工井压力较高，洗井时进口应安装单流阀防止气体倒灌入泵，出口安装针型阀有效控制排量，防止井喷和污染。

（8）洗井液量为井筒容积的两倍以上。

3.1.7 拓展链接

1. 热洗井简介

热洗井是针对稠油、高凝油、结蜡等特殊井，采用温度较高的洗井液进行循环洗井的一种洗井方法，是用锅炉车把洗井液加热到设计温度后泵入井内，或用泵车直接泵入设计要求的热洗井液进行洗井，以达到清洁井筒、管柱或解除稠油卡、蜡卡等目的。热洗井循环方式与管线连接与常规洗井相同。

2. 热洗井操作步骤

（1）摆放洗井车辆（同正、反洗井）。

（2）连接洗井管线（同正、反洗井）。

（3）启动热洗锅炉车加热洗井液，开始时以小排量进行循环，观察热洗锅炉车温度表显示洗井液温度达到要求时，适当增加排量，但不能过大，过大会使洗井液温度降低，应在保证洗井液温度要求的前提下，尽量加大排量。

（4）洗井结束拆掉洗井管线。

3.1.8 思考练习

(1) 正洗井管线如何连接?
(2) 反洗井的特点是什么?

3.1.9 考核

3.1.9.1 考核规定

(1) 如违章操作,将停止考核。
(2) 考核采用百分制,考核权重:知识点30%,技能点70%。
(3) 考核方式:本项目为实际操作考题,考核过程按评分标准及操作过程进行评分。
(4) 考核说明:本项目主要考核操作人员对洗井操作掌握的熟练程度。

3.1.9.2 考核时间

(1) 准备工作:10min(不计入考核时间)。
(2) 正式操作时间:90min。
(3) 在规定时间内完成,到时停止操作。

3.1.9.3 考核记录表

洗井考核记录表见表3-1-2。

表3-1-2 洗井考核记录表

序号	考核内容	评分要素	配分	评分标准	备注
1	准备工作	劳保着装整齐;选择工具、用具:泵车、水罐车、循环罐、洗井液、回收罐、洗井管线、弯头、活接头、管钳、大锤、密封脂、棉纱、生料带、记录笔	20	未正确穿戴劳保用品不得进行操作;泵车、水罐车、循环罐、洗井液、回收罐少一项停止操作;洗井管线、弯头、活接头、管钳、大锤、密封脂、棉纱、生料带、记录笔少一件扣5分,扣完为止	
2	洗井施工	反循环洗井进口管线一端用活接头连接到泵车上,另一端连接在套管阀门上(井内压力较高的井进口应安装单流阀);将洗井出口管线一端用活接头连接到油管生产阀门上,另一端连接循环罐或回收罐(井内压力较高的井出口应安装针型阀控制排量)	30	反洗井管线接错停止操作;井内压力较高的井未安装单流阀和针型阀扣30分	

续表

序号	考核内容	评 分 要 素	配分	评 分 标 准	备注
2	洗井施工	正循环洗井进口管线一端用活接头连接到泵车出口，另一端连接油管阀门上（井内压力较高的井进口应安装单流阀）；将洗井出口管线一端用活接头连接到油管生产阀门，另一端连接循环罐或回收罐（井内压力较高的井出口应安装针型阀控制排量）	30	正洗井管线接错停止操作；井内压力较高的井未安装单流阀和针型阀扣30分	
		启动泵车对管线试压至设计施工压力的1.5倍，不刺、不漏为合格，开泵循环，循环至进出口液性一致	10	洗井前管线未试压扣20分；未循环至进出口液性一致停泵扣10分	
3	录取资料	录取洗井时间、洗井方式、洗井液性、泵压、排量、注入量、喷漏量、携带排出物描述	10	错一项扣2分，扣完为止	
4	考核时限	90min，到时停止操作考核			
5		合计100分			

任务 2 压井

压井是利用泵将一定密度的流体替入井内或置换出井内的原有流体,形成新的液柱压力,对井底产生一定的回压,来平衡地层压力的施工工艺。压井工艺是常规井下作业中对过平衡井压力控制的重要手段,是常规井下作业中保证其他作业项目顺利进行的前提条件,因此,正确有效的压井施工能够有效地保护油气层和防止井喷污染。

3.2.1 学习目标

通过本任务学习,使操作工人了解压井的方法及适用井况,能够根据要求和现场情况摆放车辆,能根据压井方式正确连接压井管线和实施压井施工,并且能够取全、取准压井资料。在压井施工过程中能够识别安全风险,做到熟练、规范和安全操作。

3.2.2 学习任务

本学习任务包括施工准备、压井施工、录取资料。

3.2.3 任务分析

本任务学习应准备具备正、反循环压井的施工井,并准备好压井施工所需的压井车组、压井液、管线及工具、用具。操作人员在施工前要按照施工设计要求确定压井方式,准备压井管线及工具、用具;合理摆放好车辆;掌握各种压井方式的管线连接方法;洗井过程中会观察进出口液性和排量;能够描述出口携带返出物的名称、形状及数量等数据;要掌握如何录取资料;能够识别安全风险并有效预防,防止在操作过程中出现管线憋压刺漏、崩开伤人,大锤锤击时崩出铁屑伤人,以及指挥车辆摆放出现挤伤碾压等安全事故。

3.2.4 背景知识

3.2.4.1 灌注法压井

灌注法压井是向井筒内灌注一段压井液,用井筒的液柱压力平衡地层压力的压井方法,适用于井底压力不高、作业难度不大、工作量较小、修井时间较短的简单施工作业。

3.2.4.2 循环法压井

根据井内结构或井底压力等情况,按循环方式循环法压井又分反循环法压井与正循环法压井两种。

（1）反循环压井：压井液从套管阀门泵入，经油套管环形空间从油管阀门返出的循环方式，一般适用于压力高、产量大的井。

（2）正循环压井：压井液从油管阀门泵入，经油套管环形空间从套管阀门返出的循环方式，一般适用压力低的井。

3.2.4.3 挤注法压井

挤注法压井是指利用泵车把压井液强行挤入井筒内，把井筒内产出液强行挤回地层，但不把压井液挤入地层而只挤到地层上界的压井方法。挤注法压井用于油、套管不连通、无法循环的井，以及井内有压力、井内又无管柱或管柱深度不够无法用灌注法的井，也用于油、套管连通但压力高的井。

3.2.5 任务实施

3.2.5.1 施工准备

1. 工具、用具准备

工具、用具准备见表3-2-1。

表3-2-1 工具、用具准备表

序号	名称	规格	数量	序号	名称	规格	数量
1	泵车		1台	9	活接头		1套
2	罐车		4台	10	管钳	900mm	2把
3	循环罐		1台	11	大锤		1把
4	回收罐		1台	12	密封脂		适量
5	压井液		井筒容积1.5倍以上	13	棉纱		适量
6	压井管线	井控要求	井控要求	14	生料带		适量
7	弯头		2	15	记录笔		1支
8	节流阀		1				

2. 摆放车辆

压井车组应摆放在季节风的上风向，泵车与循环罐相连（泵车不能位于循环罐下风向位置），要留出水罐车与回收罐车进出的通道。

3.2.5.2 压井施工

根据井况不同，压井施工方式可分为灌注法、循环法和挤注法三种，循环法压井又分正、反循环压井。

1. 灌注法压井

（1）压井前确认井内无压力，打开油、套管阀门。

(2) 把泵车出口管线用管线和活接头连接到套管阀门上,用大锤砸紧。

(3) 开泵从套管向井内注入压井液,注入压井液时油管阀门要处于打开状态,便于排空。

(4) 注入设计要求用量的压井液或灌满井筒时停止注入,完成灌注压井操作。

2. 反循环压井

(1) 检查井口装置安全可靠。

(2) 井内仅有少量气体的井可先放出油、套管内的气体(井内持续产气或压力较高则需视情况而定进行放喷)。

(3) 从一侧套管阀门接好压井进口管线,必要时可在靠井口装好单流阀。

(4) 从一侧油管阀门接好出口管线,距离井口2m以外装好针型阀(整体节流管汇无需安装),如需转弯,弯头角度不得小于120°。

(5) 将泵车分别与进、出口管线连接并将活接头砸紧,对进、出口管线进行试压,试压压力为设计工作压力的1.5倍,不刺、不漏为合格,如图3-2-1所示。

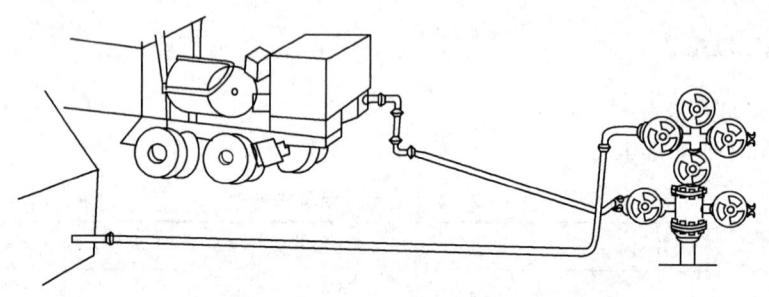

图3-2-1 反循环压井示意图

(6) 开泵循环前试着打开反循环压井流程,对于井内没有压力的井,可以直接打开进、出口阀门,对于井内有压力的井,应先启动泵车泵液憋压到稍大于井内压力,再慢慢打开进口阀门,接着打开出口阀门,用针型阀控制出口排量。开采油树阀门时,须用阀门扳手或管钳操作,站在阀门侧面,管钳或阀门扳手开口朝外,咬住阀门手轮,扳动管钳或阀门扳手手柄开关阀门。

(7) 先用清水反循环洗井脱气,洗井过程中用针型阀控制出口排量,使进、出口排量平衡,清水用量为井筒容积的1.5~2倍。

(8) 脱气结束接着泵入压井液进行反循环压井,在压井过程中使用针型阀控制出口排量使进、出口排量平衡,以防压井液被气侵,使压井液密度下降而导致压井失败,压井液用量为井筒容积的1.5倍以上。在压井结束前测量压井液密度,进、出口液性趋于一致后停泵,若不一致,密度差应小于$0.02g/cm^3$。

(9) 观察30min,进、出口均无溢流、无喷显示时,完成反循环压井操作。

3. 正循环压井

与反循环压井进、出口相反,操作方法相同。

4. 挤注法压井

(1) 检查井口装置安全可靠。

(2) 接油、套管放喷管线，用油嘴（或针型阀）控制放出井内的气体，或将原井内压井液放净后关闭阀门。

(3) 在油、套管阀门上接好压井管线，进口装高压单流阀，并按设计工作压力的 1.5 倍试压，不刺、不漏为合格，如图 3-2-2 所示。

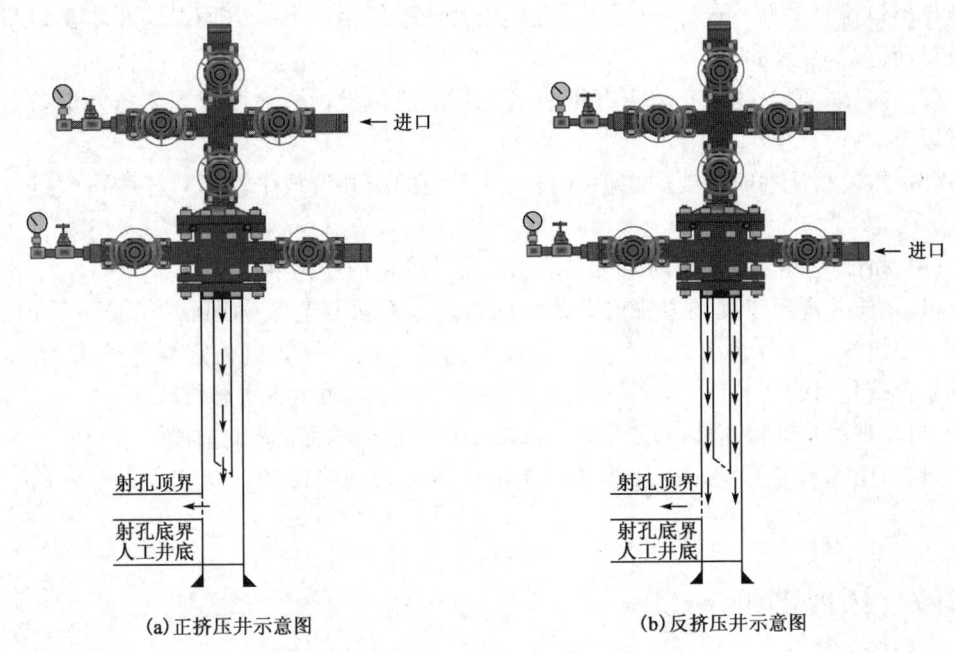

图 3-2-2 挤注压井示意图

(4) 只打开进口阀门，其他管路阀门全部处于关闭状态，启动泵车将设计要求用量的压井液挤入井筒后停泵，关闭进口阀门关井扩散压力。

(5) 对于油、套管连通但压力高的井，要先后依次对油、套管进行挤压，压井液用量和挤压深度要根据套管和油管容积进行计算。

(6) 压力扩散 30min 以上，用 2~3mm 油嘴（或针型阀）控制放压，观察 30min 左右，油井无溢流、无喷显示时，完成挤压井操作。

5. 录取资料

压井结束后，记录好压井时间、压井方式、压井深度、压井后观察时间、压井液性能、泵压、排量、注入量、喷漏量、进出口压井液密度、携带排出物描述。

3.2.6 归纳总结

(1) 连接地面管线，地面管线试压至设计施工泵压的 1.5 倍，不刺、不漏为合格。

(2) 出口管线用硬管线连接，并装有油嘴或针型阀，转弯处不得小于 120°，每 10~15m 用地锚等固定物固定。

(3) 进口管线应在井口处装好单流阀（高压力井压井用高压单流阀），防止天然气倒流至水泥车造成火灾事故。

(4) 循环压井时，用压井液压井前，先替入井筒容积 1.5~2 倍的清水脱气，出口见水后再泵入压井液。

（5）压井前，必须严格检查压井液性能，不符合设计性能的压井液不能使用。压井时，应尽量加大泵的排量，中途不能停泵，以避免压井液气侵。

（6）压井时，应用针型阀控制出口流量，采用憋压方式压井，待压井液接近油层时，保持进出口排量平衡，这样一方面可避免压井液被气侵，另一方面又防止了出口量小于进口量而造成油层污染。

（7）挤压井时，为防止将压井液挤入地层造成污染，一般要求是将压井液挤至油层顶界以上50m。

（8）重复挤压井时，要先将前次挤入井筒内的压井液放干净后，才能再次进行压井作业。

（9）挤压井施工时，最高泵压不能超过套管的抗内压强度。

（10）压井进出口罐必须放置在井口的两侧（不同方位），相距井口30～50m，目的是防止井内油、气引起水泥车着火。水泥车的柴油机排气管道一定要装防火帽。气井，尤其是含硫化氢的气井压井，要特别制订防火、防爆、防中毒措施。

（11）观察、计量压井液增减量，如果漏失严重，要采取防漏措施。

（12）压井节流管汇、内控管线、进出管线必须现场试压，达到设计要求后，方可施工。

3.2.7 拓展链链

在压井施工时可能会遇到一些特殊井况，比如井漏、井底压力变化或循环通道堵塞等，往往常规压井方式无法达到压井目的，这样就要根据实际情况采取相应措施。

（1）压井时出现漏失：在处理井喷时，由于压井液密度增加，有的层位可能出现漏失，造成压井难度加大。一般处理这种情况的基本原则是先堵漏后压井。

（2）老区老井压井时水侵：随着压井施工时压井液的流动，可能引起井底压力相对降低，相邻注水井的注入水就会逐渐进入，破坏压井液性能。这种情况一般应关闭相邻注水井、减少循环洗井和加紧施工进度。

（3）压井时堵塞循环通道：结蜡严重的井循环压井时可能会使蜡块堵塞管柱，发现泵压逐渐升高时，应采取放喷措施，挤排交叉作业，放喷量小于挤入量，反复几次排除结蜡；或用溶蜡物质做前置液先进行清蜡疏通蜡堵再进行压井。

（4）局部置换法压井：根据井内地层压力和井筒内原流体密度确定高密度压井液用量，正循环替入高密度压井液顶替原井低密度流体，替至油、套管内高密度压井液液面平齐，这样就形成一段高压液柱，与原井低密度流体液柱一起达到平衡地层压力的目的。该办法适用于施工现场无加重剂或加重设备的情况下，但不适用井内有低压漏失层的井，特点是不用循环一周、施工时间短、费用低。

3.2.8 思考练习

（1）压井施工时，对出口管线有哪些基本要求？

(2) 压井施工开泵前，对打开进出口阀门有哪些要求？

3.2.9 考核

3.2.9.1 考核规定

(1) 如违章操作，将停止考核。
(2) 考核采用百分制，考核权重：知识点 30%，技能点 70%。
(3) 考核方式：本项目为实际操作考题，考核过程按评分标准及操作过程进行评分。
(4) 考核说明：本项目主要考核操作员工对压井操作掌握的熟练程度。

3.2.9.2 考核时间

(1) 准备工作：10min（不计入考核时间）。
(2) 正式操作时间：90min。
(3) 在规定时间内完成，到时停止操作。

3.2.9.3 考核记录表

反循环压井考核记录表见表 3-2-2。

表 3-2-2 反循环压井考核记录表

序号	考核内容	评分要素	配分	评分标准	备注
1	施工准备	劳保着装整齐；选择工具、用具：泵车、水罐车、循环罐、洗井液、压井液、回收罐、压井管线、弯头、活接头、管钳、大锤、棉纱、生料带、记录笔	20	未正确穿戴劳保用品不得进行操作；泵车、水罐车、循环罐、洗井液、压井液、回收罐少一项停止操作考核；压井管线、弯头、活接头少一件停止考核；管钳、大锤、密封脂、棉纱、生料带、记录笔少一件扣5分，扣完为止	
2	反循环压井施工	从一侧套管阀门接好压井进口管线，必要时可在靠井口装好单流阀。从一侧油管阀门接好出口管线，距离井口2m以外装好针型阀（整体节流管汇无需安装），如需转弯，弯头角度不得小于120°	20	压井进出口管线接错扣20分	
		将泵车分别与进、出口管线连接并将活接头砸紧，对进、出口管线进行试压，试压压力为设计工作压力的1.5倍，不刺、不漏为合格	10	压井管线不试压扣10分	

续表

序号	考核内容	评分要素	配分	评分标准	备注
2	反循环压井施工	开泵循环前试着打开反循环压井流程，对于井内没有压力的井，可以直接打开进、出口阀门，对于井内有压的井，应先启动泵车泵液憋压到稍大于井内压力，再慢慢打进口阀门，接着打开出口阀门，用针型阀控制出口排量	10	倒流程开阀门错误扣10分	
		先用清水反循环洗井脱气，洗井过程中用针型阀控制出口排量，使进、出口排量平衡，清水用量为井筒容积的1.5～2倍。脱气结束接着泵入压井液进行反循环压井，在压井过程中使用针型阀控制出口排量使进、出口排量平衡，以防压井液在井筒气被气侵，使压井液密度下降而导致压井失败，压井液用量为井筒容积的1.5倍以上。在压井结束前测量压井液密度，进、出口液性应趋于一致后停泵，若不一致，密度差应小于0.02g/cm³	30	未用清水反循环脱气扣20分；未循环至进出口液性一致停泵扣20分	
3	录取资料	录取压井时间、压井方式、压井深度、压井后观察时间、压井液性能、泵压、排量、注入量、喷漏量、进出口压井液密度、携带排出物描述	10	错一项扣2分，扣完为止	
4	考核时限	90min，到时停止操作			
5		合计 100 分			

正循环压井考核记录表见表3-2-3。

表3-2-3 正循环压井考核记录表

序号	考核内容	评分要素	配分	评分标准	备注
1	施工准备	劳保着装整齐；选择工具、用具：准备泵车、水罐车、循环罐、洗井液、压井液、回收罐；压井管线、弯头、活接头、管钳、大锤、棉纱、生料带、记录笔	20	未正确穿戴劳保用品不得进行操作；泵车、水罐车、循环罐、洗井液、压井液、回收罐少一项停止操作考核；压井管线、弯头、活接头少一件停止考核；管钳、大锤、密封脂、棉纱、生料带、记录笔少一件扣5分，扣完为止	

续表

序号	考核内容	评 分 要 素	配分	评 分 标 准	备注
2	正循环压井施工	从一侧油管阀门接好压井进口管线，必要时可在靠井口装好单流阀。从一侧套管阀门接好出口管线，距离井口 2m 以外装好针型阀（整体节流管汇无需安装），如需转弯，弯头角度不得小于 120°	20	压井进出口管线接错扣 20 分	
		将泵车分别与进、出口管线连接并将活接头砸紧，对进、出口管线进行试压，试压压力为设计工作压力的 1.5 倍，不刺、不漏为合格	10	压井管线不试压扣 10 分	
		开泵循环前试着打开正循环压井流程，对于井内没有压力的井，可以直接打开进、出口阀门，对于井内有压的井，应先启动泵车泵液憋压到稍大于井内压力，再慢慢打开进口阀门，接着打开出口阀门，用针型阀控制出口排量	10	倒流程开阀门错误扣 10 分	
		先用清水正循环洗井脱气，洗井过程中用针型阀控制出口排量，使进、出口排量平衡，清水用量为井筒容积的 1.5～2 倍。脱气结束接着泵入压井液进行正循环压井，在压井过程中使用针型阀控制出口排量使进、出口排量平衡，以防压井液在井筒内被气侵，使压井液密度下降而导致压井失败，压井液用量为井筒容积的 1.5 倍以上。在压井结束前测量压井液密度，进、出口液性应趋于一致停泵，若不一致，密度差应小于 0.02g/cm^3	30	未用清水循环脱气扣 20 分；未循环至进出口液性一致停泵扣 20 分，扣完为止	
3	录取资料	录取压井时间、压井方式、压井深度、压井后观察时间、压井液性能、泵压、排量、注入量、喷漏量、进出口密度、携带排出物描述	10	错一项扣 2 分，扣完为止	
4	考核时限	90min，到时停止操作			
5		合计 100 分			

挤注法压井考核记录表见表3-2-4。

表3-2-4 挤注法压井考核记录表

序号	考核内容	评 分 要 素	配分	评 分 标 准	备注
1	施工准备	劳保着装整齐；选择工具、用具：准备泵车、水罐车、循环罐、洗井液、压井液、回收罐、压井管线、弯头、活接头、管钳、大锤、棉纱、生料带、记录笔	20	未正确穿戴劳保用品不得进行操作；泵车、水罐车、循环罐、洗井液、压井液、回收罐少一项停止操作考核；压井管线、弯头、活接头、少一件停止考核；管钳、大锤、密封脂、棉纱、生料带、记录笔少一件扣5分，扣完为止	
2	挤注法压井施工	检查井口装置安全可靠，接油、套管放喷管线，用油嘴（或针型阀）控制放出井内的气体，或将原井内压井液放净后关闭阀门	20	不检查井口装置扣20分；不放压扣10分，扣完为止	
		在油管或套管阀门上接好压井管线，进口装高压单流阀，并按设计工作压力的1.5倍试压，不刺、不漏为合格	20	压井管线不试压扣20分	
		只打开进口阀门，其他管路阀门全部处于关闭状态，启动泵车，将设计要求用量的压井液挤入井筒后停泵，关闭进口阀门，关井扩散压力	20	阀门倒错扣10分；压井液用量错误扣20分，扣完为止	
		压力扩散30min以上，用2～3mm油嘴（或针型阀）控制放压，观察30min左右油井无溢流、无喷显示时，完成挤压井操作	10	压井完毕不扩散压力扣10分	
3	录取资料	录取压井时间、压井方式、压井深度、压井后观察时间、压井液性能、泵压、排量、注入量、喷漏量、进出口密度、携带排出物描述	10	错一项扣2分，扣完为止	
4	考核时限	90min，到时停止操作			
5		合计100分			

任务3 冲　　砂

冲砂是向井内高速注入液体，靠水力作用将井底沉砂冲散，利用液流循环上返的携带能力，将冲散的砂子带到地面的施工。在井下作业中冲砂是一项危险性较高的施工工序，会出现卡钻、井喷、人员伤害等事故。这就要求我们必须对该工序做到充分了解、熟悉掌握，从而才能够保证施工正常运行、实现工艺目的。

3.3.1　学习目标

通过本任务学习，使操作人员了解冲砂施工中的活接头、弯头、水龙头、自封封井器等工作原理及用途；掌握冲砂施工过程中的操作方法及技术要求；能够学会冲砂准备、冲下单根、接换单根等；使操作人员在冲砂施工过程中能够熟练、规范、安全操作。

3.3.2　学习任务

本学习任务包括施工准备、下冲砂管、安装自封封器、连接进出口管线、冲下单根、接换单根、洗井返砂及回探砂面。

3.3.3　任务分析

本任务学习应准备高压活动弯头、水龙带、活接头、泵车、罐车、防污沉砂罐等工具、用具。操作者施工前应先了解冲砂施工的整个操作过程及注意事项；正确掌握冲砂的操作技能；在操作过程中注意安全，冲砂时，水龙带、活动弯头必须砸紧，系好保险绳，防止掉落伤人；能够能够识别安全风险并有效预防，避免意外伤害事故。

3.3.4　背景知识

3.3.4.1　活接头、高压活动弯头、水龙带

（1）活接头是常用的管线连接部件，适用于大通径、拆卸频繁的管线连接。

（2）高压活动弯头是活动两臂中间采用高压活动弹子联体进行密封连接在一起，可改变连接方向，便于管线的连接。

（3）水龙带是缠有多层钢丝的橡胶软管，能耐高压，接在下井油管与地面管线之间，可随冲砂管柱和游动滑车上下活动。

（4）活接头、高压活动弯头、水龙带的作用：通过活接头、弯头、水龙带与地面管线和井内油管相连接组成冲砂所需的进出口管线，经泵车不断循环泵入的液体通过管线

内部通道注入井内,经井底再携砂返至地面,从而达到冲砂施工的目的,在冲砂施工起着十分重要且不可替代的作用,如图3-3-1所示。

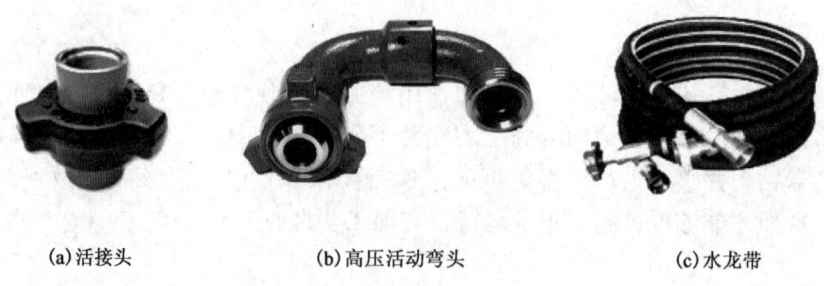

(a)活接头　　　　　(b)高压活动弯头　　　　　(c)水龙带

图3-3-1　活接头、高压活动弯头、水龙带

3.3.4.2　自封封井器

自封封井器是由上压盖、自封胶皮、下压盖组成,具有结构简单、体积小、重量轻、现场安装方便的特点,通过利用胶芯受外压收缩变形抱紧钻具,密封油套环空,达到阻隔井内流体返出井口的目的,如图3-3-2所示。

(a)自封上压盖　　　　　(b)自封胶皮　　　　　(c)自封下压盖

图3-3-2　自封封井器

3.3.4.3　单流阀

单流阀能与管柱连接在一起下入井内,冲砂时冲砂液在压力和重力的作用下,冲开单流阀继续下行,在冲完一根后接单根时,由于环空冲砂液中混有被冲起的砂子,密度比油管内冲砂液的密度大,所以油管内冲砂液在压力的作用下上返,到达单流阀后,单流阀在自身弹簧的作用下自动关闭,所以冲砂液不能流出。

3.3.4.4　冲砂笔尖

冲砂笔尖连接在下井第一根油管的底部,下入井内遇砂面时将通过高压水流将井底砂子冲散,并随返流将砂子带到地面。随着修井技术的提高,冲砂笔尖的种类越来越多,其主要功能有加大水冲击能力和导斜作用;在复合套管和侧钻井内可以使管柱顺利通过井内悬挂器等位置;遇阻砂面时还具有防堵、防憋泵的能力。

3.3.5 任务实施

3.3.5.1 施工准备

1. 工具、用具准备

工具、用具准备见表3-3-1。

表3-3-1 工具、用具准备

序号	名称	规格	数量	序号	名称	规格	数量
1	泵车	400型	1台	8	油管	ϕ73mm	若干
2	罐车	15m³	3台	9	液压钳		1台
3	防污罐	15m³	1台	10	管钳		2把
4	水龙带	15m	1根	11	自封封井器	ϕ73mm	1套
5	弯头		4个	12	单流阀		1个
6	平式活接头	ϕ73mm	4套	13	大钢圈		1个
7	加厚活接头	ϕ73mm	2套				

2. 工具、用具的检查

(1) 检查冲砂笔尖螺纹完好程度，内部是否畅通。

(2) 检查自封胶皮与管柱是否匹配、有无破损、可否达到密封作用。

(3) 检查弯头活接处转动是否轻便。

(4) 检查水龙带外部有无损坏、内部是否畅通。

(5) 检查好提升系统，保证冲砂过程中，提升系统能正常工作。

3.3.5.2 下冲砂管

(1) 将冲砂笔尖接在下井第一根油管底部，下入井内。

(2) 继续下油管至距油层上界30m时，缓慢加深油管探砂面，下放速度应小于5m/min。

(3) 下放遇阻，悬重下降10~20kN时，要连探3次，平均深度为砂面深度。

(4) 核实砂面深度后，上提2根油管。

3.3.5.3 安装自封封井器

(1) 将提出的第二根油管架起，先套入自封上压盖，再套入自封胶皮，安装时要露出油管外螺纹以上50cm左右，便于使用管钳上扣。

(2) 在井口油管接箍位置依次套入大钢圈、下压盖，然后将带有自封胶皮和上压盖的油管提起，用1200mm管钳与井口油管连接、上紧。

(3) 将油管下放至井内，在吊卡接近井口时穿入螺栓，扶正油管使其居中。当大钢圈进入大四通与下压盖钢圈槽内时，吊卡下放压置自封上压盖上，上紧自封封井器12条螺栓。

3.3.5.4 接进、出口管线

（1）将活动弯头及水龙带连接在油管接箍上，水龙带要系好安全绳，以免冲砂时水龙带在水击震动下脱扣掉落伤人。

（2）将单流阀连接在油管外螺纹上，要求连接紧固。全部安装完毕后，吊起油管与井内管柱连接，用液压钳上紧螺纹，防止脱扣。

（3）连接地面进、出口管线。进口是由水龙带、地面硬管线将井内油管与泵车相连。出口是由地面硬管线将套管阀门与防污沉砂罐连接在一起。

（4）再把泵车的进口管线、防污沉砂罐的出口管线、罐车的放水管线放在同一储液罐内，这样就可以进行循环冲砂施工。

3.3.5.5 冲下单根

（1）打开罐车阀门将拉来的冲砂液放入地面罐内，开泵循环洗井，观察泵车压力及排量的变化情况。

（2）当出口返液排量正常后缓慢加深管柱，同时用水泥车向井内泵入冲砂液，如有进尺，则以0.5m/min的速度缓慢均匀加深管柱。

（3）冲砂时要尽量提高排量，不得低于$25m^3/h$，保证把冲起的沉砂带到地面，同时观察出口返液情况。

3.3.5.6 接换单根

（1）当油管全部冲入井内后，要大排量打入冲砂工作液，循环洗井15min以上，保证井筒内冲起的沉砂不会在换单根时沉降卡管柱。

（2）水泥车停泵后，砸开弯头，连接在下一根已经接好活接头的油管上，同时卸下井口活接头，然后将带有水龙带的油管与井内管柱连接，上紧螺纹，上提1~2m开泵循环，待出口排量正常后，缓慢下放管柱冲砂。

（3）当连续冲下5根油管后，必须循环洗井1周以上，再继续冲砂至人工井底或设计要求深度。

3.3.5.7 洗井返砂、回探砂面

（1）冲砂至人工井底或设计要求深度后，上提管柱1~2m，大排量充分循环洗井，一般要冲洗井筒2周。在这期间要不断观察出口返砂情况，当出口含砂量小于0.2%时，达到施工要求。

（2）冲砂结束后，上提管柱至原砂面10m以上，关井。沉降4小时后回探砂面，记录砂面深度。

3.3.6 归纳总结

（1）常规冲砂施工必须在压住井的情况下进行。

（2）冲砂弯头及水龙带用安全绳系在大钩上，防止落物而意外发生伤人事故。

（3）冲砂至人工井底或设计要求深度后，应保持 0.4m³/min 以上的排量继续循环，当出口含砂量小于 0.2％时为冲砂合格。

（4）禁止使用带封隔器、通井规等大直径的管柱冲砂。

（5）井口操作人员、作业机操作人员、泵车操作人员要密切配合，根据泵压、出口排量来控制下放速度。

（6）冲砂施工要特别注意防火、防爆、防中毒，避免发生事故。

（7）冲砂施工中途若作业机等提升设备出故障，必须进行彻底循环洗井。若水泥车出现故障，应迅速上提管柱至原砂面以上 30m（如果是组合套管内冲砂，在确保上提管柱至原砂面以上 30m 前提下，还要保证上提到悬挂器位置 10m 以上），并活动管柱。

（8）要有专人观察冲砂出口返液情况，若发现出口不能正常返液，应立即停止冲砂施工，迅速上提管柱至原砂面以上 30m（如果是组合套管内冲砂，要上提管柱到悬挂器位置 10m 以上）并反复活动管柱。

3.3.7 拓展链接

3.3.7.1 正冲砂

优点：冲击力强，容易冲散地层砂。

缺点：冲砂液的携砂能力弱，地层砂不易被带出地面。当地层发生漏失、泵车发生故障或者通井机发生故障活动不及时时，容易发生砂卡管柱或砂埋管柱等危险。

3.3.7.2 反冲砂

优点：冲砂液的携砂能力强，地层砂易被带出地面。

缺点：冲击力弱，不容易冲散地层砂。当地层发生漏失、泵车发生故障或者通井机发生故障活动不及时时，不容易发生砂卡管柱或砂埋管柱等危险，但是会砂堵油管。反冲砂不适用于出砂粒径偏大和漏失比较严重的井。

3.3.7.2 正反冲砂

优点：集中了正冲砂和反冲砂的优点。

缺点：由于要倒流程，操作复杂、费时、容易发生井下故障。

3.3.8 思考练习

（1）简述正冲砂的优缺点。

（2）简述反冲砂的优缺点。

3.3.9 考核

3.3.9.1 考核规定

(1) 如违章操作,将停止考核。
(2) 考核采用百分制,考核权重:知识点30%,技能点70%。
(3) 考核方式:本项目为实际操作考题,考核过程按评分标准及操作过程进行评分。
(4) 考核说明:本项目主要考核员工对冲砂操作掌握的熟练程度。

3.3.9.2 考核时间

(1) 准备工作:5min(不计入考核时间)。
(2) 正式操作时间:60min。
(3) 在规定时间内完成,到时停止操作。

3.3.9.3 考核记录表

冲砂操作考核记录表见表3-3-2。

表3-3-2 冲砂操作考核记录表

序号	考核内容	评分要素	配分	评分标准	备注
1	准备工作	劳保着装整齐;选择工具、用具:活接头、弯头、水龙带、笔尖、单流阀、大锤、管钳	5	未正确穿戴劳保用品不得进行操作;未准备工具、用具扣5分;少选一件扣1分	
2	冲砂操作	下冲砂管至距油层上界30m时,下放速度应小于5m/min,遇阻悬重下降10~20kN时,连探3次。	15	油管下放过快扣5分;遇阻下压不合格扣5分;没连续探3次扣5分	
		连接弯头、水龙带要用安全绳绑在大钩上,以免冲砂时水龙带在水击震动下卸扣掉下伤人。连接地面进出口管线至泵车及工作液罐	15	不系安全绳扣5分;进出口连接错误扣15分	
		开泵冲砂循环,当出口返液正常后,则以0.5m/min的速度缓慢均匀加深管柱。排量不得低于25m³/h,保证把冲起的沉砂带到地面,同时观察出口返液情况	20	冲砂排量没达到扣10分;出口未返液,开始冲砂作业扣10分	
		水泥车停泵后,砸开弯头、水龙带,卸下活接头,连接在下一根油管上。上紧扣后提起油管1~2m,开泵循环,待出口排量正常后,缓慢下放管柱冲砂	20	开泵前未提起油管扣10分;冲砂时未缓慢下放管柱扣10分	

续表

序号	考核内容	评 分 要 素	配分	评 分 标 准	备注
2	冲砂操作	冲砂至设计要求深度后,上提管柱1~2m,大排量充分循环洗井。当出口含砂量小于0.2%时冲砂结束,上提管柱至原砂面10m以上,沉降4小时后复探砂面,记录深度	20	冲至设计要求后循环洗井时未上提油管扣5分;井内砂子未返净扣5分;提前或未进行回探砂面扣10分	
3	清理场地	清理现场,收拾工具	5	未收拾保养工具扣2分;未清理现场扣3分;少收一件工具扣1分	
4	考核时限	60min,到时停止操作考核			
5		合计100分			

任务 4 试 压

井下作业高压施工前，需要对承压设备、设施进行预试压，否则一旦出现刺漏或爆裂，可能造成人员伤害、设备损坏，所以高压施工前试压是油气水井井下作业过程中的一项安全保障措施。通过试压可验证设备、设施的密封性是否良好，是否满足施工或生产要求，避免发生质量安全事故。

3.4.1 学习目标

通过本任务学习，使操作人员了解采油树、套管、井控装备的结构形式，了解井下作业过程中试压的目的和方法，掌握对采油树、套管和井控装备试压安全操作程序，使操作人员在试压过程中熟练、规范、安全操作。

3.4.2 学习任务

本学习任务包括采油树试压、防喷器试压、旋塞阀试压、压井和放喷管线试压、套管试压。

3.4.3 任务分析

本任务学习应准备试压作业现场，井场平整、宽阔，符合试压施工要求。现场准备试压车组、采油树、井控装置及试压介质。操作人员通过了解采油树、套管及井控装置的作用和试压方法，掌握试压操作技能，了解试压操作过程中存在的安全风险。在整个操作过程中，操作人员应熟练掌握试压操作程序，能够识别安全风险并有效预防，避免意外伤害事故。

3.4.4 背景知识

3.4.4.1 采油树的组成和作用

采油树是一种用于控制生产并为井下作业提供条件的井口装置，由套管头、油管头、采油（气）树本体三部分组成。常见的采油树连接方式有螺纹式、法兰式、卡箍式。采油树的主要作用有以下几方面：

（1）连接井下各层套管，密封各层套管环形空间，承挂套管部分重量。

（2）悬挂油管及下井工具，承托井内管柱重量，密封油管、套管之间的环形空间。

(3) 控制和调节油井生产。

(4) 保证各项井下作业施工，便于压井作业、起下作业等措施实施和进行测压、清蜡等日常生产管理。

(5) 录取油压、套压资料。

3.4.4.2 套管的作用

套管是在钻井结束后，下入到井下的管子，套管与井壁用水泥封固。套管的主要作用有以下几方面：

(1) 加固井壁，防止地层坍塌。

(2) 封隔不同油层、水层，实现分层开采。

(3) 便于实施压裂、酸化等措施和维护性作业。

(4) 形成油流通道，配合油管达到采油目的。

3.4.4.3 井控装置试压方法

(1) 直接法。将水泥车连接在压井管汇或井口阀门上，向井内打压，从而达到试压的目的，但全井筒均承受压力。这种试压的方法适合产层没有打开的井，但对产层打开或井下出现窜漏的井，采取这种方法时会因井下卸压而达不到对井口试压的目的。

(2) 皮腕法，通过皮腕采用提拉式对井口装置进行试压。这种方法是用油管连接与井口套管尺寸相匹配的皮腕，下至距井口 10~20m 的套管内，在油管与套管的环空内灌满清水，关闭半封防喷器，缓慢上提油管，油套环空中的清水受压缩而在井口起压，观察套管压力表，当压力上升至设计试压值时停止上提油管，观察压力稳定情况，从而达到对井口装置试压的目的。

(3) 封隔器试压法。下封隔器或桥塞临时封隔井口套管，用水泥车直接向被试压部位打压达到对井控装置试压的目的。

(4) 堵头试压法。将带传压孔的试压堵阀下端连接油管挂，上端连接 $2\frac{7}{8}$in 厚壁平式油管短节，将试压泵或水泥车与油管短节相连，油管挂坐在井口四通内，顶好顶丝，关闭封井器半封，从油管短节向封井器内泵入清水，压力则通过堵头的传压孔传递到井口内，达到试压的目的。这种方法不仅能检验出封井器与四通之间连接法兰的密封性能，还能检验出油管挂与四通之间的密封性能。

小修作业过程中，对油管旋塞阀、压井管汇和放喷管汇的试压通常采用直接法。

3.4.5 任务实施

3.4.5.1 施工准备

1. 工具、用具准备

工具、用具准备见表 3-4-1。

表 3-4-1　工具、用具准备

序号	名称	规格	数量	序号	名称	规格	数量
1	泵车	400型	1台	8	压井管汇	YG65-35	1套
2	罐车	15m³	1台	9	放喷管汇	JG65-35	1套
3	弯头	35MPa	2个	10	试压短节	ϕ73mm	1个
4	活接头	ϕ73mm	4套	11	旋塞阀	FP2⅞-35	1个
5	硬管线	ϕ73mm	2条	12	平板阀	35MPa	1个
6	采油树	CY-250	1套	13	压力表	25MPa	1个
7	防喷器	SFZ18-21	1套				

2. 工具、用具的检查

（1）检查采油树各部位连接情况，试开关各阀门，检查是否灵活。

（2）检查防喷器闸板尺寸是否与试压短节匹配，闸板是否完好。

（3）检查旋塞阀螺纹是否完好，开关是否灵活。

（4）检查压井、放喷管汇的连接阀门和附件是否完好。

3.4.5.2　采油树试压

（1）将与试压法兰连接好的采油树放置在空旷地带，打开所有阀门，检查灵活性，然后关闭小四通顶部阀门，关闭小四通最外侧阀门。

（2）使用高压弯头连接试压法兰，弯头另一端与硬管线连接，硬管线另一端使用弯头与水泥车连接。

（3）启动水泥车泵入清水，打压至采油树额定工作压力，观察10min，压降小于0.5MPa为合格。

（4）水泥车泄压后，打开小四通两端最外侧阀门，关闭里侧阀门，打压至采油树额定工作压力，观察10min，压降小于0.5MPa为合格。

（5）水泥车泄压后，打开小四通两侧阀门与上部阀门，关闭小四通下部第一个阀门，打压至采油树额定工作压力，观察10min，压降小于0.5MPa为合格。

（6）水泥车泄压后，打开小四通下部第一个阀门，关闭小四通下部第二个阀门，打压至采油树额定工作压力，观察10min，压降小于0.5MPa为合格。

（7）泄压后，打开所有阀门，拆开试压管线与试压法兰，完成试压操作。

3.4.5.3　防喷器试压（以SFZ18-21防喷器为例）

（1）安装SFZ18-21防喷器，开关闸板，检查灵活性。

（2）将试压短节连接在油管悬挂器上。

（3）从试压短节上部连接活接头及弯头，并用硬管线与水泥车连接。

（4）启动水泥车，泵入清水，观察井口返水后停泵，关闭半封闸板。

（5）再次启动水泥车，打压至设计试压值，稳压10min，压降小于0.7MPa为合格。

（6）水泥车泄压，拆卸管线与试压短节，完成试压操作。

3.4.5.4 旋塞阀试压（以 FP2⅞－35 旋塞阀为例）

(1) 将硬管线一端连接旋塞阀，另一端连接水泥车。
(2) 启动水泥车，泵入清水，观察旋塞阀出口返清水后停泵，使用旋塞阀扳手关闭旋塞阀。
(3) 再次启动水泥车，打压至设计试压值，稳压 10min，压降小于 0.7MPa 为合格。
(4) 水泥车泄压，完成试压操作。

3.4.5.5 压井、放喷管线试压

(1) 从套管阀门两侧分别连接压井及放喷管汇，使用放喷管线放出井内余压，如图 3-4-1 所示。

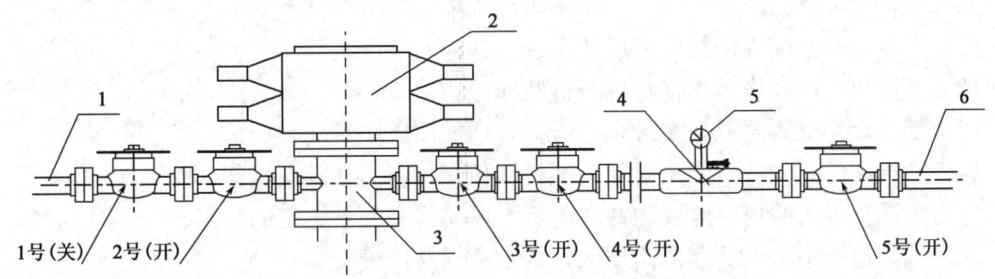

图 3-4-1 井控装置示意图
1—压井管线；2—双闸板防喷器；3—作业四通；4—三通；5—压力表；6—放喷管线
注：1 号阀门常关；2 号阀门、3 号阀门、4 号阀门和 5 号阀门常开（5 号阀门用于节流时，应换成针形阀）。

(2) 在管汇两端接好弯头，将压井管线与水泥车连接，关闭 1 号阀门和 2 号阀门。
(3) 启动水泥车，泵入清水，打压至设计试压值，稳压 10min，压降小于 0.7MPa 为合格；泄压后打开 1 号阀门，对 2 号阀门试压，打压至设计试压值，稳压 10min，压降小于 0.7MPa 为合格。水泥车泄压，完成压井管汇试压操作。
(4) 将放喷管线与水泥车连接，关闭 3 号、4 号、5 号阀门，启动水泥车，泵入清水，打压至设计试压值，稳压 10min，压降小于 0.7MPa 为合格；泄压后打开 5 号阀门，对 4 号阀门试压，打压至设计试压值，稳压 10min，压降小于 0.7MPa 为合格；泄压后打开 4 号阀门，对 3 号阀门试压，打压至设计压力值，稳压 10min，压降小于 0.7MPa 为合格。水泥车泄压，完成放喷管线试压操作。

3.4.5.6 套管试压

1. 未射孔井套管试压

(1) 从套管阀门两侧分别连接压井及放喷管线，并试压合格。
(2) 打开放喷管线，放出井筒内余压后关闭放喷阀门。
(3) 将水泥车与压井管线连接。
(4) 启动水泥车，泵入清水，待压力升至设计试压值时停泵，观察 30min，压降小于 0.5MPa 为合格。

(5) 水泥车泄压，打开放喷阀门放压后，关闭套管阀门，完成试压操作。

2. 射孔井套管试压

(1) 从套管阀门两侧分别连接压井及放喷管线，并试压合格。
(2) 将试压封隔器与油管连接，下至设计坐封深度。
(3) 封隔器坐封，关闭防喷器半封闸板。
(4) 将水泥车出口用弯头与压井管线连接。
(5) 启动水泥车，泵入清水，待压力升至设计试压值时停泵，观察30min，压降小于0.5MPa为合格。
(6) 水泥车泄压，打开放喷阀门放压后，关闭套管阀门，完成试压操作。

3.4.6　归纳总结

(1) 水泥车开泵前确认阀门开启状态。
(2) 采油树试压合格后不得再进行拆装作业。
(3) 复合套管试压要根据套管尺寸选择合适的试压工具。
(4) 开启阀门时人员不能正对阀门螺杆及顶丝，应站在侧面操作。
(5) 水泥车进入井场后停放在井口附近上风向并有利于施工的位置。
(6) 试压过程中，人员远离高压区，禁止跨越高压管线。
(7) 试压过程中若发现泄漏现象，应先泄压再进行紧固操作。
(8) 冬季施工时，应及时清理出采油树中残余的试压介质，防止发生冻堵。
(9) 试压过程中严格控制水泥车压力，不超过设计试压值。

3.4.7　拓展链接

3.4.7.1　防喷器安装要求

(1) 防喷器与套管四通的连接必须采用井控车间配发的专用螺栓。
(2) 连接螺栓配备齐全并对称旋紧，螺栓两端余扣一致，一般以出露2～3扣为宜。法兰间隙均匀，密封槽、密封钢圈清洁干净，并涂润滑脂安装，确保连接部位密封性能满足试压要求。
(3) 防喷器各闸板需挂牌标识开关状态。

3.4.7.2　放喷管线安装要求

(1) 放喷管线使用硬管线，安装在当地季节风下风方向，出口不得有障碍物，且距危险或易损害设施距离不小于30m。
(2) 在安装放喷管线过程中，如遇特殊情况需要转弯时，在转弯处使用120°弯头或90°锻造弯头。
(3) 每隔10～15m用地锚或基墩对放喷管线固定，一般情况下需要4个基墩；第1个基墩宜安装在放喷阀门外侧且靠近放喷阀门处；放喷管线出口2m内用双基墩固定；

第1个基墩与出口双基墩之间再用1个基墩固定。若放喷管线需要转弯时，转弯处前后均需固定。

3.4.7.3 压井管线安装要求

（1）压井管线安装在当地季节风上风方向。
（2）压井管线出口连接外螺纹活接头。
（3）压井管线出口附近用基墩固定牢固。
（4）压井管线一侧紧靠套管四通的阀门处于常关状态，并挂牌标识清楚。

3.4.8 思考练习

（1）简述采油树试压操作程序。
（2）简述套管试压操作程序。

3.4.9 考核

3.4.9.1 考核规定

（1）如违章操作，立即停止考核。
（2）考核采用百分制，考核权重：知识点30%，技能点70%。
（3）考核方式：本项目为实际操作考题，考核过程按评分标准及操作过程进行评分。
（4）考核说明：本项目主要考核员工对防喷器采油树、套管试压操作掌握的熟练程度。

3.4.9.2 考核时间

（1）准备工作：5min（不计入考核时间）。
（2）正式操作时间：60min。
（3）在规定时间内完成，到时停止操作。

3.4.9.3 考核记录表

防喷器试压考核记录表见表3-4-2。

表3-4-2 防喷器试压操作考核评分表

序号	考核内容	评分要素	配分	评分标准	备注
1	施工准备	劳保着装整齐；选择工具、用具：SFZ18-21防喷器1个（φ73mm半封闸板）、水泥车1台、压井及放喷管线各1套、清水10m³、高压弯头2个、试压短节1个	20	劳保用品穿戴不整齐取消操作；工具、用具少一件扣2分	

续表

序号	考核内容	评分要素	配分	评分标准	备注
2	防喷器试压操作	安装SFZ18-21防喷器，开关闸板，检查灵活性。将试压短节连接在油管悬挂器上。从试压短节上部连接活接头及弯头，并用硬管线与水泥车连接。启动水泥车，泵入清水，观察井口返水后停泵，关闭半封闸板。再次启动水泥车，打压至设计试压值，稳压10min，压降小于0.7MPa为合格。水泥车泄压，拆卸管线与试压短节，完成试压操作	80	防喷器安装后未检查闸板开关灵活性扣5分；试压短节与油管悬挂器连接偏扣扣10分；防喷器闸板关闭不紧扣10分；水泥车压力超过设计试压值扣10分；稳压时间小于10min扣5分；稳压结束后水泥车未放压扣5分	
3	考核时限	60min，超时停止操作			
4		合计100分			

采油树试压考核记录表见表3-4-3。

表3-4-3 采油树试压操作考核评分表

序号	考核内容	评分要素	配分	评分标准	备注
1	施工准备	劳保用品穿戴整齐；选择工具、用具：CY-250采油树1套、水泥车1台、清水10m³、高压弯头2个、试压法兰1个、φ73mm高压硬管线20m	20	劳保用品穿戴不整齐取消操作；工具、用具少一件扣2分	
2	采油树试压操作	(1) 将与试压法兰连接好的采油树放置在空旷地带，打开所有阀门检查灵活性，然后关闭小四通顶部阀门，关闭小四通最外侧阀门。 (2) 使用高压弯头连接试压法兰，弯头另一端与硬管线连接，硬管线另一端使用弯头与水泥车连接。 (3) 启动水泥车泵入清水，打压至采油树额定工作压力，观察10min，压降小于0.5MPa为合格。 (4) 水泥车泄压后，打开小四通两端最外侧阀门，关闭里侧阀门，打压至采油树额定工作压力，观察10min，压降小于0.5MPa为合格。 (5) 水泥车泄压后，打开小四通两侧阀门与上部阀门，关闭小四通下部一个阀门，打压至采油树额定工作压力，观察10min，压降小于0.5MPa为合格。 (6) 水泥车泄压后，打开小四通下部一个阀门，关闭小四通下部第二个阀门，打压至采油树额定工作压力，观察10min，压降小于0.5MPa为合格。 (7) 泄压后，打开所有阀门，拆开试压管线与试压法兰，完成试压操作	80	试压前未检查采油树所有阀门的开关灵活性扣5分；试压压力超过采油树额定工作压力值扣10分；稳压时间小于10min扣5分；稳压结束后水泥车未放压扣5分	
3	考核时限	60min，超时停止操作			
4		合计100分			

套管试压考核记录表见表3-4-4。

表3-4-4 套管试压操作考核评分表

序号	考核内容	评分要素	配分	评分标准	备注
1	施工准备	劳保用品穿戴整齐；选择工具、用具：压井及放喷管线各1套、水泥车1台、清水10m³、高压弯头2个、试压封隔器、防喷器1台（φ73mm半封闸板）	20	劳保用品穿戴不整齐取消操作；工具、用具少一件扣2分	
2	未射孔井套管试压操作	(1) 从套管阀门两侧分别连接压井及放喷管线，并试压合格。 (2) 打开放喷管线，放出井筒内余压后关闭放喷阀门。 (3) 将水泥车与压井管线连接。 (4) 启动水泥车，泵入清水，待压力升至设计试压值时停泵，观察30min，压降小于0.5MPa为合格。 (5) 水泥车泄压，打开放喷阀门放压后关闭套管阀门，完成试压操作	40	压井及放喷管线连接后未试压扣5分；试压前未放掉井筒内余压扣10分；试压压力超过设计压力值扣10分；稳压时间小于30min扣5分；稳压结束后水泥车未放压扣5分	
3	射孔井套管试压操作	(1) 从套管阀门两侧分别连接压井及放喷管线，并试压合格。 (2) 将试压封隔器与油管连接，下至设计坐封深度。 (3) 封隔器坐封，关闭防喷器半封。 (4) 将水泥车出口用弯头与压井管线连接。 (5) 启动水泥车，泵入清水，待压力升至设计试压值时停泵，观察30min，压降小于0.5MPa为合格。 (6) 水泥车泄压，打开放喷阀门放压，关闭套管阀门完成试压操作	40	压井及防喷管线连接后未试压扣5分；防喷器闸板关闭不严扣10分；试压压力超过设计压力值扣10分；稳压时间小于30min扣5分；稳压结束后水泥车未放压扣5分	
4	考核时限	60min，超时停止操作			
5		合计100分			

旋塞阀试压考核记录表见表3-4-5。

表3-4-5 旋塞阀试压操作考核评分表

序号	考核内容	评分要素	配分	评分标准	备注
1	施工准备	劳保用品穿戴整齐；选择工具、用具：FP2 7/8-35旋塞阀1个、水泥车1台、清水10m³、高压弯头2个、φ73mm高压硬管线20m	20	劳保用品穿戴不整齐取消操作；工具、用具少一件扣2分	

续表

序号	考核内容	评分要素	配分	评分标准	备注
2	旋塞阀试压操作	（1）将硬管线一端连接旋塞阀，另一端连接水泥车。 （2）启动水泥车，泵入清水，观察旋塞阀出口返清水后停泵，使用旋塞阀扳手关闭旋塞阀。 （3）再次启动水泥车，打压至设计试压值，稳压10min，压降小于0.7MPa为合格。 （4）水泥车泄压，完成试压操作	80	硬管线、旋塞阀与水泥车连接处有一处未上紧扣10分；试压前未对管线和旋塞阀灌满清水扣20分；试压压力超过设计试压值扣10分；稳压时间小于10min扣5分；稳压结束后水泥车未放压扣5分	
3	考核时限	60min，超时停止操作			
4		合计100分			

压井、放喷管线试压考核记录表见表3-4-6。

表3-4-6 压井、放喷管线试压操作考核评分表

序号	考核内容	评分要素	配分	评分标准	备注
1	施工准备	劳保用品穿戴整齐；选择工具、用具：φ73mm压井管线10m、φ73mm放喷管线10m、井口四通、井口三通、压力表、水泥车1台、清水10m³、高压弯头2个	20	劳保用品穿戴不整齐取消操作；工具、用具少一件扣2分	
2	压井管线试压操作	（1）从套管阀门两侧分别连接压井及放喷管线，使用放喷管线放出井内余压。 （2）在管线两端接好弯头，将压井管线与水泥车连接，关闭1号阀门和2号阀门。 （3）启动水泥车，泵入清水，打压至设计试压值，稳压10min，压降小于0.7MPa为合格；泄压后打开1号阀门，对2号阀门试压，打压至设计试压值，稳压10min，压降小于0.7MPa为合格。 （4）水泥车泄压，完成压井管线试压操作	40	压井、放喷管线连接不规范扣10分；试压压力超过设计试压值扣10分；稳压时间小于10min扣5分；稳压结束后水泥车未放压扣5分	
3	放喷管线试压操作	（1）将放喷管线与水泥车连接，关闭3号、4号、5号阀门；启动水泥车，泵入清水，打压至设计试压值，稳压10min，压降小于0.7MPa为合格。 （2）泄压后打开5号阀门，对4号阀门试压，打压至设计试压值，稳压10min，压降小于0.7MPa为合格。 （3）泄压后打开4号阀门，对3号阀门试压，打压至设计压力值，稳压10min，压降小于0.7MPa为合格。 （4）水泥车泄压，完成放喷管线试压操作	40	试压压力超过设计试压值扣10分；稳压时间小于10min扣5分；稳压结束后水泥车未放压扣5分	
4	考核时限	60min，超时停止操作			
5		合计100分			

任务 5　冲　　捞

在井下打捞对象上部覆盖泥砂等脏物的情况下，如果直接打捞，容易造成打捞失败或卡打捞管柱，为保证打捞成功率，需要先冲洗鱼顶然后再实施打捞。在打捞封隔器时，循环冲洗还能达到防喷作用。因此，冲捞是井下作业施工过程中一道重要的施工工序，了解并掌握冲捞工序的标准操作，是安全、高效、优质完成施工任务的重要保障。

3.5.1　学习目标

通过本任务学习，使操作人员了解冲捞对象的特点，掌握冲捞标准操作技能，使操作人员在冲捞施工过程中能够熟练、规范、安全操作。

3.5.2　学习任务

本学习任务包括冲捞可捞式桥塞、冲捞丢手封隔器及冲捞小件落物。

3.5.3　任务分析

本任务学习应准备可捞式桥塞专用打捞器、封隔器专用打捞工具、局部反循环打捞篮及强磁打捞器各1个，并保证灵活、好用。操作人员应了解冲捞对象的特点，掌握冲捞施工操作技能，熟练进行冲捞施工操作，能够识别安全风险并有效预防，避免意外伤害事故。

3.5.4　背景知识

3.5.4.1　可捞式桥塞

可捞式桥塞是一种井下封堵工具，主要由坐封机构、锚定机构、密封机构等部分组成。可捞式桥塞采用独特的自锁定结构，具有可靠的双向承压功能，无需上覆水泥面，即可实现可靠密封。可捞式桥塞用电缆坐封工具或液压坐封工具坐封，需要时可解封回收、重复使用。它可以进行临时性封堵、永久性封堵、挤注作业等，还可与其他井下工具配合使用，进行选择性封堵和不压井作业等，结构如图3-5-1所示。

3.5.4.2　丢手工具

丢手工具是封隔器的配套工具，主要作用是连接在需要丢入井内的封隔器上部，通过油管下入井内，待工具下至设计深度后投球打压丢掉，起出丢手头以上的管柱，达到丢封的目的，结构如图3-5-2所示。

图3-5-1 可捞式桥塞示意图

1—拉断螺栓；2—上接头；3—安全帽；4，8，9，11，17—密封圈；5—打捞头；6—上芯轴；7—剪钉；
10—密封管；12—下芯轴；13—锁环套；14—中心管；15—锁环；16—承载环；18—上压帽；
19—挡圈；20—隔环；21—胶筒；22—下压帽；23—轨道销钉；24—上楔体；25—衬套；
26—卡瓦托；27—卡瓦；28—下楔体；29—稳钉；30—调节环；31—托环；
32—稳钉；33—下接头

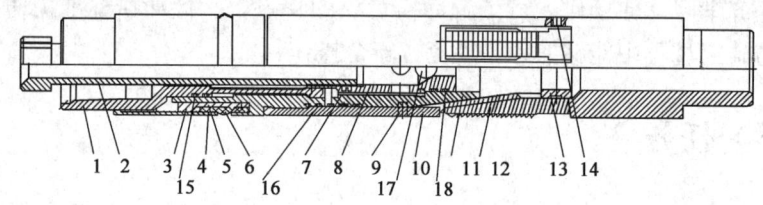

图3-5-2 丢手

1—丢手接头；2—连杆；3—皮碗压环；4—护套；5—上接头；6—防砂皮碗；7，14—固定螺钉；
8—球座；9—剪断销钉；10—上卡瓦壳体；11—上锥体；12—卡瓦；13—卡瓦挡环；
15，16，18—O形密封圈；17—钢球

3.5.4.3 小件落物

小件落物指螺栓、小工具、钢球、钳牙、卡瓦碎片、碎散胶皮等落入井筒并对油水井生产或作业产生影响的体积较小的落物。

3.5.5 任务实施

3.5.5.1 施工准备

工具、用具准备见表3-5-1。

表3-5-1 工具、用具准备

序号	名称	规格	数量	序号	名称	规格	数量
1	泵车	400型	1台	4	水龙带	15m	1根
2	罐车	15m³	3台	5	弯头	35MPa	4个
3	防污罐	15m³	1台	6	活接头	φ73mm	4套

续表

序号	名称	规格	数量	序号	名称	规格	数量
7	磁力打捞器		1个	11	自封封井器	φ73mm	1套
8	分瓣捞矛		1个	12	油管	φ73mm	若干
9	桥塞打捞器		1个	13	液压钳		1台
10	局部反循环打捞篮		1个	14	管钳		2把

3.5.5.2 冲捞可捞式桥塞

（1）检查桥塞专用打捞器，测量各部位尺寸，绘出工具草图。

（2）将桥塞专用打捞器连接在油管上，匀速下入井内，当打捞工具下至桥塞坐封位置以上 50m 时，减速慢下。当打捞器下至距桥塞 3～5m 时，接好地面循环洗井管线。

（3）启动水泥车，选用设计洗井液循环冲洗，边冲边下放管柱，打捞工具接近桥塞顶部 0.5m 时停止下放管柱，继续循环洗井，将桥塞上部沉砂及杂物从井底返出井口。

（4）边冲洗边下放管柱，遇阻后加压 30～50kN，缓慢上提管柱，同时观察指重表，若在原悬重基础上增加 20～30kN 后又降至正常悬重时，证明桥塞已成功解封，上提 3m 后，再次下放 5m 探桥塞，确保桥塞捞获。如上提遇卡，在设备提升安全负荷范围内上下活动解卡，若不能解卡，在保持桥塞捞筒承受 10～20kN 拉力的情况下正转管柱，使打捞工具与桥塞脱开。

（5）桥塞解封后继续循环洗井脱气，洗井液液量不少于井筒容积的 1.5 倍，停泵观察有无溢流。若有溢流，分析原因，适当加大洗井液密度，循环至进出口液性一致，直至停泵后出口无溢流。

（6）匀速起出管柱、打捞器以及桥塞主体，起管时严禁管柱旋转，以防桥塞落井，控制起管速度在 30 根/h 之内，防止因起管速度过快造成抽吸井喷。

3.5.5.3 冲捞丢手封隔器

（1）检查分瓣捞矛，测量各部位的尺寸，绘出工具草图。

（2）将分瓣捞矛与油管连接，匀速下入井内。

（3）工具下至距鱼顶 1～2m 处开泵洗井，出口返液正常后下放管柱打捞，待指重表悬重下降 10～20kN 后，缓慢试提管柱，若悬重增加，判断捞获。

（4）解封后继续循环洗井脱气，洗井液量不少于井筒容积的 1.5 倍，停泵后观察有无溢流。

（5）无溢流情况下起管柱，起管速度控制在 30 根/h，防止因速度过快造成抽吸井喷。

（6）分瓣捞矛和丢手封隔器起至地面后，在捞矛接箍上垫木板或胶皮，用大锤轴向轻轻敲击，使矛杆锥面和矛抓锥面分离，用管钳等卸扣工具向退出的方向旋转，退出捞矛。

（7）将打捞工具清洗干净，保养回收。

3.5.5.4 冲捞小件落物

1. 冲捞铁类小件落物

（1）检查磁力打捞器，测量工具尺寸，绘出工具草图。

（2）将工具与油管连接，下至距鱼顶以上 5~10m 处开泵洗井。

（3）控制下放速度不大于 15m/min，缓慢下放至指重表有下降显示为止，探落物时注意泵压变化。

（4）上提 2~3m 循环洗井，时间不少于 30min，停泵，从不同方向加压 5kN 左右打捞。

（5）起出管柱带出工具，检查捞获落物情况。起管速度控制在 30 根/h，防止因起管速度过快造成抽吸井喷。

2. 冲捞碎散胶皮等小件落物

（1）检查局部反循环打捞篮零部件，检查篮筐总成是否灵活完好，用手指或工具轻顶篮爪，观察是否可以自由旋转，回位是否及时、灵活，检查水眼是否畅通。

（2）卸开提升接头，测量钢球直径是否合格，并将钢球投入工具内，检查钢球入座情况是否正常。测量各部位尺寸，绘出工具草图。

（3）将工具与油管连接，下至距井底以上 3~5m 处开泵洗井，出口返液正常后投入钢球，开泵洗井送球入座，当泵压略有升高时说明球已入座。

（4）慢慢下放管柱至预定井深，再略上提 1~2m 之后，用较快的速度下放至距井底 0.2~0.3m，如此反复操作几次。

（5）起出管柱及工具，检查捞篮内捞获落物情况，回收钢球，清洗干净，涂油，存入提升短节球腔之内。起管时严格控制速度不超过 30 根/h，防止因起管速度过快造成抽吸井喷。

3.5.6 归纳总结

（1）查找井史资料，落实井内打捞对象型号及尺寸，合理选择打捞工具。

（2）工具与油管连接紧固，防止下管柱时脱扣。

（3）开泵洗井正常后，方可进行冲捞。

（4）若打捞后遇卡，在安全要求的负荷内反复活动管柱进行解卡。

（5）桥塞和封隔器解封后，循环洗井脱气，观察无溢流情况下方可起管柱。

（6）起大直径工具，控制起管速度不超过 30 根/h，防止因起管速度过快造成抽吸井喷。

（7）打捞封隔器前通井落实套管质量。

（8）若打捞工具以上沉砂较多，需要先下冲砂管冲砂，再实施冲捞。

3.5.7 思考练习

简述冲捞可捞式桥塞操作程序。

3.5.8 考核

3.5.8.1 考核规定

(1) 如违章操作,立即停止考核。
(2) 考核采用百分制,考核权重:知识点 30%,技能点 70%。
(3) 考核方式:本项目为实际操作考题,考核过程按评分标准及操作过程进行评分。
(4) 考核说明:本项目主要考核员工对冲捞操作掌握的熟练程度。

3.5.8.2 考核时间

(1) 准备工作:5min(不计入考核时间)。
(2) 正式操作时间:120min。
(3) 在规定时间内完成,到时停止操作。

3.5.8.3 考核记录表

冲捞丢手封隔器考核记录表见表 3-5-2。

表 3-5-2 冲捞丢手封隔器操作考核记录表

序号	考核内容	评分要素	配分	评分标准	备注
1	施工准备	劳保着装整齐;选择工具、用具:丢手捞矛1个、提升设备1套、循环洗井设备1套、弯头、水龙带及活接头等	15	打捞工具选错扣10分;井下常用工具、用具准备不全,缺一件扣2分	
2	工具连接	将丢手捞矛与油管连接后下入井内	10	工具连接不正确扣10分	
3	冲洗打捞	工具下至距鱼顶1~2m处开泵洗井,出口返液正常后下放管柱打捞,待指重表悬重下降10~20kN后,缓慢试提管柱,若悬重增加,判断捞获	30	未提前开泵冲洗造成捞矛水眼堵死扣20分;打捞操作不平稳扣10分	
4	循环洗井	解封后继续循环洗井脱气,洗井液量不少于井筒容积的1.5倍,停泵后观察有无溢流	20	解封负荷超过安全规定负荷扣20分;解封后未充分循环洗井扣10分;循环洗井后未观察溢流情况而直接起管柱扣10分	
5	起管	起打捞管柱,速度不超过30根/h	10	起管未限速扣10分	
6	退出工具	分瓣捞矛和丢手封隔器起至地面后,在捞矛接箍上垫木板或胶皮,用大锤轴向轻轻敲击,使矛杆锥面和矛抓锥面分离,用管钳等卸扣工具向退出的方向旋转,退出捞矛	10	起出后未退出打捞工具扣5分	

续表

序号	考核内容	评分要素	配分	评分标准	备注
7	工具保养	将打捞工具清洗干净，保养回收	5	未对打捞工具清洗、保养扣5分	
8	考核时限	120min，超时停止操作考核			
9		合计100分			

冲捞可捞式桥塞操作考核记录表见表3-5-3。

表3-5-3 冲捞可捞式桥塞操作考核记录表

序号	考核内容	评分要素	配分	评分标准	备注
1	施工准备	劳保穿戴整齐；选择工具、用具：桥塞专用打捞器1个、提升设备1套、循环洗井设备1套、弯头、水龙带及活接头等	15	打捞工具选错扣10分；井下常用工具、用具准备不全，缺一件扣2分	
2	工具连接并下井	将桥塞专用打捞器与油管连接后下入井内，打捞工具下至桥塞坐封位置以上50m时，减速慢下。下至距桥塞3~5m时，接好地面循环洗井管线，启动水泥车	15	工具连接不正确扣5分；打捞工具下至桥塞坐封位置以上50m时，未减速慢下扣5分	
3	冲洗打捞	选用设计洗井液边冲边下放管柱，打捞工具接近桥塞顶部0.5m时停止下放管柱，继续循环洗井，将桥塞上部沉砂及杂物从井底返出井口。边冲边下放管柱，遇阻后加压30~50kN，缓慢上提管柱同时观察指重表，若在原悬重基础上增加20~30kN后又降至正常悬重时，证明桥塞已成功解封，上提3m后，再次下放5m探桥塞，确保桥塞捞获。如上提遇卡，在设备提升安全负荷范围内上下活动解卡，若不能解卡，在保持桥塞捞筒承受10~20kN拉力的情况下正转管柱，使打捞工具与桥塞脱开	30	未提前开泵冲洗造成打捞工具水眼堵死扣20分；打捞前未充分循环洗井将沉砂及杂物返出井口扣10分；打捞操作不平稳扣10分；解封负荷超过安全规定负荷扣20分	
4	循环洗井	解封后继续循环洗井脱气，洗井液量不少于井筒容积的1.5倍，停泵后观察有无溢流	20	解封后未充分循环洗井扣10分；循环洗井后未观察溢流情况而直接起管柱扣10分	
5	起管	匀速起出管柱、打捞器以及桥塞主体，起管时严禁管柱旋转，以防桥塞落井，控制起管速度在30根/h之内	10	起管未限速扣5分；起管时发现管柱旋转扣5分	
6	工具保养	打捞工具及桥塞起出后，退出打捞工具，清洗干净，保养回收	10	未退出打捞工具扣5分；未对打捞工具清洗保养扣5分	
7	考核时限	120min，超时停止操作考核			
8		合计100分			

冲捞铁类小件落物操作考核记录表见表3-5-4。

表3-5-4 冲捞铁类小件落物操作考核记录表

序号	考核内容	评分要素	配分	评分标准	备注
1	施工准备	劳保穿戴整齐；选择工具、用具：磁力打捞器1个、提升设备1套、循环洗井设备1套、弯头、水龙带及活接头等	15	打捞工具选错扣10分；井下常用工具、用具准备不全，缺一件扣2分	
2	工具连接下井	将工具与油管连接，下至距鱼顶以上5~10m处开泵洗井	20	工具连接不正确扣5分；工具下至距鱼顶以上5~10m处未开泵洗井扣10分	
3	冲洗打捞	控制下放速度不大于15m/min，缓慢下放至指重表有下降显示为止，上提2~3m循环洗井，时间不少于30min，停泵，从不同方向加压5kN左右打捞	40	未控制下放速度扣10分；打捞前循环洗井时间小于30min扣10分；停泵后未从不同方向加压5kN左右打捞扣20分	
4	起管	起出管柱带出工具，检查捞获落物情况。起管速度控制在30根/h	15	起管未限速扣5分；打捞工具起出后未检查捞获落物扣5分	
5	工具保养	卸掉打捞工具，清洗干净，保养回收	10	未卸掉打捞工具扣5分；未对打捞工具清洗保养扣5分	
6	考核时限	120min，超时停止操作考核			
7		合计100分			

任务6 注水泥塞

常规井下作业中,为了进行回采油层、找窜封窜、找漏堵漏、上部套管试压等,往往需进行注水泥塞施工,在井内某一井段形成坚固的水泥塞。由于注水泥塞施工步骤较多、数据要求准确、施工周期较长,所以是常规井下作业中一项重要且复杂的施工工序。

3.6.1 学习目标

通过本任务学习,使操作员工能够正确连接进出口管线;能够正确使用水泥浆密度计;能够正确开关阀门,使操作员工在注水泥塞施工过程中能够熟练、规范、安全操作。

3.6.2 学习任务

本学习任务包括施工准备、配制水泥浆、正替水泥浆、正顶替水泥浆、反洗水泥浆、候凝、回探水泥面、试压。

3.6.3 任务分析

本任务学习应准备采油树、水泥车、铁锹、直板尺、弯头、水泥浆密度计等,保证完好齐全。操作者应掌握配制水泥浆的操作方法;掌握测量水泥浆密度的操作方法;掌握连接管线的操作要点;掌握拆装井口的操作要点;掌握注水泥塞施工的操作方法;能够识别安全风险并有效预防,避免意外伤害事故。

3.6.4 背景知识

3.6.4.1 配制水泥浆参数

注水泥塞施工中,只有准确配制出水泥浆,才能达到设计要求和预期效果。配制水泥浆相关的技术参数和数据,见表3-6-1。

表3-6-1 配制水泥浆相关参数

序号	配浆量(L)	水泥浆密度(kg/cm^3)	水泥用量(kg)	水泥袋数(50kg/袋)	清水用量(L)
1	400	1.85	498.1	10	244
2	500	1.85	622.625	12	305
3	600	1.85	747.15	15	366
4	700	1.85	871.675	17	427

续表

序号	配浆量（L）	水泥浆密度（kg/cm³）	水泥用量（kg）	水泥袋数（50kg/袋）	清水用量（L）
5	800	1.85	996.2	20	487
6	1000	1.8	1172	23	632
7	1500	1.8	1758	35	949
8	2000	1.8	2344	47	1265
9	2500	1.8	2930	59	1518
10	3000	1.8	3516	70	1897
11	3500	1.8	4102	82	2214
12	4000	1.8	4688	94	2530
13	4500	1.8	5274	105	2846
14	5000	1.8	5860	117	3162
15	5500	1.8	6446	129	3479
16	6000	1.8	7032	141	3795
17	6500	1.8	7618	152	4111
18	7000	1.8	8204	164	4427
19	7500	1.8	8790	176	4744
20	8000	1.75	8790	176	5245
21	8000	1.8	9376	188	5060
22	8000	1.83	9727.6	195	4949
23	8500	1.75	9339.375	187	5573
24	8500	1.8	9962	199	5376
25	8500	1.83	10335.575	207	5258
26	9000	1.75	9888.75	198	5901
27	9000	1.8	10548	211	5692
28	9000	1.83	10943.55	219	5568
29	10000	1.75	10987.5	220	6556
30	10000	1.8	11720	234	6325
31	10000	1.83	12159.5	243	6186

注：计算公式为 $G=Vr_1(r_2-r)/(r_1-r)$，即：$G=1.465V(r_2-r)$。其中，G 表示所需干水泥总质量，单位为 kg；V 表示需配水泥浆的质量，单位为 kg；r_2 表示需配水泥浆密度，单位为 kg/L；r_1 表示干水泥密度，一般取 3.15kg/L；r 表示水的密度，一般取 1kg/L。清水用量为 $Q=V-G/r_1$。

3.6.4.2 水泥浆密度计

水泥浆密度计用于井场或实验室内测量水泥浆的密度（单位为 g/cm^3），是一个不等臂的天平，它的杠杆刀口搁在可固定安装在工作台的座子上，杠杆左侧为有刻度的游码装置，移动游码可在标尺上直接读出水泥浆质量，杠杆的平衡可由杠杠顶部的水平泡指示，如图 3-6-1 所示。

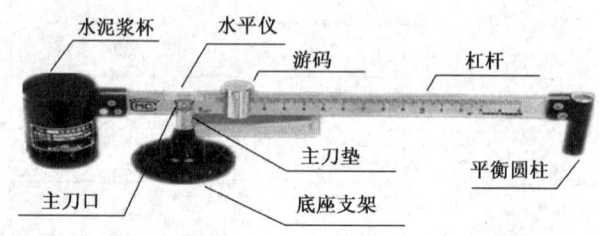

图 3-6-1 水泥浆密度计

3.6.5 任务实施

3.6.5.1 施工准备

（1）根据施工设计确定水泥浆密度及要注水泥塞的具体深度。
（2）工具、用具准备见表 3-6-2。

表 3-6-2 工具、用具准备

序号	名称	规格	数量	序号	名称	规格	数量
1	水泥车	700型	2台	8	管钳		2把
2	水泥浆罐	2m³	1个	9	水泥枪		1把
3	循环罐	15m³	1个	10	水泥浆密度计		1套
4	采油树		1套	11	游标卡尺		1把
5	活动弯头		1套	12	铁锹		2把
6	活接头	63.5mm	1套	13	水泥		适量
7	高压弯头	120°	1套	14	清水		适量

（3）井口准备：安装好采油树，确保各配件完好齐全，并关闭所有阀门。
（4）管线准备：将已连接好、试压合格的洗、压井管线作为进口管线；利用活接头、活动弯头和油管，在采油树生产阀门上连接出一条 20m 硬管线作为出口管线。

3.6.5.2 配制水泥浆

（1）按设计要求在 2m³ 水泥浆罐内加入清水，并向水泥浆罐内均匀地加入设计量的水泥，边加、边搅拌、边测量密度（密度应在规定范围内），直到液体均匀混合为止。

（2）加完设计量的水泥后，用铁锹将其搅拌均匀，用水泥浆密度计测量其密度，达到设计要求为合格。

3.6.5.3　正替水泥浆

（1）打开油管和套管阀门，准备好正替水泥浆管线。

（2）用水泥车正替入罐内的全部水泥浆。

3.6.5.4　正顶替水泥浆

（1）用水泥车向井内打入顶替液，将水泥浆顶替到预定位置。

（2）当顶替完设计要求的顶替液量后，停泵。

（3）迅速卸开井口管线，卸掉井口装置。

（4）上提油管，完成反洗井管柱（应完成在预计水泥塞面以上1.5~2m的位置）。

（5）装好采油树，上紧顶丝及螺栓。

3.6.5.5　反洗水泥浆

（1）将正注水泥塞管线倒成反循环洗井管线。

（2）用清水反循环洗井，将多余的水泥浆全部洗出。

3.6.5.6　候凝

（1）卸掉井口装置，上提油管至设计水泥面位置100m以上，完成候凝管柱。

（2）装好井口，向井筒内灌入同性能压井液，关井候凝24~48h。

3.6.5.7　回探水泥面

（1）拆开井口，加深油管回探水泥面，确定水泥面深度。

（2）确认深度后上提管柱20m，装好井口。

3.6.5.8　试压

对所注水泥塞进行试压，保证水泥塞密封合格。

3.6.6　归纳总结

（1）配制水泥浆过程中，水泥枪必须由两个人同时握住，在水泥浆罐内来回晃动刺起沉底的水泥。

（2）配制水泥浆过程中，施工人员需带好防尘口罩。

（3）配制水泥浆需安排紧凑，一般在20min内完成。

（4）配制水泥浆过程中，应避免将水泥碎纸袋掉入水泥浆罐内，发现水泥结块、失效，要停止使用。

(5) 计量顶替量一定要准确,必须始终在一个固定位置计量。

(6) 从顶替水泥浆到反洗井结束,应在 30min 内完成。

(7) 注水泥塞施工过程中,中途不得随意停泵,若施工中途水泥车出现故障,应立即卸开管线,卸掉采油树,起出井内油管。

(8) 注水泥塞过程中,作业机不得熄火,若施工中途作业机出现故障,应立即开泵循环,洗出井内水泥浆。

(9) 对水泥塞试压前,需反循环洗井,防止油管堵塞、试压失真。

3.6.7 拓展链接

注水泥塞施工中,如果需要加入添加剂,应在配制水泥浆过程中均匀加入。如果需要替入隔离液,应在正替水泥浆施工前替入前水垫(100m 油套环空容积的淡水),正替水泥浆施工后,替入 100m 油管容积的后置淡水隔离液。

3.6.8 思考练习

(1) 简述注水泥塞施工步骤。
(2) 简述注水泥塞施工中的技术要求及注意事项。

3.6.9 考核

3.6.9.1 考核规定

(1) 如违章操作,将停止考核。
(2) 考核采用百分制,考核权重:知识点 30%,技能点 70%。
(3) 考核方式:本项目为实际操作考题,考核过程按评分标准及操作过程进行评分。
(4) 考核说明:本项目主要考核员工对注水泥塞操作掌握的熟练程度。

3.6.9.2 考核时间

(1) 准备工作:10min(不计入考核时间)。
(2) 正式操作时间:60min。
(3) 在规定时间内完成,到时停止操作。

3.6.9.3 考核记录表

注水泥塞考核记录表见表 3-6-3。

表 3-6-3 注水泥塞考核记录表

序号	考核内容	评分要素	配分	评分标准	备注
1	准备工作	劳保着装整齐；选择工具、用具：采油树、水泥车、水泥浆罐、高压弯头、活接头、铁锹、水泥浆密度计、直板尺、清水、水泥等	10	未正确穿戴劳保用品不得进行操作；少选一件工具、用具扣1分，扣完为止	
2	配置水泥浆	操作员工按设计要求在 2m³ 罐内加入清水，并向罐内均匀地加入设计量的水泥，边加、边搅拌、边测量密度（密度应在规定范围内），直到液体均匀混合为止	5	未边搅拌、边测量扣2分；未搅拌均匀扣3分	
		水泥浆密度达到设计要求	5	水泥浆密度不符合设计要求扣5分	
3	正替水泥浆	准备好正替水泥浆管线	2	未连接好管线扣2分	
		用水泥车正替入水泥浆罐内的全部水泥浆	8	未将水泥浆罐内的水泥浆全部替入井内扣8分	
4	正顶替水泥浆	用水泥车向井内打入顶替液，将水泥浆顶替到预定位置	5	未将水泥浆顶替到预定位置扣5分	
		顶替完设计要求的顶替量时停泵	5	未按设计要求扣5分	
		快速卸开井口管线，卸掉井口装置	5	未卸掉井口装置扣5分	
		上提油管，完成反洗井管柱（应完成在预计水泥塞面以上1.5~2m的位置）	5	反洗井管柱位置不符合要求扣5分	
		装好井口采油树，上紧顶丝及螺栓	5	未安装好井口装置扣5分	
5	反洗水泥浆	将正注水泥塞管线倒成反循环洗井管线	5	未倒管线扣5分	
		用清水反循环洗井，将多余的水泥浆全部洗出	10	未将水泥浆洗干净扣10分	
6	候凝	卸掉井口装置，上提油管至设计水泥面位置以上100m，完成候凝管柱	10	未上提管柱扣10分	
		装好井口，向井筒内灌入同性能压井液，关井候凝24~48h	5	未灌入同性能压井液扣2分；未达到24~48h扣3分	
7	回探水泥面	拆开井口，加深油管回探水泥面，确定水泥面深度，确认深度后上提管柱20m，装好井口	10	不懂得回探水泥面深度扣5分；不懂得上提管柱20m扣5分	
8	试压	对所注水泥塞进行试压，保证水泥塞密封合格	5	不懂得试压扣5分	
9	考核时限	60min，到时停止操作考核			
10		合计100分			

任务7 挤 水 泥

挤水泥是油田井下作业中的一项重要工艺技术，主要用于封窜、封层、封井和堵水，了解并熟练掌握挤水泥的方法和操作技能，可有效防止挤水泥施工中工程事故的发生，是安全、高效、优质完成施工任务的重要保障。

3.7.1 学习目标

通过本任务学习，使操作人员了解水泥承留器的工作原理，掌握常用的挤水泥方法，能够按照标准和程序实施挤水泥操作，使操作人员在挤水泥施工过程中熟练、规范、安全操作。

3.7.2 学习任务

本学习任务包括光油管挤水泥、水泥承留器挤水泥和空井筒加压挤水泥。

3.7.3 任务分析

本任务学习应准备挤水泥施工作业井，并且井场平整、宽阔、符合要求。现场准备挤水泥车组、循环罐及连接管线。操作人员应了解挤水泥常用的方法，掌握挤水泥操作技能，熟练掌握挤水泥施工操作程序，能够识别安全风险并有效预防，避免意外伤害事故。

3.7.4 背景知识

3.7.4.1 常用挤水泥方法

随着油田开发进程的不断加快，油层出水、水窜、地层漏失及套管腐蚀情况越来越严重，要解决这些问题，主要靠挤水泥来完成，而提高固井质量、封堵枯竭的已射产层，也通过挤水泥来完成。因地质条件、油井状况和工艺目的的不同，所采取的挤水泥方法也不同。目前，井下作业常用的挤水泥方法有光油管挤入法、水泥承留器挤水泥法、空井筒加压挤入法。

1. 光油管挤水泥法

挤水泥管柱下至挤注目标层以上 10~20m，从油管挤注水泥浆，当水泥浆在射孔炮眼或喉道处失水形成滤饼时，泵压明显上升，此时停止挤注，进行洗井洗出多余水泥浆，上提管柱候凝，如图 3-7-1 所示。该方法适用于老井、套管密封压力不准及地层吸收情况不确切的井况。

该技术的特点是水泥浆液柱产生的压力较大,油管挤注压力较低,套管压力较高。水泥浆量充足,具有一定的安全性,但失水压力不易掌握,对失水量的控制是挤注成功的关键。浅井、高渗透地层、胶结松散地层、水层不宜采用此方法。

若目标井段以下还有其他射孔井段,则需先在目标层底界以下10m处打水泥塞或者下入可钻式封隔器,然后进行挤水泥作业。

2. 水泥承留器挤水泥法

图 3-7-1 光油管挤水泥管柱结构图

水泥承留器主要用于对油、气、水层封堵或二次固井,通过承留器将水泥浆挤注进入环空需要封固的井段或进入地层裂缝、孔隙,以达到封堵和补漏的目的。水泥承流器有套阀式和机械式两种。

套阀式水泥承流器的工作原理是将水泥承留器与液压坐封工具相连,通过油管下入坐封深度后投球打压,使水泥承留器坐封并完成丢手,起出液压坐封工具,下入密封插管,插入水泥承留器中,建立挤水泥通道,实施挤水泥施工,如图3-7-2所示。

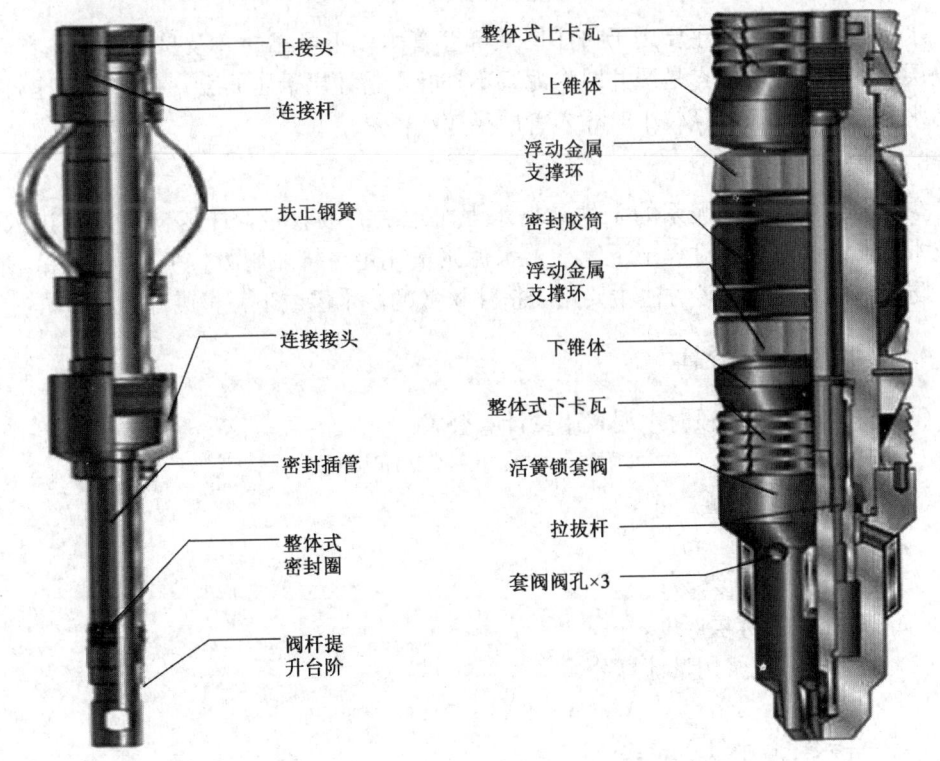

图 3-7-2 套阀式水泥承留器及坐封工具示意图

机械式水泥承留器的工作原理是将水泥承留器与机械坐封工具连接,通过油管下放到预定位置,上提、旋转、再下放,使得上卡瓦释放,提拉管柱坐封水泥承留器,旋转丢手,再次将机械坐封工具插入承留器中,打开阀体,即可进行挤注水泥作业,如图3-7-3所示。

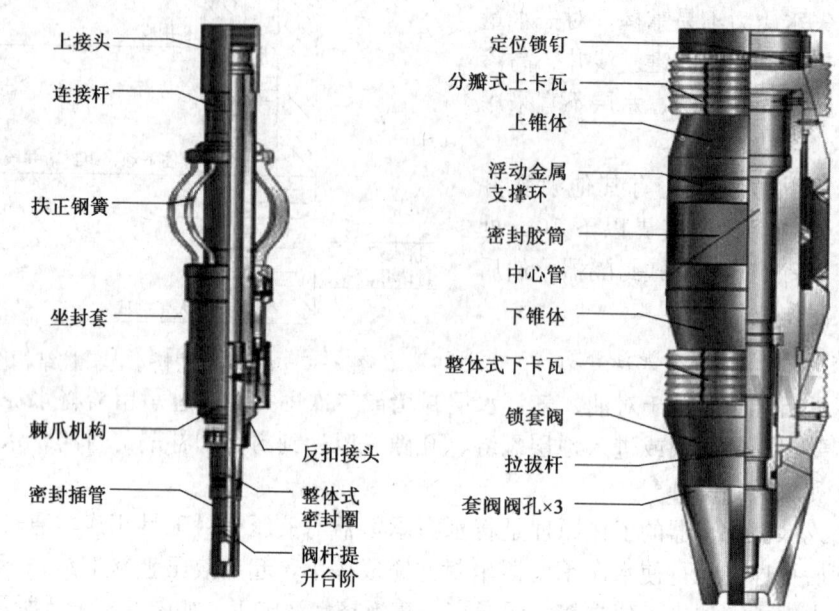

图3-7-3 机械式水泥承留器及坐封工具示意图

水泥承留器挤水泥主要用于挤注层上部套管承压不可靠的井及挤注量无法预计的井或隔层挤注。其技术特点是洗井时水泥浆不外吐,挤注层带压候凝,挤注时安全性较高,但钻水泥塞较费时,井径较小时插入管内径较小,易堵塞。

3. 空井筒加压挤入法

空井筒直接挤入水泥浆的条件是挤水泥时地层有吸收量,能够使水泥浆进入井筒。其技术特点是整个施工过程不下管柱,水泥浆量充足,挤注压力较低,不洗井,带压候凝,防止水泥浆外吐。该方法主要用于挤注松散的浅水层或工程报废井封井。

3.7.4.2 水泥浆用量计算

(1)挤封堵射孔井段时水泥浆用量计算公式。

$$V = (3.8 - 4.7)R^2 \phi h \tag{3-7-1}$$

式中 V——水泥浆用量,m³;
R——挤封半径,m;
ϕ——有效孔隙度,%;
h——挤封目标层厚度,m。

(2)封窜时水泥浆用量计算公式。

$$V = (3.8 - 4.7)(R^2 - r^2)h \tag{3-7-2}$$

式中 V——水泥浆用量,m³;
R——原裸眼半径,m;

r——套管半径,m;

h——封窜段长度,m。

(3) 堵漏时水泥浆用量计算公式

$$V = KV_1 \tag{3-7-3}$$

式中 V——水泥浆用量,m³;

K——系数,1~4;

V_1——水泥浆基数。

(4) 干水泥用量计算公式。

$$t = 1.456V(\rho_{水泥浆} - 1) \tag{3-7-4}$$

式中 t——干水泥用量;t;

V——水泥浆用量,m³;

$\rho_{水泥浆}$——水泥浆密度,g/cm³。

3.7.5 任务实施

3.7.5.1 施工准备

(1) 工具、用具准备见表3-7-1。

表3-7-1 工具、用具准备

序号	名称	规格	数量	序号	名称	规格	数量
1	固井车	700型	1台	7	活接头	ϕ73mm	1套
2	水泥车	700型	1台	8	硬管线	ϕ73mm	20m
3	干水泥罐	20t	1台	9	油管	ϕ73mm	若干
4	清水罐	15m³	2台	10	液压钳		1台
5	防污罐	15m³	1台	11	采油树		1套
6	活动弯头	35MPa	1套	12	泥浆密度计		1套

(2) 井口准备:安装好采油树,确保各配件完好齐全,并关闭所有阀门。

(3) 管线准备:根据井场条件,在采油树生产阀门和套管阀门上分别连接出一条10~20m长的硬管线作为进出口管线。

(4) 井场准备:准备挤水泥施工井场,在井场内合理摆放施工车辆。

(5) 提升设备准备:检查好修井机及提升设备,确保灵活好用。

(6) 资料准备:包括挤水泥施工设计,采集相关数据,如孔隙度、地层漏失情况、射孔位置、循环温度、套管内介质性能、套管及油管容积数据、挤水泥允许井口压力数据、套管抗内压强度、井口装置型号等。

3.7.5.2 施工步骤

1. 光油管挤水泥

(1) 下光油管至设计深度(一般挤水泥管柱下入深度为目标层上界以上10~20m,

或下至设计要求完成水泥面以上2m左右），安装悬挂井口。

（2）连接施工管线，对井口装置及所有施工管线进行试压，试压压力一般为工作压力的1.2~1.5倍。

（3）洗井：用不少于1.5倍井筒容积的清水正循环洗井至进出口液性一致，将井内气体及杂质脱离干净，以保证施工安全和效果。

（4）测吸收量：关闭出口阀门，用泵车向目标层持续注水，当压力稳定后，记录在稳定压力下的注入量和时间（不小于5min），根据目标层的吸收量来确定水泥浆用量。

（5）配水泥浆：配置符合要求密度和数量的水泥浆。

（6）挤水泥浆：正替入设计要求的水泥浆，将水泥浆推送至目标层位后关闭套管阀门，继续从油管内加压泵入水泥浆，直到达到设计要求的水泥浆量。也可持续挤入水泥浆，直至泵压持续升高至设计安全压力为止。

注：如果井内压井液为非清水，则按油管及油套环空容积比在替入水泥浆前后依次替入前隔离液和后隔离液。

（7）替顶替液：用与井筒内液体液性相同的液体正替水泥浆至油、套管平衡。顶替液必须与井筒内液体的液性、密度相一致，控制顶替排量为300~400L/min，顶替压力不超过设计安全值。

（8）反洗井：接反洗井管线，进行反循环洗井，洗出油管内外壁附着的残余水泥。

（9）上提管柱100m以上，或者起出全部管柱。

（10）候凝，关闭井口，常规井关井候凝24~48h，特殊井依据水泥浆性能、添加剂浓度、水泥浆量可以延长候凝时间至72~96h。

（11）回探水泥面：按规定时间候凝后，加深管柱实探水泥面，加压10~20kN，反复探3次，探水泥面后必须上提管柱至候凝深度以上。

（12）试压：按设计要求对目标层进行试压。

2. 水泥承留器挤水泥

（1）通井落实井底深度。

（2）刮削套管，在水泥承留器坐封位置来回刮削三次以上，并循环洗井，清理井壁。

（3）将水泥承留器与油管相连，控制速度下至设计坐封深度，坐封后丢手，将插入管上提至水泥承留器坐封深度以上1~2m。

（4）循环洗井，具体要求同光管柱挤水泥方法中循环洗井步骤。

（5）缓慢下放管柱，使插入管打开阀体，在水泥承留器上加压40~80kN，防止挤封过程中压力过大将插管上顶。

（6）测吸收量、配水泥浆、挤水泥浆、替顶替液，具体要求同光油管挤水泥中的相关步骤。

（7）保持管柱压力，上提管柱拔出插入管，大排量反循环洗井，洗出井内多余的水泥浆。

（8）起出插入管，关井候凝。

3. 空井筒挤水泥

（1）用清水灌满井筒，如果井内油污较多，则下光油管循环洗井，起出管柱后再灌满井筒。

（2）测吸入量，同光油管挤水泥中测试吸收量方法。

（3）配水泥浆、挤水泥浆、替顶替液，具体要求同光油管挤水泥中相关步骤。

（4）关井候凝。

3.7.6 归纳总结

（1）挤水泥管柱应丈量准确，详细记录并计算正确。

（2）提前检查好提升设备、循环设备等，使其处于良好工作状态。

（3）地面流程必须使用硬质管线并试压合格，各闸阀开关灵活，储液罐内备好足量的压井液。

（4）配置水泥浆密度、用量及顶替量必须计算准确。

（5）挤水泥施工过程中必须保持提升设备运转正常，如果提升设备发生故障，应立即反循环洗井干净后上提管柱。如在管柱被卡且洗不通的情况下，要不停地活动管柱。

（6）挤水泥过程中，最高压力不得超过套管抗挤强度的70%。

（7）整个挤水泥施工时间不得超过水泥浆初凝时间的70%。

（8）候凝时间达到设计要求后方可回探。

（9）挤水泥之前对目标层以上的套管进行试压，若试压不合格，则需对目标层以上套管进行找漏，并采取相关措施封堵漏失部位或者下封隔器对上部套管进行保护，否则不允许下光油管挤水泥，以免发生卡管柱事故。

3.7.7 拓展链接

对于一些漏失严重的井，若使用普通方法挤水泥，可能会出现以下危害：水泥浆低返，不能按设计要求封隔底层；影响顶替速率和胶结质量，影响挤封堵质量，造成目标层与其他层互窜。为了提高漏失井挤水泥成功率，下面介绍一种稠油漏失井挤水泥方法，主要施工步骤如下：

（1）通井，热洗井：依据正常通井操作规程进行通井，通井至人工井底，用井筒容积2~4倍的热污水洗井，洗出井内稠油。

（2）丢封：若挤封目标层以下有其他射孔井段，需要在目标层下部打一个可钻式封隔器或可钻式桥塞。

（3）验套：下封隔器检验挤封目标层以上套管的完好性和抗压性，确保挤水泥安全。试压压力的大小根据挤水泥的最高压力而定。

（4）下管柱：下挤水泥管柱，井口使用法兰悬挂式井口。

（5）试压：对井口及挤水泥管线试压。

（6）降温：对于采用蒸汽吞吐方式开采的稠油井，因井温高需注入清水降温。

（7）挤水泥。

①第一阶段：漏失阶段。

先从油管挤入水泥，此时因井漏，井内的液面不在井口，井筒内有部分是空的，油套环空压力为负值,当地层的吸收量大于油、套管的注入量时,油管内的水泥浆不会从管鞋上返到环空。

②第二阶段:压力恢复阶段。

当地层吸收量小于油、套管注入量时,油、套管内的流体有一部分进入地层,另一部分向没填满的空间进入。一般情况下套管环空容积要大于油管的内容积,在油、套管注入流体的排量相同时,流体先充满油管后再充满套管环空,即水泥浆从管鞋上返到环空。因水泥浆密度要远大于清水密度,所以此时套管压力必大于油管压力。

③第三阶段:带压挤入阶段。

当油套环空及油管内均充满液体时,井口起压。此时油管内全部为水泥浆,而油套环空内则充满的是清水和水泥浆。套管先起压,套管起压时应继续从套管打入清水,当 $p_{套} - p_{油} = (\rho_{水泥浆} - \rho_{清水})gH_{管柱}$ 时,套管环空没有水泥浆,全部充满清水。套管停止泵入清水,关闭套管阀门,继续从油管挤入水泥浆。

挤水泥排量:根据设备能力和条件尽量采取最大的排量,但如果挤水泥压力过高,可适当降低泵入排量或水泥浆密度,使挤水泥压力降低。挤水泥过程应连续不间断,间断后可能会导致泵压升高或升高压力超过炮眼处水泥浆全部失水压力而挤不动。

泵压:最高泵压 $p_A <$ 炮眼处水泥浆全部失水压力的80%——油层中部的液柱压力;最高泵压 $p_B <$ 套管抗内压的80%——井底液柱压力;最高泵压 $p_C <$ 地层挤毁压力——油层中部液柱压力;最高泵压 $p_D \leq$ 设备能力。

在上述 p_A、p_B、p_C 与 p_D 中,如果相互矛盾,则调节水泥浆性能,降低炮眼处水泥浆全部失水压力。

④第四阶段:替挤阶段。

当挤入的水泥浆(或挤水泥压力)达到设计要求时停止挤入,进行替挤,将水泥浆顶出管鞋(顶入量为油管内容积),关闭油管阀门。开启套管阀门,从套管挤入顶替液将水泥浆顶到预定位置。

(8) 关井候凝。

3.7.8 思考练习

(1) 挤水泥施工前的准备工作有哪些?
(2) 简述光油管挤水泥操作程序。

3.7.9 考核

3.7.9.1 考核规定

(1) 如违章操作,立即停止考核。
(2) 考核采用百分制,考核权重:知识点30%,技能点70%。
(3) 考核方式:本项目为实际操作考题,考核过程按评分标准及操作过程进行评分。
(4) 考核技能说明:本项目主要考核员工对挤水泥操作掌握的熟练程度。

3.7.9.2 考核时间

(1) 准备工作：10min（不计入考核时间）。
(2) 正式操作时间：60min。
(3) 在规定时间内完成，到时停止操作。

3.7.9.3 考核记录表

光油管挤水泥考核记录表见表3-7-2。

表3-7-2 光油管挤水泥操作考核记录表

序号	考核内容	评 分 要 素	配分	评 分 标 准	备注
1	准备工作	劳保着装整齐；选择工具、用具；准备好足量、符合要求的油井水泥；水泥车、水罐车及循环罐；修井机及提升设备；密度计、刻度尺、计算器	5	未正确穿戴劳保用品不得进行操作；工具、用具准备不全扣3分	
2	下管	下光油管至设计深度	5	油管完成深度未达到设计深度扣5分	
3	连接管线	连接施工管线，试压至工作压力的1.2~1.5倍	10	管线连接不正确扣5分；未试压扣10分；试压压力未达到要求扣5分	
4	洗井	用1.5倍井筒容积的清水正循环洗井至进出口液性一致	10	清水用量未达到设计要求扣5分；未充分循环洗井脱气扣3分	
5	测吸收量	用泵车向目标层持续注水，当压力稳定后，记录在稳定压力下注入量和时间（不小于5min）	5	测吸收量时压力或排量不稳扣3分；未测吸收量扣5分	
6	配水泥浆	配置符合要求密度和数量的水泥浆	10	水泥浆密度和数量未达到设计要求分别扣5分	
7	挤水泥浆	正替入设计规定的水泥浆，将水泥浆推送至目标层位。关闭套管阀门，继续从油管内加压泵入水泥浆，直到达到设计规定水泥浆量。也可持续挤入水泥浆，直至泵压持续升高至设计安全压力为止	30	关闭套管阀门时间错误15分；挤水泥浆不符合要求扣10分；挤水泥浆压力超过安全值扣20分	
8	替顶替液	用与井筒内液体液性相同的液体正替水泥浆至油、套管平衡。顶替液与井筒内液体的液性、密度相一致，控制顶替排量为300~400L/min	10	顶替液液量未达到设计要求扣5分；顶替压力超过设计安全值扣5分	
9	反洗井	反循环洗井，洗出油管内外壁附着的残余水泥	10	未完全洗出残余灰浆扣5分	
10	起管候凝	上提管柱100m以上，或者起出全部管柱，关井候凝	5	未上提管柱100m以上不得分	
11	考核时限	60min，超时停止操作考核			
12		合计100分			

水泥承留器挤水泥考核记录表见表3-7-3。

表3-7-3 水泥承留器挤水泥操作考核记录表

序号	考核内容	评分要素	配分	评分标准	备注
1	准备工作	劳保着装整齐；选择工具、用具；足量符合要求的油井水泥、水泥承留器、修井液、清水、水泥车、水罐车及循环罐、修井机及提升设备、密度计、刻度尺、计算器	5	未正确穿戴劳保用品不得进行操作；工具、用具准备不全扣3分	
2	下水泥承留器	将水泥承留器与油管相连，以30根/h的速度下至设计坐封深度，坐封后丢手，将插入管上提至水泥承留器坐封深度以上1~2m	10	未控制下管速度扣5分；坐封深度未达到设计深度扣5分	
3	连接管线	连接施工管线，试压至工作压力的1.2~1.5倍	5	管线连接不正确扣5分；未试压扣5分；试压压力未达到要求扣5分	
4	洗井	用1.5倍井筒容积的清水正循环洗井至进出口液性一致	10	清水用量未到达设计要求扣5分；未充分循环洗井脱气扣3分	
5	测吸收量	缓慢下放管柱，使插入管打开阀体，在水泥承留器上加压40~80kN，用泵车向目标层持续注水，当压力稳定后，记录在稳定压力下注入量和时间（不小于5min）	10	下放插入管时操作不稳扣5分；测吸收量时压力或排量不稳扣3分；未测吸收量扣5分	
6	配水泥浆	配置符合要求密度和数量的水泥浆	5	水泥浆密度和数量未达到设计要求分别扣5分	
7	挤水泥浆	正挤入设计规定的水泥浆，直到达到设计规定水泥浆量。也可持续挤入水泥浆，直至泵压持续升高至设计安全压力为止	30	挤水泥浆量不符合要求扣10分；挤水泥浆压力超过安全值扣20分	
8	替顶替液	用与井筒内液体液性相同的液体正替水泥浆至插入管深度。顶替液与井筒内液体的液性、密度一致，控制顶替排量为300~400L/min，控制顶替压力不超过设计值	10	顶替液量未达到设计要求扣5分；顶替压力超过设计安全值扣5分	
9	反洗井	保持管柱内压力，上提管柱拔出插入管，大排量反循环洗井，洗出井内多余的水泥浆	10	插入管未从承留器内拔出扣5分；未完全洗出残余水泥浆扣5分	
10	起管候凝	上提管柱100m以上，或起出全部管柱，关井候凝	5	未提至100m以上不得分	
11	考核时限	90min，超时停止操作考核			
12		合计100分			

空井筒挤水泥操作考核记录表见表3-7-4。

表3-7-4 空井筒挤水泥操作考核记录表

序号	考核内容	评分要素	配分	评分标准	备注
1	准备工作	劳保着装整齐；选择工具、用具：足量符合要求的油井水泥、修井液、清水、水泥车、水罐车及循环罐、修井机及提升设备、密度计、刻度尺、计算器	5	未正确穿戴劳保用品不得进行操作；工具、用具准备不全扣3分	
2	连接管线	连接施工管线，试压至工作压力的1.2~1.5倍	5	管线连接不正确扣5分；未试压扣5分；试压压力未达到要求扣5分	
3	灌井筒	用清水灌满井筒	10	未灌满井筒扣10分	
4	测吸收量	用泵车向目标层持续注水，当压力稳定后，记录在稳定压力下注入量和时间（不小于5min）	15	测吸收量时压力或排量不稳扣3分；未测吸收量扣5分	
5	配水泥浆	配置符合要求密度和数量的水泥浆	20	水泥浆密度和数量未达到设计要求分别扣5分	
6	挤水泥浆	向井筒内挤入设计规定的水泥浆，直到达到设计规定水泥浆量。也可持续挤入水泥浆，直至泵压持续升高至设计安全压力为止	30	挤水泥浆量不符合要求扣10分；挤水泥浆压力超过安全值扣20分	
7	替顶替液	用清水替水泥浆至设计预留水泥塞深度，控制顶替排量为300~400L/min，控制顶替压力不超过设计值	10	顶替液液量未达到设计要求扣5分；顶替压力超过设计安全值扣5分	
8	候凝	关井候凝	5	井口阀门未关紧扣5分	
9	考核时限	90min，超时停止操作考核			
10		合计100分			

任务 8 钻水泥塞

钻水泥塞是井下作业中的一项重要施工任务,是通过钻具旋转并使用循环设备将留在套管或井眼内的凝固水泥塞进行钻磨并将水泥屑返出地面的一项工艺施工。钻水泥塞主要驱动设备有螺杆钻、动力水龙头和转盘。下返回采、封窜、堵漏、堵层及二次固井等许多施工都需要钻水泥塞。因此,了解并熟练掌握钻水泥塞方法和操作技能,是安全、高效、优质完成施工任务的重要保障。

3.8.1 学习目标

通过本任务学习,使操作人员了解钻水泥塞所需要的工具、用具等,掌握钻水泥塞操作技能,能够使用螺杆钻实施钻水泥塞操作,使操作人员在钻水泥塞施工过程中能够熟练、规范及安全操作。

3.8.2 学习任务

本学习任务为使用螺杆钻钻水泥塞。

3.8.3 任务分析

本任务学习应准备标准的修井场地、修井设备、循环设备及钻水泥塞操作所需的工具、用具等。操作人员应了解钻水泥塞方法,掌握钻水泥塞操作程序。在整个操作过程中,操作人员应熟练掌握钻水泥塞施工操作程序,能够识别安全风险并有效预防,避免意外伤害事故。

3.8.4 背景知识

3.8.4.1 螺杆钻组成及工作原理

螺杆钻是一种以修井液为动力,把液体压力能转为机械能的容积式井下动力钻具。当水泥车泵出的修井液流进入马达,在马达的进、出口形成一定的压力差,推动转子绕定子的轴线旋转,并将转速和扭矩通过万向轴和传动轴传递给钻头,从而实现钻磨作业。

螺杆钻具的结构主要由旁通阀、电动机、万向轴和传动轴四大总成组成,如图 3-8-1 所示。

1. 旁通阀

旁通阀由阀体、阀套、阀芯及弹簧等部件组成,在压力作用下阀芯在阀套中滑动,

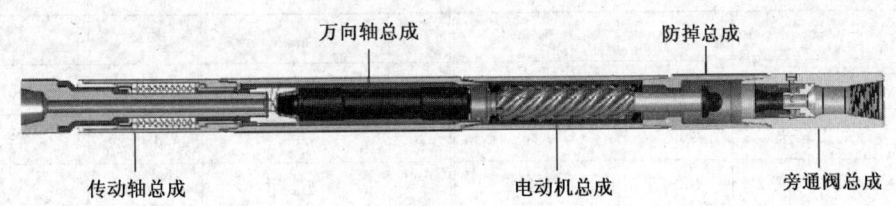

图 3-8-1 螺杆钻结构示意图

阀芯的运动改变了液体的流向，使得旁通阀有旁通和关闭两个状态。

2. 电动机

电动机由定子、转子组成。定子是在钢管内壁上压注橡胶衬套而成，其内孔是具有一定几何参数的螺旋；转子是一根有硬层的螺杆。转子与定子相互啮合，用两者的导程差而形成螺旋密封腔，以完成能量转换。电动机转子的螺旋线有单头和多头之分。转子的头数越少，转速越高，扭矩越小；头数越多，转速越低，扭矩越大。

3. 万向轴

万向轴的作用是将电动机的行星运动转变为传动轴的定轴转动，将电动机产生的扭矩及转速传递给传动轴至钻头。

4. 传动轴

传动轴的作用是将电动机的旋转动力传递给钻头，同时承受钻压所产生的轴向和径向负荷。

3.8.4.2 螺杆钻操作方法

（1）下井前检查：检查旁通阀的灵活性，用木棒压下阀芯，然后松开，阀芯在弹簧力的作用下，恢复正常，反复压下 3~5 次，阀芯无卡阻，运动灵活。将螺杆钻与水泥车相连，开泵，旁通孔封闭，电动机启动，驱动接头旋转，停泵后，阀芯复位，液体从旁通孔泻出，判断螺杆钻正常。

（2）下井：螺杆钻下井时平稳操作，下管速度小于 1.5m/s，下至距水泥塞面 2~3m 时，开始循环，下钻过程中严禁顿钻。

（3）钻进：钻进前应充分清洗井底，并测循环泵压，循环正常后缓慢施加钻压钻进。

（4）起钻：平稳起出检查，用清水冲洗旁通阀，排出钻具内的残余液体。

3.8.5 任务实施

3.8.5.1 施工准备

工具、用具的准备见表 3-8-1。

表 3-8-1　工具、用具准备

序号	名称	规格	数量	序号	名称	规格	数量
1	螺杆钻	φ90	1台	7	修井液	清水	45m³
2	三刮刀钻头	φ118	1个	8	油管	φ73平式	若干
3	泵车	400型	1台	9	液压钳		1台
4	罐车	15m³	3台	10	弯头		若干
5	防污罐	15m³	1台	11	活接头		若干
6	水龙带	15m	1根	12	管钳		2把

3.8.5.2　使用螺杆钻钻水泥塞

（1）地面检查，将螺杆钻与循环设备连接，开泵观察螺杆钻具的工作情况，检查旁通阀是否能自动打开或关闭，不符合要求严禁下井。

（2）下钻具，管柱组合自下而上依次为：钻头＋螺杆钻＋加压油管＋缓冲器＋油管。

（3）连接进出口管线和循环设备，在循环设备与井口之间的管线串联地面过滤器，对管线试压。进口水龙带采取防脱及防掉落措施，出口管线固定。

（4）钻头下至距离水泥面5m处开泵循环冲洗，循环正常后缓慢下放钻具，加压5～10kN开始钻磨。循环液为清水时，环空上返速度不小于0.8m/s。

（5）每钻进3～5m划眼一次。钻进过程中密切观察施工参数变化，如发现排量不变、泵压及钻速明显下降，考虑井下钻具、工具有断、脱或破裂等情况发生。

（6）接单根之前充分循环洗井，时间不小于15min。

（7）钻塞中途若要停泵，应将钻头提至原水泥塞面以上20m，并活动管柱，防止卡钻。

（8）钻至设计深度，充分循环，替出井内钻屑。

（9）起出井内钻具，完成钻水泥塞施工。

3.8.6　归纳总结

（1）下井工具尺寸准确，符合设计要求，管柱组合清楚，并有记录和示意图。

（2）下钻时井口必须安装井控装置，并安装合格的指重表或拉力计。

（3）钻塞前保证塞面无任何落物。

（4）使用螺杆钻具时，修井液必须清洁无杂质，并符合保护地层要求。

（5）每钻进3～5m划眼一次，钻进过程中防止损伤套管。钻进无进尺时应停止钻进，起出钻具，分析原因，采取合理措施。

（6）所钻水泥塞下为射开高压层时，必须有防井喷措施。

（7）接单根之前必须充分洗井，防止钻屑卡钻。

（8）钻穿水泥塞至设计深度后，应通井、刮管并洗井，确保井内无残留水泥环。

（9）油管螺纹密封完好，上扣扭矩符合要求，保证钻塞管柱密封不漏失。

（10）使用磨鞋钻水泥塞时，硬质合金镶嵌最大直径不能超过磨鞋体外径。

(11) 钻塞施工前对循环管线试压，施工过程中密切观察泵压，防止因堵钻造成泵压突然升高，发生高压伤人事故。

(12) 水泥塞钻通后充分循环洗井，观察出口排量，若出口排量增大，立即停止循环，分析原因，采取增加压井液密度等措施，防止发生井喷事故。

3.8.7 拓展链接

使用动力水龙头钻水泥塞。动力水龙头是一种新型钻、修井设备，由电动机驱动，与螺杆钻相比，具有扭矩大、转速高及钻磨效率高的特点，可实现反循环钻磨，如图 3-8-2 所示。使用动力水龙头钻水泥塞操作程序如下：

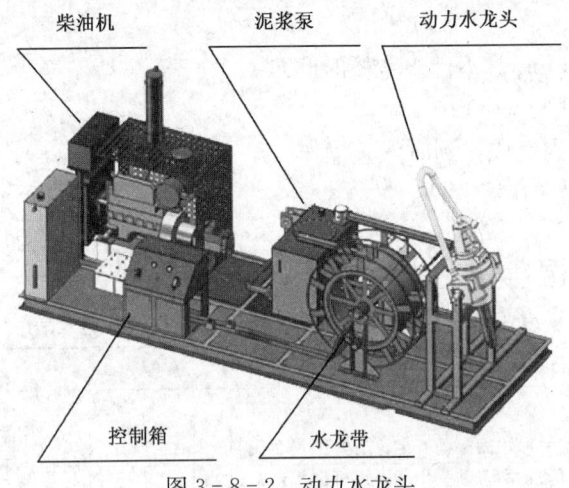

图 3-8-2 动力水龙头

(1) 在探水泥面遇阻的末根油管上做好记号，量出方余，起出末根油管，安装好自封。

(2) 连接好液压管线，吊装水龙头，现场调试正反转，连接好反扭矩力臂。

(3) 使用小绞车配合，将水龙头与油管连接，将固定反扭矩力臂的钢丝绳穿过力臂孔，上提油管，到达高度后，拉紧固定反扭矩力臂的钢丝绳，将提起的油管对接井内的油管，缓慢上扣，井口附近不得站人，防止反扭矩力臂摆动伤人。在上提油管过程中，专人检查和送放液压管线，防止管线刮碰。

(4) 上提管柱，记录吨位，开泵循环（优先选用反循环），出口返液正常后，启动动力水龙头，边旋转边下放管柱，加压为 10～30kN，钻塞过程中如反扭矩过大，适当减小钻压，适当调整油门，保证转速在 60～70r/min。

(5) 钻完一根油管后，循环彻底，更换单根。

(6) 钻铣施工结束，循环彻底后停泵，泄压，反方向卸扣，卸下水龙头，专人配合将液压管线盘放整齐，卸掉反扭矩力臂及钢丝绳，将水龙头放置到橇上，熄火停止作业。

3.8.8 思考练习

简述使用螺杆钻钻水泥塞有哪些操作程序。

3.8.9 考核

3.8.9.1 考核规定

(1) 如违章操作,立即停止考核。
(2) 考核采用百分制,考核权重:知识点 30%,技能点 70%。
(3) 考核方式:本项目为实际操作考题,考核过程按评分标准及操作过程进行评分。
(4) 考核说明:本项目主要考核员工对使用螺杆钻钻水泥塞操作掌握的熟练程度。

3.8.9.2 考核时间

(1) 准备工作:5min(不计入考核时间)。
(2) 正式操作时间:60min。
(3) 在规定时间内完成,到时停止操作。

3.8.9.3 考核记录表

使用螺杆钻钻水泥塞考核记录表见表 3-8-2。

表 3-8-2 使用螺杆钻钻水泥塞操作考核记录表

序号	考核内容	评 分 要 素	配分	评 分 标 准	备注
1	施工准备	劳保用品穿戴齐全;下井工具、用具准备:刮刀钻头1个;螺杆钻1台;过滤器1个;缓冲器1个;提升设备1套;循环设备1套	10	劳保用品穿戴不合格停止操作;工具、用具准备不全,缺少一件扣2分;未对下井工具测量、检查扣2分	
2	地面试钻	地面检查,将螺杆钻与循环设备连接,开泵观察螺杆钻具的工作情况,检查旁通阀是否能自动打开或关闭	5	下井前未试螺杆钻扣5分	
3	下螺杆钻	管柱组合自下而上依次为:钻头+螺杆钻+加压油管+缓冲器+油管	10	管柱组配不正确,下井工具顺序错误扣10分;油管螺纹未上紧扣5分	
4	连接循环设备	连接循环设备,对地面高压管汇试压。连接进出口管线,在循环设备与井口之间的管线串联地面过滤器。进口水龙带采取防脱及防掉落措施,出口管线固定	10	地面管线未试压扣5分;进口水龙带未采取防脱及防掉落措施扣5分;出口管线未固定扣5分	

续表

序号	考核内容	评分要素	配分	评分标准	备注
5	钻水泥塞	钻头下至距离水泥面5m处开泵循环冲洗，循环正常后缓慢下放钻具，加压5～10kN开始钻磨；循环液为清水时，环空上返速度不小于0.8m/s，每钻进3～5m划眼一次；钻进过程中密切观察施工参数变化，如发现排量不变、泵压及钻速明显下降，考虑井下钻具、工具有断、脱或破裂等可能；接单根之前充分循环洗井，时间不小于15min；钻塞中途若要停泵，应将钻头提至原水泥塞面以上20m，并活动管柱，防止卡钻；钻至设计深度，充分循环，替出井内钻屑；起出井内钻具，完成钻水泥塞施工	65	钻水泥塞操作施工参数不合理扣10分；每钻进3～5m未划眼扣5分；接单根之前未充分洗井扣5分；钻塞中途停泵，未将钻头提至原水泥塞面以上20m扣10分；钻至设计深度，未充分循环洗井扣10分	
6	考核时限	60min，超时停止操作			
7		合计100分			

任务 9　找漏、堵漏

由于受特殊复杂的地质条件和长期注水开发的影响，油水井套管破损现象十分普遍，老井油层套管由于使用年限过长，水泥返高低，水泥返高以上套管因腐蚀造成穿孔，严重影响油水井的正常生产。需要通过井下作业找到套管漏点，并采取堵漏措施，恢复油水井正常生产。因此，找漏、堵漏是井下作业一道重要工序之一，了解并熟练掌握找漏、堵漏方法和操作技能，可安全、高效、优质完成施工任务。

3.9.1　学习目标

通过本任务学习，使操作人员了解套管破漏的原因，掌握几种套管找漏、堵漏的方法，掌握找漏、堵漏的操作技能，使操作人员在找漏、堵漏施工过程中能够熟练、规范、安全操作。

3.9.2　学习任务

本学习任务包括 K344 封隔器找漏、挤水泥堵漏和填砂堵漏。

3.9.3　任务分析

本任务学习应准备套管漏失井，并准备找漏、堵漏所需的工具、用具。操作人员应了解套管找漏、堵漏的方法，掌握找漏、堵漏操作技能。在整个操作过程中，操作人员应熟练掌握找漏、堵漏施工操作程序，能够识别安全风险并有效预防，避免发生意外伤害事故。

3.9.4　背景知识

3.9.4.1　套管破漏的类型

管外油、气、水的腐蚀和施工原因造成套管破漏。根据现场实际情况，套管破漏大体可分为以下三种情况。

1. 腐蚀性破漏

腐蚀性破漏多发生在水泥返高以上的套管，由管外硫化氢、水等腐蚀性物质引起。其特点是：破漏段长、破漏程度严重、多伴有腐蚀性穿孔。

2. 裂缝性破漏

受压裂高压或作业因素所产生的内力作用造成套管破漏。其特点是：破漏段长，试压时压力越高漏失量越大。

3. 套损破漏

受地层应力作用产生的外挤力造成套管破漏，其特点都是向内破，属局部性的套损破漏。

3.9.4.2 套管找漏的方法

1. 测流体电阻法找漏

利用井内两种不同电阻的流体，采用流体电阻仪测出不同液面电阻差值的界面决定其漏失位置。

2. 木塞法找漏

选用一个外径比套管内径小 6~8mm 的木塞，木塞两端胶皮比套管内径大 4~6mm，将木塞和胶皮组合体投入套管内，坐好井口后替挤清水，当木塞被推至破口位置以下后，泵压下降，流体便从破口处排出管外，不再推动木塞，停泵后测得的木塞深度，即为套管破漏位置。

3. 井径仪测井找漏

该方法是在经试压证实并确定套管破漏后，为缩短施工周期，利用井径仪测井检查油层井段以上套管内径变化而确定破漏深度。

井径仪可以连续测量裸眼井的井眼直径。该仪器利用弹簧张力将井径臂直接推靠到井壁，比如三臂井径仪可以测量的最大井眼直径为 406mm（16in）。当井眼直径发生变化时，井径臂相应地作径向运动，这种运动传给井径电位器，使其电阻发生变化，在电位器上就产生了一个反映井径变化的直流电压信号。当井径变大时，直流电压就增大；当井径变小时，直流电压就减小。

4. 封隔器试压找漏

用单封隔器或双封隔器卡住找漏井段，通过试压确定其破漏深度，是井下作业中常用的找漏方法。常用的找漏封隔器有 K344、Y211、Y111、Y521 等。

5. 井下视像找漏

井下摄像机所摄取到的图像经井下仪器内电子系统处理储存和频率转换，将原图像改变成适宜电缆传输的数码信号，沿电缆传递至地面仪器，地面接收器接收、处理复原为模拟视像信号，最后录制并打印，可直观找到套管漏点。

3.9.4.3 套管堵漏的方法

套管堵漏方法有挤水泥堵漏和综合化学堵剂堵漏，这两种方法在施工上大体相同，是将堵剂以一定的压力和排量挤入破漏管外，并在套管内留有一定长度的水泥塞，经24~48h反应凝固后再钻通，试压符合要求，达到堵漏目的。常用的堵漏方法有以下三种。

1. 套管平推法

这种方法一般用在漏失井深较浅的井，空井筒坐好井口将堵剂直接挤入井筒，顶替到破漏位置以上 30~50m，关井候凝。

2. 循环挤入法

如果漏失井段较深，大多采用循环法作业。将光油管下至破漏位置以下 20～30m，先循环部分水泥浆或堵剂，然后上提钻具至候凝深度，坐井口再挤堵、顶替完成。

3. 单封隔器法

对于套管存在两处以上的破漏，且相距较长的情况，封堵一处漏失后封另一漏失时，则需要用封隔器保护已封井段，以避免损坏已封层。

挤水泥和综合堵剂是油田普遍采用的封堵方法，然而堵漏成功与否的关键取决于堵剂在套管破漏处管外的运动状态。堵剂在破漏管外流动时，没有将破漏处管外的环形断面均匀灌注，而在破漏处管外呈舌状推进是造成封堵失败的主要原因。因此改变堵剂的反应速率，改变堵剂在破漏管外的流向，可以提高封堵成功率。

（1）油井水泥浆加速凝剂堵漏。

对于漏失量在 200～400L/min、试挤压力在 2～4MPa、破漏深度超过 150m 的井，采用在油井水泥浆中加入一定比例的速凝剂，水泥用量一般为 8～10t，水泥浆密度在 1.85～1.9g/cm^3，速凝速度控制在施工需要的安全时间。

（2）综合堵剂堵漏。

对于漏失量大于 500L/min、试挤压力低（0～4MPa）的大漏失井，采用水泥浆加水玻璃或填砂挤封剂的方法堵漏。

3.9.5 任务实施

3.9.5.1 施工准备

1. 工具、用具准备

工具、用具准备见表 3-9-1。

表 3-9-1 工具、用具准备

序号	名称	规格	数量	序号	名称	规格	数量
1	泵车	700 型	1 台	11	活接头		1 套
2	罐车	15m^3	1 台	12	通井规		1 个
3	循环罐	15m^3	1 台	13	刮削器		1 个
4	回收罐	15m^3	1 台	14	大锤		1 把
5	修井液		井筒容积 2 倍以上	15	管钳	900 mm	2 把
6	压井管线	φ73mm	20～30m	16	密封脂		适量
7	活动弯头	35MPa	2	17	棉纱		适量
8	K344 封隔器		2	18	生料带		适量
9	节流器		1	19	记录笔		1 支
10	球座		1	20	丢手封隔器		1 套

2. 井筒准备
(1) 压井。
(2) 起出井内管柱。
(3) 探砂面、冲砂至人工井底。
(4) 通井至人工井底。
(5) 刮削套管至射孔井段顶界。

3.9.5.2 使用封隔器找漏

1. 使用单封隔器找漏

单封隔器找漏适合井内只有一个层位的井，可从上向下找，也可从下向上找。

(1) 找漏管柱结构自下而上分别为：球座＋K344封隔器＋节流器＋油管。先把找漏管柱下至上部套管完好处验正封隔器密封性，正打压坐封封隔器，继续打压观察压降情况，若压力不降，证明封隔器密封完好。

(2) 从上向下找漏，把封隔器下至预判漏点以上位置，正打压坐封封隔器，继续打压观察压力变化，如果压力不降，证明封隔器以上套管没有漏点。下放管柱找漏（下放深度在预判断漏点位置至射孔井段上界之间，从几十米到几百米，需根据实际情况而定）。直至找到压降位置后，再上提管柱，调整深度，进行精确漏点位置找漏。

(3) 从下向上找漏，把封隔器下至距射孔井段上界2～3m位置，正打压坐封封隔器，继续打压观察压力变化，如果压力下降，证明封隔器以上套管有漏点，上提管柱找漏直至压力不降后，说明漏点在封隔器以下，再下放管柱，调整深度，进行精确漏点位置找漏。

(4) 初步确定漏点后，将封隔器上提至原验封位置，用清水正打压，观察压降情况，若压力不降，证明封隔器密封完好，漏点准确；若压力下降，证明封隔器密封失效，漏点不准确，需更换封隔器后重新找漏。

2. 使用双封隔器找漏

使用双封隔器找漏适合漏点位于上下射孔井段的夹层之间或直接验证某一井段有无漏点的井。管柱结构自下而上分别为：球座＋K344封隔器＋油管（根据夹层厚度确定油管配长）＋节流器＋K344封隔器＋油管。

(1) 下找漏管柱至套管完好处，验正封隔器密封性，正打压坐封封隔器，观察压降情况，若压力不降，证明封隔器密封完好。

(2) 解封后继续下管柱，将封隔器下至预判漏点位置以上，由上而下逐段打压查找漏点，如果压力不降，证明两个封隔器之间的套管无漏点，如果压力下降则说明两个封隔器之间的套管有漏点。

(3) 初步确定漏点后，将封隔器上提至原验封位置，验正封隔器密封性，判断方法与单封隔器验证相同。

3.9.5.3 堵漏

1. 挤水泥法堵漏

(1) 下光管柱至漏点位置,测吸收量,洗井。
(2) 将堵剂以一定的压力和排量挤入破漏管外,并在套管内留有一定长度的水泥塞。
(3) 候凝24~48h,反应凝固后再钻通,试压符合要求,施工结束。

2. 填砂堵漏

(1) 完成填砂施工管柱。下底部带冲砂笔尖的管柱距预计砂面50m以上,连接好正填砂施工管线。
(2) 用两台水泥车,一台车用来搅拌砂子,另一台车将混砂液从油管泵入井内。
(3) 当泵入1倍油管容积的混砂液后,注意观察出口返砂情况,若有砂子返出,指挥水泥车适当减小排量。
(4) 将所需砂量全部泵入后,小排量顶替一倍油管容积的清水,两台水泥车停泵。
(5) 间歇活动管柱,沉砂4h以上,加深油管探砂面,合格完成填砂堵漏施工。

3.9.6 归纳总结

(1) 根据找漏施工要求,合理组配找漏管柱。
(2) 找漏管柱螺纹上紧,保证密封可靠。
(3) 找漏管柱丈量准确,封隔器坐封深度准确,同时避开套管接箍。
(4) 封隔器在找漏施工过程中不能上下蠕动。
(5) 填砂堵漏时填砂管柱应距预计砂面50m以上,当泵入1倍油管容积的混砂液后,注意观察出口返砂情况。
(6) 找漏、堵漏操作时,控制泵压不超过安全压力,人员远离高压区。

3.9.7 拓展链接

膨胀管补贴技术是指利用膨胀管的膨胀性能在井下对套管损坏处进行补贴和密封,以达到修复损坏套管的目的。

膨胀管分为实体膨胀管和割缝膨胀管。实体膨胀管主要用于修补套管和进行多分支井、单一井径油井的完井。割缝膨胀管主要用于封隔复杂层段和防砂。

膨胀管的技术原理是将膨胀管管柱下至需要补贴的井段,利用地面设备向管柱内打压,膨胀管发射腔内压力达到一定数值后,膨胀芯头推动油管(钻杆)与其一起上行,当膨胀芯头上行距离超过膨胀管柱长度时,油套管连通,泵压下降,膨胀管完成膨胀,然后起出管柱,钻通或打捞出尾堵,完成整个补贴。施工工艺包括井眼准备、通井、定径刮管、胀管补贴、钻下丝堵和试压等步骤。

3.9.8 思考练习

(1) 简述K344封隔器找漏操作步骤。

(2) 简述填砂堵漏操作步骤。

3.9.9 考核

3.9.9.1 考核规定

(1) 如违章操作,立即停止考核。
(2) 考核采用百分制,考核权重:知识点30%,技能点70%。
(3) 考核方式:本项目为实际操作考题,考核过程按评分标准及操作过程进行评分。
(4) 考核技能说明:本项目主要考核员工对找漏、堵漏操作掌握的熟练程度。

3.9.9.2 考核时间

(1) 准备工作:5min(不计入考核时间)。
(2) 正式操作时间:60min。
(3) 在规定时间内完成,到时停止操作。

3.9.9.3 考核记录表

使用单封隔器找漏考核记录表见表3-9-2。

表3-9-2 使用单封隔器找漏操作考核记录表

序号	考核内容	评分要素	配分	评分标准	备注
1	准备工作	劳保着装整齐;选择工具、用具;修井机及提升设备、水泥车、水罐车、循环罐、K344封隔器及配套工具	20	未正确穿戴劳保用品不得进行操作;工具、用具准备不全,缺一件扣2分	
2	使用单封隔器找漏	先把找漏管柱下至上部套管完好处,验正封隔器密封性	20	未先验证封隔器密封性扣20分	
		从上向下找是把封隔器下至预判漏点以上位置,正打压15MPa左右坐封,观察压力变化,如果压力不降,证明封隔器以上套管没有漏点,继续下放管柱找漏。直至找到压降位置后,再上提调整管柱深度,进行精确漏点位置找漏	20	从上向下找不会判断漏点扣20分	
		从下向上找漏是把封隔器下至距层位上界2~3m位置,正打压15MPa左右坐封,观察压力变化,如果压力下降,证明封隔器以上套管有漏点,上提管柱找漏直至压力不降后,说明漏点在封隔器以下,再下放调整管柱深度,进行精确漏点位置找漏	20	从下向上找不会判断漏点扣20分	

续表

序号	考核内容	评分要素	配分	评分标准	备注
2	使用单封隔器找漏	初步确定漏点后,将封隔器上提至原验封位置,再次验证封隔器密封性	20	未再次验证封隔器密封性扣20分	
3	考核时限	60min,超时停止考核操作			
4		合计100分			

使用双封隔器找漏考核记录表见表3-9-3。

表3-9-3 使用双封隔器找漏操作考核记录表

序号	考核内容	评分要素	配分	评分标准	备注
1	准备工作	劳保着装整齐;选择工具、用具:修井机及提升设备、水泥车、水罐车、环罐、K344封隔器及配套工具	10	未正确穿戴劳保用品不得进行操作;工具、用具准备不全,缺一件扣2分	
2	使用双封隔器找漏	下入双封隔器找漏管柱,自下而上分别为球座＋K344封隔器＋油管(根据夹层厚度确定油管配长)＋节流器＋K344封隔器＋油管	15	管柱组合错误扣15分	
		找漏管柱下至上部套管完好处,正打压坐封封隔器,观察压降情况,若压力不降,证明封隔器密封完好	20	未先验证封隔器密封性扣15分	
		解封后继续下管柱,将封隔器下至预判漏点位置以上,由上而下逐段打压查找漏点,如果压力不降,证明两个封隔器之间的套管无漏点,如果压力下降则说明两个封隔器之间的套管有漏点	40	封隔器坐封位置错误扣10分;不会判断漏点扣20分	
		初步确定漏点后,将封隔器上提至原验封位置再次验证封隔器密封性	15	未再次验证封隔器密封性扣15分	
3	考核时限	60min,超时停止考核操作			
4		合计100分			

填砂堵漏考核记录表见表3-9-4。

表3-9-4 填砂堵漏操作考核记录表

序号	考核内容	评分要素	配分	评分标准	备注
1	准备工作	劳保着装整齐；选择工具、用具：修井机及提升设备、水泥车、水罐车、循环罐、冲砂笔尖	10	未正确穿戴劳保用品不得进行操作；工具、用具准备不全，缺一件扣2分	
2	填砂堵漏	下底部带冲砂笔尖的管柱距预计砂面50m以上	10	填砂管柱深度错误扣10分	
		连接正循环填砂施工管线，试压合格	20	管线连接方式错误扣10分；管线未试压扣10分	
		启动一台水泥车，搅拌砂子，使用另一台水泥车将混砂液通过油管泵入井内。当泵入一倍油管容积的混砂液后，观察出口返砂情况，若有砂子返出，指挥水泥车适当减小排量。将设计砂量全部泵入井内后，小排量顶替一倍油管容积的清水，两台水泥车停泵	40	搅拌砂子不均匀扣10分；两台水泥车配合不默契导致中途停泵扣10分；未观察出口返砂情况扣10分；顶替量错误扣10分	
		沉砂期间，间歇活动管柱，4h以后，加深油管探砂面，计算砂面深度是否合格	20	未间歇活动管柱扣10分；探砂面不合格扣10分	
3	考核时限	60min，超时停止考核操作			
4		合计100分			

任务 10　使用封隔器找窜

油、水井地层或套管外窜通后，会出现层间干扰，无法实现分采或分注等措施。油井中油、水层之间窜通会造成上部水层或底部水层的水窜入油层，影响油井正常生产，严重的水窜会造成油井全部出水而停产。需要通过一套工艺手段先查找确定油、水井层间窜通，再进行封堵，才能恢复油水井正常生产。因此，找窜工艺是在油、水井出现窜通后所采用的必要措施。

3.10.1　学习目标

通过本任务学习，使操作工人了解油、水井层间窜通的危害，掌握封隔器找窜工艺的流程和要点，会实施封隔器找窜操作，能够通过找窜结果判断层间是否窜通，在使用封隔器找串施工过程中的能够熟练、规范和安全操作。

3.10.2　学习任务

本学习任务包括施工准备、单封隔器找窜、双封隔器找窜。

3.10.3　任务分析

本任务学习应准备找窜施工井，并准备好找窜施工所需的泵车组、修井液、管线及工具、用具。操作人员应掌握封隔器及配套工具的工作原理和使用方法，知道按设计要求组配找窜管柱，会找窜施工操作，能通过进出口压力和排量变化判断是否窜通，还要能够识别使用封隔器找窜施工过程中的安全风险，做到有效预防，避免操作过程中出现质量及安全事故。

3.10.4　背景知识

3.10.4.1　窜槽的概念、危害及类型

1. 窜槽的概念

在油田开发过程中，某些层沿油层套管与水泥环或水泥环与井壁之间彼此窜通叫窜槽。窜槽的原因很多，如固井质量差可能出现的窜槽；射孔震动较大，靠近套管壁外的水泥环被震裂，形成窜槽；还有油水井管理措施不当而造成地层坍塌，形成管外窜槽；另外套管腐蚀或损坏，使套管失去了密闭作用，从而造成未射孔的套管所封隔的高压水层或油、气层与其他层形成窜槽。

2. 窜槽的危害

油井生产层的上部水层或底部水层的水窜入油层，会影响油井正常生产，严重的水窜会造成油井全部出水而停产。对浅层胶结疏松的砂岩油层，因外层水的窜入出现水敏现象，造成胶结破坏，使油井堵塞或出砂，不能正常生产；严重水侵蚀、层间压差过大，会造成地层坍塌使油井停产。水窜还会加剧套管腐蚀，降低抗外挤或抗内压性能，严重的话会造成套管变形损坏。注水井窜槽会严重影响预期的配注目标，影响单井原油（或区块）产能，同时影响砂岩地层泥质胶结强度，会造成地层坍塌；加剧套管外壁（第一界面）的腐蚀，减低了抗压性能，以致使套管变形或损坏；导致区块的注采失调，达不到配产方案指标要求，使部分油井减产或停产；给分层注采、分层增产措施带来困难。

3. 窜槽的类型

一种是地层窜通，由地层裂缝造成的各种水平、垂直、斜交的天然裂缝使地层内部层与层之间窜通。另一种是管外窜通，由于固井质量差、套管腐蚀或损坏、地层坍塌、套管壁外的水泥环损坏等原因，使套管与水泥环之间或水泥环与井壁之间形成窜通。

3.10.4.2 封隔器找窜的常用工具

1. 封隔器

用于找窜的封隔器一般有扩张式封隔器，如 K344 型，还有压缩式封隔器，如 Y211 或 Y221 型等，其原理和使用方法见项目六任务 2。

2. 节流器

节流器也叫定压阀，可设置一定的开启压力，与水力扩张式封隔器配合使用。当油管注入的液体未达到开启压力时，节流器处于关闭状态，油管内与环空产生压差，使封隔器坐封，当油管内压力继续增加到节流器开启压力时，节流器打开，油管内的液体进入环空，如图 3-10-1 所示。

图 3-10-1 节流器

3. 球座

球座也叫反洗球座，起单向阀的作用。在找窜施工中关闭正循环通路，使油管内能够憋起压力使扩张式封隔器坐封，并截堵液流使其从节流器流出，同时能够建立反循环通路，所以在找窜中一般情况下球座比丝堵应用更广泛。

3.10.5 任务实施

3.10.5.1 施工准备

工具、用具准备见表 3-10-1。

表 3-10-1 工具、用具准备

序号	名称	规格	数量	序号	名称	规格	数量
1	泵车		1台	10	球座		1
2	罐车		4台	11	活接头		1套
3	循环罐		1台	12	大锤		1把
4	回收罐		1台	13	管钳	900mm	2把
5	修井液		井筒容积2倍以上	14	密封脂		适量
6	洗压井管线			15	棉纱		适量
7	弯头		2	16	生料带		适量
8	扩张式封隔器 压缩式封隔器		扩张式2个 压缩式1个	17	记录笔		1支
9	节流器		1个				

3.10.5.2 单封隔器找窜

单封隔器找窜管柱适用于所封夹层以下是一个层位的井。

(1) 下单封隔器找窜管柱：管柱结构自下而上为球座＋节流器＋封隔器＋油管，如图3-10-2所示。

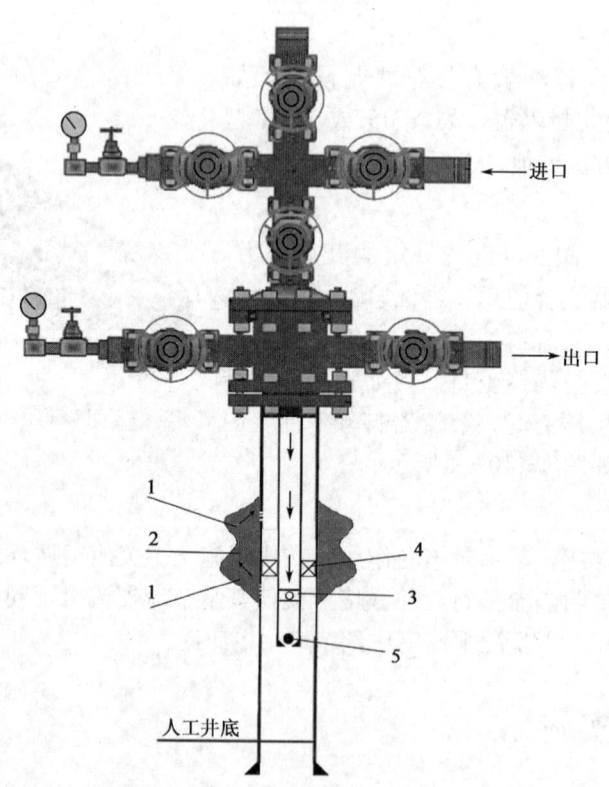

图 3-10-2 单封隔器找窜示意图
1—油层；2—夹层；3—定压阀；4—封隔器；5—单流阀

(2) 将封隔器下至油层底界以下，接正循环地面管线，对地面管管线试压15～

25MPa不刺漏,封隔器坐封(水力扩张式封隔器直接打压坐封),正憋压10MPa,10min压力不降,证明封隔器及管柱密封良好,泄掉压力。

(3) 上提管柱至找窜位置,封隔器坐封在两窜槽层位的夹层之间。

(4) 指挥泵车向油管内注入修井液,观察套管有无溢流情况,如果套管有溢流,并随注入压力的变化而变化,则说明两油层窜通;反之则无窜通(如果井内漏失,无法观察套管溢流情况,或存在因压力过高套溢法无法判断溢流的情况,后面归纳总结里会介绍)。

(5) 如有窜槽显示后,加深管柱至下部油层底界以下,封隔器坐封,正憋压10MPa,10min压力不降,证明找窜结果准确;反之则需要提出找窜管柱,检查封隔器及管柱有无损坏,核实原因后采取预防措施,重新进行找窜。

(6) 找窜完毕后,录取封隔器型号、规格、下深;验封方法、时间、验封情况;其他工具名称、规格、下深;试挤时液体名称、性质、泵压;挤入量、返出量、试挤时间和总液量等数据资料。

3.10.5.3 双封隔器找窜

双封隔器找窜管柱适用于所封夹层以下不是一个层位或层位以下有漏失的井。

(1) 下双封隔器找窜管柱:管柱结构自下而上一种为:球座+扩张式封隔器+节流器+扩张式封隔器+油管;另一种为:球座+卡瓦支撑式压缩封隔器+节流器(筛管)+尾管支撑式压缩封隔器+油管,如图3-10-3所示。

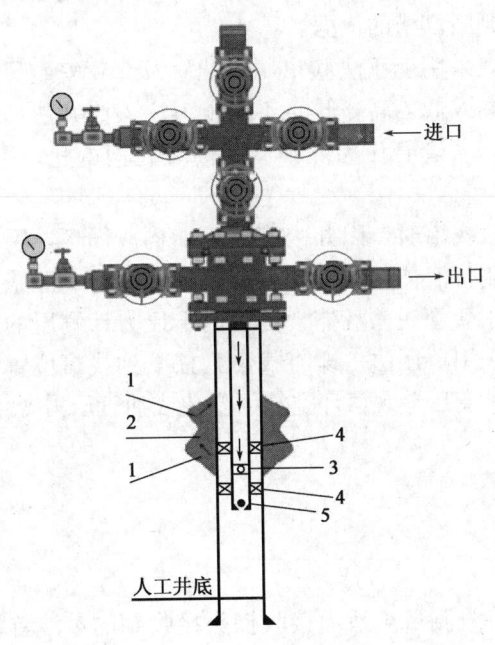

图3-10-3 双封隔器找窜示意图
1—油层;2—夹层;3—定压阀;4—封隔器;5—单流阀

(2) 将封隔器下至最上部油层顶界以上20m,接正循环地面管线,指挥泵车对地面管线试15~25MPa不刺漏,封隔器坐封(水力扩张式封隔器直接打压坐封),正憋压

10MPa，10min 压力不降，证明封隔器及管柱密封良好，泄掉压力。

（3）下放管柱至找窜位置，双封隔器卡住两个窜层下面的层位。

（4）套溢法验窜与单封隔器找窜管柱相同。

（5）如有窜槽显示后，上提管柱至上部油层底界以上，封隔器坐封，正憋压 10MPa，10min 压力不降，证明找窜结果准确；反之则需要提出找窜管柱，检查封隔器及管柱有无损坏，核实原因后采取预防措施，重新进行找窜。

（6）找窜完毕后，录取管柱、工具规范、下深；试挤时泵压、排量、总量；封堵介质名称、性能、用量；洗井方式及洗井液名称、性质、用量；洗井深度、泵压、排量、返出量、返出物描述；关井候凝时间、验证封串效果等数据资料。

3.10.6 归纳总结

（1）找窜前要先进行冲砂、通井、探测套管等工作，以便了解该井套管的完好情况及井下有无落物等。

（2）油管数据要准确，找窜管柱下入位置无误差，封隔器位置应尽量避开套管接箍。

（3）测量窜槽时应坐好井口，防止封隔器在憋压时上顶。

（4）当测量完一点时要上提封隔器，活动泄压，上提要缓慢，以防大量出砂造成卡住找窜管柱。

（5）找窜时应仔细观察排量、泵压、进出口水量等变化情况，并将这些数据详细记录在报表上，作为分析判断窜槽的依据。

（6）高压井找窜一般采用套压法验窜，在油管及套管安装灵敏压力表，指挥泵车向油管内分别以高—低—高或低—高—低的注入压力注入修井液，注入压力应大于井内压力，观察套管压力变化，若套管压力随油管压力变化而变化，则说明两层之间有窜通，无变化则说明无窜通。

（7）漏失严重的井段找窜时，因井内液体不能构成循环，因此无法应用套溢法或套压法验证，所以采取强制打液体与仪器配合的找窜方法。一般采用油管注入液体，套管测动液面的方法，或采用套管注入液体，油管内下压力计测压的方法进行找窜。如果是底部层位漏失，也可以采用负压法，即将找窜管柱下到找窜位置坐封，环空灌满修井液后打开油管阀，利用油、套压差观察环空液面变化或油管压力变化，判断是否有窜槽。

3.10.7 拓展链接

1. 声幅测井找窜

声幅测井找窜是沿井身测量声系中接收探头接收到的声波首波变化，用来检查固井作业后水泥和套管之间的胶结质量的一种方法。目前主要用于检查固井质量。用声幅测井曲线检查固井质量，就是利用介质对声波的吸收特性。其原理是当进行声幅测井时，由声源振动发出声波，而声波幅度的衰减与水泥环和套管、水泥环和地层的胶结程度有关，从声幅曲线图中可以看出：水泥环胶结好，声幅曲线呈低幅度；水泥环胶结差，声幅曲线呈高幅度。

2. 放射性同位素找窜

放射性同位素法是指向井内注入同位素液体，人为地提高出水层段放射性同位素强度来判断出水层的找水方法。根据注同位素液体前后测得的曲线来鉴别出水层位，是先测井内自然放射性曲线，再往井内注入一定数量含同位素的液体，并用清水将其替入地层，洗井后，再测放射性曲线。对比前后两次测得的曲线，如后测曲线在某处放射性强度异常剧增，则说明套管在该处吸收了放射性液体。根据此异常，结合射孔资料，便可确定套管破裂位置及与套管破裂位置连通的渗透地层。

3.10.8 思考练习

封隔器找窜前对井筒要进行哪些处理？

3.10.9 考核

3.10.9.1 考核规定

(1) 如违章操作，将停止考核。
(2) 考核采用百分制，考核权重：知识点30%，技能点70%。
(3) 考核方式：本项目为实际操作考题，考核过程按评分标准及操作过程进行评分。
(4) 考核说明：本项目主要考核操作员工对找窜操作掌握的熟练程度。

3.10.9.2 考核时间

(1) 准备工作：10min（不计入考核时间）。
(2) 正式操作时间：90min。
(3) 在规定时间内完成，到时停止操作。

3.10.9.3 考核记录表

单封隔器找窜考核表见表3-10-2。

表3-10-2 单封隔器找窜考核记录表

序号	考核内容	评分要素	配分	评分标准	备注
1	施工准备	劳保着装整齐；选择工具、用具：泵车、水罐车、循环罐、洗井液、回收罐、封隔器、节流器、弯头、活接头、管钳、大锤、密封脂、棉纱、生料带、记录笔	10	未正确穿戴劳保用品不得进行操作；泵车、水罐车、循环罐、洗井液、回收罐封隔器、节流阀，少一项停止操作；弯头、活接头、少一件扣5分；管钳、大锤、密封脂、棉纱、生料带、记录笔少一件扣2分，扣完为止	

续表

序号	考核内容	评分要素	配分	评分标准	备注
2	单封隔器找窜	单封隔器找窜管柱结构自下而上为：球座+节流器+封隔器+油管		单封隔器管柱下错停止考核	
		下封隔器至油层底界以下，验证封隔器密封性	30	验封隔器程序错误扣30分	
		将封隔器卡在两个窜层夹层中间，指挥泵车向油管内注入修井液，溢流法判断窜槽	30	找窜程序错误扣30分	
		有窜槽显示后，再次验证封隔器密封性	20	再次验封隔器程序错误扣20分	
		录取封隔器型号、规格、下深；验封方法、时间、验封情况；其他工具名称、规格、下深；试挤时液体名称、性质、泵压；挤入量、返出量、试挤时间和总液量	10	录取资料少一项扣2分，扣完为止	
3	考核时限	90min，到时停止考核			
4	合 计 100分				

双封隔器找窜考核表见表3-10-3。

表3-10-3 双封隔器找窜考核记录表

序号	考核内容	评分要素	配分	评分标准	备注
1	施工准备	劳保着装整齐；选择工具、用具：泵车、水罐车、循环罐、洗井液、回收罐、封隔器、节流器、弯头、活接头、管钳、大锤、密封脂、棉纱、生料带、记录笔	10	未正确穿戴劳保用品不得进行操作；泵车、水罐车、循环罐、洗井液、回收罐、封隔器、节流阀少一项停止操作；弯头、活接头少一件扣5分；管钳、大锤、密封脂、棉纱、生料带、记录笔少一件扣2分，扣完为止	
2	双封隔器找窜	下双封找串管柱；管柱结构自下而上一种为球座+扩张式封隔器+节流器+扩张式封隔器+油管；另一种为球座+卡瓦支撑式压缩封隔器+节流器（筛管）+尾管支撑式压缩封隔器+油管	20	双封隔器管柱下错扣20分并停止考核	
		将封隔器下至最上部油层顶界以上20m，验证封隔器密封性	20	验封程序错误扣20分	
		下放管柱至找窜位置，双封隔器卡住两个窜层下面的层位，用溢流法判断窜槽	20	找窜程序错误扣20分	
		有窜槽显示后再次验证封隔器密封性	20	验封程序错误扣20分	

续表

序号	考核内容	评分要素	配分	评分标准	备注
2	双封隔器找窜	录取封隔器型号、规格、下深；验封方法、时间、验封情况；其他名称、规格、下深；试挤时液体名称、性质、泵压；挤入量和返出量、试挤时间和总液量	10	录取资料少一项扣2分，扣完为止	
3	考核时限	90min，到时停止考核			
4		合计100分			

任务 11 封　　窜

油水井确定窜槽井段后，用水泥浆或其他化学堵剂循环顶替或挤入窜槽内候凝固结，封堵住地层之间的窜槽，阻止油井水窜或水井层间干扰等问题，这一套工艺称为封窜。封窜是可避免层间干扰、实现分采或分注等措施，防止上部水层或底部水层的水窜入油层，影响油井正常生产，所以封窜工艺是恢复窜槽井正常生产的主要措施。

3.11.1　学习目标

通过本任务学习，使操作工人了解窜槽的影响，懂得水泥封窜的原理，能按设计要求下入封窜管柱，掌握封窜操作程序，掌握封窜施工中的注意事项，能规避施工中风险，使操作员工在找窜施工时能够熟练、规范和安全操作。

3.11.2　学习任务

本学习任务包括施工准备、封窜施工。

3.11.3　任务分析

本任务学习应准备封窜施工井，准备好封窜施工所需的泵车组、修井液、水泥、清水，以及封隔器等工具、用具。操作人员知道设计要求的找窜管柱结构，会组配下井，要掌握封窜程序，避免伤害等意外事故。

3.11.4　背景知识

1. 单封隔器封窜管柱

管柱结构自下而上为：球座＋节流器＋扩张式封隔器＋油管或球座＋压缩式封隔器＋节流器（筛管）＋油管，如图 3-11-1 所示。

2. 双封隔器封窜管柱

管柱结构自下而上为：球座＋扩张式封隔器＋节流器＋扩张式封隔器＋油管或球座＋压缩式封隔器＋节流器（筛管）＋压缩式封隔器＋油管，如图 3-11-2 所示。

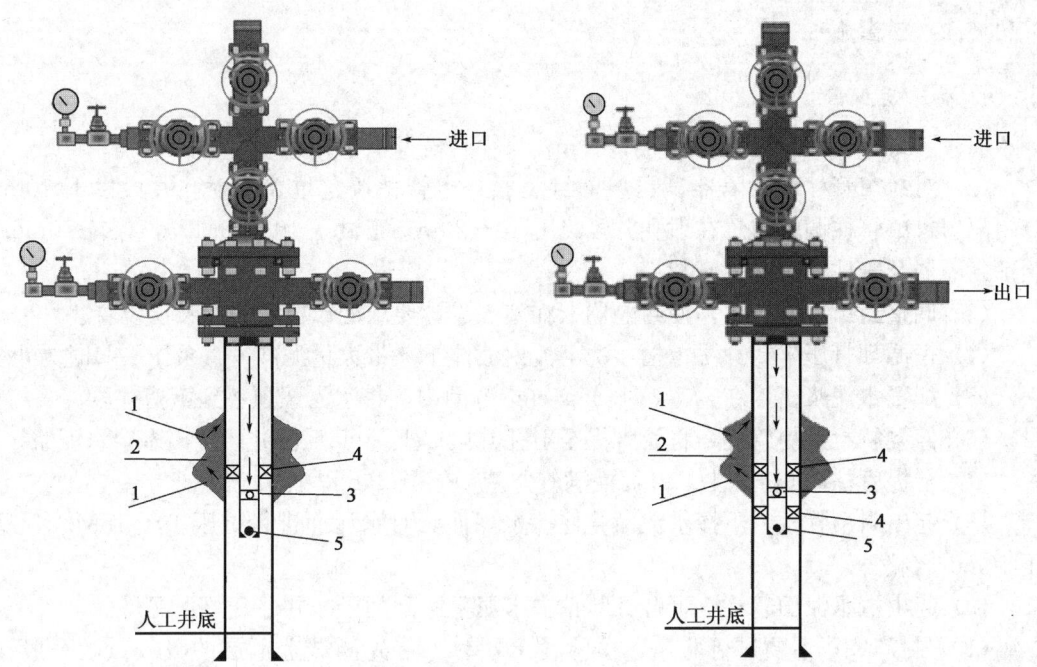

图 3-11-1 单封隔器封窜示意图　　图 3-11-2 双封隔器封窜示意图
1—油层；2—夹层；3—定压阀；4—封隔器；5—单流阀　　1—油层；2—夹层；3—定压阀；4—封隔器；5—单流阀

3.11.5 任务实施

3.11.5.1 施工准备

工具、用具准备见表 3-11-1。

表 3-11-1　工具、用具准备

序号	名称	规格	数量	序号	名称	规格	数量
1	泵车		1台	10	球座		1个
2	罐车		4台	11	活接头		1套
3	循环罐		1台	12	大锤		1把
4	回收罐		1台	13	管钳	900mm	2把
5	修井液		井筒容积2倍以上	14	密封脂		适量
6	洗、压井管线			15	棉纱		适量
7	弯头		2	16	生料带		适量
8	K344封隔器		2	17	清水		设计要求
9	节流器		1	18	水泥		设计要求

3.11.5.2 封窜施工

1. 循环法封窜

(1) 下封窜管柱至射孔井段以下 10m，反循环洗井清洁井筒。

(2) 对封窜管柱和封隔器试压，单封隔器封窜管柱调整位置在射孔井段以下 10m，双封隔器封窜管柱调整位置在射孔井段以上 10~20m，正试压 10~15MPa，保持 10min，验证封隔器及管柱配套工具密封性。

(3) 调整封窜管柱位置，使封隔器卡在施工设计要求的窜槽层间的夹层位置。

(4) 正循环打压坐封冲洗窜槽，洗至流出液体不夹带大量泥砂，且泵压平稳时为止。

(5) 配置水泥浆密度在 1.75~1.85g/cm³ 范围内，将水泥浆顶替到窜槽井段。

(6) 停泵解封上提管柱，将管脚提至射孔井段以上 20m 反洗井，洗出多余水泥浆。

(7) 上提管柱 100m 以上，井筒灌满修井液，候凝 24h 以上。

(8) 起出封窜管柱，下探水泥面管柱探水泥面，对水泥面进行试压 10~15MPa，稳压 10min 合格。

(9) 起出探水泥面管柱，下螺杆钻钻去水泥塞，刮削干净井壁残留水泥。

(10) 封窜完毕后要进行验窜，检验封窜效果。首先测试上下层的吸收量，一般在 10~12MPa 时吸收量符合设计要求即可进行验窜，验窜的操作与找窜基本相同。

2. 挤入法封窜

挤入法封窜前期操作环节与循环法封窜基本相同，只是在顶替水泥浆时是关闭套管阀门，把水泥浆挤入窜槽井段，然后从反洗、候凝、钻塞到验窜与循环法封窜相同，如图 3-11-3 所示。

3. 循环挤入法封窜

循环挤入法封窜结合了循环法封窜与挤入法封窜的封窜方法，首先把水泥浆循环顶替至窜槽部位，然后关闭套管阀门，把水泥浆挤入窜槽井段，其他环节与循环法和挤入法操作相同。

3.11.6 归纳总结

(1) 单水力扩张式封隔器封窜适用于井况为封窜前只露出夹层以下一至两个小段，其他层段采用人工填砂或注悬空水泥塞方法掩盖。封窜管柱结构一般为底部球座（单流阀）、节流器（定压阀）、水力压差式封隔器。节流器下至水泥浆进口的炮眼部位，封隔器下至出口炮眼下界以下夹层处。

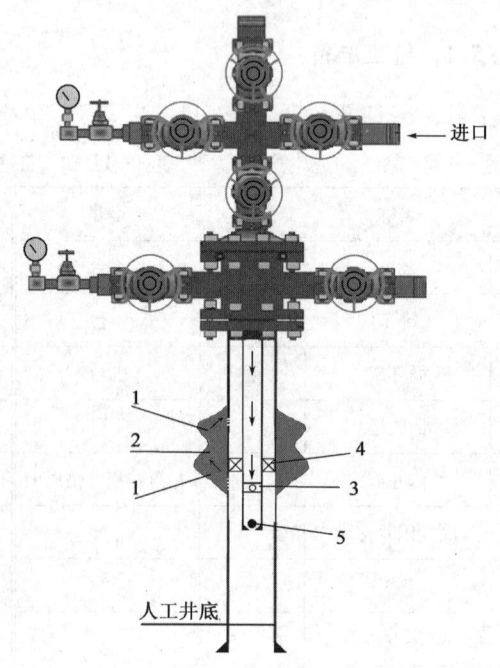

图 3-11-3 挤入法封窜示意图
1—油层；2—夹层；3—定压阀；4—封隔器；5—单流阀

(2) 双水力扩张式封隔器封是采用两个水力扩张式封隔器中间加节流器的管柱下入井内,下封隔器应坐封在窜通层以下紧靠窜通层的夹层上,上封隔器坐封在已窜通的夹层上。在封堵时,水泥浆由两级封隔器中间的节流器喷出,由窜通的下部油层进入窜通部位。其优点是可以不填砂或注悬空水泥塞,不留水泥塞或少留水泥塞;缺点是下入井内的封隔器多,遇到卡钻时难以处理。

(3) 循环法封窜的原理是将水泥浆以循环的方式,在不憋压力的情况下替入窜通井段,使水泥浆凝固,以达到封窜的目的。其优点是对油层污染较小,一般不会产生封窜后堵死全部射孔段的问题。

(4) 挤入法封窜的原理是在压力允许的范围内,让水泥浆通过封窜管柱进入井内,使水泥浆充满所有窜槽部位,使窜通层充分吸附水泥浆,以达到封窜的目的。优点是遇到井壁坍塌,窜槽体积大、形状不规则且堆有大量岩块等情况时,此方法封窜比较可靠,能堵住复杂的窜槽。缺点是在封窜过程中会有大量水泥浆进入地层,易堵塞油流通道,污染油层。

(5) 当窜槽以上的油层少时,可采用由下而上挤水泥浆的办法,将下部的射孔段填砂或注悬空水泥塞,只露出部分射孔段,封堵时水泥浆由此上返进入窜槽内,以达到封窜的目的。

(6) 当窜槽以上的油层较多时,可采用由上而下挤水泥浆的办法,为了防止挤死上部油层,可将窜槽下部的射孔段填砂掩盖,将封隔器坐在紧靠窜通层上部的夹层上,水泥浆自上而下地挤入。

3.11.7 思考练习

(1) 循环法封窜怎样操作?
(2) 挤入法封窜怎样操作?

3.11.8 考核

3.11.8.1 考核规定

(1) 如违章操作,将停止考核。
(2) 考核采用百分制,考核权重:知识点30%,技能点70%。
(3) 考核方式:本项目为实际操作考题,考核过程按评分标准及操作过程进行评分。
(4) 考核说明:本项目主要考核操作员工对封窜操作掌握的熟练程度。

3.11.8.2 考核时间

(1) 准备工作:10min(不计入考核时间)。
(2) 正式操作时间:120min。
(3) 在规定时间内完成,到时停止操作。

3.11.8.3 考核记录表

循环法封窜考核记录表见表3-11-2。

表3-11-2 循环法封窜考核记录表

序号	考核内容	评分要素	配分	评分标准	扣分
1	施工准备	劳保着装整齐；选择工具、用具：泵车、水罐车、循环罐、洗井液、回收罐、水泥、清水、封隔器、节流器、弯头、活接头、管钳、大锤、密封脂、棉纱、生料带、记录笔	10	未正确穿戴劳保用品不得进行操作；泵车、水罐车、循环罐、洗井液、回收罐、封隔器、节流阀、水泥、清水少一项停止操作；弯头、活接头少一件扣5分；管钳、大锤、密封脂、棉纱、生料带、记录笔少一件扣2分，扣完为止	
2	循环法封窜操作	下封窜管柱至射孔井段以下10m，反循环洗井清洁井筒	10	循环法封窜前不反洗井扣10分	
		对封窜管柱和封隔器试压，单封隔器封窜管柱调整位置在射孔井段以下10m，双封隔器封窜管柱调整位置在射孔井段以上10~20m，正试压10~15MPa，保持10min，验证封隔器及管柱配套工具密封性	10	管柱不试压停止考核	
		正循环打压坐封冲洗窜槽，洗至流出液体不夹带大量泥砂，且泵压平稳时为止	10	不正循环冲洗窜槽扣10分	
		配置水泥浆的密度在1.75~1.85g/cm³范围内，将水泥浆顶替到窜槽井段	30	配水泥浆性能达不到要求或顶替错误扣30分	
		停泵解封上提管柱，将管脚提至射孔井段以上20m反洗井，洗出多余水泥浆	20	反洗深度错误扣20分	
		上提管柱100m以上，井筒灌满修井液，候凝24h以上	5	上提管柱候凝高度不够扣5分	
		起出封窜管柱，下探水泥面管柱探水泥面，对水泥面进行试压10~15MPa，稳压10min合格	5	不清楚探水泥面扣5分	
		起出探水泥面管柱，下螺杆钻钻去水泥塞，刮削干净井壁残留水泥	5	不清楚钻水泥塞和刮削套管每项扣5分	
		封窜完毕后要进行验窜，检验封窜效果	5	不清楚验窜扣5分	
3	考核时限	120min，到时停止考核			
4		合计100分			

挤入法封窜考核记录表见表3-11-3。

表3-11-3 挤入法封窜考核记录表

序号	考核内容	评分要素	配分	评分标准	扣分
1	施工准备	劳保着装整齐；选择工具、用具：准备泵车、水罐车、循环罐、洗井液、回收罐、水泥、清水、封隔器、节流器、弯头、活接头、管钳、大锤、密封脂、棉纱、生料带、记录笔	10	未正确穿戴劳保用品不得进行操作；泵车、水罐车、循环罐、洗井液、回收罐、封隔器、节流阀、水泥、清水少一项停止操作；弯头、活接头、少一件扣5分；管钳、大锤、密封脂、棉纱、生料带、记录笔少一件扣2分，扣完为止	
2	挤入法封窜操作	下封窜管柱至射孔井段以下10m，反循环洗井清洁井筒	10	循环法封窜前不反洗井扣10分	
		对封窜管柱和封隔器试压，单封隔器封窜管柱调整位置在射孔井段以下10m，双封隔器封窜管柱调整位置在下至射孔井段以上10～20m，正试压10～15MPa，保持10min，进行验证封隔器及管柱配套工具密封性	10	管柱不试压扣10分并停止考核	
		正循环打压坐封冲洗窜槽，洗至流出液体不夹带大量泥砂，且泵压平稳时为止	10	不正循环清洗窜槽扣10分	
		配置水泥浆密度在1.75～1.85g/cm³范围内，关闭套管阀门，将水泥浆挤至窜槽井段	20	配水泥浆性能达不到要求扣10分，水泥浆挤入位置不符合设计扣20分，扣完为止	
		停泵解封，上提管柱，将管脚提至射孔井段以上20m反洗井，洗出多余水泥浆	20	反洗深度错误扣20分	
		上提管柱100m以上，井筒灌满修井液，候凝24h以上	5	上提管柱候凝高度不够扣5分	
		起出封窜管柱，下探水泥面管柱探水泥面，对水泥面进行试压10～15MPa，稳压10min合格	5	不清楚探水泥面扣5分	
		起出探水泥面管柱，下螺杆钻钻去水泥塞，刮削干净井壁残留水泥	5	不清楚钻水泥塞和刮削套管每项扣5分	
		封窜完毕后要进行验窜，检验封窜效果	5	不清楚验窜扣5分，	
3	考核时限	120min，到时停止考核。			
4		合计100分			

循环挤入法封窜考核记录表见表3-11-4。

表3-11-4 循环挤入法封窜考核记录表

序号	考核内容	评 分 要 素	配分	评 分 标 准	扣分
1	施工准备	劳保着装整齐;选择工具、用具:泵车、水罐车、循环罐、洗井液、回收罐、水泥、清水、封隔器、节流器、弯头、活接头、管钳、大锤、密封脂、棉纱、生料带、记录笔	10	未正确穿戴劳保用品不得进行操作;泵车、水罐车、循环罐、洗井液、回收罐、封隔器、节流阀、水泥、清水少一项停止操作;弯头、活接头、少一件扣5分;管钳、大锤、密封脂、棉纱、生料带、记录笔少一件扣2分,扣完为止	
2	循环挤入法封窜操作	下封窜管柱至射孔井段以下10m,反循环洗井清洁井筒	10	循环法封窜前不反洗井扣10分	
		对封窜管柱和封隔器试压,单封隔器封窜管柱调整位置在射孔井段以下10m,双封隔器封窜管柱调整位置在下至射孔井段以上10~20m,正试压10~15MPa,保持10min,进行验证封隔器及管柱配套工具密封性	10	管柱不试压扣10分并停止考核	
		正循环打压坐封冲洗窜槽,洗至流出液体不夹带大量泥砂,且泵压平稳时为止	10	不正循环清洗窜槽扣10分	
		配置水泥浆密度在1.75~1.85g/cm³范围内,先将水泥浆循环顶替至窜槽位置,然后关闭套管阀门把水泥浆挤入窜槽	20	配水泥浆性能达不到要求扣10分,水泥浆循环顶替或挤入位置不符合设计扣20分,扣完为止	
		停泵解封,上提管柱,将管脚提至射孔井段以上20m反洗井,洗出多余水泥浆	20	反洗深度错误扣20分	
		上提管柱100m以上,井筒灌满修井液,候凝24h以上	5	上提管柱候凝高度不够扣5分	
		起出封窜管柱,下探水泥面管柱探水泥面,对水泥面进行试压10~15MPa,稳压10min合格	5	不清楚探水泥面扣5分	
		起出探水泥面管柱,下螺杆钻钻去水泥塞,刮削干净井壁残留水泥	5	不清楚钻水泥塞和刮削套管每项扣5分	
		封窜完毕后要进行验窜,检验封窜效果	5	不清楚验窜扣5分,扣完为止	
3	考核时限	120min,到时停止考核。			
4		合计100分			

任务 12 诱 喷

诱喷是井下作业施工中的一项重要工序,是通过降低井筒内液柱高度或减小井内压井液密度的方式,降低井筒压力,在油层与井底之间形成压差,诱导地层中油气流体进入井筒的工艺施工,满足求产、取样、测试或投产要求。了解诱喷原理、掌握诱喷操作技能,做到高效、安全和优质施工。

3.12.1 学习目标

通过本任务学习,使操作人员了解诱喷的种类和方法,掌握诱喷标准操作技能,使操作人员在诱喷施工过程中能够熟练、规范、安全操作。

3.12.2 学习任务

本学习任务包括替喷操作、抽汲操作、气举操作及连续油管排液操作。

3.12.3 任务分析

本任务学习应准备井口完善的诱喷施工井,并按诱喷设计和工况要求准备诱喷动力设备、替喷介质、高压硬管线、收液罐、井下作业工具等。操作人员应了解诱喷的种类和方法,掌握诱喷操作技能和安全技术要求,能够识别安全风险并有效预防,避免意外伤害事故。

3.12.4 背景知识

3.12.4.1 诱喷定义

诱喷就是降低井筒内的液柱对地层的压力,使地层压力高于井筒内的液柱压力,在压差的作用下,地层流体进入井筒或喷出地面,是有自喷能力的新井或修复井作业后的求产措施。

降低井筒内液柱压力的方法大体上分为两种,一是用密度较小的液体(如海水、淡水、原油、柴油、液氮等)置换井筒内密度较重的液体,通常称为替喷;二是通过提捞、抽汲、气举、泵排等方式将井筒的液体排出,以降低液柱压力,通常称为排液。

3.12.4.2 诱喷原理

$p_{井底}=\rho_{液}H+p_{地层}$,要想使 $p_{地层}>p_{井底}$,就要通过降低井筒内液柱的高度 H 或者井

内液体的相对密度 ρ 来实现。

3.12.4.3 诱喷方法和适用范围

(1) 替喷法是用密度较轻的液体将井内密度较大的液体替出，从而降低井中液柱压力，达到使井内液柱压力小于油层压力的目的。替喷法适用于油层压力高、产量高、油层堵塞不严重的油井。替喷方法有一次替喷和二次替喷。

一次替喷法：将油管鞋下至油层中、下部，装井口，接好循环管线，用泵将地面准备好的替喷液连续替入井内，直到井内压井液全部替出为止。此法简单，但是油管鞋至井底的压井液不能替出。

二次替喷法：将油管下至距人工井底 1m 处，装好井口，先用原压井液循环洗井，达到要求后向井内注入清水，注入量等于井底至油层顶部的井筒容积，用压井液将清水替到油层顶部，然后上提油管到油层中、上部，装好井口再按一般替喷法替喷。此法可将井底的压井液替出，但工序复杂，可用于底坑（口袋）较长的井。其优点是能缓慢均匀地建立生产压差，不致引起井壁坍塌和油层大量出砂；缺点是建立生产压差小，诱喷能力差。

(2) 抽汲法是利用一种专用工具把井内液体抽到地面，达到降低液面、减少液柱对油层所造成的回压的一种排液措施。其主要工具是油管抽子，常用的抽子有阀抽子和无阀抽子。抽汲适用油质不太稠、抽子能在油管内顺利起下、动液面在 1600~1700m、供液较充足的井。但抽汲时要适当控制井底回压，既要解除地层堵塞，又不能使油层大量出砂。对于疏松、易出砂的油层，应避免猛烈抽汲，防止造成底层大量出砂。

(3) 氮气气举法是利用制氮设备向油管或套管内注入压缩氮气，使井内液体从套管或油管中排出的方法。气举有正、反举之分，优点是比抽汲法效率高，可以大大提高排液速度；缺点是井内液柱急速下降，破坏油层结构，引起出砂。

正气举：从油管压入氮气使液体从套管返出，当高压气体到达油管鞋时便和液体混合进入套管，此时油井被举通，井底压力开始下降，随着液气混合物从套管中迅速上升，井底压力便很快降低，使油气流流入井内并喷到地面。

反气举：从套管压入氮气从油管返出，当高压气体到达油管鞋时，便和液体混合进入油管，混合时油管被举通，井底压力开始下降，直到把油井举喷。

(4) 连续油管气举排液：连续油管气举排液是用连续油管车把连续油管下入生产管柱中，然后把连续油管与液氮泵连通。把低压液氮升到高压，再使高压液氮蒸发，从连续油管注入生产管柱中。蒸发了的高压氮气就把油管柱中的压井液从连续油管和生产管柱的环形空间举升到地面，减少了压井液对油层的回压，达到诱导油流的目的。

3.12.5 任务实施

3.12.5.1 施工准备

工具、用具准备见表 3-12-1。

表 3-12-1 工具、用具准备

序号	名称	规格	数量	序号	名称	规格	数量
1	泵车	400 型	1 台	9	单流阀		1 个
2	罐车	15m³	3 台	10	油管	φ73mm	若干
3	防污罐	15m³	1 台	11	抽汲工具		1 套
4	硬管线	φ73mm	40m	12	抽汲设备		1 台
5	120°弯头	35MPa	4 个	13	氮气车		2 台
6	活接头	φ73mm	4 套	14	连续油管车		1 台
7	采油树		1 套	15	油嘴		1 套
8	替喷液		1.5 倍井筒容积	16	计量罐	1m³	1 个

3.12.5.2 替喷操作

1. 一次替喷操作

(1) 射孔后，下入替喷管柱至设计深度。

(2) 现场备足井筒容积 1.5 倍以上的替喷液，替喷液质量和性能必须达到设计要求。

(3) 井口装好采油树，并试压合格。

(4) 连接进口管线，试压到预计工作压力的 1.5 倍，稳压 10min，压降小于 0.5MPa 为合格。出口管线用油管硬管线连接，不准有小于 90°的急弯，并固定牢靠。末端不得接弯头。同时严禁进口、出口管线在同一方位，必须在井口的两侧。

(5) 先开采油树出口阀门放气，然后再开进口阀门，启动泵车进行循环替喷，直到全部替出井内压井液为止。除特殊情况外，一律采用正替喷，替喷施工必须连续进行。做好防喷、防火、防中毒（特别是 H_2S）、防污染准备工作，替出的压井液要回收入罐。

(6) 下有封隔器的井替喷要控制进口排量，对循环不通的井要采取适当措施，严防硬憋。

2. 二次替喷操作

(1) 下替喷管柱：若油层口袋较短，长度在 100m 以内，则将管柱完成在距井底 1.5~2.0m 的位置。若口袋在 100m 以上，可将管柱完成在油层底界以下 30~50m 的位置。

(2) 装好井口装置。

(3) 接正替喷管线，倒装好采油树阀门。

(4) 打开装有替喷液储液罐阀门。

(5) 开泵，向井内正替清水，同时计量替入量。

(6) 替完设计液量后，停泵。

(7) 将水泥车上水管线接在压井液罐上。

(8) 开泵，向井内正顶替与原井内同密度的压井液，同时计量顶替量。

(9) 顶替完设计量的顶替液后，停泵。

(10) 观察出口，若无自喷显示时，立即卸开管线，卸掉井口上法兰。

(11) 上提油管至设计深度。

（12）装好井口装置，重新接好正替喷管线及流程。

（13）将水泥车上的水管线连接在装有替喷液罐的出液阀门上，并打开阀门。

（14）用水泥车向井内大排量正替清水，替出井内全部压井液。

（15）放压，卸管线，二次替喷完成。

3.12.5.3 抽汲操作

（1）按设计要求下入抽汲诱喷管柱结构。

（2）完善井口采油树，组装抽汲防喷盒。

（3）连接抽汲加重杆。

（4）在抽汲绳上做记号。

（5）下抽汲加重杆通井，同时对钢丝绳破劲。

（6）组装抽子，并将其连接或悬挂在加重杆下面。

（7）下抽子抽汲，落实液面深度，抽子沉没度控制在 300m 以内。

（8）计量抽汲量。

（9）指挥操作工再次下抽子抽汲，准确落实动液面，严格控制抽子沉没度。

（10）每抽汲三次检查一次抽子头胶皮损坏情况。

3.12.5.4 光油管反气举操作

（1）连接气举进出口管线：套管进，油管出，进口管线必须装单流阀。

（2）套管另一侧阀门装好适当量程的压力表。

（3）开采油树出口管线的油管生产阀门及总阀门，关采油树其他所有阀门。

（4）气举管线试压，试压压力为工作压力的 1.5 倍，稳压 10min，压降小于 0.5MPa 为合格。如管线刺漏，应立即停机、放压，查明原因处理后，再进行试压，直至合格。

（5）开采油树套管阀门，反气举至设计压力（或出口有明显喷势）时停止气举。

（6）关套管阀门和油管生产阀门，卸掉反气举管线，将油嘴装在采油树套管阀门上，接好放气管线。

（7）用油嘴控制放气，一般选用 2mm 油嘴，放气速度控制在每小时压降为 0.5~1.0MPa，直至套压降至零。关好油管、套管阀门。

（8）放完气后，用钢板尺测量罐内被排出的液量。

3.12.5.5 连续油管气举排液操作

（1）安装连续油管设备。

（2）氮气车就位，将氮气车高压管汇与连续油管车管汇相连，对管汇试压，稳压 10min，压降小于 0.5MPa 为合格。

（3）将连续油管下入井内。

（4）用氮气进行诱喷，氮气由高压管汇进入连续油管，并由管外返出，实现正循环诱喷。

（5）举通后，应观察井内液面上升情况，决定是否继续诱喷排液。若不需排液即应起出连续油管。

3.12.6 归纳总结

(1) 诱喷作业需缓慢而均匀地降低井底压力,防止地层出砂及油、气层坍塌。

(2) 诱喷作业过程中要排出井底和井底周围的脏物,解除近井地带污染,以利于排液。

(3) 诱喷作业的最大掏空深度,应小于套管的抗外挤强度。

(4) 诱喷作业能建立起足够大的井底压差。

(5) 替喷、诱喷的进出口管线应使用硬管线,并用地锚或水泥预制基础固定。放喷管线出口处应装120°弯头,禁止使用90°弯头。气举诱喷时的放喷管线应根据其特殊要求安装。循环管线和管阀配件符合安全规定。

(6) 替喷、诱喷时,人员不准跨越、靠近高压管线及抽汲钢丝绳。

(7) 用原油替喷或高压井替喷作业时,严禁夜间施工。

(8) 气举施工前必须先放掉井筒内气体,使用氮气为介质。

(9) 使用氮气气举时,泵注车应置于井口的上风方向。

(10) 气举过程中,要注意观察出口返液情况,并做好防喷工作。

(11) 施工中若出现管线刺漏现象,应停机,关套管阀门,待压力放净后再处理。

(12) 抽汲作业时,地滑车应固定牢靠,在抽汲设备到地滑车之间做一隔离带。钢丝绳跳槽或打纽时,应用绳卡固定、卸掉载荷后处理。

(13) 施工过程中的液体应回收处理。

3.12.7 拓展链接

抽汲抽子介绍如下:

(1) 两瓣式抽子(无阀抽子):这种抽子结构简单、可靠耐用、使用广泛。每一节抽子滑动杆上有一个活瓣,包括胶皮上压帽,它可自由上、下活动,另有一瓣抽子则被尾堵和半圆挡板固定在中心轴上。抽子下放中,右瓣抽子被液流冲向上部与左瓣抽子错开,液体可以自由通过抽子,有利于抽子下行;快速上提时,在自重和惯性力作用下,右瓣抽子下落与左瓣抽子相合,堵住油管通道,变成了向上运动的活塞,将油管内液体举出地面。

(2) 水力式抽子:这种抽子的胶皮筒不但本身与油管密封,还受到液柱重量的压力,受力均匀、密封性好、胶皮质厚耐磨、可连续工作8h。利用水力式抽子可大大提高排液速度。

水力抽子下放时液体向上冲开阀球,液体通过抽子进入油管内,阀胶皮由于内外压差消失,而处于收缩状态,抽子顺利下行;上提时,阀球在自重作用下坐在阀座上,液柱压力通过中心管的三个孔眼传至胶皮筒,中心管内压力增高,阀胶皮被胀大,将油管内截面密封,相当于活塞将液体举升出地面。

3.12.8 思考练习

(1) 诱喷作业的常用方法有哪几种?
(2) 简述一次替喷与二次替喷的操作程序。

3.12.9 考核

3.12.9.1 考核规定

(1) 如违章操作,立即停止考核。
(2) 考核采用百分制,考核权重:知识点 30%,技能点 70%。
(3) 考核方式:本项目为实际操作考题,考核过程按评分标准及操作过程进行评分。
(4) 考核技能说明:本项目主要考核员工对诱喷操作掌握的熟练程度。

3.12.9.2 考核时间

(1) 准备工作:5min(不计入考核时间)。
(2) 正式操作时间:60min。
(3) 在规定时间内完成,到时停止操作。

3.12.9.3 考核记录表

反气举操作考核记录表见表 3-12-2。

表 3-12-2 反气举操作考核记录表

序号	考核内容	评分要素	配分	评分标准	备注
1	施工准备	劳保用品穿戴齐全;选择工具、用具:氮气车、收液罐、高压管线、活动弯头、单流阀、油嘴、压力表	20	劳保用品穿戴不齐全取消操作;工具、用具准备不全,缺少一件扣3分,扣完为止	
2	操作步骤	接反气举进出口管线,进口管线装单流阀与氮气车相连	10	进口管线未接单流阀扣5分;气举管线接反扣5分	
		套管另一侧阀门装好适当量程的压力表	10	套管未装压力表扣10分	
		开采油树出口管线的油管生产阀门及总阀门,关采油树其他所有阀门	10	采油树阀门倒错扣10分	
		气举管线试压,试压压力为工作压力的1.5倍,稳压10min,压降小于0.5MPa为合格。如管线刺漏,应立即停机放压,查明原因处理后,再试压至合格	10	气举管线未试压扣10分	

续表

序号	考核内容	评分要素	配分	评分标准	备注
2	操作步骤	开采油树套管阀门,反气举至设计压力(或出口有明显喷势)时停止气举	10	气举压力未达到设计压力扣10分	
		关套管阀门和油管生产阀门,卸掉反气举管线,将油嘴装在采油树套管阀门上,接好放气管线	10	放气管线未装油嘴扣5分	
		用油嘴控制放气,一般选用2mm油嘴,放气速度控制在每小时压降为0.5～1.0MPa,直至压降至零,关好油管、套管阀门	10	油嘴选择错误扣5分;未控制放气扣5分	
		放完气后,用钢板尺测量罐内被排出的液量	10	未测量罐内液量扣10分	
3	考核时限	60min,超时停止操作			
4		合计100分			

一次替喷操作考核记录表见表3-12-3。

表3-12-3 一次替喷操作考核记录表

序号	考核内容	评分要素	配分	评分标准	备注
1	施工准备	劳保用品穿戴齐全;选择工具、用具:水泥车、收液罐、储液罐、替喷液、高压管线、活动弯头、压力表	10	劳保用品穿戴不齐全取消操作;工具、用具准备不全,缺少一件扣3分,扣完为止	
2	一次替喷操作	下入替喷管柱至设计深度	10	管柱深度错误扣10分	
		井口装好采油树,并试压合格	15	未对采油树试压扣10分	
		连接进口管线,试压到预计工作压力的1.5倍,稳压10min,压降小于0.5MPa为合格	15	进口管线未试压至预计工作压力的1.5倍扣10分	
		先开采油树出口阀门放气,然后再开进口阀门,启动泵车进行正循环替喷,直到井内压井液全部替出为止	50	开采油树进、出口阀门顺序错误扣10分;替喷操作不连续扣10分;未完全替出压井液扣10分	
3	考核时限	60min,超时停止操作			
4		合计100分			

二次替喷操作考核记录表见表3-12-4。

表3-12-4 二次替喷操作考核记录表

序号	考核内容	评分要素	配分	评分标准	备注
1	施工准备	劳保用品穿戴齐全;选择工具、用具:水泥车、收液罐、储液罐、替喷液、高压管线、活动弯头、压力表	5	劳保用品穿戴不齐全取消操作;工具、用具准备不全,缺少一件扣3分,扣完为止	
2	二次替喷操作	下入替喷管柱至设计深度	5	管柱深度错误扣10分	
		井口装好采油树,并试压合格	5	未对采油树试压扣5分	
		连接正替喷管线,试压到预计工作压力的1.5倍,稳压10min,压降小于0.5MPa为合格	10	进口管线未试压至预计工作压力的1.5倍扣10分	
		倒采油树阀门,开泵,向井内正替清水,计量替入量。替完设计液量后,停泵	20	替入清水量计算错误扣5分;替入清水量未达到设计要求扣10分	
		将水泥车上水管线接在压井液罐上。开泵,向井内正顶替与原井内同密度的压井液,计量顶替量。顶替完设计量的顶替液后,停泵	20	替入压井液液量未达到设计要求扣10分	
		观察出口,若无自喷显示时,立即卸开管线,卸掉井口上法兰。上提油管至设计深度。装好井口装置,重新接好正替喷管线及流程	10	未观察出口立即拆卸管线扣5分;上提管柱未达到设计深度扣5分;正替喷管线及流程连接错误扣5分	
		将水泥车上水管线连接在装有替喷液罐的出液阀门上,并打开阀门。用水泥车向井内大排量正替清水,替出井内全部压井液	20	未全部替出井内压井液扣10分;水泥车排量未达到设计要求扣5分	
		放压,卸管线,二次替喷完成	5	替喷完成后未放压直接卸管线扣5分	
3	考核时限	60min,超时停止操作			
4		合计100分			

抽汲操作考核记录表见表3-12-5。

表3-12-5 抽汲操作考核记录表

序号	考核内容	评分要素	配分	评分标准	备注
1	施工准备	劳保用品穿戴齐全;选择工具、用具:抽汲作业机、抽汲设备1套、抽汲胶皮、计量罐	5	劳保用品穿戴不齐全取消操作;工具、用具准备不全,缺少一件扣3分,扣完为止	

续表

序号	考核内容	评 分 要 素	配分	评 分 标 准	备注
2	抽汲操作	设计要求下入抽汲诱喷管柱	10	抽汲管柱深度错误扣10分	
		完善井口采油树，组装抽汲防喷盒	10	抽汲防喷盒组织错误扣10分	
		连接抽汲加重杆，在抽汲绳上做记号	10	未在抽汲绳上做记号扣10分	
		下抽汲加重杆通井，同时对钢丝绳破劲	20	未下加重杆通井扣5分；未对钢丝绳破劲扣5分	
		组装抽子，并将其连接或悬挂在加重杆下面。下抽子抽汲，落实液面深度，抽子沉没度控制在300m以内，计量抽汲量	20	液面深度落实不准确扣10分；抽子沉没度超过300m扣10分；抽汲量计量不准扣10分	
		指挥操作手再次下抽子抽汲，准确落实动液面，严格控制抽子沉没度	20	动液面落实不准确扣10分；抽子沉没度超过300m扣10分	
		每抽汲三次检查一次抽子头胶皮损坏情况	5	抽汲三次未检查抽子胶皮扣5分	
3	考核时限	60min，超时停止操作			
4		合计100分			

项目四

稠油热采井作业

稠油热采是稠油开发过程中利用高温蒸汽或电加热等工艺措施,使稠油黏度降低变得容易驱动,这样的开采方式统称为稠油热采。为了保护套管,热采井经常使用具有保温隔热效果的特殊管柱,或者电缆加热使用空心抽油杆等不同于稀油井的管材及井下工具,因此在操作时可能会与稀油井有不同之处。本项目根据这些情况设置了4个学习任务,使操作员工通过学习了解稠油热采技术,掌握热采井基本操作程序,掌握操作过程中的安全风险识别和预防措施。

任务 1　稠油热采井起下管柱

稠油热采是目前稠油开采的一种主要方式。由于稠油黏度高、流动性差，因此井内的管柱一般通径较大，有的为了起到隔热保温作用使用双层管结构，所以起下热采井管柱与稀油井稍有不同。

4.1.1　学习目标

通过本任务学习，使操作员工能够正确使用液压钳，能够正确使用管吊卡，能够排放隔热管；使操作员工起下隔热管过程中能够熟练、规范、安全操作。

4.1.2　学习任务

本学习任务包括施工准备、下热采井管柱、起热采井管柱。

4.1.3　任务分析

本任务学习应准备隔热管、热敏金属封隔器、伸缩管、高温补偿器、油管吊卡、液压钳、管枕和小滑车等工具，保证完好齐全。使操作员工掌握连接工具的操作方法；掌握使用管吊卡的操作方法；掌握使用液压钳上卸螺纹的操作要点；掌握拉放和排放隔热管的操作要点。能够识别安全风险，并有效预防，避免意外伤害事故。

4.1.4　背景知识

4.1.4.1　隔热管

（1）隔热管是注蒸汽井中采用的一种特殊油管。它由内管和外管构成，两管之间填充有隔热材料，如蛭石、玻璃棉、珍珠粉等，它们的导热系数很小。使用这种油管可减少注蒸汽过程中沿井筒的热损失。

（2）隔热管的用途：一是保护套管，二是减少井筒热的损失。对于上千米的热采井，井筒隔热效果的改善，将起到更好的保护套管、减少井筒热损失、提高井底注汽干度和采出更多油的作用。

（3）隔热管的尺寸如表 4-1-1 所示。

4.1.4.2　热采井起下隔热管常用设备

1. 液压钳

液压钳是井下作业上卸油管、抽油杆、钻杆的专用工具。

表 4-1-1 隔热管尺寸

序号	名称	钢级	外径 mm	壁厚 mm	管端形式	长度 Ⅰ类	长度 Ⅱ类
1	外层管	N80-Q	114.30	6.35	平端	9.5	9.1
		N80-Q	114.30	6.88	平端	9.6	9.2
2	内层管	N80-Q	88.90	6.45	平端	9.5	9.1
		N80-Q	73.02	5.51	外加厚	9.4	9.0

2. 月牙吊卡

月牙吊卡是用来起下并卡住油管的专用工具。

4.1.4.3 热敏金属扩张式封隔器

热敏金属扩张式封隔器主要由中心管、固定压环、密封胶筒、热敏金属片、移动压环、弹性挡圈、锁紧螺母和下端盖组成，如图 4-1-1 所示。

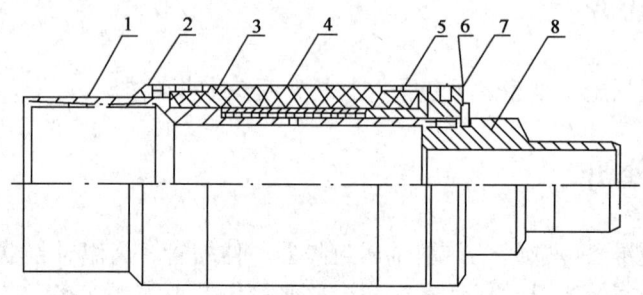

图 4-1-1 热敏金属扩张式封隔器的结构
1—中心管；2—固定压环；3—密封胶筒；4—热敏金属片；5—移动压环；
6—弹性挡圈；7—锁紧螺母；8—下端盖

4.1.5 任务实施

4.1.5.1 施工准备

工具、用具准备如表 4-1-2 所示。

表 4-1-2 工具、用具准备

序号	名称	规格	数量	序号	名称	规格	数量
1	隔热管		若干	7	管枕		1个
2	液压钳		1台	8	热敏金属封隔器		1套
3	钢卷尺	15m	2把	9	伸缩管		1套
4	密封脂		适量	10	高温补偿器		1套
5	吊卡		2套	11	喇叭口		1个
6	小滑车		1套				

4.1.5.2 下热采井管柱

1. 下热敏金属封隔器的热采井管柱

(1) 将准备下井的喇叭口、热敏金属封隔器、伸缩管和隔热管检查好、丈量准确。外螺纹涂抹好高温密封脂,下井管柱和工具要通内径。

(2) 将喇叭口安装在热敏金属封隔器下端,再把热敏金属封隔器连接在第一根隔热管下部,螺纹上紧。

(3) 平稳提起隔热管,把热敏金属封隔器扶正,平稳下入井口。

(4) 下入10根左右隔热管后,下入伸缩管,下井时保证伸缩管内衬管从外工作筒内全部拉出,防止下井后突然拉开震脱管柱。

(5) 下入设计要求的剩余隔热管,下管时控制下放速度,防止突然遇阻。

(6) 安装热采井口,清净钢圈槽脏污,井口螺栓对角上紧。

2. 下高温补偿器的热采井管柱

(1) 将准备下井的喇叭口、高温补偿器和隔热管检查好、丈量准确。外螺纹涂抹好高温密封脂,下井管柱和工具要通内径。

(2) 将喇叭口连接在高温补偿器下端,再把高温补偿器连接在下井第一根隔热管下部,螺纹上紧。

(3) 平稳提起隔热管,将高温补偿器平稳下入井口。

(4) 下入设计要求的剩余隔热管,下管时控制下放速度,防止突然遇阻。

(5) 安装热采井口,清净钢圈槽脏污,井口螺栓对角上紧。

4.1.5.3 起热采井管柱

(1) 起热采井管柱时首先要检查井内无压力或蒸汽,有些井还要检测有无硫化氢,确保安全后拆开热采井口。

(2) 然后试提管柱观察负荷是否正常,有些带有热敏金属封隔器或高温补偿器的管柱可能会井底温度较高未解封,试提解封时负荷会明显增加,解封后恢复正常。

(3) 上提管柱过程中要平稳操作,防止产生抽汲。也要注意套管因长期注汽损坏卡管柱事故,如起管柱过程中出现负荷上升,要落实原因后再施工,如果上提管柱时游动滑车出现转动现象,也可能是套管变形所致。

(4) 起出热采井管柱,整齐排放在不少于3道横担的管桥上,防止弯曲。及时卸下管柱上的井下工具,防止可能因冷却后螺纹收紧难以卸下。

(5) 起出全部管柱后立即装好井口。

4.1.6 归纳总结

(1) 起下隔热管过程中防井喷,避免硫化氢中毒或蒸汽烫伤。

(2) 起下隔热管作业前,应对提升大绳进行检查,发现断丝超标时,必须停止施工,更换合格提升大绳后,方可进行起下隔热管作业。

(3) 起隔热管时注意观察负荷变化和分割器解封情况，防止抽汲井喷。
(4) 起下隔热管时注意弯曲管柱影响螺纹扭矩。
(5) 起隔热管时要平稳，观察负荷变化，防止遇卡后发生意外事故。

4.1.7 拓展链接

下热采井注采一体管柱。

(1) 将准备下井的喇叭口（或丝堵、筛管）、尾管、杆式泵工作筒和隔热管检查好、丈量准确。外螺纹涂抹好高温密封脂，下井管柱和工具要通内径。
(2) 将带有喇叭口或丝堵和筛管的尾管下入井内，连接杆式泵工作筒下入井内。
(3) 平稳下入剩余隔热管，下管时控制下放速度，防止突然遇阻。
(4) 安装热采井口，清净钢圈槽脏污，井口螺栓对角上紧。
(5) 注汽后转抽直接下入杆式泵生产，到注汽周期时起出杆式泵直接注汽。到达一定轮次后更换管柱。

4.1.8 思考练习

简述下带热敏金属封隔器的热采井管柱的操作步骤。

4.1.9 考核

4.1.9.1 考核规定

(1) 如违章操作，将停止考核。
(2) 考核采用百分制，考核权重：知识点30%，技能点70%。
(3) 考核方式：本项目为实际操作考题，考核过程按评分标准及操作过程进行评分。
(4) 考核说明：本项目主要考核员工下带热敏金属封隔器的热采井管柱的熟练程度。

4.1.9.2 考核时间

(1) 准备工作：5min（不计入考核时间）。
(2) 正式操作时间：30min。
(3) 在规定时间内完成，到时停止操作。

4.1.9.3 考核记录表

下带热敏金属封隔器的热采井管柱考核记录表见表4-1-3。

表 4-1-3　下带热敏金属封隔器的热采井管柱考核记录表

序号	考核内容	评分要素	配分	评分标准	备注
1	准备工作	劳保着装整齐，选择工具、用具：吊卡、热敏金属封隔器、管枕、小滑车、钢卷尺、液压钳、密封脂、管钳等	10	未正确穿戴劳保不得进行操作；少选一件工具扣2分，扣完为止	
2	下带热敏金属封隔器的热采井管柱	将准备下井的喇叭口、热敏金属封隔器、伸缩管和隔热管检查好、丈量准确。外螺纹涂抹好高温密封脂	20	喇叭口、热敏金属封隔器连接不正确扣20分	
		下入10根左右隔热管后，下入伸缩管，下井时保证伸缩管内衬管从外工作筒内全部拉出，防止下井后突然拉开震脱管柱	10	下伸缩管操作不正确扣20分	
		下热采管柱时要控制下放速度，防止遇阻卡管柱	20	下放速度过快的一次扣10分，扣完为止	
		安装热采井口，清净钢圈槽脏污，井口螺栓对角上紧	20	热采井口安装时未清理钢圈槽扣20分；一条螺栓未上紧扣10分，扣完为止	
3	考核时限	30min，到时停止操作考核			
4		合计100分			

任务 2　稠油热采井起下杆柱

稠油井为了降低稠油黏度便于开采，常使用空心抽油杆作为加热电缆通道，也用于掺降黏剂，因此稠油井的空心抽油杆不仅仅是传递载荷，还起传输通道的作用。所以下井的空心抽油杆必须保证密封畅通，才能达到生产要求。

4.2.1　学习目标

通过本任务学习，使操作员工能够正确使用空心抽油杆吊卡和实心抽油杆吊卡，能够正确使用小大钩，能够排放空心抽油杆和实心抽油杆；使操作员工起下热采井杆柱过程中能够熟练、规范、安全操作。

4.2.2　学习任务

本学习任务包括施工准备、下热采井杆柱、起热采井杆柱。

4.2.3　任务分析

本任务学习应准备小大钩、空心抽油杆吊卡、实心杆吊卡、单流阀、筛管、管钳等工具，保证完好齐全。掌握使用空心抽油杆吊卡和空心抽油杆吊卡的操作方法，掌握使用小大钩的操作方法，掌握通径规的使用方法，掌握上、卸空心抽油杆和实心抽油杆的操作要点，掌握排放空心抽油杆和实心抽油杆的操作要点。能够识别安全风险，并有效预防，避免意外伤害事故。

4.2.4　背景知识

4.2.4.1　空心抽油杆

空心抽油杆可实现上接空心光杆下接抽油泵，起传送动力作用；也可输送降黏剂、下入电缆，来实现降低稠油黏度。

4.2.4.2　空心抽油杆参数

空心抽油杆的等级、材料、抗拉强度、屈服点、伸长率、收缩率参数如表 4-2-1 所示。

表 4-2-1 空心抽油杆参数

名称	等级	材料	抗拉强度（MPa）	屈服点（MPa）	伸长率（%）	收缩率（%）
空心抽油杆	D	碳钢或合金钢	794～965	≥620	≥10	≥50
	H		＞965	≥750	≥10	≥45

4.2.5 任务实施

4.2.5.1 施工准备

工具、用具准备如表 4-2-2 所示。

表 4-2-2 工具、用具准备

序号	名称	规格	数量	序号	名称	规格	数量
1	修井机	90Z	1台	5	管钳	600mm	2把
2	抽油杆吊卡	33mm	2套	6	油管吊卡	73mm	1套
3	抽油杆吊卡	36mm	2套	7	小大钩		1套
4	管钳	450mm	2把				

4.2.5.2 下热采井杆柱

（1）将准备下井的实心抽油杆和空心抽油杆整齐摆放在杆桥上，空心抽油杆外螺纹朝向井口。

（2）更换空心抽油杆外螺纹上面的专用密封胶圈（新杆有密封胶圈的不需更换），在外螺纹上涂抹高温密封脂。

（3）将活塞或杆式泵实心抽油杆或螺纹转换接头下入井内。

（4）用螺纹转换接头连接下入空心抽油杆，空心抽油杆要逐根通内径，上螺纹时密封圈挤坏要卸下螺纹更换密封胶圈涂抹高温密封脂后再上紧螺纹下井。

（5）下至泵底后，设置好防冲距挂抽，配合电缆车下入加热电缆完井生产。

4.2.5.3 起热采井杆柱

（1）由专业电工断开加热电缆电源，拆下电缆接头。

（2）卸掉抽油机载荷，拨开驴头。

（3）根据加热电缆类型，配合电缆车起出加热电缆。

（4）然后起出井内全部抽油杆。

4.2.6 归纳总结

（1）高温密封脂要涂抹在外螺纹上，避免进入空心抽油杆内腔，以防高温凝固后堵塞空心抽油杆。

(2) 空心抽油杆密封胶圈槽应清理干净，防止上螺纹时挤坏密封胶圈。

(3) 下空心抽油杆时，空心抽油杆必须用杆规通过。

(4) 空心抽油杆调整防冲距时，对光杆露出长度有严格要求，要计算准确。

4.2.7 拓展链接

下可以加药剂的空心杆柱操作步骤：

(1) 将准备下井的实心抽油杆和空心抽油杆整齐摆放在杆桥上，空心抽油杆外螺纹朝向井口。

(2) 更换空心抽油杆外螺纹上面的专用密封胶圈（新杆有密封胶圈的不需更换），在外螺纹上涂抹高温密封脂。

(3) 将活塞用实心抽油杆或螺纹转换接头下入井内。

(4) 用螺纹转换接头连接加药阀下入井内。

(5) 接下空心抽油杆，空心抽油杆要逐根通内径，上螺纹时密封圈挤坏要卸下螺纹更换密封胶圈涂抹高温密封脂后，再上紧螺纹下井。

(6) 下至泵底后，设置好防冲距挂抽，连接好井口光杆加药接头管线完井。

4.2.8 思考练习

简述下可以加药的热采井杆柱的操作步骤。

4.2.9 考核

4.2.9.1 考核规定

(1) 如违章操作，将停止考核。

(2) 考核采用百分制，考核权重：知识点30%，技能点70%。

(3) 考核方式：本项目为实际操作考题，考核过程按评分标准及操作过程进行评分。

(4) 考核说明：本项目主要考核员工对下可以加热的热采井杆柱掌握的熟练程度。

4.2.9.2 考核时间

(1) 准备工作：10min（不计入考核时间）。

(2) 正式操作时间：30min。

(3) 在规定时间内完成，到时停止操作。

4.2.9.3 考核记录

下可以加热的热采井杆柱考核记录表见表4-2-3。

表 4-2-3 下可以加热的热采井杆柱考核记录表

序号	考核内容	评分要素	配分	评分标准	备注
1	准备工作	劳保着装整齐，选择工具、用具；小大钩，杆吊卡，活塞，筛管，单流阀，管钳等	10	未正确穿戴劳保不得进行操作；少选一件工具扣2分，扣完为止	
2	下热采井杆柱	空心抽油杆外螺纹朝向井口	20	空心杆方向弄乱的每根扣5分，扣完为止	
		更换空心抽油杆外螺纹上面的专用密封胶圈，在外螺纹上涂抹高温密封脂	20	未更换密封胶圈的每根扣5分，未涂抹高温密封脂的每根扣5分，扣完为止	
		空心抽油杆要逐根通内径	20	未逐根通过的每根扣5分，扣完为止	
		下至泵底后，设置好防冲距挂抽，配合电缆车下入加热电缆完井生产	30	调防冲距错误扣30分	
3	考核时限	30min，到时停止操作考核			
4		合计100分			

任务3　稠油热采井转注汽

蒸汽吞吐技术是稠油区块的主要开发方式，是通过加热近井地带的稠油使之黏度降低，从而达到提高稠油井最终采收率、改善稠油开发效果的目的。因此它在稠油开发中应用广泛，是小修常规作业中的一项重要施工作业。施工时要满足工艺要求达到良好的注汽效果，注汽过程中不出现井口刺漏现象，操作人员就要熟悉掌握转注汽的施工步骤及技术要求，从而达到施工设计要求。

4.3.1　学习目标

通过本任务学习，使操作人员了解注汽井口装置、隔热管、高温补偿器的工作原理及用途；掌握热采井转注汽过程中的操作方法及技术要求，能够学会起杆、拆井口、套装防喷器、下注汽管、完善井口等操作；使操作人员在热采井转注汽施工过程中能够熟练、规范、安全操作，确保安全生产。

4.3.2　学习任务

本学习任务包括施工准备、起抽油杆、拆井口、套装防喷器、更换大四通、下注汽管、完善井口。

4.3.3　任务分析

本任务学习应准备提升设备、井控装置、下隔热管等所需的工具、用具等材料。操作者施工前应先了解热采井转注汽整个操作过程及注意事项。正确掌握热采井转注汽的操作技能，在操作过程中注意安全，吊装注汽井口装置时要有专人指挥，防止造成人身伤害。所以，操作人员要能够识别安全风险，并有效预防，避免意外伤害事故。

4.3.4　背景知识

4.3.4.1　注汽井口装置

注汽井口装置是由大四通、套管阀门、上法兰、小四通、放空阀门、生产阀门、总阀门等组成。通过上法兰底部螺纹与油管连接，悬挂井内全部油管柱的重量，密封油管、套管的环形空间，控制各种流动介质的切断；可录取油压、套压资料，即能满足高温高压下的注汽过程，也特别适用于注蒸汽开发的热力采油井；并保证各项井下作业，如大修小修作业施工。

4.3.4.2 隔热管

隔热管是注汽专用油管，根据隔热管的特点和性能分为普通隔热油管、防氢害隔热油管和高真空隔热油管，依靠隔热夹层能从热传导、热对流、热辐射三个方面尽量减少通过隔热夹层的热量损失，从而起到隔热作用。隔热管尺寸规格如表 4-3-1 所示。

表 4-3-1 隔热管尺寸规格

外管外径（mm）	114	88.9
内管内径（mm）	62.0	40.9
连接扣型（mm）	ϕ114BCSG	ϕ89TBG

4.3.4.3 高温补偿器

高温补偿器是当封隔器下入井内预定位置后，注入蒸汽当温度达到 200℃ 时，热敏金属件即可推动密封胶筒起到密封油套环空作用。因此注汽压力越大，密封压力也越大，保证了密封的持久性与可靠性，同时又可以解决隔热管因温度的变化而伸长或缩短所带来的问题。

4.3.5 任务实施

4.3.5.1 施工准备

1. 工具、用具准备

工具、用具准备如表 4-3-2 所示。

表 4-3-2 工具、用具准备

序号	名称	规格	数量	序号	名称	规格	数量
1	管钳	600mm	2 把	7	油管吊卡	ϕ73mm	2 副
2	管钳	1200mm	2 把	8	油管吊卡	ϕ89mm	2 副
3	抽油杆吊卡	ϕ25 mm	2 副	9	油管吊卡	ϕ114 mm	2 副
4	抽油杆吊卡	ϕ19 mm	2 副	10	旋塞阀	$3\frac{1}{2}$in×35	1 套
5	小大钩		1 套	11	防喷器	SFZ18-21	1 套
6	抽油杆防喷器		1 套				

2. 设备与工具的检查

(1) 检查吊环、液压钳等工具用具是否完好；各部位连接是否紧固。

(2) 检查防碰天车、刹车是否灵活好用。

(3) 检查天车、游动滑车、井口是否在同一垂直中心线上。

(4) 检查大绳、绷绳是否处于安全状态；管桥搭设是否符合安全要求。

(5) 吊卡销子要系好保险绳。

(6) 检查活门、月牙及销子是否灵活好用。

4.3.5.2 起抽油杆

(1) 安装小大钩,准备好抽油杆防喷器,要求与井内抽油杆扣型相符。卡箍、卡箍扳手、600mm 管钳,放在距井口 2m 处随手可拿,保证在发生溢流时快速抢装井口。

(2) 安装光杆接箍,将光杆缓慢上提至负荷方卡子离开光杆密封器上平面,拆开卡光杆密封器的卡箍。松开压帽去除光杆密封器的密封胶圈,防止光杆密封器随光杆上行。

(3) 卸掉光杆后,逐根起出井内抽油杆。在打开泄油器时上提负荷不能超过井内抽油杆最低抗拉强度的 80%。控制块、活塞等在起出再应擦拭干净再放在工具台上。起出的抽油杆整齐排放在杆桥上,发现磨损严重的就分别摆放。

4.3.5.3 拆井口

(1) 确定井内无压力后,用井口加力扳手,卸开井口 12 条螺栓。

(2) 在采油树放空阀门上安装提升短节,将采油树与井内泵管提高 20cm 观察指重表,确认负荷正常后带起的井内泵管提出套管大四通平面以上 30cm 左右,将吊卡扣在油管上。

(3) 指挥下放,使油管坐在吊卡上,下放时防止压坏大钢圈。

(4) 用 1200mm 管钳将上法兰与泵管连接的变扣卸开,用游动滑车吊起采油树,并系好牵引绳拉向井口一侧放置地面。调整好采油树位置,不得堵塞逃生通道。

4.3.5.4 套装防喷器

(1) 先将井口钢圈套在井口油管上,用钢丝绳吊索吊起防喷器,将防喷器放在井口吊卡上,不摘掉吊索。

(2) 连接 ϕ89mm 短节,缓慢上提井内油管,油管上行同时拉紧钢丝绳吊索将防喷器带离井口吊卡,这时停止上提。

(3) 将井口的吊卡摘掉,大钢圈放入大四通钢圈槽内,缓慢下放油管。当防喷器下落到套管大四通上,使大钢圈入槽,上齐砸紧 12 条法兰螺栓。

(4) 下入 Y211-148 封隔器＋ϕ89mm 油管一根,坐封加压 80kN,关闭防喷器,试压达到设计要求起出 ϕ89mm 油管一根＋Y211-148 封隔器＋ϕ89mm 短节。

注：(1) 起泵管与项目二的任务 2 中的起油管步骤相同。(2) 冲砂与项目三的任务 3 冲砂步骤相同。(3) 通井与项目六的任务 8 通径规的使用步骤相同。(4) 刮削与和项目六任务 3 刮削器步骤相同。

4.3.5.5 更换大四通

(1) 当井内泵管全部提出,处于空井筒状态时,先安装简易井口。然后迅速卸下防喷器与大四通。

(2) 将事先准备好的带有阀门的高压注汽大四通安装在套管底法兰上,对角上紧 12 条螺栓,确保安装密封紧固。

(3) 然后在注汽大四通上再重新安装防喷器,下入皮碗封,对短套连接处和大四通、防喷器进行试压,试压合格后再按设计要求进行下步施工。

4.3.5.6 下注汽管

(1) 丈量、检查、清洁、保养隔热管,按照设计要求组配管柱。
(2) 首先连接高温补偿器,用1200mm管钳将螺纹上紧,防止脱扣。
(3) 选择与管柱规格相匹配的吊卡,要求打反吊卡,下入第一根隔热管。
(4) 下隔热管至设计要求位置,施工过程中要操作平稳,防止顿井口。

4.3.5.7 完善井口

(1) 先在井口隔热管接箍上安装井口悬挂变扣,套上大钢圈。
(2) 整体吊起的注汽采油树,将法兰盘下钢圈槽擦拭干净涂黄油,然后通过旋转采油树的方式与变扣连接紧固。
(3) 上提提升短节,使井内注汽管柱离开管吊卡。摘下管吊卡后下放采油树至大四通上平面,使大钢圈入槽,对角上全上紧采油树与大四通连接的12条螺栓。
(4) 在采油树生产阀门上连接注汽管线,卡紧卡箍防止刺漏。关闭阀门,安装耐震40MPa压力表。恢复现场原样,做到工完料净。

4.3.6 归纳总结

(1) 由于在往井内注蒸汽的同时,也会加入一些化学药剂,经高温或与井内化学物质反应,生成H_2S气体或其他有毒有害气体,所以在搬上新井后,要用H_2S检测仪对该井认真检测。检测的时候要站在当时风向的上风位置,并有一人在旁边看护,防止出现检测气体的人员中毒没有及时发现而耽误抢救治疗的时机。
(2) 在下探砂管或是下通径规等工具时,可能会因为井内有稠油托住下入井内的油管,需用不低于90℃的热水洗井,将稠油从井内替出。
(3) 稠油井在下完注汽管柱后要更换经检修、试压合格后的大四通及采油树。
(4) 下井管柱要用标准的油管通径规通过后方可入井。
(5) 防喷器试压压力为防喷器额定工作压力的70%,试压时稳压10min压降不大于0.7MPa为合格。

4.3.7 拓展链接

1. 注汽阶段

注汽阶段是油层吞入蒸汽的过程。根据设计要求的施工参数(注入压力、注汽速度、蒸汽干度、周期注汽量),把高温高压饱和蒸汽注入油层。注入蒸汽优先进入高渗透带,而且由于蒸汽与油藏流体的密度差,蒸汽占据油层的上部。油层内的温度分布并不均匀,靠近井眼处的地层及油层的上部温度相对较高,随着注汽过程的进行,被蒸汽加热的区域越来越大。当注入蒸汽量达到设计的周期蒸汽注入量时,油层平均温度达到最高。

2. 关井阶段

注完所设计的蒸汽量后，停止注汽，关井，也称焖井，焖井的时间一般为 2~7 天。焖井的目的在于：(1) 使注入近井地带的蒸汽尽可能地扩散到油层深部，加热那里的原油；(2) 腾出时间准备回采条件，如下泵等。在焖井阶段，由于蒸汽的热损失导致蒸汽扩散区域的蒸汽冷凝，变成热水带，该热水带温度较高且有一定的压力，仍然可以加热地层和原油。

3. 回采阶段

油井注完蒸汽关井达到设计的焖井时间后，开井生产进入回采阶段。在回采阶段，由于油层压力较高，一般油井能够自喷生产（尤其是首轮蒸汽吞吐），装上较大的油嘴以防止油层出砂，开井生产最初几天，通常是含水率很高，有的甚至全是热水，但很快出现产油峰值，产量为常规产量的几十倍。当油井不能自喷时，立即下泵生产。随着回采时间延长，由于注入地层的热量损失及产出液带出大量的热量，被加热的油层逐渐降温，流向井筒的原油黏度逐渐升高，原油产量逐渐下降。当产量降至某一极限产量时，结束该周期的生产，重新进行下一周期的蒸汽吞吐，如此多周期地吞吐作业，最后转入蒸汽驱开采。在多周期吞吐中，前一周期回采结束时留在油层中的余热对下一周期的吞吐将起到预热作用，有利于下一周期的增产。

4.3.8　思考练习

(1) 简述高温补偿器的用途。

(2) 简述隔热管工作原理。

4.3.9　考核

4.3.9.1　考核规定

(1) 如违章操作，将停止考核。

(2) 考核采用百分制，考核权重：知识点 30%，技能点 70%。

(3) 考核方式：本项目为实际操作考题，考核过程按评分标准及操作过程进行评分。

(4) 考核说明：本项目主要考核员工对套装防喷器操作掌握熟练程度。

4.3.9.2　考核时间

(1) 准备工作：3min（不计入考核时间）。

(2) 正式操作时间：30min。

(3) 在规定时间内完成，到时停止操作。

4.3.9.3　考核记录表

套装防喷器考核记录表见表 4-3-3。

表 4-3-3 套装防喷器考核记录表

序号	考核内容	评分要素	配分	评分标准	备注
1	准备工作	劳保着装整齐，选择工具、用具：井口扳手、活动扳手、Y211-148封隔器、吊带、吊卡、防喷器、井口螺栓12条	5	未正确穿戴劳保不得进行操作；未准备工具、用具扣5分；少选一件扣1分	
2	套装防喷操作	先将井口钢圈套在井口油管上，指挥操作工用钢丝绳吊索吊起防喷器，将防喷器放在井口吊卡上，不摘掉吊索	20	未先放大钢圈扣5分；防喷器吊装倾斜扣5分；防喷器未放平稳，压坏钢圈扣10分	
		将 $\phi 89mm$ 短节连接到井口油管，并扣上吊卡。指挥操作工慢慢上提井内油管，油管上行同时拉紧钢丝绳吊索将防喷器带离井口吊卡，这时停止上提	10	无人指挥操作扣5分；接短节上扣方向错误扣5分	
		将井口的吊卡摘掉，大钢圈放入大四通钢圈槽内，指挥操作工慢慢下放油管。当防喷器下落到套管大四通上，将钢圈槽入座，再将管柱负荷压在防喷器上，安装砸紧12条法兰螺栓	20	摘取吊卡无人指挥扣10分；大钢圈不入槽扣5分；螺栓没有对角上紧扣5分	
		下入 Y211-148 封隔器＋ $\phi 89mm$ 油管 1 根，坐封加压 80kN，关闭防喷器	20	封隔器型号选错扣10分；坐封加压不正确扣10分；防喷器关闭不严扣10分	
		试压合格，放压、全部打开防喷器，起出 $\phi 89mm$ 油管 1 根＋ Y211-148 封隔器＋ $\phi 89mm$ 短节。清洁、保养放回原处	20	未放压开防喷器扣5分；防喷器未完全打开扣10分；工具未保养回收扣5分	
3	清理场地	清理现场，收拾工具	5	未收拾保养工具扣2分；未清理现场扣3分；少收一件工具扣1分	
4	考核时限	30min，到时停止操作考核			
5		合计 100 分			

任务4 稠油注汽井转抽油

热采井转抽作业是注汽结束后，用提升系统提出井内的注汽管柱，再将深井泵下入井内，从而实现热采井注汽后的生产。它是恢复油井生产的一项重要工艺。此项工艺要求操作人员要懂得预防硫化氢中毒方法，熟悉掌握在起油管和更换热采井口装置过程中施工步骤，尽快恢复油井正常生产，提高油井采收率。

4.4.1 学习目标

通过本任务学习，使操作人员了解硫化氢危险、下泵录取资料、稠油热采井管、杆及泵的使用要求；掌握热采井转抽过程中的操作方法及技术要求，能够学会拆注汽井口、套装防喷器、下泵、下杆等；使操作人员在测热采井转抽施工过程中能够熟练、规范、安全操作。

4.4.2 学习任务

本学习任务包括施工准备、设备检查、卸注汽井口、更换大四通、下泵、下杆。

4.4.3 任务分析

本任务学习应准备提升设备、井控装置和起隔热管、下泵管等所需的工具、用具及材料。操作者施工前应先了解热采井转抽整个操作过程及注意事项；正确掌握热采井转抽的操作技能，在操作过程中注意安全，懂得随时检测硫化氢浓度，防止施工时人员中毒；操作人员要能够识别安全风险，并有效预防，避免意外伤害事故。

4.4.4 背景知识

4.4.4.1 硫化氢

硫化氢是剧毒气体，无色，有臭鸡蛋味，比空气略重，极易溶于水。在稠油热采注汽过程中特别是开采时间较长的老区块，在注汽的高温高压的复杂环境下由于某些稠油的 S 元素含量较高的特性，极易产生剧毒气体 H_2S，因此施工时还要注意 H_2S 气体的防护工作，施工现场必须配备 H_2S 检测仪、正压式空气呼吸器。在学习中，工人应学会预防 H_2S 中毒并提前制订应急措施。

4.4.4.2 稠油热采井管、杆及泵的使用要求

稠油热采井采用的采油管柱与普通井有所不同,一般采取大直径油管、高强度杆或空心杆及大泵径的组合。油管一般采用 $\phi 89 \sim 114$ mm,抽油泵一般采用泵径为 $\phi 44$ mm 及以上的大泵径抽油泵。

4.4.4.3 下泵录取资料

油管类型、根数及长度,下井工具名称、型号、深度,泵的型号及规范、下入深度,管柱组合,泄油器、筛管、丝堵等附件的规范及深度。

4.4.4.4 下杆录取资料

活塞直径,抽油杆规范、根数、长度,扶正器等附件的名称、规范、深度,防冲距。

4.4.5 任务实施

4.4.5.1 施工准备

1. 工具、用具准备

工具、用具准备如表 4-4-1 所示。

表 4-4-1 工具、用具准备

序号	名称	规格	数量	序号	名称	规格	数量
1	管钳	600mm	2把	7	油管吊卡	ϕ73mm	2副
2	管钳	1200mm	2把	8	油管吊卡	ϕ89mm	2副
3	抽油杆吊卡	ϕ25 mm	2副	9	油管吊卡	ϕ114mm	2副
4	抽油杆吊卡	ϕ19 mm	2副	10	旋塞阀	$3\frac{1}{2}$in×35	1套
5	小大钩		1套	11	防喷器	SFZ18-21	1套
6	抽油杆防喷器		1套				

2. 设备与工具的检查

(1) 检查吊卡、吊环、液压钳等工具用具是否完好;各部位连接是否紧固。

(2) 检查防碰天车、刹车是否灵活好用。

(3) 检查天车、游动滑车、井口是否在同一垂直中心线上。

(4) 检查大绳、绷绳是否处于安全状态;管桥搭设是否符合安全要求。

4.4.5.2 卸注汽井口

(1) 拆井口前应先检测井内 H_2S 含量,如大于安全临界值 15mg/m³,应用清水循环洗井至 H_2S 含量为 0mg/m³。

(2) 井内压力放净后,在采油树放空阀门安装提升短节,挂上吊环、吊卡,用井口加力扳手,卸开井口12条螺栓(图 4-4-1)。

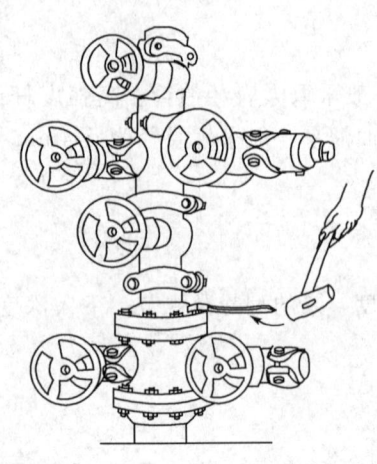

图 4-4-1 卸注汽井口示意图

（3）进行试提，将注汽井口及井内隔热管提起检查无卡阻后，再上提至隔热接箍超过套管四通 50～60cm 高。

（4）用螺丝刀将钢圈挑起后，扣好 φ114mm 管吊卡，放下注汽井口。逆时针方向旋转注汽井口将其卸开吊起，系好牵引绳拉至合适位置，放置地面不得堵塞逃生通道。

注：（1）套装防喷器与项目四的任务 3 套装防喷器相同。（2）起隔热管与项目四的任务 1 起下隔热管步骤相同。

4.4.5.3 更换大四通

（1）当井内隔热管全部提出处于空井筒状态时，先安装简易井口，然后迅速卸下防喷器和大四通。

（2）将要更换的大四通及套管阀门安装在套管底法兰上，对角上紧 12 条螺栓确保连接密封紧固。

（3）在重新更换的大四通上安装防喷器，下入皮碗封，对短套连接处和大四通、防喷器进行试压，合格后再按设计要求进行下步施工。

4.4.5.4 下泵

（1）抽油泵在下井前应将活塞接上连杆在泵筒内来回推拉，同时另一人戴上劳保手套用手捂住泵底部检验泵的抽汲能力，然后取出活塞（指 φ70mm 以下的泵）涂抹黄油后，放置在清洁安全、不易被磕碰的地方。在将泵单独下入井内，采用灌注的方法检验密封性合格后，起出待下。

（2）丈量油管、井下工具并做好记录，按照设计要求组配管柱，录取下泵资料。将下井工具和油管螺纹缠上密封胶带，自下而上依次下入井内，完成生产管柱。

（3）更换井口悬挂器胶皮，坐入大四通，拧紧四条顶丝，安装完善井口。

（4）油管和采油树试压 10MPa，稳压 30min，压降不超过 0.5MPa 为合格（验证管柱和井口是否有漏失现象）。

4.4.5.5 下杆

（1）先用手将活塞内螺纹与抽油杆外螺纹的螺纹上满，再使用管钳上紧，然后清洁活塞表面，下入井内。

（2）根据设计要求将不同型号的抽油杆合理组配并录取下杆资料，依照先细后粗的顺序入井，将活塞送入泵筒。在下抽油杆过程中，速度要均匀，下放要平稳，避免遇阻时发生杆柱跳动冲击。

（3）在活塞进入泵筒时一定要放慢下放速度以防碰伤活塞。入泵后试抽出液正常，起杆两根调防冲距下入杆短节及光杆，安装光杆密封器。

（4）转回驴头放至下死点，安装平衡铁和悬绳器，上紧光杆卡子。采油队对电路、流程进行全面检查后，启动抽油机正常生产。

4.4.6 归纳总结

（1）拆井口前要对井口处硫化氢进行检测，如大于安全临界值（15mg/m³），应向值班人员汇报、查清情况及时排除硫化氢。
（2）现场值班人员要对防喷器安装过程和试压过程进行监督和确认。
（3）下井工具及管、杆必须做到清洁、无脏物，保证下泵质量。
（4）管、杆螺纹损坏、本体磨损严重或变形的不允许下井。
（5）完井管柱数据准确，累计长度误差不超过0.02%。

4.4.7 拓展链接

空心杆电加热技术是抽油杆采用 ϕ36mm 空心杆，采取下杆后在空心杆内下入电缆加热，提高生产管柱内部稠油温度，从而达到降低稠油黏度的目的，提高泵效，减少摩阻，提高单井产能。

4.4.8 思考练习

（1）下泵都有哪些录取资料？
（2）稠油热采井管、杆及泵的使用要求是什么？

4.4.9 考核

4.4.9.1 考核规定

（1）如违章操作，将停止考核。
（2）考核采用百分制，考核权重：知识点30%，技能点70%。
（3）考核方式：本项目为实际操作考题，考核过程按评分标准及操作过程进行评分。
（4）考核说明：本项目主要考核员工对拆注汽井口操作掌握熟练程度。

4.4.9.2 考核时间

（1）准备工作：1min（不计入考核时间）。
（2）正式操作时间：20min。
（3）在规定时间内完成，到时停止操作。

4.4.9.3 考核记录表

拆注汽井口考核记录表见表4-4-2。

表4-4-2 拆注汽井口考核记录表

序号	考核内容	评分要素	配分	评分标准	备注
1	准备工作	劳保着装整齐,选择工具、用具:井口扳手、活动扳手、大锤、提升短节、管吊卡、牵引绳	5	未正确穿戴劳保不得进行操作;未准备工具、用具扣5分;少选一件扣1分	
2	拆注汽井口操作	拆井口前应先检测井内H_2S含量,如大于安全临界值(15mg/m^3),应用清水循环洗井至H_2S含量为0mg/m^3	20	未测量H_2S含量扣10分;不会使用硫化氢检测仪扣10分	
		井内压力放净后,在采油树顶部阀门安装提升短节,挂上吊环、吊卡,用井口加力扳手,卸开井口12条螺栓	30	未放压拆井口扣10分;未先安装提升短节扣10分;卸井口螺栓操作错误扣10分	
		专人指挥进行试提,将注汽井口及井内隔热管提起检查无卡阻后,在上提至隔热接箍超过套管四通50~60cm高	20	未进行试提检查的扣10分;无人指挥上提扣10分	
		用螺丝刀将钢圈挑起后,扣好ϕ114mm管吊卡,放下注汽井口。逆时针方向旋转注汽井口将其卸开吊起,系好牵引绳拉至合适位置,放置地面不得堵塞逃生通道	20	拉注汽井口不用牵引绳扣10分;摆放位置不合理的扣10分	
3	清理场地	清理现场,收拾工具	5	未收拾保养工具扣2分;未清理现场扣3分;少收一件工具扣1分	
4	考核时限	20min,到时停止操作考核			
5		合 计100分			

项目五

常用地面工具的使用

地面工具是井下作业设施系统重要组成部分,主要指用来辅助操作员工完成修井任务的手工工具和配合井下工具完成工艺措施的配套工具。本项目根据操作需要设置7个手工工具的学习任务,这些工具或是降低操作员工劳动强度先进利器,或是完成修井任务的必要保障。通过本项目学习可使操作员工掌握修井工具的正确使用方法,做到安全、高效修井,避免因操作失误引起的人身伤害和工具损坏。

任务1 管 钳

管钳是井下作业施工主要操作工具,应用十分广泛,了解和掌握管钳的正确使用方法和维护保养,是保障安全、高效施工的基本要求。

5.1.1 学习目标

通过本任务学习,使操作人员了解管钳的用途、结构、规范和使用范围,掌握维护保养和正确操作方法,能正确使用管钳上卸油管、抽油杆,使操作人员在使用管钳过程中能够熟练、规范、安全操作。

5.1.2 学习任务

本学习任务包括准备工作、使用管钳上卸螺纹、使用油管钳上卸螺纹。

5.1.3 任务分析

本任务学习应准备1200mm管钳2把、900mm管钳2把、600mm管钳2把、油管钳2把,保证完好、灵活、好用。操作员工应了解管钳的用途及操作使用方法,掌握管钳使用中的注意事项,在整个操作过程中,操作人员应熟练掌握管钳的正确操作,能够识别安全风险并有效预防,避免意外伤害事故。

5.1.4 背景知识

5.1.4.1 管钳

(1) 管钳是井下作业施工过程中用来上卸管类或圆柱状物体的工具。

(2) 管钳钳口开到最大时从钳头到钳尾长度为管钳尺寸规格。其规格是按钳柄长短尺寸来分,包括150~1200mm多种,管钳的各种规格和使用范围如表5-1-1所示。

(3) 管钳结构包括活动钳口、固定钳口、固定钳口架、开口调节环、管钳把等,如图5-1-1所示。

5.1.4.2 管钳工作原理

使用管钳时是将钳力转换进入扭力,用在扭动方向的力越大也就钳得越紧,用钳口的锥度增加扭矩,通常锥度在3°~8°,咬紧管状物。管钳自动适应不同的管径,自动适应钳口对管施加应力而引起的塑性变形,在出现降低管径的效应下,保证扭矩,不打滑。

表 5-1-1 管钳规格和使用范围

规格	基本尺寸（mm）	偏差（%）	适用的管子直径（mm）	最大夹持管径（mm）
6in	150	±3		20
8in	200	±3		25
10in	250	±3		30
12in	300	±4		40
14in	350	±4		50
18in	450	±4	38.1以下	60
24in	600	±5	50.8~63.5	75
36in	900	±5	63.5~76.2	85
48in	1200	±5	76.2~101.6	110

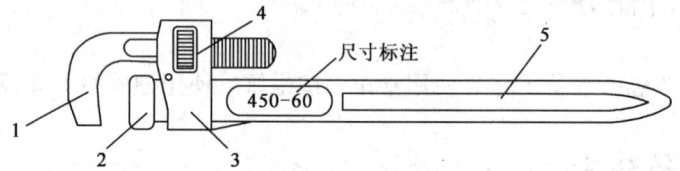

图 5-1-1 管钳结构示意图
1—活动钳口；2—固定钳口；3—固定钳口架；4—开口调节环；5—管钳把

5.1.5 任务实施

5.1.5.1 准备工作

工具、用具准备如表 5-1-2 所示。

表 5-1-2 工具、用具准备

序号	名称	规格	数量	序号	名称	规格	数量
1	管钳	1200mm	2把	5	油管钳		2把
2	管钳	900mm	2把	6	油管		若干根
3	管钳	600mm	2把	7	抽油杆		若干根
4	密封脂		适量	8	棉纱		若干

5.1.5.2 使用管钳上卸螺纹

1. 上卸油管螺纹操作

（1）井口两名操作人员分别站在井口两侧，一人拿管钳1把，用一只手握住钳柄，另一只手调节管钳的调节环，将钳口开至适当尺寸，以卡住油管接箍为准。

(2) 叉开双脚站立，一手掌心向上握住管钳中上部，另一只手掌心向下握住管钳尾部，管钳端平，试卡油管接箍，若管钳已咬住油管接箍，打好背钳并扳紧。

(3) 另一人拿管钳1把，用一只手握住钳柄，另一只手调节管钳的调节环，将钳口开至适当尺寸，以卡住油管为准。

(4) 叉开双脚站立，一手掌心向上握住管钳中上部，另一只手掌心向下握住管钳尾部，管钳端平，试卡油管，若管钳已咬住油管，则双手握住管钳，顺时针旋转上紧油管。

(5) 待需要加力时，两手握住钳柄，一手掌心朝上，一手掌心朝下，两腿成弓步，腰臂下榻，重心降低，两脚踏实，两人同时用力，直至上紧油管为止，然后去掉上、下管钳。

(6) 卸螺纹操作管钳调整同上，站位、手势相反。

2. 上卸抽油杆螺纹操作

(1) 井口两名操作人员分别站在井口两侧，一人拿管钳1把，用一只手握住钳柄，另一只手调节管钳的调节环，将钳口开至适当尺寸，以卡住抽油杆方头为准。

(2) 叉开双脚站立，一手掌心向上握住管钳中上部，另一只手掌心向下握住管钳尾部，管钳端平，试卡抽油杆方头，若管钳已咬住抽油杆方头，打好背钳并扳紧。

(3) 另一人拿管钳1把，用一只手握住钳柄，另一只手调节管钳的调节环，将钳口开至适当尺寸，以卡住抽油杆方头为准。

(4) 叉开双脚站立，一手掌心向上握住管钳中上部，另一只手掌心向下握住管钳尾部，管钳端平，试卡抽油杆方头，若管钳已咬住抽油杆方头，则右手掌心向下单手握住管钳中上部，手臂端平，肘部高于管钳旋转位置，顺时针旋转。在管钳旋转过程中，右手自然向后滑动至管钳尾部，同时手掌变成掌心向上握住管钳尾部推向井口操作另外一人。

(5) 井口另一操作人员在接管钳时，用左手扶住背钳尾部，右手肘部高于管钳旋转位置，手掌向前，拇指朝下，用手掌虎口接住管钳中上部的同时，握紧手掌，顺时针旋转。在管钳旋转过程中，右手自然向后滑动至管钳尾部，同时手掌变成掌心向上握住管钳尾部推向井口操作另外一人，二人交替旋转管钳直至将抽油杆上紧扣。

(6) 待需要加力时，两手握住钳柄，一手掌心朝上，一手掌心朝下，两腿成弓步，腰臂下榻，重心降低，两脚踏实，两人同时用力，直至上紧抽油杆为止，然后去掉上、下管钳。

(7) 卸螺纹操作管钳调整同上，站位和手法相反。

3. 连接地面管线（配件）操作

(1) 将地面管线（配件）用支架固定平整，一人拿管钳1把，用一只手握住钳柄，另一只手调节管钳的调节环，将钳口开至适当尺寸，以卡住油管接箍（配件内螺纹）为准。

(2) 双脚叉开，双腿呈45°跪蹲在管钳侧面，一手扶住管钳钳头，另一只手握住管钳中下部，管钳倾斜，钳口向上，管钳尾部支撑在坚实地面，卡住油管接箍（配件内螺纹）。

(3) 另一人拿管钳1把，用一只手握住钳柄，另一只手调节管钳的调节环，将钳口开至适当尺寸,以卡住油管(配件)为准。

(4) 左右叉开双脚站立,一手掌心向下扶住管钳钳头,另一只手掌心向下握住管钳尾部,试卡油管(配件),若管钳已咬住油管(配件),用手向下按压管钳尾部旋转上紧油管(配件)。

5.1.5.3 使用油管钳上卸螺纹

叉开双脚站立,一手掌心向下握住油管钳尾部,另一只手扳动钩柄,把小钳颚打开,张开钳口,用手掌心向上握住油管钳中上部,管钳端平,快速将油管钳搭在油管上,利用惯性使小钳颚与大钳颚接触,快速转动钳柄,使钳柄前端卡住小钳颚前端凹槽,此时拉钳柄,小钳颚内钳牙咬住油管,用力越大,咬得越紧。不停转动钳柄,便可将油管上紧。

卸螺纹操作,油管钳调整、站位和手法同上。

5.1.6 归纳总结

(1) 使用管钳时应先检查固定销钉是否牢固,钳头、钳柄有无裂痕,有裂痕者不能使用。

(2) 较小的管钳不能用力过大,不能加加力杠使用,不能将管钳当大锤或撬杠使用。

(3) 在管钳紧扣、卸扣时井口操作两人要同时对管钳施力,以避免施力不均或施力不同步造成管、杆上不紧扣或管钳脱手伤人。

(4) 不能超过其额定适用范围。

(5) 管钳地面使用时严禁人员站在钳柄上施力紧扣。

(6) 用手向下按压管钳尾部时手掌要伸开,以免管钳滑脱伤手。

(7) 用后要及时清洗,涂抹黄油,防止旋转螺母生锈,用后放回工具架上或工具房内。

5.1.7 拓展链接

5.1.7.1 链钳

(1) 链钳主要用于外径尺寸较大、管壁较薄的金属管的螺纹装卸,也可用于管壁较厚的管材上、卸扣。

(2) 结构主要由手柄、钳头、链条等主要部件组成,如图5-1-2所示。

钳头上用销子固定有两块夹板,每块夹板的四边角均做成梯形齿,以便与管壁咬合防止打滑。链条采用全包式,可绕过管子卡在二夹板的锁紧部位,使包合管子的外力分布均匀,更加适合薄壁管材的螺纹上扣、卸扣工作。

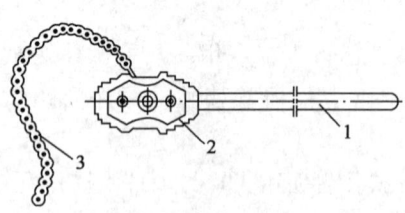

图5-1-2 链钳示意图
1—手柄;2—钳头;3—链条

5.1.7.2 使用链钳上卸螺纹

1. 平放管件上卸螺纹

（1）将需要连接的管线用垫木垫平，管体距地面的间距以能保证链钳链条通过为宜。

（2）将钳头垂直摆放在所需转动的管体的螺纹连接部位，其钳头摆放方向与所需转动方向一致；然后将链条绕过管体并拉紧卡在夹板锁紧部位的卡子上。

（3）将钳柄向后稍拖一下，使卡板头上的梯形齿与管体紧密咬合；双手紧握钳柄向上抬起即可转动管体。若双手下压钳柄回位，可使卡板头梯形齿与管体咬合放松，然后再稍向后拖一下，又可使咬合紧密。上抬钳柄又可转动管体，只要这样反复多次即可达到上、卸管线螺纹的目的。

（4）工作结束下压钳柄可使包合管子的链条松动，不要后拖钳柄。然后左手托起钳头后部，使钳头抬起右手即可将链条从夹板上取出。若咬合较紧不易取出链条时，可将钳柄敲打一下，使链条松动即可取出。

2. 立放管件上卸螺纹

（1）面对管线站立，双脚分开与肩同宽，手持钳柄与管体中心线垂直，将钳头方向与旋转管体方向一致并紧靠在管体上面；然后把链条反方向与转动方向相反，绕管体一周拉紧并扣到夹板的锁紧部位。

（2）将钳柄稍向后拖，使齿头梯形齿紧紧咬在管体上面，然后转动手柄。若空间允许可沿圆周方向连续推动旋转；若连续推转受到空间限制则可将钳柄推转到最大角度时，左手托起链钳夹板，右手将钳柄板回原位，再次推转手柄；如此反复进行即可达到上、卸螺纹的目的。

（3）工作结束将钳柄往回退一下即可放松链条，再将夹板晃动右手托住钳头，左手取出链条。

5.1.7.3 链钳使用注意事项及维护

（1）使用前必须对链钳各部位进行仔细检查，不得有裂纹和缺损，部件应齐全，各链节间连接应可靠，转动应灵活、无阻卡。

（2）链条包合至锁卡部位应拉紧并注意紧密扣合，防止工作过程中链条松脱钳头下砸而碰伤手脚。

（3）链条包合并卡在锁紧位置向后拖钳柄使之扣合后，夹板头梯形台阶上至少应有两个以上的齿压在管体上，防止在转动钳柄时出现打滑或咬伤管体的现象。

（4）链条包合的咬紧部位应尽量靠近管体的紧扣或松扣部位，咬合时链条应均匀紧贴管壁且两夹板应垂直管体轴线，不能偏斜造成一块夹板单独受力而缩短使用寿命。

（5）链钳工作中禁止使用加力管，防超负荷将链条拉断或压扁管体。

（6）链钳手柄不能用作撬杠，防弯曲或损坏。用完后将链条拉在使链钳平放在工具台上或者将钳柄朝下，钳头朝上，并将链条翻搭在支架另一侧，使链钳斜靠在支架上。

（7）链钳使用后应保持清洁、干净，除必要时对链条各销孔及轴滴油润滑外，任何部位都不能留有淤泥和油泥。

5.1.8 思考练习

(1) 简述管钳上、卸油管操作方法。

(2) 简述管钳上、卸抽油杆操作方法。

5.1.9 考核

5.1.9.1 考核规定

(1) 如违章操作，将停止考核。

(2) 考核采用百分制，考核权重：知识点 30%，技能点 70%。

(3) 考核方式：本项目为实际操作考题，考核过程按评分标准及操作过程进行评分。

(4) 考核说明：本项目主要考核员工对管钳操作掌握的熟练程度。

5.1.9.2 考核时间

(1) 准备工作：5min（不计入考核时间）。

(2) 正式操作时间：30min。

(3) 在规定时间内完成，到时停止操作。

5.1.9.3 考核表

管钳上、卸油管操作考核记录表见表 5-1-3。

表 5-1-3 管钳上、卸油管操作考核记录表

序号	考核内容		评分要素	配分	评分标准	备注
1	准备工作		劳保着装整齐，选择工具、用具：1200mm管钳1把、900mm管钳1把、油管、油管吊卡	5	未正确穿戴劳保不得进行操作；未准备工具、用具扣2分；少选一件扣1分（扣完为止）	
2	上螺纹操作	站位	井口两名操作人员站位是否分别站在井口两侧	10	站位错误扣10分	
		管钳调整	将钳口开至适当尺寸，以卡住油管接箍为准	5	钳口调整过大或过小扣5分	
			将钳口开至适当尺寸，以卡住油管为准	5	钳口调整过大或过小扣5分	
		上扣	管钳端平，试卡油管接箍，若管钳已咬住油管接箍，打好背钳并扳紧	10	管钳未打住扣10分	
			管钳端平，试卡油管，双手握住管钳，顺时针旋转上紧油管，然后去掉上、下管钳	20	管钳未打住扣10分；上扣掉管钳扣10分	

续表

序号	考核内容		评分要素	配分	评分标准	备注
3	卸螺纹操作	站位	井口两名操作人员站位是否分别站在井口两侧	5	站位错误扣5分	
		管钳调整	一只手握住钳柄，另一只手调节管钳的调节环，将钳口开至适当尺寸，以卡住油管接箍为准	5	钳口调整过大或过小扣5分	
			一只手握住钳柄，另一只手调节管钳的调节环，将钳口开至适当尺寸，以卡住油管为准	5	钳口调整过大或过小扣5分	
		卸扣	管钳端平，试卡油管接箍，若管钳已咬住油管接箍，打好背钳并扳紧	10	管钳未打住扣10分	
			管钳端平，试卡油管，双手握住管钳，逆时针旋转卸开油管，然后去掉上下管钳	20	管钳未打住扣10分；上扣掉管钳扣10分	
4	考核时限		30min，到时停止操作考核			
5			合 计 100 分			

管钳上、卸抽油杆操作考核记录表见表5-1-4。

表5-1-4 管钳上、卸抽油杆操作考核记录表

序号	考核内容		评分要素	配分	评分标准	备注
1	准备工作		劳保着装整齐，选择工具、用具：600mm管钳1把、900mm管钳2把、抽油杆、抽油杆吊卡、抽油杆吊钩	5	未正确穿戴劳保不得进行操作；未准备工具、用具扣2分；少选一件扣1分（扣完为止）	
2	上螺纹操作	站位	井口两名操作人员站位是否分别站在井口两侧	5	站位错误扣5分	
		管钳调整	将钳口开至适当尺寸，以卡住抽油杆方头为准。管钳端平，打好背钳并扳紧	5	钳口调整过大或过小扣5分	
			将钳口开至适当尺寸，以卡住抽油杆方头为准	5	钳口调整过大或过小扣5分	
			管钳端平，顺时针旋转，在管钳旋转过程中，右手自然向后滑动至管钳尾部，同时手掌变成掌心向上握住管钳尾部推向井口操作另外一人	15	抓手、管钳脱落、管钳打手肘、站位、手势、操作错误各扣5分（扣完为止）	
		上扣	井口另一操作人员在接管钳时，顺时针旋转，在管钳旋转过程中，右手自然向后滑动至管钳尾部，同时手掌变成掌心向上握住管钳尾部推向井口操作另外一人，直至将抽油杆上紧扣，然后去掉上、下管钳	15	抓手、管钳脱落、管钳打手肘扣5分；管钳未打住扣5分；上扣掉管钳扣5分	

续表

序号	考核内容		评分要素	配分	评分标准	备注
3	卸螺纹操作	站位	井口两名操作人员站位是否分别站在井口两侧	10	站位错误扣10分	
		管钳调整	将钳口开至适当尺寸，以卡住抽油杆方头为准。管钳端平，打好背钳并扳紧	5	钳口调整过大或过小扣5分	
			将钳口开至适当尺寸，以卡住抽油杆方头为准	5	钳口调整过大或过小扣5分	
			管钳端平，井口两人同时对管钳施力，使抽油杆开扣，然后一人将管钳推向井口操作另外一人	15	抓手、管钳脱落、管钳打手肘扣5分；管钳未打住扣5分；上扣掉管钳扣5分	
		卸扣	井口另一操作人员在接管钳时，逆时针旋转，在管钳旋转过程中，左手自然向后滑动至管钳尾部，同时手掌变成掌心向上握住管钳尾部推向井口操作另外一人，直至将抽油杆卸完扣，然后去掉上、下管钳	15	抓手、管钳脱落、管钳打手肘、站位、手势、操作错误各扣5分（扣完为止）	
4	考核时限		30min，到时停止操作考核			
5			合计100分			

任务 2 大　　锤

大锤是井下作业施工主要的操作工具,应用十分广泛,了解和掌握大锤的正确使用方法和注意事项,是保障安全、高效施工的基本要求。

5.2.1 学习目标

通过本任务学习,使操作人员了解大锤的用途、结构和材质,掌握大锤正确使用的注意事项和操作方法,使操作人员在使用大锤施工过程中能够熟练、规范、安全操作。

5.2.2 学习任务

本学习任务包括准备工作、使用大锤。

5.2.3 任务分析

本任务学习应准备大锤1把,保证完好、好用。应了解大锤的用途及操作使用方法、站位。掌握大锤的使用注意事项,在整个操作过程中,操作人员应熟练掌握大锤的正确操作,能够识别安全风险,并有效预防,避免意外伤害事故。

5.2.4 背景知识

5.2.4.1 大锤

(1) 大锤是施工现场使用比较广泛的施工工具,主要用来锤击紧固,敲打物体使其移动或变形。大锤最常用来锤击紧固井口螺丝、活动弯头与活接头连接等,或是矫正将物件敲开。

(2) 大锤由锤头和手柄组成,如图 5-2-1 所示。

(3) 大锤的头部是用 S55C 的硬质钢热处理后而制成的,手柄使用蜡木杆加工而成。

(4) 大锤的质量一般以磅(lb)为单位,在国际单位中,也统一使用磅作为大锤的分类标准。例如,1 磅大锤表示大锤质量 0.45kg。

施工现场应用比较广泛的是 12 磅大锤、16 磅大锤。

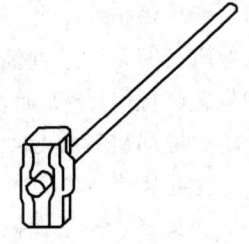

图 5-2-1　大锤示意图

5.2.5 任务实施

5.2.5.1 准备工作

工具、用具准备如表5-2-1所示。

表5-2-1 工具、用具准备

序号	名称	规格	数量	序号	名称	规格	数量
1	大锤		1把	5	钢锯		1把
2	蜡木杆		1根	6	活动弯头		1个
3	活接头		1套	7	钢丝刷		1把
4	油管		若干				

5.2.5.2 使用大锤

1. 安装大锤

将大锤头从蜡木杆细端装入，在坚实处下顿，将大锤头顿向蜡木杆粗端，大锤头下顿到位后，使用钢锯在大锤头外侧约1cm左右处将蜡木杆锯断，在蜡木杆细端距大锤头内侧约80cm左右处将蜡木杆锯断，大锤安装完毕，如图5-2-2所示。

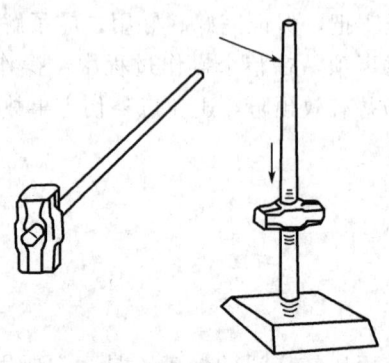

图5-2-2 大锤安装示意图

2. 使用大锤

(1) 背后锤击：

①双脚叉开，一手握锤把中部，另一只手握锤把尾部。

②先轻轻锤击1~2回，确认锤击轨迹。

③将大锤向肩后挥起，向锤击点挥锤进行锤击。

(2) 抡锤锤击：

①双脚叉开，一手握锤把中部，另一只手握锤把尾部。

②先轻轻锤击1~2回，确认锤击轨迹。

③将大锤从下侧向肩后画圆弧状抡起，向锤击点抡锤进行锤击。

(3) 横向锤击：

在操作大锤时原则上不能进行横向锤击，在操作条件受限不得已的情况下，可进行横向锤击。

①在腋下位置握住锤柄尾部，左、右手握锤把中部。

②像画圆弧似地进行横向锤击操作。

5.2.6 归纳总结

(1) 使用大锤时，必须观察周围环境，在大锤运动范围内严禁站人，不许用大锤与小锤互打。

(2) 应先轻锤1~2回，确认锤打轨迹后再进行正式锤打。

(3) 不得单手抡大锤操作。

(4) 有人用手扶正物体锤击时，不得大力抡锤锤击，以免砸手。

(5) 锤头不准淬火，不准有裂纹和毛刺，发现飞边卷刺应及时修整。

5.2.7 拓展链接

5.2.7.1 手锤使用

(1) 手锤的挥锤方法有手腕挥、小臂挥和大臂挥三种。手腕挥锤只有手腕动，锤击力小，但准、快、省力；大臂挥是大臂和小臂一起运动，锤击力最大。

(2) 手锤的握锤方法有两种：

①紧握锤操作：从挥锤到击锤的全过程中，全部手指一直紧握锤柄。

②松握锤操作：在挥锤开始时，全部手指紧握锤柄，随着锤的上举，逐渐依次地将小指、无名指和中指放松，而在锤击的瞬间，迅速将放松了的手指又全部握紧，并加快手腕、肘以至臂的运动。松握锤可以加强锤击力量，而且不易疲劳。

5.2.7.2 手锤使用注意事项

(1) 敲击时，右手握住锤柄后端约10mm处，握力适度，眼睛注视工件，手柄应安装牢固，用楔塞牢，防止锤头飞出伤人。

(2) 锤头应平整地打在工件上，不得歪斜，防止破坏工件表面形状。

(3) 操作手锤时，要握紧手柄尾部，手腕与手柄之间保持90°，举起手锤对准打击面进行锤打。

5.2.8 思考练习

简述大锤的使用方法。

5.2.9 考核

5.2.9.1 考核规定

(1) 如违章操作,将停止考核。
(2) 考核采用百分制,考核权重:知识点 30%,技能点 70%。
(3) 考核方式:本项目为实际操作考题,考核过程按评分标准及操作过程进行评分。
(4) 考核说明:本项目主要考核员工对大锤操作掌握的熟练程度。

5.2.9.2 考核时间

(1) 准备工作:5min(不计入考核时间)。
(2) 正式操作时间:10min。
(3) 在规定时间内完成,到时停止操作。

5.2.9.3 考核表

大锤的使用考核记录表见表 5-2-2。

表 5-2-2　大锤的使用考核记录表

序号	考核内容	评分要素	配分	评分标准	备注
1	准备工作	劳保着装整齐,选择工具、用具;大锤1把、高压活动弯头1个、活接头1副、油管2根	5	未正确穿戴劳保不得进行操作;未准备工具、用具扣2分;少选一件扣1分(扣完为止)	
2	背后锤击	双脚叉开,一手握锤把中部,另一只手握锤把尾部	15	未双脚叉开扣5分;握锤手法错误扣10分	
		先轻轻锤击1~2回,确认锤击轨迹	10	未确认轨迹扣10分	
		将大锤向肩后挥起,进行锤击	10	锤击落点不准确扣10分	
3	抡锤锤击	双脚叉开,一手握锤把中部,另一只手握锤把尾部	15	未双脚叉开扣5分;握锤手法错误扣10分	
		先轻轻锤击1~2回,确认锤击轨迹	15	未确认轨迹扣15分	
		将大锤从下侧向肩后画圆弧状抡起,进行锤击	10	锤击落点不准确扣10分	

续表

序号	考核内容	评分要素	配分	评分标准	备注
4	横向锤击	在腋下位置握住锤柄尾部，左、右手握锤把中部	10	夹锤姿势错误扣5分；握锤手法错误扣5分	
		像画圆弧似地进行横向锤击操作	10	锤击落点不准确扣10分	
5	考核时限	10min，到时停止操作考核			
6		合 计 100 分			

任务3　黄油枪

黄油枪是施工现场设备、设施维护保养的主要工具，应用十分广泛，了解和掌握黄油枪的结构和使用操作方法，是保障设备正常运转基本要求。

5.3.1　学习目标

通过本任务学习，使操作人员了解黄油枪的结构、易发生的故障，掌握使用过程中的技巧，掌握黄油枪使用过程中的注意事项，使操作人员在使用黄油枪注黄油时能够熟练、规范、安全操作。

5.3.2　学习任务

本学习任务包括准备工作、加油、测试、注黄油。

5.3.3　任务分析

本任务学习应准备压杆式黄油枪1把，黄油1筒，保证完好、好用。了解黄油枪的结构及操作使用方法，掌握压杆式黄油枪注黄油的角度、正确操作姿势，在整个操作过程中，操作人员应熟练掌握注黄油操作程序，能够识别安全风险，并有效预防，避免意外伤害事故。

5.3.4　背景知识

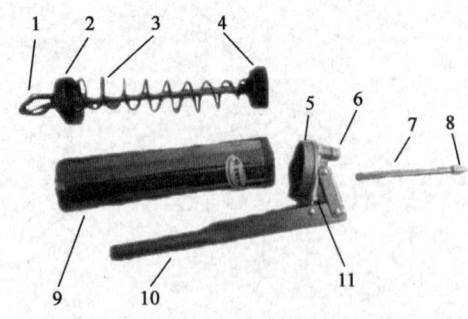

图5-3-1　黄油枪结构示意图
1—拉杆；2—后筒盖；3—弹簧；4—皮碗；5—放空螺钉；6—连接头；7—注油管；8—注油嘴；9—筒体；10—摇柄；11—注油泵

5.3.4.1　黄油枪的结构

黄油枪主要由拉杆、后筒盖、弹簧、皮碗、放空螺钉、连接头、注油泵、摇柄、筒体、注油管、注油嘴组成，如图5-3-1所示。

5.3.4.2　黄油枪装油说明

(1) 装油步骤：装油→（排气）→测试→工作→排除障碍→工作。

(2) 装油方式：散装黄油，弹装黄油，泵注黄油。

(3) 加油嘴类型：主要分为尖头和凹头两种。

5.3.4.3 黄油枪排气方法

（1）拉动拉杆数次，使里面的空气能够和润滑脂混和，减小单个气泡的体积。

（2）打开排气螺钉，将里面的空气放出来。

（3）来回转动筒体和泵体结合处的螺纹几下（最好是边转边压），使原先的部位的气泡被润滑油填充带走。

5.3.5 任务实施

5.3.5.1 准备工作

工具、用具准备如表 5-3-1 所示。

表 5-3-1 工具、用具准备

序号	名称	规格	数量	序号	名称	规格	数量
1	压杆式黄油枪		1 把	4	黄油		1 管
2	注油设备		1 台	5	灰刀		1 个
3	棉纱		若干				

5.3.5.2 加油

1. 散装黄油

（1）旋开油枪头，使黄油枪头与筒体分开，如图 5-3-2 所示。

（2）将拉杆向外拉至后筒盖卡槽处卡牢，如图 5-3-3 所示。

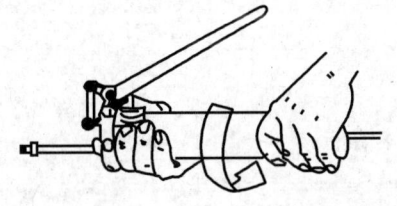

图 5-3-2 旋开示意图

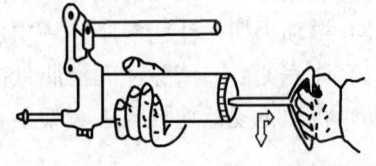

图 5-3-3 拉出示意图

（3）用灰刀将黄油加入筒体内，往里面加油的时候千万不要满罐子加，要边加边留有通道，以免将空气添加进去，如图 5-3-4 所示。

（4）装上油枪头，按住筒体尾部的锁定片并将拉杆推入枪筒内，如图 5-3-5 所示。

2. 弹装黄油（黄油弹或筒装黄油）

（1）旋开黄油枪头，使油枪头与筒体分开。

（2）将拉杆拉到底，然后将油弹（或筒装黄油）的盖子

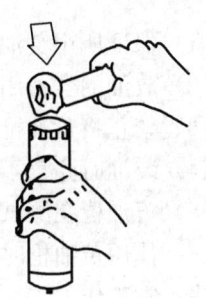

图 5-3-4 装油示意图

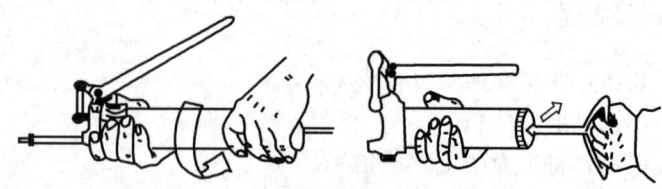

图 5-3-5 安装枪头示意图

旋下，油弹开口朝向筒体方向并将油弹放进筒体内，撕开油弹另一端封口。

（3）旋上枪头（不要旋得太紧），按住筒体尾部的锁定片将拉杆推入筒体内，无负荷状态下将拉杆拉到底部又再推回原处以排气；如果枪上有排气阀，则可先旋紧枪头，在操作拉杆的同时，按几下排气阀排气。

（4）施紧枪头，将拉杆推进筒体内。

5.3.5.3 测试

将硬管（或软管）连接到黄油枪头上，并将黄油嘴连接到硬管（或软管）的另一端，轻压黄油枪的摇柄，查看可否压出黄油。如果有黄油，则此枪可正常工作。如果无黄油出，可能内有空气或堵塞。可用排气法排气再来测试。如排气后，仍然打不出黄油，则可能内有堵塞，这时可按照黄油嘴→硬管（或软管）→枪头的顺序来检查。检查方法为：先拧下黄油嘴，然后操作摇柄，如果有黄油出来，则可以判断黄油嘴部分有堵塞；依按此法检查直到找到堵塞位置，这时可更换配件或排出堵塞物。待所有障碍排除后，再测试直至黄油枪可正常压出黄油。

5.3.5.4 注黄油

（1）检查黄油枪加油嘴与待注油黄油嘴是否配对，如不符应换上合适的黄油嘴。

（2）油枪头与黄油嘴对正，倾斜度不超过 15°。

（3）搬动手柄，注润滑脂，一次成功。

（4）注完油后，清除注润滑脂处的油污。

（5）将油枪规范地放入工具架上；平时保证枪体清洁。

5.3.6 归纳总结

（1）保证所用黄油的洁净，不能混入石子、砂粒等杂质。

（2）放油的容器用完要及时盖好，防止灰尘杂物掉入。

（3）禁止将黄油枪乱扔，导致枪体变形、不能使用。

（4）装油时注意不要混入大量的空气，不然会压不出油来。

（5）黄油枪在测试或工作时，严禁将黄油嘴对准任何人或物，以避免伤害的发生。

（6）使用黄油枪时，应轻拿轻放，以防枪筒在外力作用下变形而导致枪筒里的橡皮碗无法正常工作。

（7）在已排尽空气仍然打不出黄油时，应停止操作并仔细检查枪内的阻塞，在排除了故障后,方可重新操作黄油枪。

(8) 加油时将枪头对准每一个加油点,正确均匀用力,不可用力太猛。

5.3.7 拓展链接

K6040 电动注脂机如图 5-3-6 所示。

5.3.7.1 基本参数(适用工程机械 0~2 号散装或 12~20kg 桶装黄油加注)

电源:AC220V/DC24V;

油桶容量:40L;

油桶:内径 280~320mm 的标准油桶;

油桶高度:420~470mm;

吐出油量:0.2~0.4L/min;

输出压力:<200kgf;

适用油类:0~2 号黄油;使用 3 号或更高黏度

图 5-3-6 K6040 电动注脂机示意图

的黄油,建议选配加重型压力板,更能顺畅作业,机体质量 30kg。

5.3.7.2 型号说明

型号及电源配置如表 5-3-2 所示。

表 5-3-2 K6040 电动注脂机型号

型号	K6040-220AC	K6040-24DC
电源	220VAC	24VDC

5.3.7.3 两种使用方法

散装黄油和桶装黄油加油方法如图 5-3-7 所示。

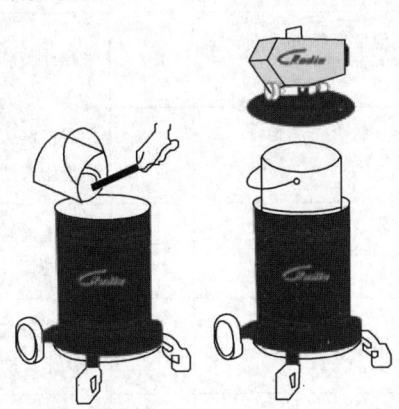

图 5-3-7 加油方法示意图

(1) 散装油可以倒入设备配置的桶里。

(2) 桶装油(标准 10~20L)可以连桶一起放入外桶里。

5.3.8 思考练习

简述压杆式黄油枪使用方法。

5.3.9 考核

5.3.9.1 考核规定

(1) 如违章操作,将停止考核。
(2) 考核采用百分制,考核权重:知识点30%,技能点70%。
(3) 考核方式:本项目为实际操作考题,考核过程按评分标准及操作过程进行评分。
(4) 考核说明:本项目主要考核员工对压杆式黄油枪操作掌握的熟练程度。

5.3.9.2 考核时间

(1) 准备工作:5min(不计入考核时间)。
(2) 正式操作时间:30min。
(3) 在规定时间内完成,到时停止操作。

5.3.9.3 考核表

压杆式黄油枪使用考核记录表见表5-3-3。

表5-3-3 压杆式黄油枪使用考核记录表

序号	考核内容	评分要素	配分	评分标准	备注
1	准备工作	劳保着装整齐,选择工具、用具:黄油枪1把、黄油1管、灰刀1把、注油设备1台、棉纱等	5	未正确穿戴劳保不得进行操作;未准备工具、用具扣2分;少选一件扣1分(扣完为止)	
2	装润滑脂	拉出拉杆,使活塞靠近后端,锁住拉杆	10	未锁住拉杆扣10分	
		卸下前端盖,装满润滑脂,润滑脂应干净无杂物	10	注润滑脂未注满扣5分;润滑脂有杂物扣5分	
		旋上前端盖,将拉杆解锁	10	未旋上前端盖扣5分;未解锁拉杆扣5分	
		撅动手柄,排除空气	10	未排除空气扣5分;一次未成功扣5分	
3	注润滑脂	检查油枪加油嘴与待注油黄油嘴是否配对,如不符应换上合适的黄油嘴	15	油嘴不配套扣15分	

续表

序号	考核内容	评分要素	配分	评分标准	备注
3	注润滑脂	油枪头与黄油嘴对正,倾斜度不超过15°	15	油枪头与黄油嘴不对正扣15分	
		揿动手柄,注润滑脂,一次成功	15	注润滑脂一次不成功扣15分	
		注完油后,清除注润滑脂处的油污	10	未清除油污扣10分	
4	考核时限			30min,到时停止操作考核	
5				合计100分	

任务 4 吊 卡

吊卡是井下作业施工过程中必不可少的重要工具,担负着悬挂、提升和下放管柱的作用,了解和掌握吊卡的使用与功能,了解和掌握吊卡的正确使用方法和维护保养,是保障安全、高效施工的基本要求。

5.4.1 学习目标

通过本任务学习,使操作人员了解吊卡的用途、结构,掌握吊卡检查和正确操作方法,能正确使用吊卡起下油管作业,使操作人员在使用吊卡施工过程中能够熟练、规范、安全操作。

5.4.2 学习任务

本学习任务包括施工准备、使用油管吊卡、使用抽油杆吊卡。

5.4.3 任务分析

本任务学习应准备 φ73mm 管吊卡 2 只,抽油杆吊卡 2 只,保证完好、灵活、好用。应了解油管吊卡、抽油杆吊卡的结构及用途,掌握油管吊卡、抽油杆吊卡的使用注意事项,在整个操作过程中,操作人员应熟练掌握吊卡的正确操作,能够识别安全风险,并有效预防,避免意外伤害事故。

5.4.4 背景知识

5.4.4.1 吊卡

(1) 吊卡是用以悬挂、提升和下放钻杆、钻铤、套管、油管或抽油杆的工具。

(2) 油管吊卡包括壳体、凹槽、活页销、手柄、弹簧、弹簧底垫、月牙如图 5-4-1 所示。

(3) 抽油杆吊卡包括本体、锁舌、前舌、后舌、吊柄,如图 5-4-2 所示。

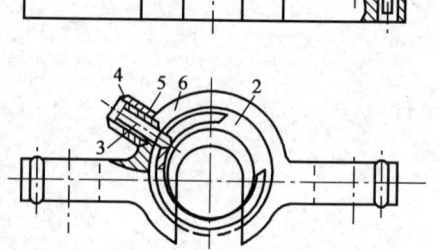

图 5-4-1 油管吊卡结构示意图
1—壳体;2—凹槽;3—活页销;4—手柄;
5—弹簧;6—弹簧底垫;7—月牙

5.4.4.2 常用吊卡规格

1. 油管吊卡规格

施工现场常用油管吊卡有多种,比较常用的有 φ48.3～114.3mm 六种规格吊卡,如表5-4-1所示。

2. 抽油杆吊卡规格

施工现场常用抽油杆吊卡有多种,比较常用的规格,如表5-4-2所示。

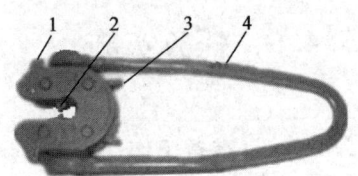

图 5-4-2 抽油杆吊卡示意图
1—本体;2—锁舌;3—后舌;4—吊柄

表 5-4-1 油管吊卡规格

油管公称直径 (mm)	油管加厚部分的外径 (mm)	吊卡孔径		吊卡最大载荷系列 (kN)
		上孔 (mm)	下孔 (mm)	
48.3 (1.9)	—	50	50	225
48.3 (1.9) EU	53	56	50	360
60.3 (2$\frac{3}{8}$)	—	63	63	585
60.3 (2$\frac{3}{8}$) EU	65.9	68	63	675
73.0 (2$\frac{7}{8}$)	—	76	76	900
73.0 (2$\frac{7}{8}$) EU	78.6	82	76	1125
88.9 (3$\frac{1}{2}$)	—	92	92	1350
88.9 (3$\frac{1}{2}$) EU	95.2	98	92	
101.6 (4)	—	104	104	
101.6 (4) EU	108	110	104	
114.3 (4$\frac{1}{2}$)	—	117	117	
114.3 (4$\frac{1}{2}$)	120.6	123	117	

表 5-4-2 抽油杆吊卡的规格

型号规格	吊卡孔径 (mm)	最大载荷 (kN)	配用抽油杆规格 (in)
CDQ (S) 19/(载荷)	19	15 (135)	$\frac{1}{2}$～$\frac{5}{8}$
CDQ (S) 23/(载荷)	23		$\frac{5}{8}$～$\frac{3}{4}$
CDQ (S) 26/(载荷)	26	20 (180)	$\frac{3}{4}$～$\frac{7}{8}$
CDQ (S) 30/(载荷)	30		$\frac{7}{8}$～1
CDQ (S) 33/(载荷)	33	25 (225)	1$\frac{1}{8}$
CDQ (S) 36/(载荷)	36		1$\frac{1}{4}$

5.4.5 任务实施

5.4.5.1 准备工作

工具、用具准备如表 5-4-3 所示。

表 5-4-3 工具、用具准备

序号	名称	规格	数量	序号	名称	规格	数量
1	油管吊卡	$\phi 73mm$	2 只	5	抽油杆吊钩		1 个
2	抽油杆吊卡		2 只	6	手柄		1 套
3	平口起子		1 把	7	棉纱		若干
4	月牙		1 个	8	保险销钉		1 个

5.4.5.2 使用吊卡

1. 检查维修

(1) 用起子卸掉保险销钉，清洗检查螺纹，放在干净处备用。

(2) 卸掉手柄，取出手柄销子、弹簧、手柄套，清洗干净，检查手柄销的螺纹、弹簧弹性等。

(3) 取出月牙清洗，检查有无损伤。

(4) 将壳体和月牙槽擦干净，检查有无损伤。

(5) 更换损坏部件后重新组装，确认月牙活动无卡阻，锁紧牢靠后备用。

2. 使用油管吊卡

(1) 选择扣合尺寸与所用油管直径一致的吊卡。

(2) 井口两名操作工人面向井口站立。

(3) 两人扶住吊卡吊耳，合力抬起吊卡，开口向下（内）扣在油管本体上（靠近油管接箍）。

(4) 一人拔起吊卡月牙手柄，推动月牙环油管本体进入吊卡本体另一侧凹槽内，松开吊卡月牙手柄，使其固定在吊卡本体手柄固定槽内。

(5) 转动吊卡使其开口朝上（或朝向油管桥方向），进行起、下油管作业。

5.4.5.3 使用抽油杆吊卡

(1) 选择扣合尺寸与所用抽油杆的直径一致的抽油杆吊卡。

(2) 井口两名操作工人面向井口站立。

(3) 一人伸手扶住抽油杆吊卡吊柄，另一人伸手捏住抽油杆吊卡前舌，将抽油杆吊卡退出抽油杆本体，一手抓抽油杆吊卡吊柄，另一只手抓住抽油杆吊卡本体，将抽油杆吊卡端起，使开口对正抽油杆本体（靠近接箍端），轻轻用力将抽油杆吊卡推进抽油杆本体，使抽油杆吊卡锁舌锁紧抽油杆吊卡本体。

(4) 一人手扶抽油杆吊卡吊柄，一人手扶抽油杆吊钩，将抽油杆吊卡吊柄挂入抽油杆吊钩内，进行起下抽油杆作业。

5.4.6 归纳总结

（1）吊卡通径与最大提升载荷应符合现场作业要求。

（2）使用前应检查锁销、手柄及月牙的开启与关闭是否灵活，锁紧螺钉是否紧固，如不符合要求，应加以排除。

（3）吊环套入吊卡主体两侧耳孔后，必须插入并锁好吊卡销子。

（4）使用吊卡过程中吊卡开口必须朝上（或朝向油管桥方向）。

（5）抽油杆吊卡扣入后，要进行一下试拉动作，检查锁舌是否锁紧。

（6）抽油杆吊卡使用过程中，手抓吊柄中部位置，以免抽油杆吊钩或抽油杆接箍夹伤手指。

（7）油管吊卡使用时严禁双月牙使用。

5.4.7 拓展链接

液压对开式吊卡的使用简述：首先将吊卡耳臂上的吊环挡块打开，将吊环装入，并将挡块复位，上紧螺栓，穿上开口销。该吊卡采用液压自动扣锁，当顶驱吊环油缸推进，司钻可按"扣合"，自动扣锁，在打开吊卡时，只要钻杆锥面离开吊卡18°锥面，在二层平台时，司钻可按"打开"，吊卡将打开。手动打开：去掉液压源，用铁钩钩住锁舌手柄的手把旋转拉动，手柄旋转角度在大于30°时，锁紧机构打开，再继续拉动，左、右主体推开，吊卡即可打开。当左、右主体张开到63°时，受限位的约束，吊卡再不能继续张开。此时吊卡处于等待工作状态。

5.4.8 思考练习

（1）简述检查、保养油管吊卡方法和步骤。

（2）简述油管吊卡的使用方法。

（3）简述抽油杆吊卡的使用方法。

5.4.9 考核

5.4.9.1 考核规定

（1）如违章操作，将停止考核。

（2）考核采用百分制，考核权重：知识点30%，技能点70%。

（3）考核方式：本项目为实际操作考题，考核过程按评分标准及操作过程进行评分。

（4）考核说明：本项目主要考核员工对油管吊卡操作掌握的熟练程度。

5.4.9.2 考核时间

(1) 准备工作：5min（不计入考核时间）。

(2) 正式操作时间：30min。

(3) 在规定时间内完成，到时停止操作。

5.4.9.3 考核表

检查、保养油管吊卡考核记录表见表5-4-4。

表5-4-4 检查、保养油管吊卡考核记录表

序号	考核内容	评分要素	配分	评分标准	备注
1	准备工作	劳保着装整齐，选择工具、用具：月牙型吊卡1只、平口起子1把、吊卡手柄1套、保险销钉1个、月牙1个、棉纱	5	未正确穿戴劳保不得进行操作；未准备工具、用具扣2分；少选一件扣1分（扣完为止）	
2	检查操作	用起子卸掉保险销钉，清洗检查螺纹放在干净处备用	15	不会卸扣扣10分；卸下未清洗检查扣5分	
		卸掉手柄，取出手柄销子、弹簧、手柄套，清洗干净，检查手柄销的螺纹、弹簧弹性等	30	不会卸扣扣10分；不清洗检查每项扣分；乱丢配件扣5分（扣完为止）	
		取出月牙清洗，检查有无损伤	10	不会取月牙扣5分；不清洗检查扣5分	
		将壳体和月牙槽擦干净，检查有无损伤	10	未擦干净扣5分；不检查扣5分	
		更换损坏部件后重新组装，确认月牙活动无卡阻，锁紧牢靠后收拾工具	30	组装错误扣10分；损坏件未更换扣5分；未确认月牙灵活性扣5分；未上紧保险销钉扣5分；未回收工具扣5分（扣完为止）	
3	考核时限	30min，到时停止操作考核			
4	合计100分				

油管吊卡操作考核记录表见表5-4-5。

表5-4-5 油管吊卡操作考核记录表

序号	考核内容	评分要素	配分	评分标准	备注
1	准备工作	劳保着装整齐，选择工具、用具：月牙型吊卡2只、油管若干、小滑车1个、液压钳1台	5	未正确穿戴劳保不得进行操作；未准备工具、用具扣2分；少选一件扣1分（扣完为止）	

续表

序号	考核内容	评分要素	配分	评分标准	备注
2	操作	选择扣合尺寸与所用油管直径一致的吊卡	15	选择错误扣15分	
		井口两名操作工人面向井口站立	10	站位错误扣10分	
		两人扶住吊卡耳,合力抬起吊卡,开口向下(内)扣在油管本体上(靠近油管接箍)	25	手扶住吊卡耳错误10分;不会推月牙扣10分;方向扣反扣5分	
		一人拔出吊卡月牙手柄,推动月牙环油管本体进入吊卡本体另一侧凹槽内,松开吊卡月牙手柄,使其固定在吊卡本体手柄固定槽内	25	不会推月牙扣10分;未推月牙手柄到位扣5分;未固定扣10分	
		转动吊卡使其开口朝上(朝向油管桥方向),进行起、下油管作业	20	未转动吊卡使其开口朝上扣20分	
3	考核时限	30min,到时停止操作考核			
4		合计100分			

抽油杆吊卡操作考核记录表见表5-4-6。

表5-4-6 抽油杆吊卡操作考核记录表

序号	考核内容	评分要素	配分	评分标准	备注
1	准备工作	劳保着装整齐,选择工具、用具:抽油杆吊卡2只、抽油杆若干、管钳2把、抽油杆吊钩	5	未正确穿戴劳保不得进行操作;未准备工具、用具扣2分;少选一件扣1分(扣完为止)	
2	操作	选择扣合尺寸与所用抽油杆的直径一致的抽油杆吊卡	15	选择错误扣1分	
		井口两名操作工人面向井口站立	10	站位错误扣10分	
		一人伸手扶住抽油杆吊卡吊柄,另一人伸手捏住抽油杆吊卡前舌,将抽油杆吊卡退出抽油杆本体,一手抓抽油杆吊卡吊柄,另一只手抓住抽油杆吊卡本体,将抽油杆吊卡侧立端起,使开口对正抽油杆本体(靠近箍端),轻轻用力将抽油杆吊卡推进抽油杆本体,使抽油杆吊卡锁舌锁紧抽油杆吊卡本体	50	手扶吊柄位置错误扣10分;吊卡退出抽油杆错误扣10分;吊卡卡抽油杆错误扣10分;吊卡锁舌未锁住抽油杆扣10分;扣上后未试拉检查吊卡锁舌锁紧情况扣10分	
		一人手扶抽油杆吊卡吊柄,一人手扶抽油杆吊钩,将抽油杆吊卡吊柄挂入抽油杆吊钩内,进行起下抽油杆作业	20	手扶吊柄位置错误扣10分;未挂上吊卡扣10分	
3	考核时限	30min,到时停止操作考核			
4		合计100分			

任务5 扳 手

扳手是井下作业施工的主要操作工具,应用十分广泛,了解和掌握扳手的正确使用方法和维护保养,是保障安全、高效施工的基本要求。

5.5.1 学习目标

通过本任务学习,使操作人员了解扳手的用途、结构、规范和使用范围,掌握正确的操作方法,能够正确使用扳手上、卸扣,使操作人员在使用扳手施工过程中能够熟练、规范、安全操作。

5.5.2 学习任务

本学习任务包括准备工作、使用扳手。

5.5.3 任务分析

本任务学习应准备 300mm 活动扳手 2 把、54mm 单头死扳手 2 把、大锤 1 把,保证完好、灵活、好用。应了解扳手的用途及操作使用方法、站位,掌握扳手使用中的注意事项,在整个操作过程中,操作人员应熟练掌握使用扳手的正确方法,能够识别安全风险,并有效预防,避免意外伤害事故。

5.5.4 背景知识

5.5.4.1 扳手

(1)用途:扳手是利用杠杆原理拧转螺栓、螺钉、螺母的手工工具。

(2)工作原理:扳手通常在柄部的一端或两端带有把手,以施加外力,能拧转螺栓或螺母。使用时沿螺纹旋转方向在把手柄部施加外力,拧转螺栓或螺母,达到紧扣或卸扣的目的。

5.5.4.2 活动扳手的结构和适用范围

(1)活动扳手结构包括呆板唇、活络板唇、涡轮和轴销、手柄,如图 5-5-1 所示。
(2)活动扳手适用范围如表 5-5-1 所示。

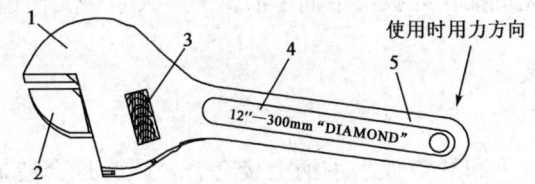

图 5-5-1 活动扳手示意图
1—呆板唇；2—活络板唇；3—涡轮和轴销；4—尺寸标识；5—手柄

表 5-5-1 活动扳手适用范围

长度（mm）	100	150	200	250	300	350	375	450	600
开口最大宽度（mm）	14	19	24	30	36	41	46	55	65

5.5.5 任务实施

5.5.5.1 准备工作

工具、用具准备如表 5-5-2 所示。

表 5-5-2 工具、用具准备

序号	名称	规格	数量	序号	名称	规格	数量
1	活动扳手	300mm	2把	3	单头死扳手	54mm	2把
2	大锤		1把	4	井口螺丝		若干

5.5.5.2 使用扳手

1. 使用活动扳手

（1）使用时，右手握手柄，手越靠后，扳动起来越省力。

（2）扳动小螺母时，因需要不断地转动涡轮，调节虎口的大小，所以手应握在靠近呆板唇的位置，用右手四指及掌心握住扳手手柄，并用大拇指调整涡轮，调整虎口开口宽度与欲咬住的螺母（或螺钉），两侧对称，平面间距相当；以扳手咬住后松紧度适当、不松不旷为宜，以适应螺母的大小。

（3）拧紧时，右手握紧扳手手柄向内拉动，用力适当，使扳手顺时针转动上扣（注：固定钳口在右，活动钳口在左）。

（4）卸松时左手握紧扳手手柄向内拉动，用力适当，使扳手逆时针转卸扣（注：固定钳在左、活动在右）。

2. 使用单头固定扳手

（1）一手将背帽死扳手打好，另一只手抓住另一个死扳手手柄中部，进行上扣或卸扣操作。

（2）转动死扳手时应逐渐用力，防止用力过猛造成滑脱或断裂。

（3）锤击时一手先打好背帽死扳手，另一只手抓住死扳手手柄中部，打好螺帽后，手掌伸开，用掌心与虎口推住死扳手手柄中部。另一人手持大锤锤击死扳手手柄尾部。

5.5.6 归纳总结

（1）不能在活动扳手和开口扳手手柄上接套管，因为这会造成超大扭矩，损坏螺栓或扳手。

（2）不得将扳手当锤子使用。

（3）死扳手使用时可以锤击，但应防止死扳手飞起或断裂伤人。

（4）手扶死扳手时，要防止被夹伤。

（5）活动扳手的扳口夹持螺母时，呆板唇在上，活扳唇在下，切不可反过来使用。

（6）高空作业上、卸螺栓，要将扳手尾部拴好安全绳并固定，以防打滑脱手、掉下伤人。

（7）高空作业严禁双手握柄上、卸螺栓等，以免打滑，使操作者失去平衡坠落。

（8）用力推拉手柄时，若靠近地面或设备，特别是下压手柄应将五指伸直，以防撞伤指关节。

5.5.7 拓展链接

扭力扳手（图5-5-2）是维修设备、设施时使用的常用工具，它带有扭力显示，操作者能清楚操作力度，能满足特殊部件紧固需要，应用比较广泛。

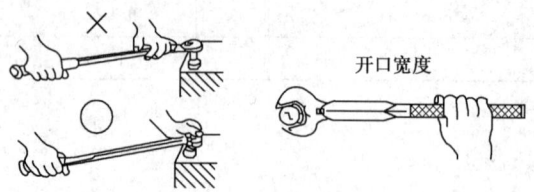

图5-5-2 扭力扳手示意图

（1）先选择所需之扭力，以顺时针方式转动调整手把，设定出之需扭力。

（2）当选好所需扭力值时，再将固定钮（固定套）置于"LOCK"位置。

（3）装上选好的套筒，固定在工作物上后，在扭力的手把处施力，当听到"咔嗒"声，尤其比较低扭力设定作业时，特别注意：当达到"咔嗒"声预设扭力时，要立即松手停止施力。

（4）拆装时用左手把住套筒，右手握紧扭力扳手手柄往身边扳转。禁止往外推，以免滑脱而损伤身体。

（5）拧紧力矩要求较大，且工件较大、螺栓数较多的螺栓螺母时，应分次按一定顺序拧紧。

（6）拧紧螺栓螺母时，不能用力过猛，以免损坏螺纹。

（7）禁止使用无刻度盘或刻度线不清的扭力扳手。

（8）拆装时，禁止在扭力扳手的手柄上再加套管或用锤子锤击。

（9）扭力扳手使用后应擦净油污，妥善放置。

(10) 预调式扭力扳手使用前应做好调校工作,用后应将预紧力矩调到零位。

5.5.8 思考练习

(1) 简述活动扳手使用方法。
(2) 简述单头固定死扳手的使用方法。

5.5.9 考核

5.5.9.1 考核规定

(1) 如违章操作,将停止考核。
(2) 考核采用百分制,考核权重:知识点 30%,技能点 70%。
(3) 考核方式:本项目为实际操作考题,考核过程按评分标准及操作过程进行评分。
(4) 考核说明:本项目主要考核员工对扳手操作掌握的熟练程度。

5.5.9.2 考核时间

(1) 准备工作:5min(不计入考核时间)。
(2) 正式操作时间:10min。
(3) 在规定时间内完成,到时停止操作。

5.5.9.3 考核表

活动扳手和单头固定死扳手操作考核记录表见表 5-5-3。

表 5-5-3　活动扳手和单头固定死扳手操作考核记录表

序号	考核内容	评分要素	配分	评分标准	备注
1	准备工作	劳保着装整齐,选择工具、用具:活动扳手1把、井口死扳手1把、大锤1把、井口螺丝12条	5	未正确穿戴劳保不得进行操作;未准备工具、用具扣2分;少选一件扣1分(扣完为止)	
2	活动扳手操作	使用时,右手握手柄,手越靠后,扳动起来越省力	10	手握位置错误扣10分	
		扳动小螺母时,手应握在靠近呆板唇的位置,用右手四指及掌心握住扳手手柄,并用大拇指调整涡轮,调整虎口开口宽度与欲咬住的螺母(或螺钉),两侧对称,平面间距相当	25	手调整涡轮位置错误扣10分;调整过大或过小扣15分	
		拧紧时,右手握紧扳手手柄向内拉动,用力适当,使扳手顺时针转动上扣	10	反打扳手扣10分	
		卸松时左手握紧扳手手柄向内拉动,用力适当,使扳手逆时针转卸扣	10	反打扳手扣10分	

续表

序号	考核内容	评分要素	配分	评分标准	备注
3	单头死扳手操作	一手将背帽死扳手打好，另一只手抓住另一个死扳手手柄中部，进行上扣或卸扣操作	10	手抓位置错误扣10分	
		转动死扳手时应逐渐用力，防止用力过猛造成滑脱或断裂	10	滑脱扣5分；断裂扣5分	
		锤击时一手先打好背帽死扳手，另一只手抓住死扳手手柄中部，打好螺帽后，手掌伸开，用掌心与虎口推住死扳手手柄中部。另一人手持大锤锤击死扳手手柄尾部	20	手法错误扣10分；锤击掉工具扣10分	
4	考核时限	10min，到时停止操作考核			
5		合计100分			

任务6 液 压 钳

液压钳是井下作业施工主要操作设备,应用十分广泛,了解和掌握液压钳的正确使用方法和维护保养,是保障安全、高效施工的基本要求。

5.6.1 学习目标

通过本任务学习,使操作人员了解液压钳的用途、结构和工作原理,掌握维护保养和故障排除操作方法,能够进行液压钳安装、检查以及正确操作上、卸扣,使操作人员在使用液压钳施工时能够熟练、规范、安全操作。

5.6.2 学习任务

本学习任务包括准备工作、液压钳安装、液压钳上扣操作、液压钳卸扣操作。

5.6.3 任务分析

本任务学习应准备 XQ89-3YD 型液压钳 1 台、维修工具 1 套,保证完好、齐全、好用。应了解液压钳的安装方法、液压钳的结构及检查部位,掌握液压钳上扣、卸扣操作方法与工作原理,会更换颚板及钳牙,掌握故障排除方法;在整个操作过程中,操作人员应熟练掌握操作液压钳施工程序,能够识别安全风险,并有效预防,避免意外伤害事故。

5.6.4 背景知识

5.6.4.1 液压钳

(1) 液压钳是用于上、卸油管扣,抽油杆扣,钻杆扣与井下工具等的专用设备。

(2) 液压钳的结构包括前导杆总成、主钳、背钳、后导杆总成、悬吊器、液压控制机构总成,如图 5-6-1 所示。

5.6.4.2 液压钳工作原理

压力源将压力通过输油胶管输入马达,马达主轴转动,经过齿轮系使钳头开口大齿轮转动,同时连接主背钳的输油胶管将压力输送到背钳油缸,推动齿条运动,经过齿轮副带动颚板相对背钳头主体上的坡板转动一定角度,使颚板总成上的钳牙夹紧油管接箍,同时主钳的钳头开口大齿轮转动时,颚板架在制动器摩擦力的作用下,先不转动,迫使

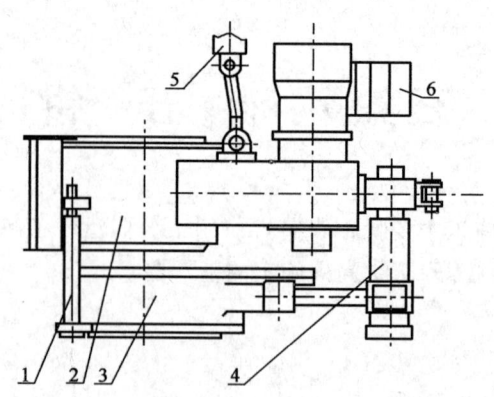

图 5-6-1 液压钳示意图
1—前导杆总成；2—主钳；3—背钳；4—后导杆总成；5—悬吊器；6—液压控制机构总成

颚板上的滚子沿坡板爬坡，推动颚板及钳牙径向移动直至咬紧油管，然后随开口大齿轮转动，实现旋紧或旋开油管螺纹的目的。

5.6.5 任务实施

5.6.5.1 准备工作

工具、用具准备如表 5-6-1 所示。

表 5-6-1 工具、用具准备

序号	名称	规格	数量	序号	名称	规格	数量
1	液压钳	XQ89-3YD	1台	6	钢丝绳	φ12.5mm	2根
2	油管		若干	7	绳卡子		若干
3	颚板		4个	8	钳牙		4片
4	内六角扳手		1套	9	棉纱		若干
5	平口螺丝刀		1把	10	开口扳手		1把

5.6.5.2 液压钳安装

（1）将液压钳悬吊器上销钉取下，将载车自带小绞车钢丝绳用三个绳卡子卡牢，将钢丝绳绳圈放入液压钳悬吊器上端凹槽内，插好销钉，在销钉上插好开口销并分开。

（2）启动小绞车，将液压钳提起，在自由状态下，液压钳钳头中心距离井口距离约 0.5m，悬吊高度以液压钳下钳咬住管柱接箍为宜。

（3）吊装好的油管钳应推向井口工作位置，检查钳体是否平正，如不平正可调整主钳悬吊杆上的调节螺钉，使液压钳保持水平；如不保持水平，会使卡持失效。

（4）油管钳使用需拴牢尾绳，必须使用钢丝绳，尾绳直径不得小于 φ12.5mm，不得用其他绳代替，一端固定在井架上，一端连接在液压钳尾座上，其长短以保证安全和操作方便为宜，最好使尾绳与钳体中心线垂直，从而保证站在侧面进行操作的人员施工安全。

(5) 高压胶管在开泵前安装，安装前，快速接头要保持清洁干净。

5.6.5.3 液压钳上扣操作

(1) 将液压钳的上卸扣旋钮向右旋转180°，将其箭头端指向上扣方向，同时调整背钳旋向，使其与主钳旋向一致。

(2) 将变速挡手柄向上扳到高速位置，井口两名操作人员面对钳体手拉钳头把手，将液压钳开口拉向井口油管。

(3) 油管进入液压钳开口腔内，操作人员一只手稳住钳头把手，另一只手向外扳钳尾部的节流手柄上扣，初期紧扣后，用右手将挡把下扳挂低速挡进行油管紧扣。

(4) 将节流手柄向里推，使液压钳开口齿轮开口与液压钳本体开口对正，将钳体开口从油管本体上退出。

5.6.5.4 液压钳卸扣操作

(1) 将液压钳体上的上卸扣旋钮向左旋转180°，将其箭头端指向卸扣方向，同时调整背钳旋向，使其与主钳旋向一致。

(2) 井口两名操作人员面对钳体手拉钳头把手，将液压钳开口拉向井口油管。

(3) 油管进入液压钳开口腔内，操作人员左手稳住钳头把手，右手将挡把下扳挂到低速挡，挂好挡后，再用右手推操作杆开始卸油管，卸松后再挂高速挡继续卸扣。

(4) 卸完扣后，挂低速挡使液压钳开口齿轮开口与液压钳本体开口对正，将钳体开口从油管本体上退出。

5.6.6 归纳总结

(1) 液压钳上扣或卸扣过程中，操作人员的手一定要始终握住操纵杆，不能让操纵杆向中间位置回动。

(2) 复位对缺口时一定要用低挡对。

(3) 操纵液压钳时，尾绳两侧不准站人，严禁两个人同时操作液压钳。

(4) 操作液压钳人员要穿戴好劳保用品，操作动作不要过猛过快，以免发生事故，特别防止"咬手"事故发生。

(5) 液压管线两端的快速接头要连接好，以防上、卸油管螺纹时漏油。

(6) 液压钳换挡时必须在较慢的转速下进行，以防损坏齿轮。

(7) 维修液压钳时，必须切断动力源。

5.6.7 拓展链接

5.6.7.1 更换颚板、钳牙

(1) 更换颚板：液压钳的主钳及背钳的颚板均为自由式安装，即颚板可从钳头中心空间装入或取出，在主钳颚板架上，设有限位销钉使颚板限位，使其在搬运过程中不脱

落;需要取出颚板时,将主钳颚板架转动一定角度,用内六角扳手调整限位螺钉,便可取出颚板,安装颚板时亦同;安装或取出背钳颚板时,将挡柱推进颚板架内,从钳头中心取出或装入颚板总成。

(2) 更换钳牙:用螺丝刀顶进颚板上的钳牙挡销,即可取出钳牙。

5.6.7.2 维护保养

(1) 每班工作前,必须检查各紧固螺钉是否松动,如有松动必须拧紧。

(2) 每次搬运后,清洗主钳及背钳钳头,并向机体各黄油嘴注黄油。

(3) 清洗钳头后,给颚板、颚板架、开口齿轮轮齿打黄油。

(4) 如因制动力不足,颚板不伸出,需调紧制动压力,稍拧紧各带孔螺栓,且注意不能拧得过紧而使摩擦片过热。

(5) 每次用过后,检查钳体,如有积水或油泥脏物,必须及时清除。

(6) 不得用蒸汽清洗液压钳,以防各轴承失油、进水而造成零件损坏。

(7) 液压油温度不得超过65℃,过热会使液压系统密封失效。

(8) 液压油必须清洁,保持滤油器正常滤油,如油已脏,需及时更换。

(9) 油管钳长时间不用时,应涂抹黄油防锈,并采取防尘、防腐蚀措施。

5.6.7.3 常见故障及排除方法

液压钳在使用过程中由于磨损或操作原因经常发生各种故障,掌握常见故障排除方法,才能有效地保障生产时效,常见故障及排除方法如表5-6-2所示。

表5-6-2 液压钳常见故障及排除方法

常见故障	原　　因	排除方法
上卸油管打滑	牙板过度磨损或牙板选用不当	更换牙板
	牙板沟槽充满硬物	清除牙板杂物
	钳头制动力小	更换已经磨损的摩擦片
		拧紧、更换或补齐制动弹簧和螺栓
	颚板、颚板滚轮、滚轮轴、颚板架等零件坏或相互卡死	清洗、打磨、润滑或更换
	坡板磨出沟槽或损坏	更换坡板
	钳体不水平	将主钳调整水平
		调整,使背钳与主钳平行
	前后导杆内弹簧卡死无弹性	清理或更换弹簧
	牙座选用不当	更换相对应的牙板
	管柱硬度过高(≥340HB)	定购专用牙板
主钳正常背钳打滑	主背钳胶管接反	重新连接
	背钳油路堵塞	清洗油路
	齿条柱塞卡死	打磨或更换
	背钳主体与尾把油缸连接处损坏	更换损坏零件
	上述打滑的9种原因	按上述打滑排除方法排除

续表

常见故障	原　因	排　除　方　法
主钳或背钳抱死松不开	颚板总成上的滚轮爬过头	选择适当的扭矩上、卸扣；选择适当的牙座
	颚板、滚轮轴、坡板或颚板架等零件损坏	修磨或更换合格的零部件
	钳头制动力距偏小	更换已经磨损的摩擦片
		拧紧、更换或补齐制动弹簧和螺栓
	颚板滚轮卡死	清洗打磨或更换滚轮、滚轮轴
	主钳或背钳两边用了不同的牙座或牙板	选用合适的牙座或牙板
	主钳或背钳牙板只有部分咬住管柱	正确操作液压钳
主钳或背钳对不齐开口	复位旋钮方向不对	180°拧转复位旋钮再复位
	颚板架已变形或有碰伤	修磨碰伤处或更换
	复位挡销断	更换复位挡销
转速慢，回油正常	液压泵	调整供油量使其达到要求
	液压油黏度过高或过低	换油或加温等（特别是冬天）
	泵或马达过度磨损	更换新马达或新泵
	手动换向阀滑动不到位	重新调整
转速慢，回油压力高	快速接头单向阀不能完全开启或管路堵塞	更换快速接头或清洗管路
钳头转速时快、时慢	液压泵吸油不足，有空气进入油路	清洗滤芯或补足液压油
马达转，钳头不转	传动轴或齿轮等零部件损坏	更换损坏的零部件
开口齿轮开口两侧的齿易被扒掉	上下扶正滚了或扶正滚了轴已严重损坏	及时更换上下扶正滚子或扶正滚子轴
背钳只能一个方向夹紧	颚板架与背钳头主体开口对齐时齿条柱塞不在中间位置	卸开背钳重新组装
上卸扣操作太灵敏	手动换向阀的阀帽松动	拧紧阀帽
挂挡不牢，易脱挡	换挡手柄未推到位	纠正操作
	锁定机构弹簧失效	更换弹簧
输出扭矩低	系统压力低，如溢流阀调整不当或损坏	调整系统压力或更换溢流阀
	手动换向阀上的调压阀压力调得低	由专业人员进行调整
液压系统密封部位漏油	密封件老化或损坏	更换密封件
	快速接头中单向阀卡死	拆卸清理
扭矩表不指示	进油口、回油口接反	重新调整进、出油口
	扭矩表损坏	更换扭矩表

5.6.8　思考练习

简述液压钳上、卸扣操作方法。

5.6.9 考核

5.6.9.1 考核规定

(1) 如违章操作,将停止考核。
(2) 考核采用百分制,考核权重:知识点 30%,技能点 70%。
(3) 考核方式:本项目为实际操作考题,考核过程按评分标准及操作过程进行评分。
(4) 考核说明:本项目主要考核员工对液压钳操作掌握的熟练程度。

5.6.9.2 考核时间

(1) 准备工作:5min(不计入考核时间)。
(2) 正式操作时间:30min。
(3) 在规定时间内完成,到时停止操作。

5.6.9.3 考核表

液压钳上、卸扣操作考核记录表见表 5-6-3。

表 5-6-3 液压钳上、卸扣操作考核记录表

序号	考核内容	评分要素	配分	评分标准	备注
1	准备工作	劳保着装整齐,选择工具、用具:液压钳 1 台、油管若干、油管吊卡 2 只、小滑车 1 个、密封脂适量	5	未正确穿戴劳保不得进行操作;未准备工具、用具扣 2 分;少选一件扣 1 分(扣完为止)	
2	上扣操作	将液压钳的上卸扣旋钮指向上扣方向,同时调整背钳旋向,使其与主钳旋向一致	10	方向调整错误扣 10 分	
		将变速挡手柄扳到高速位置,井口两名操作人员面对钳体手拉钳头把手,将液压钳开口拉向井口油管	10	未放高速位置、不抓把手、油管未一次进钳体各扣 5 分(扣完为止)	
		操作人员一只手稳住钳头把手,另一只手向外扳钳尾部的节流手柄上扣,初期紧扣后,用右手将挡把下扳挂低速挡进行油管紧扣	10	不换挡、换挡打齿轮的各扣 5 分	
		将节流手柄向里推,使液压钳开口齿轮开口与液压钳本体开口对正,将钳体开口从油管本体上退出	10	未一次退出的扣 10 分	
		上扣执行高速上扣、低速紧扣、低速退出原则	10	操作程序错误扣 10 分	
		油管上偏扣的		偏扣整个上扣操作不得分	

续表

序号	考核内容	评分要素	配分	评分标准	备注
3	卸扣操作	将液压钳体上的上卸扣旋钮指向卸扣方向,同时调整背钳旋向,使其与主钳旋向一致	5	方向调整错扣5分	
		井口两名操作人员面对钳体手拉钳头把手,将液压钳开口拉向井口油管	10	不抓把手、油管未一次进钳体各扣5分	
		操作人员左手稳住钳头把手,右手将挡把下扳挂到低速挡,挂好挡后,再用右手推操作杆开始卸油管,卸松后再挂高速挡继续卸扣	10	操作程序错误、换挡打齿轮的各扣5分	
		卸完扣后,挂低速挡使液压钳开口齿轮开口与液压钳本体开口对正,将钳体开口从油管本体上退出	10	未一次退出的扣10分	
		卸扣过程中未执行低速开扣、高速卸扣、低速退出	10	操作程序错误扣10分	
		油管未卸完扣、蹦扣的		崩扣整个卸扣操作不得分	
4	考核时限			30min,到时停止操作考核	
5				合计100分	

任务 7　活动弯头和活接头

活动弯头与活接头是井下作业施工的主要操作用具，应用十分广泛，了解和掌握活动弯头与活接头的正确使用方法和维护保养，是保障安全、高效施工的基本要求。

5.7.1　学习目标

通过本任务学习，使操作人员了解活动弯头与活接头的用途和结构，掌握正确操作方法，能够使用活动弯头与活接头进行正确连接，使操作人员在使用活动弯头与活接头施工过程时能够达到熟练、规范、安全操作。

5.7.2　学习任务

本学习任务包括准备工作、使用活动弯头、使用活接头。

5.7.3　任务分析

本任务学习应准备 $\phi 50mm$ 活动弯头 1 个，活接头（带变扣）1 副，保证完好、灵活、好用。应了解活动弯头、活接头的用途及结构，掌握活动弯头、活接头使用中的注意事项，在整个操作过程中，操作人员应熟练掌握活动弯头与活接头的正确使用，能够识别安全风险，并有效预防，避免意外伤害事故。

5.7.4　背景知识

5.7.4.1　活动弯头

（1）活动弯头是改变施工中管线的连接方向和方便于管线连接的用具之一。
（2）活动弯头结构是由两臂采用两件组成，中间用高压活动滚珠及密封件连接在一起，其特点是两臂可以自由转向，且一臂连接上管线后，另一臂仍可以转向。在连接管线时，高低、左右方向均可以在一定范围内进行调整，使管线连接速度快，因而在修井施工冲洗、压裂等工艺中经常使用，如图 5-7-1 所示。

5.7.4.2　活接头

（1）活接头是井下作业用来连接各种施工管线的用具之一，具有操作灵活、耐高压等特点。井下作业施工常用的活接头有 $\phi 50mm$、$\phi 62mm$、$\phi 76mm$ 三种。

图 5-7-1 活动弯头示意图

（2）结构包括外接头、内接头、压紧螺母、橡胶密封垫，如图 5-7-2 所示。

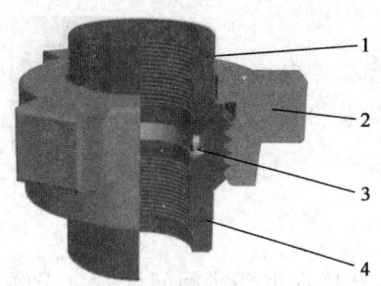

图 5-7-2 活接头示意图
1—外接头；2—压紧螺母；3—橡胶密封垫；4—内接头

5.7.5 任务实施

5.7.5.1 准备工作

工具、用具准备如表 5-7-1 所示。

表 5-7-1 工具、用具准备

序号	名称	规格	数量	序号	名称	规格	数量
1	活动弯头	φ50mm	1个	6	活接头		1付
2	变扣		2个	7	大锤		1把
3	油管		2根	8	软管线		1条
4	钢丝刷		1把	9	棉纱		若干
5	黄油		1管	10	管钳		1把

5.7.5.2 使用活动弯头

（1）先检查活动弯头两端外接头、内接头和压紧螺母的螺纹是否完好，活动密封是否灵活好用，若有损坏现象应更换。

（2）用钢丝刷将螺纹刷干净，涂上黄油。

（3）连接时，一人扶正活动弯头对正活接头，另一人旋转压紧螺母上扣，将活动弯头两端对扣上好，然后用大锤砸紧。

（4）连接前将内接头的密封圈放好，用锤击打压紧螺母的三爪（顺时针方向为旋紧，逆时针为旋松)。

5.7.5.3 使用活接头

(1) 先检查活接头的螺纹，若有损坏现象应更换。

(2) 用钢丝刷将活接头螺纹刷干净，涂上黄油，接在油管变扣上，用管钳拧紧。

(3) 管线连接时，先对扣上好，然后用大锤砸紧。

(4) 接头与软管的连接：首先在软管接头外螺纹上缠绕一层密封带，并缠绕均匀。在安装外接头时应先将压紧螺母套过管接头外螺纹，再将外接头拧在软管管接头外螺纹上。

(5) 外接头与内接头连接：将内接头的密封圈放好，用大锤击打压紧螺母的三爪（顺时针方向为旋紧，逆时针为旋松）。

5.7.6 归纳总结

(1) 活动弯头、内接头与外接头出现泄漏问题时应先放压，再旋紧压紧螺母或更换密封圈。

(2) 活动弯头、活接头在存放不使用时应在螺纹和接头接触部位涂上防锈油，以免生锈影响使用。

(3) 活动弯头、外接头压紧螺母三爪如果损坏、卷边严重时应进行更换。

5.7.7 拓展链接

施工现场常用弯头还有120°活动弯头，主要用于放喷管线使用，一端与井口四通套管阀门连接，一端与放喷管线连接，当井筒发生溢流、井喷时，用于泄压抢喷，由于120°活动弯头阻流比90°活动弯头要小，发生活动弯头被液流击穿概率较小，所以被施工现场普遍应用。

5.7.8 思考练习

简述活动弯头的使用方法。

5.7.9 考核

5.7.9.1 考核规定

(1) 如违章操作，将停止考核。

(2) 核采用百分制，考核权重：知识点30%，技能点70%。

(3) 考核方式：本项目为实际操作考题，考核过程按评分标准及操作过程进行评分。

(4) 考核说明：本项目主要考核员工对活动弯头与活接头操作掌握的熟练程度。

5.7.9.2 考核时间

（1）准备工作：5min（不计入考核时间）。

（2）正式操作时间：10min。

（3）在规定时间内完成，到时停止操作。

5.7.9.3 考核表

活动弯头操作考核记录表见表5－7－2。

表5－7－2　活动弯头操作考核记录表

序号	考核内容	评 分 要 素	配分	评 分 标 准	备注
1	准备工作	劳保着装整齐，选择工具、用具：ϕ50mm 活动弯头1个、ϕ50mm 活接头1副、变扣2个、大锤1把	10	未正确穿戴劳保不得进行操作；未准备工具、用具扣2分；少选一件扣2分（扣完为止）	
2	检查	先检查活动弯头两端外接头、内接头和压紧螺母的螺纹是否完好，活动密封是否灵活好用，若有损坏现象应更换	20	检查不到位每项扣5分	
3	保养	用钢丝刷将螺纹刷干净，涂上黄油	20	不清洁扣10分；不保养扣10分	
4	连接	连接时，一人扶正活动弯头对正活接头，另一人旋转压紧螺母上扣，将活动弯头两端对扣上好，然后用大锤砸紧	30	未砸紧、方向砸反每项扣15分	
		连接前将内接头的密封圈放好	20	未安放密封圈扣20分	
5	考核时限	10min，到时停止操作考核			
6		合计100分			

项目六

常用井下工具的使用

井下工具是井下作业设施系统的重要组成部分,有专用和通用之分,品类繁多,功能不一,如打捞类、钻磨铣类、检测类、整形类、控制类、切割类、倒扣类、震击类、刮削类、套管补接类、套管补贴类、辅助类等,与动力提升设备、循环设备及地面工具共同组成整个井下作业设施系统。

本项目根据一些较为常用的井下工具设置了10个学习任务,目的是让操作员工了解这些工具的工作原理和特点,掌握正确使用方法,能够正确使用,避免造成因操作不当引起的人身伤害和人为事故,保障修井施工的安全、顺利进行。

任务1 泄 油 器

在油田抽油井中，大多数油井采用的是管式泵。由于管式泵固定阀是单向的，因此，在作业提油管时，油管内的原油就会喷洒在地面，一方面造成原油损失和环境污染，另一方面增加了作业难度和作业工人的劳动强度。这些问题可以通过在井下管柱安装泄油器来解决。

6.1.1 学习目标

通过本任务学习，使操作人员了解泄油器的作用和原理，掌握泄油器的操作方法及注意事项，能够将符合要求的泄油器正确下入井内；使操作人员在使用泄油器施工过程中能够熟练、规范、安全操作。

6.1.2 学习任务

本学习任务包括施工准备、使用撞滑式泄油器。

6.1.3 任务分析

本任务学习应准备提升设备、井控装置、撞滑式泄油器及所需的工具、油管桥等设施。操作者施工前应先了解起下泄油器的操作步骤，懂得正确使用方法。能够处理意外情况和预防井喷事故发生的能力，在整个操作过程中，操作人员应熟练掌握使用撞滑式泄油器施工操作程序，能够识别安全风险，并有效预防，避免意外伤害事故。

6.1.4 背景知识

撞滑式泄油器由外管、滑套、销钉、密封圈、下接头、撞击头等组成，如图6-1-1所示。其工作原理为泄油器的滑套内径小于油管内径，形成第一个直径差。下接头内径小于滑套内径，形成第二个直径差。脱接器上体的上部直径大于下部直径形成第三个直径差。在这三个直径差的协调配合下，脱接器上体进出泄油器时碰不着滑套，因此它具有很高的可靠性。泄油时先将抽油杆提出，投入撞击头，撞击头直径大于滑套内径，撞击头落在滑套上，再投1～3根抽油杆，在抽油杆撞击力作用下撞断固定滑套的销钉，露出泄油孔泄油。其主要技术参数如表6-1-1所示。

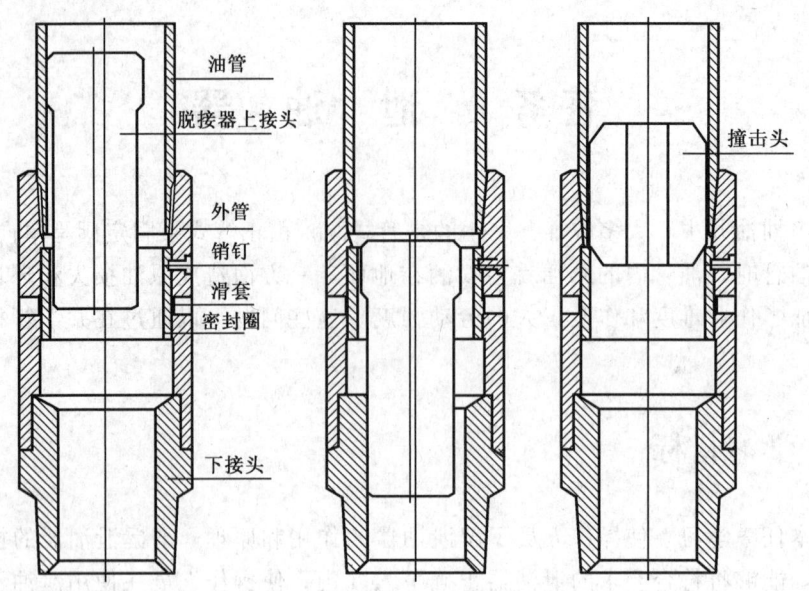

(a)脱接器上体下部通过滑道　(b)脱接器上体上部通过滑道　(c)打开前撞击头落在滑套上

图 6-1-1　撞滑式泄油器结构图

表 6-1-1　撞滑式泄油器技术参数表

最大外径（mm）	最小通径（mm）	长度（mm）	连接螺纹	适用范围
89	46	420	$2\frac{7}{8}$ TBG	ϕ44mm 抽油泵
114	64	430	$3\frac{1}{2}$ TBG	ϕ95mm 抽油泵

6.1.5　任务实施

6.1.5.1　准备工作

工具、用具准备如表 6-1-2 所示。

表 6-1-2　工具、用具准备

序号	名称	规格	数量	序号	名称	规格	数量
1	撞滑式泄油器		1套	7	小大钩		1个
2	管钳	1200mm	2把	8	抽油杆防喷器		1套
3	抽油杆吊卡		1套	9	油管吊卡		1套
4	卷尺	15m	1把	10	防喷器		1套
5	密封脂		适量	11	旋塞阀		1套
6	液压钳		1台	12	管钳	900mm	2把

6.1.5.2　使用撞滑式泄油器

（1）检查泄油器连接螺纹及固定滑套的销钉是否完好，并对泄油器长度、直径、外径进行丈量并做好记录。

（2）将泄油器连接在下井的抽油泵上，要求连接脱接器的抽油杆上端接头不能进入泄油器内。

（3）按下泵管的操作程序把泄油器下到设计要求的位置。

（4）按起抽油杆的操作程序把抽油杆全部起出，向井口油管内投入撞击头，撞击头直径大于滑套内径，撞击头落在滑套上，再连接1~3根抽油杆投入井内，在抽油杆撞击力作用下撞断固定滑套的销钉，露出泄油孔，油管内的液体泄入井内。

6.1.6 归纳总结

（1）起泵管前必须了解泵管所用泄油器的种类及规格。

（2）往井内投撞击头时，要保证撞击头先落于滑套上，抽油杆再撞击泄油器。因撞击头直径大，下落速度慢，要求撞击头投入后10min再投抽油杆。

6.1.7 拓展链接

6.1.7.1 热采井旋转式泄油器

热采井通常采用底部撞击式的泄油器，该泄油器结构简单成本低廉，使用方便，但却无法实现在任意位置的泄油，在正常工作或下放速度过快时还会出现误泄油的情况，给施工带来不便。旋转式泄油器克服了上述泄油器的缺点，可以实现在任意位置的泄油。其结构主要由泄油体、泄油套、密封圈、摩擦块、锚瓦、中心管、扭簧等零部件组成。工作原理为当正转油管泄油时，锚瓦自动张紧并单向锁止，泄油套被拨叉锁止不能转动，旋转的油管带动泄油体与泄油套之间形成相对转动，泄油套上移，打开泄油孔，完成泄油动作。主要技术参数如表6-1-3所示。

表6-1-3 热采井旋转式泄油器技术参数表

型号	通径（mm）	外形尺寸（mm）	工作压差（MPa）	连接螺纹
XZ-150	76	$\phi 150 \times 900$	>30	$3\frac{1}{2}$ TBG

6.1.7.2 支撑式泄油器

支撑式泄油器由上接头、壳体、中心管、下接头等组成。工作原理为油管带动中心管控制泄油器的打开和关闭。它与卡瓦封隔器或卡瓦总成配套使用，可用于各种管式泵抽油井。其技术参数如表6-1-4所示。

表6-1-4 支撑式泄油器技术参数表

最大刚体外径（mm）	关闭长度（mm）	拉开长度（mm）	工作温度（℃）	连接螺纹	关闭压力（kN）	使用压力（MPa）	最小通径（mm）
100	445	515	120	上端 $2\frac{7}{8}$ TBG 内 下端 $2\frac{7}{8}$ TBG 外	≥90	≤20	60

6.1.7.3 压缩式泄油器

压缩式泄油器由上接头、外管、滑套、密封圈、弹簧、下接头组成,如图 6-1-2 所示。其工作原理为泄油器外管上有泄油孔,内有滑套及密封圈,滑套用弹簧支撑,上、下接头内径小于滑套内径,因此,活塞通过泄油器时碰不着滑套,泄油器不会打开,当油管见液面时需卸油时,将开泄体 1~2 根抽油杆投入油管内,当开泄体下落到泄油器上部时,由于开泄体外形尺寸大于滑套内径,落座于滑套上,在抽油杆重力作用下压缩弹簧,滑套下行,露出泄油孔泄油。主要技术参数如表 6-1-5 所示。

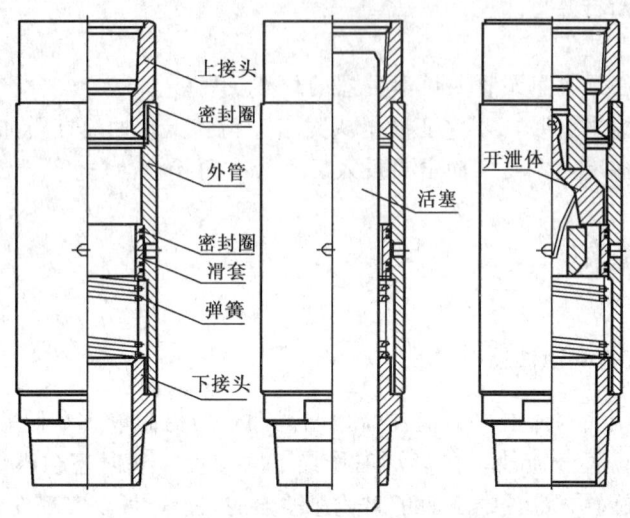

图 6-1-2 压缩式泄油器结构图

表 6-1-5 压缩式泄油器技术参数表

最大外径(mm)	最小通径(mm)	长度(mm)	连接螺纹	适用泵性
95	59	900	2⅞TBG	ϕ56mm 抽油泵
107	72	920	3½TBG	ϕ70mm 抽油泵

6.1.7.4 销钉泄油器

销钉泄油器由主体、销钉、密封垫等组成,如图 6-1-3 所示。其工作原理为泄油器销钉内有封闭的孔,开口端向外,销钉表面车有剪断控制槽,主体内径小于活塞直径。该型泄油器接在抽油泵固定阀与泵筒之间,由于活塞直径大于主体内径,因此活塞碰不着销钉。作业时先提出活塞,再提出油管,提出油管见液面后投入抽油杆(锯掉接头),抽油杆下落的冲击力作用在销钉上,使销钉在剪断控制槽处剪断,泄油器上部的液体泄入井内。主要技术参数如表 6-1-6 所示。

表 6-1-6 销钉泄油器技术参数表

最大外径(mm)	最小外径(mm)	长度(mm)	连接螺纹	适用范围
89.5	36	230	2⅞TBG	≤ϕ56mm 抽油泵
107	60	242	3½TBG	ϕ70mm 抽油泵

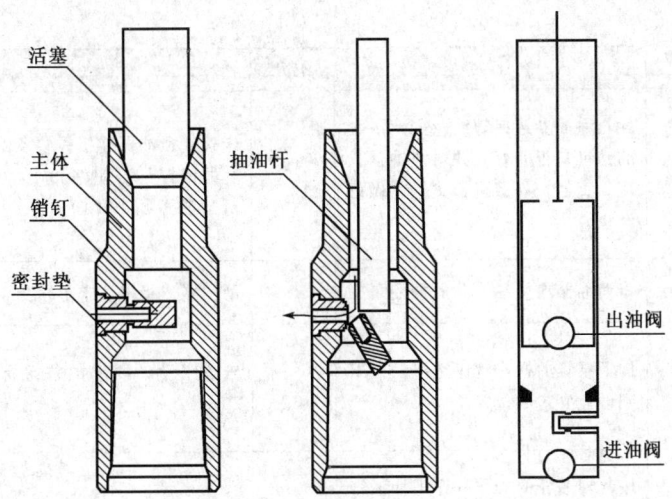

图 6-1-3 销钉泄油器结构图

6.1.8 思考练习

简述使用撞滑式泄油器注意事项。

6.1.9 考核

6.1.9.1 考核规定

(1) 如违章操作，将停止考核。
(2) 考核采用百分制，考核权重：知识点 30%，技能点 70%。
(3) 考核方式：本项目为实际操作考题，考核过程按评分标准及操作过程进行评分。
(4) 考核说明：本项目主要考核考生对撞滑式泄油器的使用操作掌握的熟练程度。

6.1.9.2 考核时间

(1) 准备工作：5min（不计入考核时间）。
(2) 正式操作时间：30min。
(3) 在规定时间内完成，到时停止操作。

6.1.9.3 考核记录表

使用撞滑式泄油器考核记录表如表 6-1-7 所示。

表 6-1-7 使用撞滑式泄油器考核记录表

序号	考核内容	评分要素	配分	评分标准	备注
1	准备工作	劳保着装整齐，选择工具、用具：撞滑式泄油器、管钳、液压钳、油管吊卡、防喷器、旋塞阀、游标卡尺、卷尺、记录纸和笔	20	未正确穿戴劳保不得进行操作；未准备工具、用具扣5分；少选一件扣2分	

续表

序号	考核内容	评分要素	配分	评分标准	备注
2	撞滑式泄油器操作	检查泄油器连接螺纹及固定滑套的销钉是否完好，并对泄油器长度、直径、外径进行丈量并做好记录	20	未检查泄油器连接螺纹及固定滑套的销钉是否完好扣10分；未对刮削器丈量扣10分	
		将泄油器连接在下井的抽油泵上	20	刮削器连接螺纹未上紧扣10分	
		按下泵管的操作程序把泄油器下到设计要求的位置	20	未按照设计要求的位置下入扣20分	
		按起抽油杆的操作程序把抽油杆全部起出，向井口油管内投入撞击头，撞击头直径大于滑套内径，撞击头落在滑套上，再连接1~3根抽油杆投入井内，在抽油杆撞击力作用下撞断固定滑套的销钉，露出泄油孔，油管内的液体泄入井内	20	未投撞击头扣10分；未投抽油杆扣10分	
3	考核时限	30min，到时停止操作考核			
4		合计100分			

任务 2 封 隔 器

封隔器是封闭套管环形空间和隔离井筒内油、水、气（汽）层的密封工具。封隔器的种类很多，按封隔器封隔件实现密封的方式不同分为：自封式、压缩式、扩张式、组合式四种。

6.2.1 学习目标

通过本任务学习，使操作人员了解几种油田常见封隔器的用途、结构和工作原理、技术参数，掌握这几种封隔器的现场操作方法、技术要求以及注意事项；能够辨识操作过程中的危害因素和违章行为，使操作人员在使用封隔器施工过程中能够熟练、规范、安全操作。

6.2.2 学习任务

本学习任务包括准备工作、Y111 封隔器使用、Y211 封隔器使用、Y221 封隔器使用、Y531 封隔器使用、K344 封隔器使用。

6.2.3 任务分析

本任务学习应准备油田常见封隔器各 1 套、液压钳、管钳、油管吊卡、闸板防喷器及油管旋塞等工具，操作前要了解油井生产状况，对现场所有设备进行检查，操作者应掌握常见封隔器的工作原理、技术要求以及注意事项等。在整个操作过程中，操作人员应熟练掌握使用封隔器施工操作程序，能够识别安全风险，并有效预防，避免意外伤害事故。

6.2.4 背景知识

6.2.4.1 封隔器定义

封隔器是为了满足油水井生产需要，由钢体、胶皮封隔件部分与控制部分构成的井下分层封隔的专用工具。它的主要密封件是胶皮筒。

6.2.4.2 封隔器分类

自封式：靠封隔件外径与套管内径的过盈和工作压差实现密封的封隔器。
压缩式：靠轴向力压缩封隔件，使封隔件外径变大实现密封的封隔器。

扩张式：靠径向力作用于封隔件内腔，使封隔件外径扩大实现密封的封隔器。
组合式：由自封式、压缩式、扩张式任意组合实现密封的封隔器。

6.2.4.3 封隔器型号表示方法

1. 表示方法

一般情况下，根据封隔器的分类代号、固定方式代号、坐封方式代号、解封方式代号及封隔器钢体最大外径、工作温度、工作压差等参数依次排列，进行封隔器型号的编制和表示，如图6-2-1所示。

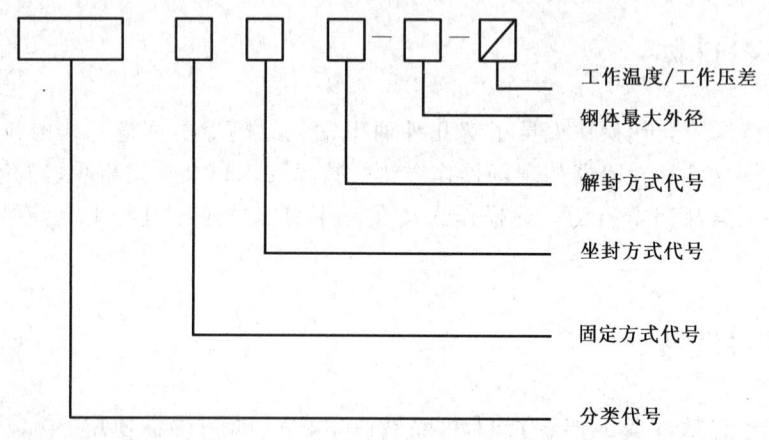

图6-2-1 封隔器型号表示方法

2. 代号说明

（1）分类代号：用分类名称第一个汉字的汉语拼音大写字母表示，组合式用各个分类代号的组合来表示，如表6-2-1所示。

表6-2-1 分类代号表

分类名称	自封式	压缩式	楔入式	扩张式	组合式
分类代号	Z	Y	X	K	用各式的分类代号组合表示

（2）固定方式代号：用阿拉伯数字来表示，如表6-2-2所示。

表6-2-2 固定方式代号表

固定方式名称	尾管支撑	单向卡瓦	悬挂	双向卡瓦	锚瓦
固定方式代号	1	2	3	4	5

（3）坐封方式代号：用阿拉伯数字表示，如表6-2-3所示。

表6-2-3 坐封方式代号表

坐封方式名称	提放管柱	转动管柱	自封	液压	下工具	热力
坐封方式代号	1	2	3	4	5	6

（4）解封方式代号：用阿拉伯数字表示，如表6-2-4所示。

表 6-2-4　解封方式代号表

解封方式名称	提放管柱	转动管柱	钻铣	液压	下工具	热力
解封方式代号	1	2	3	4	5	6

(5) 钢体最大外径：用阿拉伯数字表示，单位为 mm。

(6) 工作温度：用阿拉伯数字表示，单位为℃。

(7) 工作压差：用阿拉伯数字表示，省略到个位数，单位为 MPa。

6.2.4.4　Y111 封隔器

Y111 封隔器由上接头、顶胶环、长密封胶筒、中心管、短密封胶筒、顶胶环、密封接头、胶圈、支承滑套组成，如图 6-2-2 所示。Y111 封隔器可单独使用或与 Y211（251 型）封隔器联用，进行分层试油、分层采油、分层卡水等作业，其工作原理为将该封隔器支撑在井底或 Y211 封隔器上，下放管柱加压，剪断销钉，压缩胶筒，密封油套环空。需解封时，直接上提管柱即可。主要技术参数，如表 6-2-5 所示。

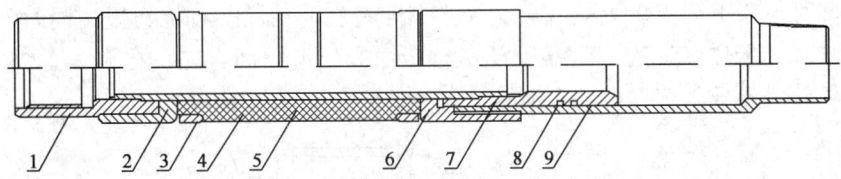

图 6-2-2　Y111 封隔器结构图

1—上接头；2—顶胶环；3—长密封胶筒；4—中心管；5—短密封胶筒；6—顶胶环；
7—密封接头；8—胶圈；9—支承滑套

表 6-2-5　Y111 封隔器技术参数表

工具总长 (mm)	钢体最大外径 (mm)	内通径 (mm)	两端连接螺纹	密封压差 (MPa)	坐封力 (kN)
745	114	62	2⅞TBG	正向 25，反向 8	60~80

6.2.4.5　Y211 封隔器

Y211 封隔器由上接头、中心管、隔环、胶筒、限位套、锥体、卡瓦、卡瓦座、扶正器座、弹簧、扶正块、滑环套、滑环销钉、滑环、下接头组成，如图 6-2-3 所示。它主要用于分层试油、分层采油、卡水、防砂、分层注水等井下作业。其工作原理为将封隔器直接连在管柱上，滑环销钉处于短轨道位置，封隔器即可顺利下井。下到预定位置，

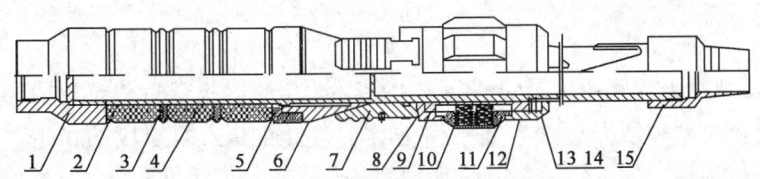

图 6-2-3　Y211 封隔器结构图

1—上接头；2—中心管；3—隔环；4—胶筒；5—限位套；6—锥体；7—卡瓦；8—卡瓦座；
9—扶正器座；10—弹簧；11—扶正块；12—滑环套；13—滑环销钉；14—滑环；15—下接头

通过上提，下放管柱将滑环销钉由短轨道换入长轨道，继续下放，锥体撑开卡瓦，卡住套管壁，再下放，压缩胶筒，密封油套环空。完成坐封，一般情况下坐封力为60～80kN，最大不超过100kN。上提管柱直接解封。主要技术参数如表6-2-6所示。

表6-2-6 Y211封隔器技术参数表

工具总长 (mm)	钢体最大外径 (mm)	内通径 (mm)	两端连接螺纹	密封压差 (MPa)	坐封力 (kN)	扶正块并紧最大外径 (mm)	扶正块张开最大外径 (mm)
1540	114	52	2⅞ TBG	正向25，反向8	60～80	120	136

6.2.4.6 Y221封隔器

Y221封隔器由上接头、中心管、限位套、剪钉、锥体、卡瓦、扶正器、圆柱销、弹簧、扶正块、坐封套、销子、下接头组成，如图6-2-4所示。它主要用于分层试油、分层采油、卡水、防砂、分层注水等井下作业。其工作原理为将封隔器直接连在管柱上，此时定位凸耳位于下死点，上提油管至一定高度右旋，在保持右旋扭矩的同时下放管柱，锥体撑开卡瓦，卡住套管壁，压缩胶筒密封于油套环形空间，完成坐封。上提管柱直接解封。主要技术参数如表6-2-7所示。

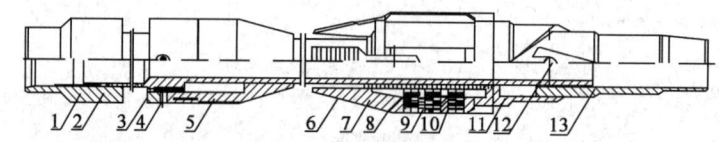

图6-2-4 Y221封隔器结构图
1—上接头；2—中心管；3—限位套；4—剪钉；5—锥体；6—卡瓦；7—扶正器；8—圆柱销；
9—弹簧；10—扶正块；11—坐封套；12—销子；13—下接头

表6-2-7 Y221封隔器技术参数表

适用套管 (in)	钢体最大外径 (mm)	内通径 (mm)	两端连接螺纹	密封压差 (MPa)	坐封力 (kN)	扶正块并紧最大外径 (mm)	扶正块张开最大外径 (mm)
5½	114	52	2⅞ TBG	正向25，反向8	80～100	116	136

6.2.4.7 Y531型压裂封隔器

1. 概述

Y531型压裂封隔器在压裂前可进行洗井循环，压裂时投球后隔绝封隔器油管与油套环形空间的流体流动和压力传递，起到保护套管、封隔非压裂层段的作用。此封隔器工作压力高，通过排量大、工作可靠、性能稳定。

2. 工作原理

（1）在压裂施工中，Y531型压裂封隔器可单独使用，对油气井的最下面一层进行压裂；也可与桥塞配套使用，对油气井中任意一层进行压裂。

（2）该封隔器一经释放后可反复坐封，在压裂施工过程中因故障暂时停泵，不影响继续施工。其主要技术参数如表6-2-8所示。

表6-2-8 Y531型压裂封隔器技术参数表

工具总长（mm）	钢体最大外径（mm）	内通径（mm）	两端连接螺纹	密封压差（MPa）	皮碗最大外径（mm）	胶筒最大外径（mm）	采用钢球直径（mm）	工作温度（℃）
1480	114	48	2⅞TBG	下压50	130	113	45	120

6.2.4.8 K344封隔器

K344封隔器由上接头、密封圈、胶筒钢碗、中心管、胶筒、下接头组成，如图6-2-5所示。它主要用于压裂、防砂、酸化、堵水、找窜、封窜等作业。其工作原理为将该封隔器随管柱一同下井，下到预定位置，从油管加液压，通过节流器的作用在油套间形成压差，扩张胶筒，贴住套管壁，实现密封油套环空。当撤掉油管压力后，胶筒自行收回实现解封。主要技术参数如表6-2-9所示。

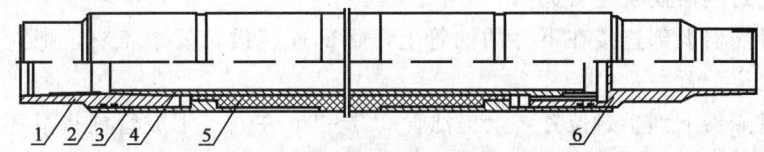

图6-2-5 K344封隔器结构图
1—上接头；2—密封圈；3—胶筒钢碗；4—中心管；5—胶筒；6—下接头

表6-2-9 K344封隔器技术参数表

工具总长（mm）	最大外径（mm）	内通径（mm）	两端连接螺纹	扩张压力（MPa）	最大允许工作压差（MPa）
1265	110～114	60～62	2⅞TBG	0.8～1.2	80～100

6.2.5 任务实施

6.2.5.1 准备工作

工具、用具准备如表6-2-10所示。

表6-2-10 工具、用具准备

序号	名称	规格	数量	序号	名称	规格	数量
1	封隔器		1个	8	记录笔		1个
2	管钳	1200mm	2把	9	油管吊卡		2副
3	卷尺	15m	1把	10	游标卡尺		1把
4	液压钳		1台	11	小滑车		1个
5	密封脂		适量	12	通径规		1个
6	棉纱		适量	13	防喷器		1台
7	记录纸		适量	14	旋塞阀		1套

6.2.5.2　Y111 封隔器使用

(1) 检查封隔器连接螺纹及密封胶筒是否完好，并对封隔器长度、直径、外径、内径进行丈量并做好记录。

(2) 将封隔器上部连接在下井的油管上（常以卡瓦支撑式封隔器作为支撑）。

(3) 把封隔器下到坐封位置。

(4) 先坐封下面卡瓦支撑式封隔器，然后继续下放管柱加压 60~80kN 压缩胶筒膨胀，使胶筒紧贴套管壁，实现密封油套环空。

(5) 解封：上提管柱直接解封。

6.2.5.3　Y211 封隔器使用

(1) 检查封隔器连接螺纹、密封胶筒、卡瓦、卡瓦座、扶正器座、弹簧、扶正块、滑环套、滑环销钉等处是否完好，并对封隔器长度、直径、外径、内径进行丈量并做好记录。

(2) 检查封隔器换轨是否灵活、可靠。

(3) 把封隔器上部连接在下井的油管上，下部连接设计要求工具，把封隔器的滑环销钉处于短轨道位置。

(4) 把封隔器下到坐封位置，上提油管 0.5~1m 左右，下放管柱将滑环销钉由短轨道换入长轨道，继续下放管柱，锥体撑开卡瓦，卡住套管壁，再下放，压缩胶筒膨胀，使胶筒紧贴套管壁，实现密封油套环空。一般情况下坐封力为 60~80kN，最大不超过 100kN。

(5) 解封：上提管柱直接解封。

6.2.5.4　Y221 封隔器使用

(1) 检查封隔器连接螺纹、密封胶筒、卡瓦、卡瓦座、扶正器、弹簧、扶正块、等处是否完好，并封隔器长度、直径、外径、内径进行丈量并做好记录。

(2) 检查封隔器换轨是否灵活、可靠。

(3) 把封隔器上部连接在下井的油管上，下部连接设计要求工具，把封隔器的定位凸耳位于下死点的位置。

(4) 把封隔器下到坐封位置，在保持右旋扭矩的同时下放管柱，锥体撑开卡瓦，卡住套管壁，再下放，压缩胶筒膨胀，使胶筒紧贴套管，实现密封油套环空。一般情况下坐封力为 60~80kN，最大不超过 100kN。

(5) 解封：上提管柱直接解封。

6.2.5.5　Y531 型压裂封隔器使用

(1) 检查封隔器连接螺纹、密封胶筒等处是否完好，并对封隔器长度、直径、外径、内径进行丈量并做好记录。

(2) 把封隔器上部连接在下井的油管上，下部连接接球篮。

(3) 把封隔器下到坐封位置，装好压裂井口。

(4) 压裂施工时,向封隔器内投入 $\phi45mm$($\phi58mm$)的钢球,开泵打压,当压力达到 8～15MPa 时,滑套剪钉被剪断,滑套下行,阀外套的循环通道被封闭,开缝的球座随滑套下行,由于上接头的下部内径扩大,球座在自身弹力作用下张开,钢球下落解除密封总成的锁定装置,至接球篮内,压裂液经接球篮的孔槽进入封隔器下部油套环空上行时,皮碗上下环空形成较大的压差,下部油套环空液体推动皮碗向上运动,当胶筒内管压紧水力锚主体上的密封圈时,锁块上行至中心管的凹陷台阶,锁块被释放,此时液体推动锚瓦锚定套管同时推动皮碗上行,胶筒被压缩密封,从而达到保护封隔器上部套管和非压裂目的层的目的,并避免非压裂目的层对压裂液的吸收造成不必要的油层伤害和压裂液损失。

(5) 解封:当压力撤消封隔器上下压力平衡时,锚瓦和胶筒自动收缩,封隔器解封。

(6) 该封隔器一经释放后可反复坐封,在压裂施工过程中因故障暂时停泵,不影响继续施工。

6.2.5.6 K344 封隔器使用

(1) 检查封隔器连接螺纹及密封胶筒是否完好,并对封隔器长度、直径、外径、内径进行丈量并做好记录。

(2) 把封隔器上部连接在下井的油管上,下部连接设计要求工具。

(3) 把封隔器下到坐封位置。

(4) 从油管加液压,通过节流器的作用在油管、套管间形成压差,扩张胶筒膨胀,使胶筒贴住套管壁,实现密封油套环空。

(5) 解封:上提管柱直接解封。

6.2.6 归纳总结

(1) 封隔器卡点位置应避开套管接箍处。
(2) 下管柱前应先用套管刮削器刮削套管,防止封隔件被撞坏。
(3) 下封隔器前用标准的通径规通井,以保证封隔器顺序下入。
(4) 下井的油管必须用通径规通过。
(5) 油管要清洁,油管及其螺纹要完好无损。
(6) 压井液及洗井液要清洁。
(7) 下放管柱要平稳,速度要均匀,应控制在 0.5m/s 以内。
(8) 要确保卡点位置准确,防止误卡。
(9) 坐封时对管柱试压做到管柱不渗不漏,符合井下作业规程对管柱试压的要求。
(10) 在坐封后,如试封时不密封应上提管柱解封同时将封隔器提至所有层位以上,再坐封、试封,以判断是封隔器封隔件被刮坏或误卡或管外窜通所致。
(11) 根据井段的温度,选适用相应温度的胶筒。
(12) 封隔器在运输与搬运时,不允许碰撞避免雨淋和潮湿,在储存时应远离热源,不得接触酸、碱、盐等腐蚀性物质。

(13) 每次使用后，应拆卸各零部件清洗干净再重新装配，装配时更换胶筒及密封圈，各密封填料槽及螺纹连接处都必须涂润滑脂。

6.2.7 拓展链接

6.2.7.1 K366 热采封隔器

1. 用途

K366 热采封隔器是膨胀密封，悬挂式，无卡瓦，热力坐封，热力解封，用于稠油热采的扩张式封隔器。主要技术参数如表 6-2-11 所示。

表 6-2-11 K366 热采封隔器技术参数表

热采封隔器	最大钢体外径（mm）	适用套管内径（mm）	中心管通径（mm）	最低膨胀温度（℃）	工作温度（℃）	最大工作压差（MPa）	最大井深（m）
K366-152	152	158～162	62	200	320	17	2100
K366-213	213	219～224	62	200	320	17	2100

2. 工作原理

K366 热采封隔器膨胀系统的核心部件是热敏金属，当温度高于 200℃时，热敏金属变形，挤压密封件使其膨胀；温度越高，膨胀力越大，密封件和套管紧密接触，封隔油套环形空间。温度降低后热敏金属收缩，密封件回收解封。管柱受拉伸长时剪断销钉，中心管向下滑动，抵消了管柱的伸长量。

3. 使用方法

K366 热采封隔器随注汽管柱下至设计深度，注汽井温度升高，封隔器坐封。注汽后，井温降低，封隔器自动解封。如果井温降低缓慢，则可注入压井液降温解封。

6.2.7.2 易熔金属封隔器

易熔金属封隔器公开报道很少，且国内尚未引进。此类封隔器主要由易熔金属密封件和封隔器主体构成，其中封隔器的中心管内径只有 50mm，外径为 122mm，单个封隔器的长度仅有 500mm。与多种工具配套使用时，组装的工具管串结构长度为 1500mm，单重 100kg。封隔器要与扶正器（上）、旋转阻流器（上）、扶正器（下）、旋转阻流器（下）、短节、分流阀、收集器配套为紧凑的整体，方便使用。其使用操作程序简单，入井不要求使用水力锚和卡瓦，坐封和解封不需要油管柱，油管悬挂井中不必坐卡瓦。用普通电缆把加热器下放到井中封隔器位置，通电后使加热器工作，迫使易熔合金密封件熔化；冷却时将封隔器本体外壳与套管壁焊接起来；解封或修复焊接裂口时只需重复加热工序即可。

易熔金属封隔器的密封件所承受的最大压差为 70MPa，封隔器所能承受的最大纵向负荷为 900kN，适用于温度不高于 180℃的地层。

6.2.7.3 超弹性金属封隔器

超弹性金属封隔器工作系统由 NiTi 合金密封体、锥体（卡瓦锚）、工作筒、中心管组成，中心管通径可达 90mm，便于相关作业。使用时，视井的施工目的灵活搭配相关入井工具。通常的组装配套有：动力坐封系统，包括坐封套和拉杆；丢手总成，包括释放套、夹头体、弹簧爪、拉杆；配套系统，包括插入管柱和解封打捞工具。

其使用操作程序较易熔金属封隔器复杂，且技术性更强。动力坐封系统将大小相等、方向相反的两个机械力通过坐封套由拉杆的传递作用分别作用于锥体和工作筒上，使锥体相对于 NiTi 合金密封体向下运动，于是便将密封体胀大，从而密封油套环空。当机械力达到一定值时，释放套便被拉断，丢手总成进入工作状态，完成丢手。解封时，因合金密封体在地面就在真空条件下进行了热处理，因此可使其硬度降低，易于显现出超弹性，且不被氧化变质。解封需先用专用打捞工具把插入的密封段起出，然后用油管携带专用打捞工具下入封隔器固定的位置，上提捞矛将锥套起出，继而用专用工具将封隔器主体一起整体取出。

超弹性金属封隔器的密封件耐压差 35MPa，封隔器的悬挂力≥200kN，解封力需要 180kN，封隔器适用于地层温度≥150℃，特别是密封件上部加工有三道凸脊，确保其封隔油套环空的作用，且不破裂。

易熔金属封隔器和超弹性金属封隔器都是亚类金属密封封隔器，它们的共同特性就在于耐高温、耐压力、耐腐蚀、封隔性能强、技术配套性好，因而具有明显的实用性和推广应用价值。其开发研制方案为技术创新，其密封合金为高科技材料。

6.2.8 思考与练习

（1）简述 Y211 封隔器的工作原理。
（2）简述 Y111 封隔器使用注意事项。

6.2.9 考核

6.2.9.1 考核规定

（1）如违章操作，将停止考核。
（2）考核采用百分制，考核权重：知识点 30%，技能点 70%。
（3）考核方式：本项目为实际操作考题，考核过程按评分标准及操作过程进行评分。
（4）考核说明：本项目主要考核考生对 Y211 封隔器使用操作掌握的熟练程度。

6.2.9.2 考核时间

（1）准备工作：5min（不计入考核时间）。
（2）正式操作时间：30min。

(3)在规定时间内完成,到时停止操作。

6.2.9.3 考核记录表

使用 Y211 封隔器考核记录表如表 6-2-12 所示。

表 6-2-12 使用 Y211 封隔器考核记录表

序号	考核内容	评分要素	配分	评分标准	备注
1	准备工作	劳保着装整齐,选择工具、用具:Y211 封隔器、管钳、液压钳、油管吊卡、防喷器、旋塞阀、游标卡尺、卷尺、记录纸和笔	20	未正确穿戴劳保不得进行操作;未准备工具、用具扣 5 分;少选一件扣 2 分	
2	Y211 封隔器操作	检查封隔器连接螺纹、密封胶筒、卡瓦、卡瓦座、扶正器座、弹簧、扶正块、滑环套、滑环销钉等处是否完好,并对封隔器长度、直径、外径、内径进行丈量并做好记录	20	检查封隔器连接螺纹、密封胶筒、卡瓦、卡瓦座、扶正器座、弹簧、扶正块、滑环套、滑环销钉少检查一项扣 2 分;未对封隔器丈量扣 10 分	
		检查封隔器换轨是否灵活、可靠。把封隔器上部连接在下井的油管上,下部连接设计要求工具,把封隔器的滑环销钉处于短轨道位置	30	刮削器连接错误扣 15 分;未把封隔器的滑环销钉处于短轨道位置扣 15 分	
		把封隔器下到坐封位置,上提油管 0.5~1m 左右,下放管柱将滑环销钉由短轨道换入长轨道,继续下放管柱,锥体撑开卡瓦,卡住套管壁,再下放,压缩胶筒膨胀,使胶筒紧贴套管壁,实现密封油套环空。一般情况下坐封力为 60~80kN,最大不超过 100kN。解封:上提管柱直接解封	30	封隔器坐封位置错误扣 10 分;封隔器坐封方法错误扣 10 分;封隔器坐封力超过坐封最大值扣 10 分	
3	考核时限	30min,到时停止操作考核			
4	合计 100 分				

任务3 刮 削 器

刮削器用于套管内壁的刮削，清除残留在套管内壁上的水泥块、水泥环、硬蜡、各种盐类结晶或沉积物、射孔毛刺以及套管锈蚀后所产生的氧化铁等脏物，使用刮削器对套管进行刮削作业，是井下作业施工过程中下入大直径工具和封隔器的必要工序。

6.3.1 学习目标

通过本任务学习，使操作人员了解套管刮削器的用途、结构和工作原理，掌握套管刮削器的使用方法及技术要求；能够学会使用套管刮削器，使操作人员在使用刮削器施工过程中能够熟练、规范、安全操作。

6.3.2 学习任务

本任务学习包括准备工作、弹簧式套管刮削器操作。

6.3.3 任务分析

本任务学习应准备弹簧式套管刮削器、液压钳、管钳、油管吊卡，闸板防喷器及油管旋塞等工具，操作前要了解油井生产状况，对现场所有设备进行检查，操作者应掌握弹簧式套管刮削器的工作原理、技术要求以及注意事项等。在整个操作过程中，操作人员应熟练掌握使用弹簧式套管刮削器施工操作程序，能够识别安全风险，并有效预防，避免意外伤害事故。

6.3.4 背景知识

6.3.4.1 套管刮削

套管刮削是指刮削套管内壁，清除套管内壁上水泥、硬蜡、盐垢及炮眼毛刺等的作业。

6.3.4.2 刮削器的分类

刮削器包括：胶筒式套管刮削器、弹簧式套管刮削器、防脱式套管刮削器。

6.3.4.3 刮削器的用途

刮削器主要用于井下作业中清除套管内壁上的死油、封堵及化堵残留的水泥、堵剂、硬蜡、盐垢及射孔炮眼毛刺等的刮削和清除。

6.3.4.4 弹簧式套管刮削器

弹簧式套管刮削器主要由壳体、刀板、刀板座、固定块、螺旋弹簧、内六角螺钉等零件组成，如图 6-3-1 所示。壳体承装着全部零件，上端和下端有与管柱等工具相连接的内、外螺纹，在直径最大的中段，交错地铣出六个大方形槽，每一个方形槽两端又对称加工出燕尾槽和小方形槽，用以安装刀板、刀板座、固定块。刀板一面为弧形的表面，其上有螺旋形的勾槽和条形刀片，两端有锥形体，可使刀板顺利通过每个套管接箍，锥体端部的两块耳板借助刀板座限定了刮削器在自由状态的尺寸。刀板的另一面有3～4个安装弹簧的孔，受压缩的螺旋弹簧的反力是刮削时径向进给力的来源。刀板两端与大方形槽之间有四个三角形的区域，用以防止刀板内外两面因循环钻井液的压力而影响刮削力。刀板座的燕尾体同壳体上的燕尾槽装配在一起，并由一个内六自螺钉所固定，它一端的凸出部分压着刀板上的两个耳板。主要技术参数如表 6-3-1 所示。

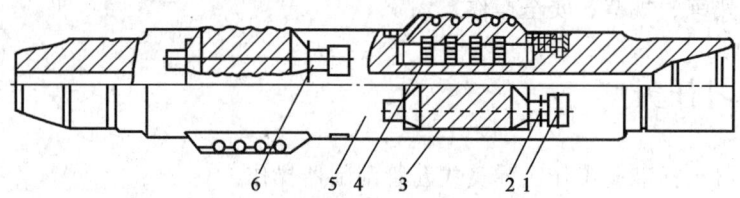

图 6-3-1 弹簧式套管刮削器结构图
1—固定块；2—内六角螺钉；3—刀板；4—螺旋弹簧；5—壳体；6—刀板座

表 6-3-1 弹簧式套管刮削器技术参数表

型号	刀片伸出最大外径（mm）	刀片伸出最大外径（mm）	刮削范围（mm）	壳体外径（mm）	接头螺纹代号
GX114T	107	94	94～104	90	NC26
GX127T	120	104	106～116	100	NC26
GX140T	133	115	117～128	110	NC31
GX146T	139	120	122～134	110	NC31
GX168T	162	137	140～156	130	3½REG
GX178T	170	146	148～166	136	3½REG
GX194T	186	162	165～180	136	3½REG
GX219T	212	185	191～206	142	4½REG
GX245T	238	210	216～231	20	4½REG
GX273T	268	240	248～259	228	6⅝REG

6.3.4.5 防脱式套管刮削器

防脱式套管刮削器主要由主体、弹簧、左旋刀片、右旋刀片、挡环、螺钉等组成，如图 6-3-2 所示。主体承装全部零件，上端和下端有与管柱等工具相连接的内外螺纹。在直径最大的中段分别铣出五个左、右旋的螺旋 T 形槽，用以安装刀片和弹簧。主体上左、右旋的刀片槽中间有一细段安装挡环,挡环用来固定刀片,用螺钉固定挡环。

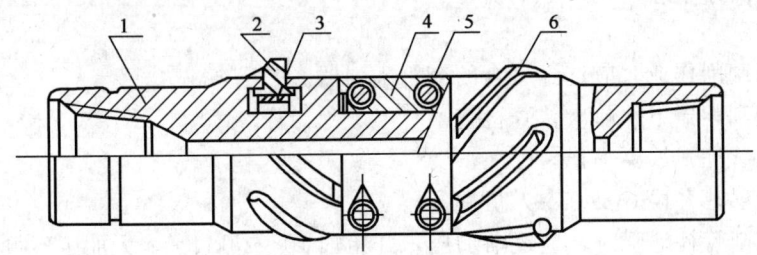

图 6-3-2 防脱式套管刮削器结构图
1—主体;2—右旋刀片;3—弹簧;4—挡环;5—螺钉;6—左旋刀片

6.3.5 任务实施

6.3.5.1 准备工作

工具、用具准备如表 6-3-2 所示。

表 6-3-2 工具、用具准备

序号	名称	规格	数量	序号	名称	规格	数量
1	刮削器		1个	8	记录笔		1个
2	管钳	1200mm	1把	9	吊卡		2只
3	卷尺	15m	1把	10	400型水泥车		1台
4	液压钳		1台	11	洗井液		井筒1.5倍容积
5	密封脂		适量	12	水龙带		1根
6	游标卡尺		1个	13	防喷器		1台
7	记录纸		适量	14	旋塞阀		1套

6.3.5.2 弹簧式刮削器操作

(1) 检查刮削器上螺纹、下螺纹、壳体、弹簧、刀片是否达到规定要求,并对刮削器长度、直径、外径、内径进行丈量并做好记录。

(2) 把刮削器上部连接在下井的油管上,用管钳(液压钳)上紧螺纹。条件许可时,刮削器下端可多接油管增加入井时重量,以便压缩收拢刀片、刀板。

(3) 下管柱时要平稳操作,下管柱速度控制为 20~30m/min。下到距离设计要求刮削井段前 50m 时,下放速度控制为 5~10m/min。接近刮削井段并开泵循环正常后缓慢下放,然后再上提管柱反复多次刮削,悬重正常为止。

(4) 若中途遇阻,当悬重下降 20~30kN 时,应停止下管柱。边洗井边旋转管柱反复刮削至悬重正常,再继续下管柱,一般刮管至射孔井段以下 10m。

(5) 刮削完毕要大排量反循环洗井一周以上,将刮削下来的脏物洗出地面。

(6) 洗井结束后,起出井内全部刮削管柱,结束刮削操作。

6.3.6 归纳总结

(1) 套管刮削作业时应选择适合的套管刮削器。
(2) 套管刮削器下井前应认真检查。
(3) 刮削管柱下放要平稳。
(4) 刮削射孔井段时要有专人指挥。
(5) 当刮削管柱遇阻时,应逐渐加压,开始加 10~20kN,最大加压不得超过 30kN,并缓慢上下活动管柱,不得猛提猛放,也不得超负荷上提。
(6) 壳体、弹簧、刀片变形、损伤,现场不能排除,应回收修理。
(7) 壳体变形、损伤无修复价值,接头螺纹无损检测有缺陷的应予判废。

6.3.7 拓展链接

胶筒式套管刮削器由上接头、壳体、胶筒、冲管、刀片、下接头等部件组成,如图 6-3-3 所示。其主要技术参数如表 6-3-3 所示。

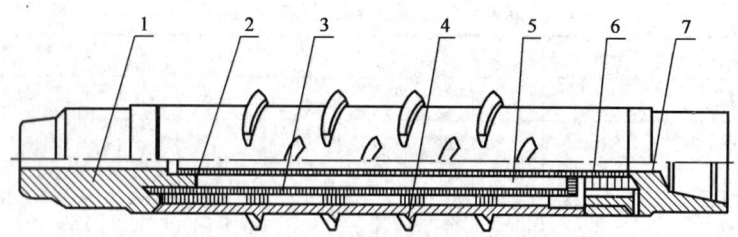

图 6-3-3 胶筒式套管刮削器结构图
1—下接头;2—冲管;3—胶筒;4—刀片;5—壳体;6—O 形密封圈;7—上接头

表 6-3-3 胶筒式套管刮削器技术参数表

型号	刀片伸出最大外径 (mm)	刮削范围 (mm)	壳体外径 (mm)	接头螺纹代号
GX102J	92		75	NC26
GX114J	108	94~104	85	NC26
GX127J	119	106~116	95	NC26
GX140J	130	117~128	111	NC31
GX146J	136	122~134	111	NC31
GX168J	158	140~156	127	3½REG
GX178J	168	148~166	140	3½REG
GX194J	180	165~180	140	3½REG
GX219J	208	191~206	178	4½REG
GX245J	233	216~231	178	4½REG
GX273J	261	248~259	229	6⅝REG

6.3.8 思考练习

(1) 简述弹簧式刮削器的操作方法。
(2) 简述使用刮削器的注意事项。

6.3.9 考核

6.3.9.1 考核规定

(1) 如违章操作,将停止考核。
(2) 考核采用百分制,考核权重:知识点 30%,技能点 70%。
(3) 考核方式:本项目为实际操作考题,考核过程按评分标准及操作过程进行评分。
(4) 考核说明:本项目主要考核考生对弹簧式套管刮削器的使用操作掌握的熟练程度。

6.3.9.2 考核时间

(1) 准备工作:5min(不计入考核时间)。
(2) 正式操作时间:30min。
(3) 在规定时间内完成,到时停止操作。

6.3.9.3 考核记录表

使用弹簧式套管刮削器考核记录表如表 6-3-4 所示。

表 6-3-4 使用弹簧式套管刮削器考核记录表

序号	考核内容	评分要素	配分	评分标准	备注
1	准备工作	劳保着装整齐,选择工具、用具:刮削器、管钳、液压钳、油管吊卡、防喷器、旋塞阀、游标卡尺、卷尺、记录纸和笔	10	未正确穿戴劳保不得进行操作;未准备工具、用具扣5分;少选一件扣2分	
2	弹簧式套管刮削器操作	检查刮削器上下螺纹、壳体、弹簧、刀片是否达到规定要求,并对刮削器长度、直径、外径、内径进行丈量并做好记录	20	未对刮削器检查扣10分;未对刮削器丈量扣10分	
		刮削器上部连接在下井的油管上,用管钳(液压钳)上紧螺纹。条件许可时,刮削器下端可多接油管增加入井时重量,以便压缩收拢刀片、刀板	20	刮削器连接错误扣20分	

续表

序号	考核内容	评 分 要 素	配分	评 分 标 准	备注
2	弹簧式套管刮削器操作	下管柱时要平稳操作,下管柱速度控制为 20~30m/min。下到距离设计要求刮削井段前 50 m 时,下放速度控制为 5~10m/min。接近刮削井段并开泵循环正常后,缓慢下放,然后再上提管柱反复多次刮削,悬重正常为止	10	下管未控制下放速度扣 10 分	
		若中途遇阻,当悬重下降 20~30kN 时,应停止下管柱。边洗井边旋转管柱反复刮削至悬重正常,再继续下管柱,一般刮管至射孔井段以下 10m	20	中途遇阻当悬重下降 20~30kN 时没有停止下放管柱扣 10 分;未进行反复多次刮削直到悬重正常扣 10 分	
		刮削完毕要大排量反循环洗井一周以上,将刮削下来的脏物洗出地面。洗井结束后,起出井内全部刮削管柱,结束刮削操作	20	未进行反复多次刮削到悬重正常扣 10 分;刮削完毕没有大排量反循环洗井一周以上扣 10 分	
3	考核时限	30min,到时停止操作考核			
4		合计 100 分			

任务 4　油管悬挂器

油管悬挂器又名油管头，其作用是悬挂井内油管，并密封油管和油层套管之间的环形空间，为下接套管头、上接采油树提供过渡；通过油管头四通体上的两个侧口（接套管阀门），完成套管注入及洗井等作业。安装和拆卸油管悬挂器是井下作业中比较重要的环节。

6.4.1　学习目标

通过本任务学习，使操作人员了解锥形油管悬挂器的工作原理及用途，掌握起下锥形油管悬挂器的操作程序，在使用锥形油管悬挂器施工过程中能够熟练、规范、安全操作。

6.4.2　学习任务

本学习任务包括施工准备、提锥形油管悬挂器操作、坐锥形油管悬挂器操作。

6.4.3　任务分析

本任务学习应准备锥形油管悬挂器、提升短节、管钳、油管吊卡、闸板防喷器及油管旋塞等工具，操作前要了解油井生产状况，对现场所有设备进行检查，操作者应掌握锥形油管悬挂器的外部结构、工作原理、标准操作程序、技术要求以及注意事项等。在整个操作过程中，操作人员应熟练掌握使用锥形油管悬挂器施工操作程序，能够识别安全风险，并有效预防，避免意外伤害事故。

6.4.4　背景知识

锥形油管悬挂器是一个锥形体，如图 6-4-1 所示，在油管悬重下，油管悬挂器牢牢地坐在四通锥座里。顶丝的作用是防止井内压力太高将管柱顶出。

6.4.5　任务实施

6.4.5.1　准备工作

工具、用具准备如表 6-4-1 所示。

图 6-4-1　锥形油管悬挂器

表 6-4-1 工具、用具准备

序号	名称	规格	数量	序号	名称	规格	数量
1	油管悬挂器		1个	5	提升短节		1个
2	管钳		2把	6	吊卡		2个
3	卷尺	15m	1把	7	活动扳手		1把
4	密封脂		适量				

6.4.5.2 提锥形油管悬挂器

（1）卸下套管四通上法兰。

（2）将提升短节连接在悬挂器上部并用管钳上紧，用活动扳手将套管四通法兰的四条顶丝退回丝孔内。

（3）将吊卡扣在提升短节上，挂吊环插入吊卡销，指挥操作工上提，当油管悬挂器提出 20cm 观察负荷正常后，再提出防喷器上平面以上 30cm 左右时停止，如图 6-4-2 所示。

（4）将吊卡放在防喷器上扣住油管，指挥操作工下放，使油管坐在吊卡上。

（5）用管钳将油管悬挂器连同提升短节一起卸开，并放置在便于施工的位置。

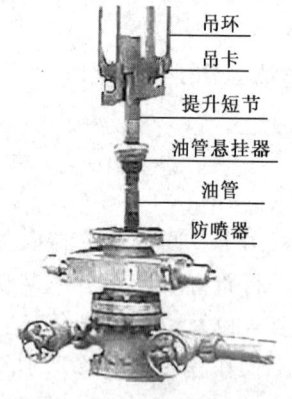

图 6-4-2 提锥形油管悬挂器示意图

6.4.5.3 坐油悬挂器操作

（1）检查油管悬挂器（锥体）的 O 形密封圈是否完好，如有损坏，及时更换。

（2）将油管悬挂器与提升短节一起，连接在最后下入井内的油管上，并用管钳上紧。

（3）操作工下放，将挂在吊环上的吊卡扣在提升短节上。

（4）指挥操作工上提油管 30cm 刹车，撤掉坐在油管接箍下面的另一只吊卡。

（5）指挥操作工缓慢放下，使油管悬挂器（锥体）稳稳地坐入套管四通内。

（6）用活动扳手将套管四通四条顶丝顶紧，卡住锥体，卸下提升短节。

6.4.6 归纳总结

（1）油管悬挂器坐井口时，井架天车、游动滑车和井口必须成一条直线，防止坐油管悬挂器时挤坏 O 形密封圈。

（2）提油管挂时必须用专用的提升短节，螺纹完好。

（3）提、坐油管挂必须有专人指挥。

（4）套管四通法兰的四条顶丝必须完全退回丝孔内。

（5）上提油管油管悬挂器的提升负荷必须执行规定标准。

6.4.7 拓展链接

6.4.7.1 带电缆密封油管悬挂器

带电缆密封油管悬挂器主要是用于潜油电泵采油井，利用增加穿电缆装置来实现潜油电泵的采油作业，如图 6-4-3 所示。

6.4.7.2 缠绕式油管悬挂器

缠绕式油管悬挂器是一种缠绕密封式悬挂器，这种密封可通过拧紧油管四通的锁紧螺栓而增能，适用于工作压力高达 103MPa 的工作条件，如图 6-4-4 所示。

图 6-4-3 带电缆密封油管悬挂器

图 6-4-4 缠绕式油管悬挂器

6.4.7.3 金属密封油管悬挂器

金属密封油管悬挂器主要是用来在允许油管互换的情况下对油管头/套管头环面进行密封控制，如图 6-4-5 所示。

6.4.7.4 单、双油管悬挂器

单、双油管悬挂器为双油管悬挂器，可同时悬挂两根油管进行分层采油，如图 6-4-6 所示。

图 6-4-5 金属密封油管悬挂器

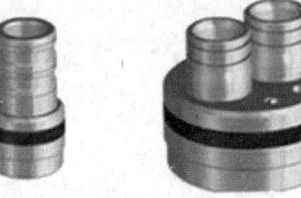

图 6-4-6 单、双油管悬挂器

6.4.7.5 套管头

(1) 套管头结构，如图 6-4-7 所示。
(2) 位置：套管头在井口装置的下端，是连接套管和各种井口装置的一种部件。
(3) 组成：套管头由本体、套管悬挂器和密封组件组成。

(4) 作用：用以支持技术套管和油层套管的重力，密封各层套管间的环形空间，为安装防喷器、油管头和采油树等上部井口装置提供过渡连接。

(5) 连接方法：表层套管用法兰与套管头下法兰连接，油层套管用螺纹与套管头内螺纹连接。

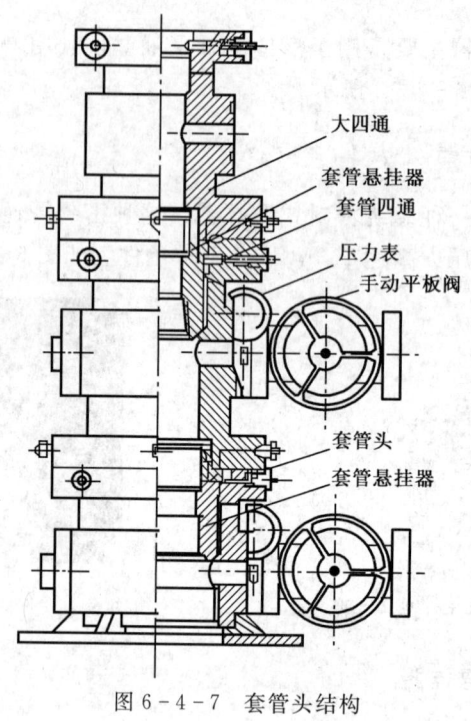

图 6-4-7 套管头结构

6.4.8 思考练习

简述提锥形油管悬挂器怎样操作。

6.4.9 考核

6.4.9.1 考核规定

(1) 如违章操作，将停止考核。

(2) 考核采用百分制，考核权重：知识点 30%，技能点 70%。

(3) 考核方式：本项目为实际操作考题，考核过程按评分标准及操作过程进行评分。

(4) 考核说明：本项目主要考核考生对起下锥形油管悬挂器的使用操作掌握的熟练程度。

6.4.9.2 考核时间

(1) 准备工作：5min（不计入考核时间）。

(2) 正式操作时间：30min。

(3) 在规定时间内完成，到时停止操作。

6.4.9.3 考核记录表

使用锥形油管悬挂器考核记录表如表6-4-2所示。

表6-4-2 使用锥形油管悬挂器考核记录表

序号	考核内容	评分要素	配分	评分标准	备注
1	准备工作	劳保着装整齐，选择工具、用具：油管悬挂器、管钳、吊卡、提升短节、卷尺、活动扳手、密封脂	10	未正确穿戴劳保不得进行操作；未准备工具、用具扣5分；少选一件扣2分	
2	起锥形油管悬挂器操作	卸下套管四通上法兰。将提升短节连接在悬挂器上部并用管钳上紧，用活动扳手将套管四通法兰的四条顶丝退回丝孔内	20	提升短节未上紧扣10分；未把四通法兰的四条顶丝退回法兰内扣10分	
		将吊卡扣在提升短节上，挂吊环插入吊卡销，指挥操作工上提，当油管悬挂器提出20cm观察负荷正常后，再提出防喷器上平面以上30cm左右时停止	10	无专人指挥上提悬挂器扣5分；油管悬挂器提出20cm未观察负荷扣5分	
		将吊卡放在防喷器上扣住油管，指挥操作工下放，使油管坐在吊卡上。用管钳将油管悬挂器连同提升短节一起卸开，并放置在便于施工的位置	10	无人指挥操作工下放扣10分	
	坐锥形油管悬挂器操作	检查油管悬挂器（锥体）的O形密封圈是否完好，如有损坏，及时更换	10	未检查油管悬挂器（锥体）的O形密封圈扣10分	
		将油管悬挂器与提升短节连接在最后下入井内的油管上，并用管钳上紧	10	油管悬挂器连接提升短节和油管的螺纹未上紧扣10分	
		操作工下放，将挂在吊环上的吊卡扣在提升短节上。指挥操作工上提油管30cm刹车，撤掉坐在油管接箍下面的另一只吊卡	10	无人指挥操作工上提扣10分	
		指挥操作工缓慢放下，使油管悬挂器（锥体）稳稳地坐入套管四通内。用活动扳手，将套管四通四条顶丝顶紧，卡住锥体，卸下提升短节	10	未上紧顶丝螺纹10分	
3	考核时限			30min，到时停止操作考核	
4			合计100分		

任务 5　抽油杆扶正器

管杆偏磨是油田生产过程中的常见问题。井身结构是管杆偏磨的主要影响因素；管杆受力运动失稳弯曲，也会造成管杆接触磨损；产出液高含水、高矿化度造成了管、杆腐蚀，加剧了偏磨。在多种防偏磨工艺中，扶正器的使用是主要方法之一，对减少各种原因造成的管杆偏磨、减少作业次数、提高原油产量具有重要使用价值。

6.5.1　学习目标

通过本任务学习，使操作人员了解抽油杆扶正器的工作原理及用途，掌握抽油杆扶正器操作步骤、技术要求；在使用抽油杆扶正器施工过程中能够熟练、规范、安全操作。

6.5.2　学习任务

本学习任务包括准备工作、尼龙抽油杆扶正器使用。

6.5.3　任务分析

本任务学习应准备抽油杆扶正器、抽油杆、管钳、抽油杆吊卡、抽油杆防喷器等工具，操作人员施工前应先了解抽油杆扶正器的用途、结构、工作原理等。在整个操作过程中，操作人员应熟练掌握使用抽油杆扶正器施工操作程序，能够识别安全风险，并有效预防，避免意外伤害事故。

6.5.4　背景知识

6.5.4.1　尼龙抽油杆扶正器

尼龙抽油杆扶正器（图 6-5-1）适用于偏磨的抽油井，尤其适用于抽油杆中和点以上偏磨的抽油井和定向斜井。工作原理为将扶正器连接在抽油杆上，利用扶正套的外径大于抽油杆接箍外径起扶正作用。所用扶正套是高强度耐磨材料，与油管接触使扶正体磨损，而减少油管的磨损，以达到防偏磨的目的。其主要技术参数如表 6-5-1 所示。

表 6-5-1　尼龙抽油杆扶正器技术参数

规格	抽油杆（扣型）	外径（mm）	总长度（mm）
KZX-19	ϕ19mm（$\frac{3}{4}$in 抽油杆扣）	58	265
KZX-22	ϕ22mm（$\frac{7}{8}$in 抽油杆扣）	58	265

图 6-5-1 尼龙抽油杆扶正器

6.5.4.2 全金属抽油杆扶正器

全金属抽油杆扶正器（图 6-5-2）具有结构简单、使用方便、使用寿命长、相对成本低的特点，适用于偏磨的抽油井，尤其适用于抽油杆中和点以上偏磨的抽油机井和定向斜井。工作原理为全金属抽油杆扶正器连接在抽油杆上，利用扶正套的外径大于抽油杆接箍外径，起扶正作用；采用不锈钢金属扶正套，减阻面耐磨耐温高，扶正套为三棱结构，棱弧与油管内径相近，增加了摩擦面，减小磨损阻耗。其主要技术参数如表 6-5-2 所示。

图 6-5-2 全金属抽油杆扶正器

表 6-5-2 全金属抽油杆扶正器技术参数表

规格	抽油杆（扣型）	外径（mm）	总长度（mm）
FZZ-19	ϕ19mm（3/4 in 抽油杆扣）	58	265
FZZ-22	ϕ22mm（7/8 in 抽油杆扣）	58	265

6.5.5 任务实施

6.5.5.1 准备工作

工具、用具准备如表 6-5-3 所示。

表 6-5-3 工具、用具准备

序号	名称	规格	数量	序号	名称	规格	数量
1	抽油杆扶正器		1个	5	抽油杆吊卡		1套
2	管钳	900mm	2把	6	管钳	600mm	2把
3	卷尺	15m	1把	7	活动扳手	300×36mm	1把
4	抽油杆防喷器		1套	8	游标卡尺		1把

6.5.5.2 尼龙抽油杆扶正器使用

（1）检查扶正器连接螺纹是否完好，并对扶正器长度、最大外径进行丈量并做好记录。

(2) 根据设计计算出抽油杆扶正器在井深位置后，下抽油杆时，在井口把抽油杆扶正器接在两根抽油杆之间，上紧螺纹。

(3) 按下抽油杆操作程序把扶正器下到设计位置与井斜较大井段。

(4) 起抽油杆见到抽油杆扶正器用管钳卸下，检查磨损情况，并做好记录。

6.5.6 归纳总结

(1) 扶正器在与抽油杆连接时，严禁在扶正套上打背钳，确保该扶正器没变形。

(2) 下井的泵管必须用标准的通径规通管。

(3) 抽油杆扶正器在旧油管的油井使用，旧油管外螺纹必须进行 45°倒角处理。

6.5.7 拓展链接

抽油杆扶正刮蜡器的用途、特点、工作原理如下所述。

(1) 用途。

抽油杆扶正刮蜡器具有结构简单、使用方便、使用寿命长、相对成本低的特点，适用于结蜡、结垢、偏磨的抽油机井，对油管内壁结蜡、结垢进行刮削，同时达到扶正防偏磨效果。

(2) 特点。

①刮蜡套表面喷焊处理，磨削、抛光后，质硬、光洁度高；特定的斜度，使刮蜡套受力时自主旋转，对油管内壁的结蜡、结垢进行刮削，同时大大减小了油管与刮蜡套间的磨损，刮蜡套既起到扶正作用，又保护了油管壁，还延长了产品的使用寿命。

②抽油杆扶正刮蜡器过流面积大，既减小了抽油杆上下运动时的阻力，又尽量避免了对出过油量造成影响。

(3) 工作原理。

随抽油杆的上下运动，刮蜡套可以根据抽油杆的倾斜方向自动快速地旋转，刮蜡套作为刮蜡片使用，对油管内壁进行清蜡、除垢处理，用物理方法代替化学方法的清蜡、除垢过程能有效避免对油层以及周边环境的污染。同时其耐磨面与油管内壁相吻合，减少刮蜡套与油管内壁的磨损，对抽油杆起到扶正作用。

6.5.8 思考练习

简述抽油杆扶正器的用途、工作原理。

6.5.9 考核

6.5.9.1 考核规定

(1) 如违章操作，将停止考核。

(2) 考核采用百分制，考核权重：知识点 30%，技能点 70%。
(3) 考核方式：本项目为实际操作考题，考核过程按评分标准及操作过程进行评分。
(4) 考核说明：本项目主要考核考生对尼龙抽油杆扶正器的使用操作掌握的熟练程度。

6.5.9.2 考核时间

(1) 准备工作：5min（不计入考核时间）。
(2) 正式操作时间：30min。
(3) 在规定时间内完成，到时停止操作。

6.5.9.3 考核表

使用尼龙抽油杆扶正器考核记录表如表 6-5-4 所示。

表 6-5-4 使用尼龙抽油杆扶正器考核记录表

序号	考核内容	评分要素	配分	评分标准	备注
1	准备工作	劳保着装整齐，选择工具、用具：抽油杆扶正器、杆吊卡、杆防喷器、管钳、密封脂、卷尺、游标卡尺	20	未正确穿戴劳保不得进行操作；未准备工具、用具扣10分；少选一件扣2分	
2	抽油杆扶正器操作	检查扶正器连接螺纹是否完好，并对扶正器长度、最大外径进行丈量并做好记录	20	未检查扶正器连接螺纹扣10分；未扶正器丈量扣10分	
		将扶正器按设计要求接在两根抽油杆之间，上紧螺纹	20	连接螺纹未上紧扣20分	
		按下抽油杆操作程序把扶正器下到设计位置与井斜较大井段	20	扶正器位置下错扣20分	
		起抽油杆见到抽油杆扶正器用管钳卸下，检查磨损情况，并做好记录	20	起出的扶正器未检查扣20分	
3	考核时限			30min，到时停止操作考核	
4				合计100分	

任务6 安 全 接 头

安全接头是连接在钻井、修井、测试、洗井、压裂、酸化等作业管柱中的具有特殊用途的接头。当作业管柱正常工作时，它可以传递正向或反向扭矩，可承受拉、压负荷，并保证压井液畅通。当作业工具遇卡时，锯齿形安全接头可首先脱开，将安全接头以上管柱起出，以简化下步作业程序。目前在钻井、井下作业中安全接头应用较为广泛。

6.6.1 学习目标

通过本任务学习，使操作人员了解安全接头的用途、结构和工作原理，掌握安全接头的使用操作方法，在使用安全接头施工过程时能够熟练、规范、安全操作。

6.6.2 学习任务

本学习任务包括准备工作、使用安全接头。

6.6.3 任务分析

本任务学习应准备锯齿形安全接头1个、保养与维修工具1套，应了解安全接头的结构、工作原理，掌握安全接头的下井、退出等操作程序，在整个操作过程中，操作人员应熟练掌握安全接头正确操作方法，能够识别安全风险，并有效预防，避免意外伤害事故。

6.6.4 背景知识

6.6.4.1 锯齿形安全接头

锯齿形安全接头由上接头、下接头及两个O形密封圈组成，如图6-6-1所示。

上接头：上端与其他管柱相连接的内螺纹，下半部有宽锯齿形外螺纹。在此二部分之间的外圆柱面上有"八字形"凹凸结构（AC斜面），在锯齿形螺纹的起、末端有安装O形圈用的槽。

下接头：下端有与其他管柱相连接的外螺纹。下半部呈筒形，有宽锯齿形内螺纹。在下接头的上端面有与上接头相配合的"八字形"凹凸（AC斜面）。

O形密封圈：将锯齿形螺纹从上到下全部密封，防止钻井液侵入。安全接头有水眼，供循环钻井液通过。

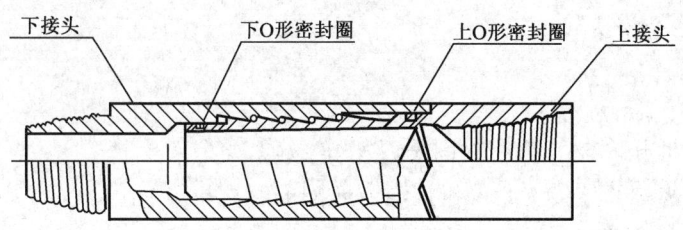

图 6-6-1 锯齿形安全接头示意图

6.6.4.2 工作原理

锯齿形安全接头的上下接头的宽锯齿形螺旋面，在外拉力的作用下，尤如一套内、外锥面相吻合，可传递正、反扭矩。而其上面的"八字形"凹凸结构正是产生预拉力并保持恒定的锁紧装置。锯齿形安全接头是连接在井内管柱上的一种易于脱扣、对扣的安全工具。它安装在管柱需要脱开的位置，可同管柱一起传送扭矩和承受各种复合应力，井内发生故障时通过井口操作完成作业管柱的脱扣、对扣，为预防及解除井下事故提供保障工具。

6.6.4.3 常用型号

施工现场经常使用的安全接头型号如表 6-6-1 所示。

表 6-6-1 常用安全接头型号

型号	外径(mm)	扣型	水眼直径(mm)	屈服拉力(kN)	屈服扭矩(kN·m)	最大工作拉力(kN)	最大工作扭矩(kN·m)
AJ-178	178	520×521	92	5080	85.50	3885	57
AJ-159	156	411×410	90.5	4665	58.40	3110	38.9
AJ-121	121	310×311	57	2275	26.50	1515	17.65

6.6.5 任务实施

6.6.5.1 准备工作

工具、用具准备如表 6-6-2 所示。

表 6-6-2 工具、用具准备

序号	名称	规格	数量	序号	名称	规格	数量
1	锯齿形安全接头		1个	5	油管		若干
2	油管吊卡		2只	6	液压钳		1台
3	密封脂		适量	7	棉纱		若干
4	钢丝刷		1把	8	小滑车		1个

6.6.5.2 使用安全接头

1. 下井

(1) 下井前拆开检查 O 形密封圈是否完好。

(2) 把宽锯齿螺纹连接上紧,扭矩与所匹配的管柱相等。

(3) 检查、丈量油管,计算准确。

(4) 连接安全接头,分层测试管柱安全接头接在测试工具与封隔器之上。打捞工具管柱安全接头接在打捞工具之上。

(5) 下井管柱上紧螺纹,下至预定深度时,记录安全接头以上管柱的悬重。

2. 脱开安全接头

(1) 如右旋安全接头,则将钻柱向左(逆时针方向);左旋安全接头,则将钻柱向右(顺时针方向)转动1~3圈(浅井转动1圈,深井、定向井转动2~3圈),在保持扭矩的同时,快速下放钻柱,使安全接头受200~400kN 的冲击力。然后上提(不超过安全接头以上钻柱的悬重)、下放反复数次,使安全接头锯齿螺纹的自动松开。

(2) 上提钻柱(不超过安全接头以上钻柱的悬重)使安全接头保持5~10kN 的压力,缓慢地转动钻柱。安全接头是宽锯齿螺纹,螺距大,一旦拧开螺纹时,上升的速度较管柱接头的螺纹卸开的上升速度快6~8倍,上升十分明显,所以从上升速度的快慢和悬重可以判断是否倒开。

(3) 若安全接头被倒开,则悬重下降。此时,使安全接头上的压力保持在5~10kN 之间,缓慢地转动钻柱至退完螺纹。

3. 重新对接安全接头

(1) 在安全接头外半节上装好 O 形密封圈,在螺纹表面涂一层锂基润滑脂,然后连接在管柱上下入井内。

(2) 外半节下到内半节的顶部0.3~0.5m 处停止下钻,开泵循环冲洗内半节顶部沉积物。

(3) 小心地进入内半节顶端。此时,加压力5~10kN,根据宽锯齿螺纹旋向,边转动边加压,并保持压力在5~10kN 之间,直到上完螺纹为止。若转盘扭矩增加,同时方入增加等于安全接头宽锯齿螺纹的总长度,则表明安全接头的螺纹已上完。

6.6.6 归纳总结

(1) 特别注意下井前安全接头上、下接头必须拧紧,安全接头与管柱要拧紧。

(2) 倒扣时不要使安全接头处于受拉力的状态,因为在拉力状态下倒扣,不但难以倒开,而且有损坏宽锯齿螺纹的危险,也有可能从管柱接头螺纹处倒开。

(3) 每次用完后,必须卸开安全接头,清洗干净。

(4) 涂油,阴干处保存。

6.6.7 拓展链接

多功能安全接头是一种注水井封隔器管柱配套的工具，其结构和工作原理如下：

(1) 结构主要由上接头、下接头、活塞、定压稳钉组成。定压稳钉是根据实际注水压力的大小在下井前进行调整，制动活塞表面进行了精磨和镀铬处理，以保证长时间在井下工作仍然不影响其性能。

(2) 工作原理：将多功能安全接头安装好，在下完封隔器管串后，直接连接多功能安全接头并下入井内，按设计下到预定位置。当打压验证封隔器管串时，如果满足生产需要，安全接头可随封隔器工具串一起投入生产，作为下次检封拔不动时备用，下到设计位置后，当打压验证封隔器管串、其漏失量不能达到注水要求标准时，投入<50mm钢球，钢球坐到制动活塞上后，根据下入前的生产压力，从井口打压，压力小于稳钉的剪断压力，就可验证封隔器上部油管的漏失状况，从而可以判断出是油管的问题还是封隔器管串的问题。

6.6.8 思考练习

简述锯齿形安全接头的使用、脱开操作方法。

6.6.9 考核

6.6.9.1 考核规定

(1) 如违章操作，将停止考核。
(2) 考核采用百分制，考核权重：知识点30%，技能点70%。
(3) 考核方式：本项目为实际操作考题，考核过程按评分标准及操作过程进行评分。
(4) 考核说明：本项目主要考核员工对锯齿形安全接头的使用操作掌握的熟练程度。

6.6.9.2 考核时间

(1) 准备工作：5min（不计入考核时间）。
(2) 正式操作时间：30min。
(3) 在规定时间内完成，到时停止操作。

6.6.9.3 考核表

锯齿形安全接头的使用、脱开操作考核记录表见表6-6-3。

表6-6-3　锯齿形安全接头的使用、脱开操作考核记录表

序号	考核内容	评 分 要 素	配分	评 分 标 准	备注
1	准备工作	劳保着装整齐，选择工具、用具：管钳2把、锯齿形安全接头1个、油管若干根、油管吊卡2只、小滑车1个、钢丝刷1把、液压钳1台、密封脂适量、棉纱适量	10	未正确穿戴劳保不得进行操作；未准备工具、用具扣5分；少选一件扣1分（扣完为止）	
2	下井操作	下井前拆开检查O形密封圈是否完好	5	不检查的扣5分	
		把宽锯齿螺纹连接上紧，扭矩与所匹配的管柱相等	10	未连接上紧的扣5分；扭矩不匹配的扣5分	
		上紧每根管柱螺纹，下至预定深度时，记录安全接头以上管柱的悬重	15	油管未上紧的扣5分；不记录悬重的扣10分	
3	脱开安全接头操作	右旋安全接头，则将钻柱向左（逆时针方向）；左旋安全接头，则将钻柱向右转动1～3圈，使安全接头受200～400kN的冲击力。然后上提下放反复数次，使安全接头锯齿螺纹自动松开	30	旋转方向错误扣10分；转动圈数错误扣10分；下冲力量错误扣10分	
		上提钻柱使安全接头保持5～10kN的压力，缓缓转动钻柱	10	上提压力错误扣5分；不转动管柱扣5分	
		若安全接头被倒开，则悬重下降。此时，使安全接头上的压力保持在5～10kN之间，缓慢地转动钻柱至退完螺纹	20	不会观察悬重扣10分；退出压力保持错误扣10分	
4	考核时限	30min，到时停止操作考核			
5		合计100分			

任务 7 光杆密封器

光杆密封器是采油施工设施中必不可少的采油装备,应用十分广泛,了解和掌握光杆密封器的正确使用方法和维护保养,防止原油跑漏、污染环境,是保障安全、高效施工的基本要求。

6.7.1 学习目标

通过本任务学习,使操作人员了解光杆密封器的结构、特点及工作原理,掌握操作方法,和技术要求;能够在施工中按规范动作、程序操作,使操作人员在安装光杆密封器施工过程中能够熟练、规范、安全操作。

6.7.2 学习任务

本学习任务包括:准备工作、安装光杆密封器。

6.7.3 任务分析

本任务学习应准备光杆密封器1套,配套施工工具1套,保证灵活好用;应了解光杆密封器的结构、特点及工作原理,掌握光杆密封器使用的注意事项;在整个操作过程中,操作人员应熟练掌握光杆密封器正确安装方法,能够识别安全风险,并有效预防,避免意外伤害事故。

6.7.4 背景知识

6.7.4.1 光杆密封器结构

光杆密封器包括平压板、压紧螺丝冉主体、主体、半圆压板眸密封胶皮、密封胶皮、主体芯子、密封圈压垫、密封圈、密封圈压帽、大压盖、丝杆、紫铜垫圈、壳体、导向螺母、胶皮垫圈、导向螺钉、垫圈、密封盒压帽、密封圈压盖。

6.7.4.2 光杆密封器工作原理

首先将该光杆密封器安装在井口采油树的上部三通上,当抽油机安装找正并将光杆挂到绳辫子上以后,将切有45°斜口的密封圈装入主体上部密封圈盒内腔中,然后利用葛兰和密封盒压帽压紧,从而使密封圈内圆表面与光杆外圆表面抱合,进而把密封盒主体与光杆形成的环形腔封住,避免抽油泵上举原油时带压原油和地面管线中的回压原油从此处泄漏，防止井口处原油的漏失。

6.7.4.3 光杆密封器优缺点

1. 优点

结构简单、维护方便、操作时对工人的技术要求不高。

2. 缺点

（1）由于抽油机制造误差、安装误差及承载变化时构件的变形导致的光杆摆动等因素，均会造成光杆轴线与密封器主体轴线的偏移或偏斜，从而使光杆在上下往复运动中与密封圈在轴向配合面上受力不均匀，受力较大的一侧则很快磨损，并导致整组密封圈的失效，严重的甚至将密封圈压帽磨穿。

（2）密封圈寿命短，紧密封盒压帽频繁，更换密封圈造成了油井生产率的降低，并导致了井口处的原油跑漏。

6.7.5 任务实施

6.7.5.1 准备工作

工具、用具准备如表6-7-1所示。

表6-7-1 工具、用具准备

序号	名称	规格	数量	序号	名称	规格	数量
1	光杆密封器	常规型	1个	6	管钳		2把
2	光杆		1根	7	方卡子		2只
3	抽油杆吊钩		1个	8	抽油杆吊卡		2只
4	起子		1把	9	黄油		适量
5	钢丝刷		1把	10	棉纱		适量

6.7.5.2 安装光杆密封器

（1）卸开光杆密封器密封盒压帽上的压盖，取出其中的密封圈，再卸开光杆密封器的防喷帽，再取出上压帽、密封圈、弹簧及下压帽，按次序排好。

（2）再用管钳卸开下密封座，取出内部的密封圈及压帽，按次序排好。

（3）用光杆没有头的一端，依次穿过胶皮阀门、光杆密封器各部件，将密封圈用手掰开放入各部压帽下面，按数量要求装够。

（4）用手将穿在光杆上的胶皮阀门及光杆密封器各个部件连接螺纹依次抹好密封脂对扣连接，并拧紧胶皮阀门两个手轮，在光杆无接头的一端约15cm处卡上两个方卡子，卡紧卡牢。

（5）将抽油杆吊卡卡在刚卡好的光杆方卡子下面，把光杆提起与下入井内的抽油杆接箍对好，用管钳上紧。然后，将胶皮阀门两个手轮开到头，上提抽油杆，撤去井口上的抽油杆吊卡，下放光杆使泵内的活塞接触泵底。

（6）用管钳依次将井口与胶皮阀门、胶皮阀门与光杆密封器各连接部位螺纹适当上紧。

6.7.6 归纳总结

(1) 安装光杆密封器是在活塞进入泵套后、已调整完井内泵杆的情况下进行的。

(2) 密封圈一般为耐油丁腈橡胶制成,存放时间过长或存放不合理,都会使橡胶老化,密封圈性能降低,失效加剧。

(3) 在安装密封圈时密封圈的切口方向不当,或装置中密封圈的切口在周向的分布不合理,也会导致密封性能不良,从而在光杆上、下往复运动时,经常有带油现象。

(4) 密封圈在安装时应尽量保证平行进入主体的密封盒中,在安装时不能猛敲、猛塞,否则也会使密封圈局部产生严重的挤压变形,工作中密封圈磨损加剧,从而导致密封早期失效。

6.7.7 拓展链接

调偏调斜新型光杆密封器的结构、工作原理、性能参数及特点如下所述。

(1) 结构主要由密封压盖、葛兰、密封圈、密封盒、垫圈、压帽、调偏体、背帽、O形密封圈、心体组合件、卡箍、下接头、阀门压盖、丝杠、手轮、垫圈、螺母等组成。

(2) 工作原理:随着光杆的上下往复运动,逐渐上紧卡箍的紧固螺栓进行固定,从而达到调整两轴心线平移的目的,即实现调偏。对两轴心线相互歪斜的油井进行调斜时,松开压帽,使密封盒沿抽油光杆轴向360°范围内处于自由平行移动状态,然后平行地调整调偏体及防喷盒的轴心线位置,使之与抽油光杆工作时的轴心线重合。

(3) 性能参数如表6-7-2所示。

表6-7-2 调偏调斜新型光杆密封器性能参数

光杆直径 (mm)	密封性能 (MPa)	调斜范围	与井口连接方式	装置高度 (mm)	装置质量 (kg)
19,22	25	2°30′	63.5mm 平式油管扣	533	20

(4) 特点:采用调偏调斜新型光杆密封器避免了井口原油渗漏,消除了由于井口漏失造成的环境污染,减少了更换密封圈的次数,降低了井口清洗次数,减轻了采油工人的劳动强度。

6.7.8 思考练习

简述安装光杆密封器操作方法。

6.7.9 考核

6.7.9.1 考核规定

(1) 如违章操作,将停止考核。

(2) 考核采用百分制,考核权重:知识点30%,技能点70%。

(3) 考核方式:本项目为实际操作考题,考核过程按评分标准及操作过程进行评分。

(4) 考核说明:本项目主要考核员工对光杆密封器的安装操作掌握的熟练程度。

6.7.9.2 考核时间

(1) 准备工作:5min(不计入考核时间)。

(2) 正式操作时间:30min。

(3) 在规定时间内完成,到时停止操作。

6.7.9.3 考核表

安装光杆密封器操作考核记录表见表6-7-3。

表6-7-3 安装光杆密封器操作考核记录表

序号	考核内容	评分要素	配分	评 分 标 准	备注
1	准备工作	劳保着装整齐,选择工具、用具:管钳2把、常规型井口光杆密封器1个、光杆1根、起子1把、黄油、棉纱适量	10	未正确穿戴劳保不得进行操作;未准备工具、用具扣5分;少选一件扣1分(扣完为止)	
2	光杆密封器安装操作	卸开光杆密封器密封盒压帽上的压盖,取出其中的密封圈,再卸开光杆密封器的防喷帽,再取出上压帽、密封圈、弹簧及下压帽,按次序排好	20	漏取1项扣2分;不按顺序操作扣10分;不按顺序排列各扣5分(扣完为止)	
		再用管钳卸开下密封圈座,取出内部的密封圈及压帽,按次序排好	20	漏取1项扣2分;不按顺序操作扣10分;不按顺序排列各扣5分(扣完为止)	
		用光杆没有头的一端,依次穿过胶皮阀门、光杆密封器各部件,将密封圈用手掰开放入各部压帽下面,按数量要求装够	20	安装错误扣10分;密封圈安装错误扣5分;密封圈安装数量不够扣5分(扣完为止)	
		用手将胶皮阀门及光杆密封器对扣连接,在光杆无接头的一端卡上两个方卡子	20	不连接扣5分;卡子打反扣10分;卡子打少扣5分	
		依次将井口与胶皮阀门、胶皮阀门与光杆密封器各连接部位螺纹用管钳适当上紧	10	不较紧扣10分	
3	考核时限			30min,到时停止操作考核	
4				合计100分	

任务 8 通 径 规

通径规是检测套管、油管、钻杆以及其他管子内通径尺寸的简单而常用的工具，是修井、作业检测的常用工具，应用十分广泛，了解和掌握通径规的正确使用方法和维护保养，是保障安全、高效施工的基本要求。

6.8.1 学习目标

通过本任务学习，使操作人员了解通径规的用途和结构，掌握通径规的正确操作方法，使用通径规施工过程中能够熟练、规范、安全操作。

6.8.2 学习任务

本学习任务包括准备工作、使用油管通径规、使用套管通径规、使用空心抽油杆通径规。

6.8.3 任务分析

本任务学习应准备油管通径规、套管通径规和空心抽油杆通径规各1个，保证清洁、完好；应了解通径规的选择、用途和结构，掌握通径规的操作方法以及使用过程中的注意事项。在整个操作过程中，操作人员应熟练掌握通径规使用的正确方法，能够识别安全风险，并有效预防，避免意外伤害事故。

6.8.4 背景知识

6.8.4.1 通径规的用途

通径规是检测套管、油管、钻杆以及其他管子内通径尺寸的常用的工具，用它可以检查各种管子的内通径是否符合标准，检查其变形后能通过的最大几何尺寸，是井下作业常用的检测工具。

6.8.4.2 通径规的类型

通径规有以下三种，取决于检查的管子种类及管子的大小。
（1）油管通径规：小于被检查油管 3mm 左右，用于检查油管内径，对油管内的异物进行清理。
（2）套管通径规：套管通径规常被称为通井规，一般情况下，小于被检查套管 6～

8mm，用于检查套管内径，为检测套管完好状况和井筒内有无异物的有效方法，为下步下井工具能否通过预定井段做准备。

（3）空心抽油杆通径规：有 ϕ19mm、ϕ22mm 两种，用于检查空心抽油杆的内径，以及清除杆内的水垢等异物。

6.8.5 任务实施

6.8.5.1 准备工作

工具、用具准备如表 6-8-1 所示。

表 6-8-1 工具、用具准备

序号	名称	规格	数量	序号	名称	规格	数量
1	油管规	ϕ58.9mm	1个	5	通井规	ϕ115mm	1个
2	油管		若干根	6	油管吊卡		2只
3	小滑车		1个	7	密封脂		适量
4	钢丝刷		1把	8	棉纱		适量

6.8.5.2 使用油管通径规

（1）下管时，将油管通径规从油管接箍端放入油管内，油管在上提过程中油管通径规利用自重，沿油管内壁下滑，从而对油管内壁的杂物进行清理。

（2）上提管柱过程中操作工注意控制上提速度，井口接油管人员用手扶正油管，使油管通径规落在油管小滑车上。

（3）管柱对扣前，将油管下端推至稍偏离井口位置，待油管内的杂物下落完全后再进行对扣操作。

（4）重复操作完成通管过程。

6.8.5.3 使用套管通径规

（1）下井前，检查套管通径规是否清洁、完好，并测量、记录。

（2）检查、丈量油管，计算深度。

（3）将套管通径规的上接头与下井的最下面一根油管连接，下入井筒内。

（4）控制下放速度，控制在 10~20m/min，下到距离设计位置或人工井底 100m 时下放速度不超过 5~10m/min。

（5）当通到人工井底，悬重下降 10~20kN，重复两次探井底，使测得人工井底深度误差小于 0.5m。

（6）完成通井操作，起管柱。

6.8.5.4 使用空心抽油杆通径规

空心抽油杆通径规的使用方法同油管通径规。

6.8.6 归纳总结

(1) 油管通径规、空心抽油杆通径规必须清洁、完好，不得将脏物带入油管或抽油杆内。

(2) 不能弯曲、变形，使用过程中不能落地。

(3) 在通管和通杆过程中，上提管、杆时，应控制好上提速度，接管、杆人员勿将手放在油管通径规或空心抽油杆通径规的出口处，以免将手砸伤。

(4) 通井时中途遇阻，悬重下降控制在不超过 20~30kN，严禁猛顿硬压。

(5) 套管通径规下至 45°拐弯处，单根下放速度应小于 2m/min，并采用下 1 根—上提 1 根—再下 1 根的方法下入。

(6) 套管通径规进入井斜 45°井段后，必须连续施工。

6.8.7 拓展链接

6.8.7.1 普通井通井

(1) 通井时，通径规的下放速度应小于 0.5m/s。通径规下至距人工井底 100m 时，要减慢下降速度。

(2) 通径规下至人工井底后，上提完成在人工井底 2m 以上，用 1.5 倍井筒容积的洗井液反循环洗井，以保持井内清洁。

(3) 起出通径规后，要详细检查，发现痕迹需进行描述，分析原因，并上报技术部门，采取相应措施。

6.8.7.2 老井通井

(1) 通径规的下放速度应小于 0.5m/s，通至射孔井段、变形位置或预定位置以上 100m 时，要减慢下放速度，缓慢下至预定位置。

(2) 其他操作方法与普通井通井相同。

6.8.7.3 水平井、斜井通井

(1) 通径规下至 45°拐弯处后，下放速度要小于 0.3m/s，并采用下 1 根—提 1 根—下 1 根的方法。若上提时遇卡，负荷超过悬重 50kN，则停止作业，待定下步措施。

(2) 通至径底时，加压不得超过 30kN，并上提完成在井底 2m 以上，充分反循环洗井。

(3) 提出通径规，纯起管速度为 10m/min，最大负荷不得超过油管安全负荷，否则停止作业，研究好措施后再施工。

(4) 起出通径规后，详细检查，并进行描述，做好记录。

6.8.7.4 裸眼井通井

(1) 通径规的下放速度应小于 0.5m/s，通径规距套管鞋以上 100m 左右时，要减速

下放。

(2) 通井至套管鞋以上 10~15m。

(3) 起出通径规后，详细检查，发现痕迹进行描述和分析，做好记录，并上报技术部门，采取相应措施。

(4) 用光油管（或钻杆）通井至井底。

(5) 上提 2m 以上后彻底循环洗井。

(6) 起出光油管（或钻杆）。

6.8.8 思考练习

(1) 简述油管通径规使用方法。

(2) 简述套管通径规使用方法。

6.8.9 考核

6.8.9.1 考核规定

(1) 如违章操作，将停止考核。

(2) 考核采用百分制，考核权重：知识点 30%，技能点 70%。

(3) 考核方式：本项目为实际操作考题，考核过程按评分标准及操作过程进行评分。

(4) 考核说明：本项目主要考核员工对油管通径规的使用操作掌握的熟练程度。

6.8.9.2 考核时间

(1) 准备工作：5min（不计入考核时间）。

(2) 正式操作时间：30min。

(3) 在规定时间内完成，到时停止操作。

6.8.9.3 考核表

油管通径规操作考核记录表见表 6-8-2。

表 6-8-2 油管通径规操作考核记录表

序号	考核内容	评分要素	配分	评分标准	备注
1	准备工作	劳保着装整齐，选择工具、用具：油管通径规 1 个、油管若干、油管吊卡 2 只、小滑车 1 个、液压钳 1 台、密封脂适量、棉纱适量	5	未正确穿戴劳保不得进行操作；未准备工具、用具扣 5 分；少选一件扣 1 分（扣完为止）	
2	通管操作	通管前，保证油管通径规的完好、清洁	10	不检查扣 10 分；不清洁扣 10 分	

续表

序号	考核内容	评分要素	配分	评分标准	备注
2	通管操作	下管时,将油管通径规从油管接箍端放入油管内,对油管内壁的杂物进行清理	20	油管通径规放置错误扣10分;未放置扣10分	
		上提管柱过程中操作工注意控制上提速度,井口接油管人员用手扶正油管,使油管通径规落在油管小滑车上	50	用手直接接油管通径规扣20分;手放油管下端扣20分;油管通径规落地扣10分	
		管柱对扣前,将油管下端推至稍偏离井口位置,待油管内的杂物下落	10	不待杂物落净对扣连接的扣10分	
3	考核时限	30min,到时停止操作考核			
4		合计100分			

套管通径规操作考核记录表见表6-8-3。

表6-8-3 套管通径规操作考核记录表

序号	考核内容	评分要素	配分	评分标准	备注
1	准备工作	劳保着装整齐,选择工具、用具:套管通径规1个、油管若干、油管吊卡2只、小滑车1个、液压钳1台、密封脂适量、棉纱适量	5	未正确穿戴劳保不得进行操作;未准备工具、用具扣5分;少选一件扣1分(扣完为止)	
2	操作	下井前,检查套管通径规是否清洁、完好	20	不检查扣10分;不清洁扣10分	
		检查、丈量油管,计算深度	20	不丈量扣10分;计算错误扣10分	
		将套管通径规的上接头与下井的最下面一根油管连接,下入井筒内	15	连接错误扣15分	
		下管柱速度控制在10~20m/min,下到距离设计位置或人工井底100m时下放速度不超过5~10m/min。当通到人工井底,悬重下降10~20kN,重复两次使测得人工井底深度误差小于0.5m	20	下放速度过快扣10分;探井底悬重过大扣10分	
		若中途遇阻,悬重下降,控制在不超过20~30kN,严禁猛顿硬压	20	中途遇阻悬重下压过大扣10分;猛顿硬压扣10分	
3	考核时限	30min,到时停止操作考核			
4		合计100分			

任务9 铅　　模

铅模打印是利用铅模与落鱼或套管接触产生塑变性所留下的印痕来探视和验证井下落鱼的鱼顶深度、状态和套管变化情况的一项工艺措施。生产的油水井由于井下落物或套管损坏等原因，造成油井停产，为了恢复生产，可能采取捞、磨、钻、铣等处理措施，一般在实施之前需要先了解井下情况，这时一般都要通过铅模打印对井下情况进行探视后作出判断，所以铅模打印是井下作业中十分重要的施工工艺。

6.9.1 学习目标

通过本任务学习，使操作工人了解铅模的结构、原理及作用，能正确操作铅模打印，录取到清晰的印痕，有效验证井下鱼顶和套管情况；使操作员工会铅模印痕的分析和判断，能够掌握正确的铅模打印程序，能够熟练、规范和安全操作。

6.9.2 学习任务

本学习任务包括施工准备、使用铅模打印、印痕分析判断。

6.9.3 任务分析

本任务学习应准备铅模打印施工井，并准备好施工所需的设备、材料及工具。操作人员应能正确选择所需的设备、材料及工具，了解铅模的结构、原理、作用；掌握打印操作程序，才能取到清晰的印痕；能够对印痕进行分析判断，对铅模打印操作过程中安全和质量的风险有效识别，做好有效的预防，才能避免造成无效工序或安全质量事故。

6.9.4 背景知识

6.9.4.1 铅模工作原理

铅模是利用铅的塑变性与落鱼或套管接触所留下的印痕，通过对印痕分析，判断出鱼顶的形状、状态、套管变形等初步情况，作为井下情况定性的依据及参考。

6.9.4.2 铅模的结构

铅模由接头、拉筋、铅体、水眼组成，如图6-9-1所示。

图6-9-1 铅模结构示意图

6.9.5 任务实施

6.9.5.1 施工准备

工具、用具准备见表6-9-1。

表6-9-1 工具、用具准备

序号	名称	规格	数量	序号	名称	规格	数量
1	铅模	根据套管规格	1个	5	密封脂		适量
2	管钳		2台	6	棉纱		适量
3	游标卡尺		1把	7	生料带		适量
4	相机		1台	8	记录笔		1个

6.9.5.2 使用铅模打印

1. 硬打印

（1）铅模下井前进行实物照相并绘制简单草图，将铅模连接在下井的第一根油管底部下入井内。

（2）铅模下至鱼顶以上5m左右时，正循环大排量冲洗，排量不小于500L/min，边冲洗边慢下油管，下放速度不超过2m/min。

（3）当铅模下至距鱼顶0.5m时，停止下放，以不小于500L/min大排量冲洗鱼顶15min以上后停泵，下放油管到达鱼顶遇阻后加压打印，一般加压20～30kN，特殊情况可适当增减，但增加钻压不能超过50kN，只能一次打印，不能重复打印。

（4）起出全部油管，关好井口，卸下铅模进行文字、拓图或照相录取印痕，并核实打印深度。

2. 软打印

（1）将铅模与下井钢丝绳连接牢固下入井内，控制下放速度，让钢丝绳保持一定的张力。

（2）当铅模下放至鱼顶以上10m左右，应快速下放，以便打出清晰印痕，一次打印。

（3）匀速上提，防止突然遇阻拉断钢丝绳。

（4）起出铅模后，用文字、拓图或照相，把铅模印痕特征、尺寸描述清楚。

6.9.5.3 印痕分析判断

印痕分析判断主要的形式：一是通过印痕的测量数据；二是对比查找与印痕相符的实物得出结论；三是作图、模拟再现井下情况得出结论，以及凭借工作经验对印痕直接作出判断得出结论。

推荐常见铅模印痕分析判断表，如表6-9-2所示。

表6-9-2 印痕分析表

类别		印痕	简单描述	分析判断	处理方法
落物	杆类	●	落物打印在铅模正中清晰	鱼顶清晰，落鱼直立正中	下母锥或卡瓦打捞筒
		◐	铅模边缘有斜印痕	落鱼斜倒	应下带引鞋或带扶正器的打捞工具
		⊖	铅模平面有一横倒半圆长条痕	落鱼倒放	下带拨钩或引鞋的工具
	管类	◎	单圈印痕打在正中间	落物是管类外螺纹鱼头，直立于中间	用打捞杆类工具
		◉	印痕单圈并有缺口，打在旁边	落物鱼头是外螺纹偏斜并破损	同打捞杆类，注意保护鱼头
		⌐	印痕单圈打在旁边	鱼头为外螺纹，斜立于井中	下引鞋和带扶正的打捞工具
		⊛	双圈印打在正中	管类内螺纹、鱼头直立	用捞矛或公锥打捞
		◔	双圈打偏在铅模底	管类内螺纹、鱼头歪斜	用带外螺纹或引鞋的打捞工具
	绳类	◠	铅模底有绳痕	钢丝绳落在井底	用打捞绳类工具

续表

类别		印痕	简单描述	分析判断	处理方法
落物	绳类		铅模侧面有绳痕	钢丝绳落在井旁边	用打捞绳类工具
			铅模底有绳痕	钢丝落在井底	
			几段直杆圆形痕在铅模底部	电缆	
	小件		铅模角有半圆洞痕	钢球	用打捞小件落物工具
			负模底部有清晰的扳手印痕	扳手	
			铅模底部有清晰的三个牙块痕	多种落物,三个牙块在正中	
套管	破裂		铅模侧缘有两道刀切条痕	套管裂缝缘所划破	进行套管补贴或取套、换套
			铅模侧缘有两道宽缝裂痕	套管裂口锋缘所划破	
	变形		铅模一边缘偏陷	单向套管变形	采用胀管器或爆炸整形
			铅模两缘偏陷	双向或多向变形	
	其他		铅模底部只有砂粒印痕	说明接触到砂面,落物已砂埋	冲砂或带水眼及冲管打捞工具打捞
			铅模底部正中间内陷,但边缘是钝形没锐角	修井液将铅模压穿,井下没遇到落物	冲洗井底

6.9.6 归纳总结

(1) 打印时控制速度,保证一次加压,严禁二次加压,禁止来回两次以上或转动管柱打印。
(2) 起下油管要平稳操作,严禁猛提猛放。
(3) 铅模下井前必须认真检查连接螺纹、接头及壳体镶装程度,外径一般小于套管内径 6～8mm。
(4) 下铅模前必须将鱼顶冲洗干净,严禁带铅模冲砂。
(5) 冲洗打印时,洗井液要干净无固体颗粒,经过滤后方可泵入井内。
(6) 在修井液里打铅印,当铅模下入井内后,因故停工,应装好井口,将井内修井液替净或将铅模起出,防止修井液沉淀卡钻。
(7) 当套管缩径、破裂、变形时,下铅模打印加压不超过 30kN,以防止铅模卡在井内。
(8) 软打印一般不适用水平井、稠油井或斜井。

6.9.7 拓展链接

铅模打印主要是利用铅模的下端面取得井下状况的印痕,铅模侧面则多是被挤压或刮削的痕迹,不能较为形象地反映套管破损的状态。于是人们就利用一种橡胶制作的印模来探查套管破损状态,原理是利用液力挤压橡胶在套管破损处产生塑变留下痕迹,这种印模被称为胶模。

使用胶膜打印操作:
(1) 管柱结构自上而下为:油管+胶模。
(2) 胶模接头涂抹密封脂,连接后下入井内,下管速度不宜过快,以免中途将胶模顿碰损坏。
(3) 将侧面打印胶模管柱下至设计深度,核定无误后,向管柱内灌注清水,当有压力显示后,在 0.5～1.0MPa 稳压 5min,之后放掉管柱内压力起出打印管柱。注意侧面打印只许进行一次,核定深度时应考虑管柱的伸长。
(4) 起出打印管柱录取印痕。

6.9.8 思考练习

简述使用铅模硬打印操作步骤。

6.9.9 考核

6.9.9.1 考核规定

(1) 如违章操作,将停止考核。

(2) 考核采用百分制，考核权重：知识点 30%，技能点 70%。
(3) 考核方式：本项目为实际操作考题，考核过程按评分标准及操作过程进行评分。
(4) 考核说明：本项目主要考核操作员工使用铅模打印操作的熟练程度。

6.9.9.2 考核时间

(1) 准备工作：10min（不计入考核时间）。
(2) 正式操作时间：60min。
(3) 在规定时间内完成，到时停止操作。

6.9.9.3 考核记录表

使用铅模考核记录表见表 6-9-3。

表 6-9-3 使用铅模考核记录表

序号	考核内容	评分要素	配分	评分标准	扣分
1	施工准备	劳保着装整齐，选择工具、用具：铅模、管钳、卡尺、照相机、棉纱、密封脂	10	未正确穿戴劳保不得进行操作；没准备铅模停止考核；管钳、卡尺、照相机、棉纱、密封脂，每缺一项扣2分	
2	使用铅模硬打印	铅模下井前进行实物照相并绘制简单草图，将铅模连接在下井的第一根油管底部下入井内	20	铅模下井前未录取资料扣20分	
		铅模下至鱼顶以上5m左右时，正循环大排量冲洗，排量不小于500L/min，边冲洗边慢下油管，下放速度不超过2m/min	30	未冲洗打印扣30分	
		当铅模下至距鱼顶0.5m时，停止下放，以不小于500L/min大排量冲洗鱼顶15min以上后停泵，下放油管到达鱼顶遇阻后加压打印，一般加压20～30kN，特殊情况可适当增减，但增加钻压不能超过50kN；只能一次打印，不能重复打印	20	未停泵打印扣20分；重复打印停止考核	
		起出全部油管，关好井口，卸下铅模进行文字、拓图或照相录取印痕，并核实打印深度	10	对起出的铅印没有记录印痕扣10分，扣完为止	
3	印痕分析判断	通过印痕的测量数据，对比查找与印痕相符的实物得出结论；作图、模拟再现井下情况得出结论；凭借工作经验对印痕直接作出判断得出结论	10	印痕分析判断不正确扣10分	
4	考核时限		60min		
5			合计 100 分		

任务 10　打捞工具

打捞工具作为井下作业施工重要的施工工具，应用十分广泛，了解和掌握打捞工具的用途、结构、参数及操作要求，是保障安全、高效、优质施工的基本要求。

6.10.1　学习目标

通过本任务学习，使操作人员了解打捞工具的用途、结构和参数，掌握正确操作方法，能够正确使用打捞工具，在使用打捞工具施工过程中能够熟练、规范、安全操作。

6.10.2　学习任务

本学习任务包括准备工作、管类打捞工具的使用、杆类打捞工具的使用、绳类打捞工具的使用、小件类打捞工具的使用。

6.10.3　任务分析

本任务学习应准备管类打捞工具、杆类打捞工具、绳类打捞工具、小件类打捞工具各1个，保证完好、灵活、好用；应了解每件工具的名称、用途、结构、技术参数、工作原理，掌握操作方法和注意事项；在整个操作过程中，操作人员应熟练掌握打捞工具正确操作方法，能够识别安全风险，并有效预防，避免意外伤害事故。

6.10.4　背景知识

6.10.4.1　常用井下打捞工具

常用井下打捞工具可分为：管类打捞工具、杆类打捞工具、绳类打捞工具、小件类打捞工具、专用配套打捞工具、自制打捞工具等。

6.10.4.2　管类打捞工具

1. 滑块卡瓦打捞矛

（1）用途：打捞具有内孔落物的内捞可倒扣工具，或配合其他工具使用。
（2）结构：包括上接头、矛杆、卡瓦、锁块、螺钉，如图6-10-1所示。
（3）技术参数如表6-10-1所示。

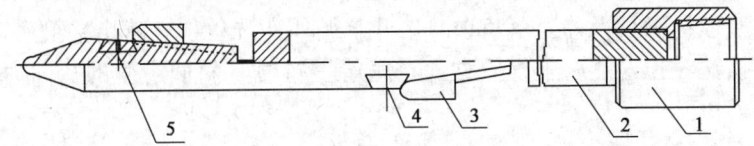

图 6-10-1 滑块卡瓦打捞矛示意图
1—上接头；2—矛杆；3—卡瓦；4—锁块；5—螺钉

表 6-10-1 滑块卡瓦打捞矛技术参数

型　号	螺纹连接形式	打捞落鱼内径（mm）
MHL48	2 3/8 TBG	38～42
MHL60	2 3/8 TBG	42～54
MHL73	NC31	52～65
MHL89	NC31	64～80
MHL102	NC31	77～92
MHL114	NC38	90～103

（4）工作原理：工具进入鱼腔之后，卡瓦依靠自重向下滑动，卡瓦与斜面产生相对位移，卡瓦齿面与矛杆中心线距离增加，使其打捞尺寸逐渐加大，直至与鱼腔内壁接触为止。上提矛杆时，斜面向上运动所产生的径向分力，迫使卡瓦咬入落物内壁，实现打捞。

2. FB型分瓣捞矛

（1）用途：FB型分瓣捞矛专门用于打捞上部带有油管接箍的各种规格的油管柱。

（2）结构：包括上部接头、锁紧螺母、导向螺钉、分瓣矛爪、胀管、冲砂管，如图6-10-2所示。

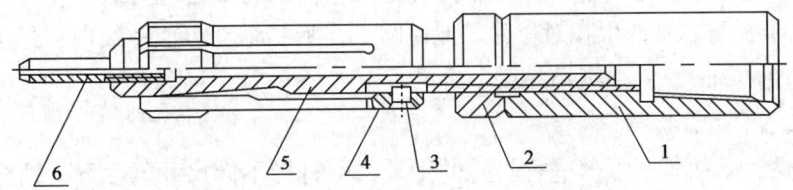

图 6-10-2 FB型分瓣捞矛示意图
1—上部接头；2—锁紧螺母；3—导向螺钉；4—分瓣矛爪；5—胀管；6—冲砂管

（3）技术参数如表6-10-2所示。

表 6-10-2 FB型分瓣捞矛技术参数

型　号	FB73	FB89	FB102	FB114
螺纹连接形式	2 7/8 TBG	2 7/8 TBG	NC31	NC31
打捞落鱼规格	73mm油管接箍	89mm油管接箍	102mm油管接箍	114mm油管接箍
工具总长（mm）	380	485	520	550

(4) 工作原理：工具入井至落鱼顶时，开泵循环冲洗鱼顶，露出接箍后，下压管柱，使分瓣捞矛与接箍对扣，然后上提管柱，在胀管上行时其斜面产生的径向力促使捞矛咬紧接箍而捞获落鱼。

3. 可退式打捞矛

(1) 用途：是从鱼腔内孔进行打捞的工具，可与安全接头、上击器、管子割刀等组合使用。

(2) 结构：包括芯轴、圆卡瓦、释放圆环、引鞋，如图 6-10-3 所示。

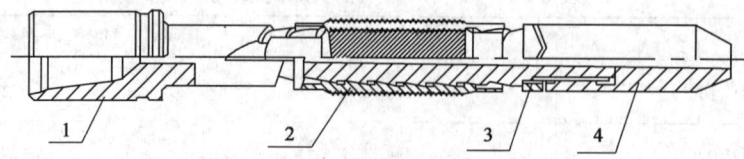

图 6-10-3 可退式打捞矛示意图
1—芯轴；2—圆卡瓦；3—释放圆环；4—引鞋

(3) 技术参数如表 6-10-3 所示。

表 6-10-3 可退式打捞矛技术参数

型　　号	TLM60	TLM73	TLM127	TLM140
螺纹连接形式	NC26	2⅞REG	NC31	NC31
打捞落鱼范围（mm）	46～51	54～62	101～112	118～124
工具总长（mm）	618	651	850	896

(4) 工作原理。

① 打捞：自由状态下，卡瓦外径略大于落物内径，进入鱼腔时，圆卡瓦被压缩，产生外胀力，使卡瓦贴紧落物内壁。随芯轴上行和提拉力的逐渐增加，芯轴、卡瓦上的锯齿形螺纹互相吻合，卡瓦产生径向力，咬住落鱼实现打捞。

② 退出：给芯轴一定的下击力，使圆卡瓦与芯轴的内外锯齿形螺纹脱开，正转钻具 2～3 圈，圆卡瓦与芯轴产生相对位移，促使圆卡瓦沿芯轴锯齿形螺纹向下运动，直至与释放环上端面接触为止，上提钻具退出落鱼。

4. 可退式卡瓦打捞筒

(1) 用途：是从管子外部进行打捞的工具，可打捞不同尺寸的油管、钻杆和套管等鱼顶圆柱形的落鱼，并可与震击类工具配合使用。

(2) 结构：包括接头、筒体总成、篮式卡瓦、铣控环、内密封圈、O 形圈、引鞋，如图 6-10-4 所示。

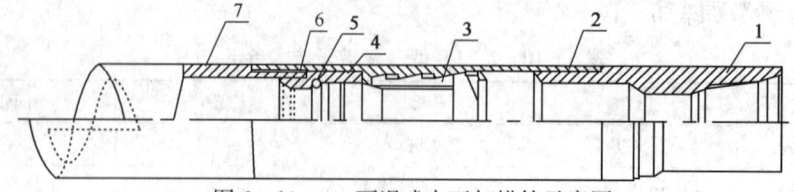

图 6-10-4 可退式卡瓦打捞筒示意图
1—接头；2—筒体总成；3—篮式卡瓦；4—铣控环；5—内密封圈；6—O 形圈；7—引鞋

(3) 技术参数如表 6-10-4 所示。

表 6-10-4 可退式卡瓦打捞筒技术参数

型 号	DLT73	DLT89	DLT102	DLT114
螺纹连接形式	NC26	NC31	NC38	NC38
打捞筒外径，mm	95	114	124	140
螺纹卡瓦打捞尺寸，mm	73	89	102	114
篮式卡瓦打捞尺寸，mm	73	89	102	114
工具总长，mm	807	846	900	900

(4) 工作原理：当该工具捞获落鱼后，上提钻具，卡瓦外螺旋锯齿形锥面与筒体内相应的齿面有相对位移，而将落鱼卡紧捞出。

5. 电泵打捞筒

(1) 用途：电泵打捞筒是用于打捞潜油电泵泵体保护器或分离器部分的专用工具。

(2) 结构：包括上接头、打捞筒、中心筒、压力弹簧、卡瓦、定位键，如图 6-10-5 所示。

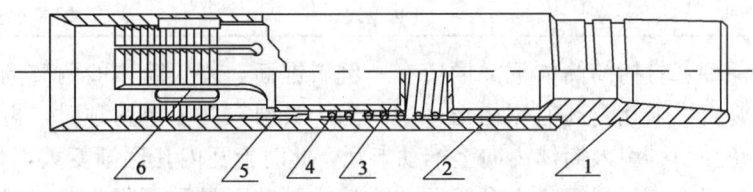

图 6-10-5 电泵打捞筒示意图
1—上接头；2—打捞筒；3—中心筒；4—压力弹簧；5—卡瓦；6—定位键

(3) 技术参数如表 6-10-5 所示。

表 6-10-5 电泵打捞筒技术参数

型 号	DBLT95	DBLT98	DBLT101
螺纹连接形式	NC31	NC31	NC31
打捞筒外径（mm）	120	120	120
打捞落鱼外径（mm）	95	98	101.6

(4) 工作原理：打捞筒下部内壁上有按 120°均布的三个定位键，三块卡瓦安装在筒体下部由定位键定位，只能上、下移动，不能旋转错位。卡瓦上端与中心筒下端配装一起。当工具下至鱼顶时，被落鱼向上推动卡瓦压缩弹簧，卡瓦外锥面沿筒体内锥面上移开口胀大引入落鱼。此时上提工具，卡瓦牙在落鱼外壁摩擦力带动下下行产生径向夹紧力咬住落鱼而捞获。

6.10.4.3 杆类打捞工具

1. 抽油杆打捞筒

(1) 用途：抽油杆打捞筒是用来打捞抽油杆本体和接箍的打捞工具。只要更换不同尺寸的卡瓦或不同类型的引鞋，就可以改变打捞抽油杆和接箍规格。

(2) 结构：包括上接头、弹簧座、弹簧、筒体、卡瓦、引鞋，如图 6-10-6 所示。

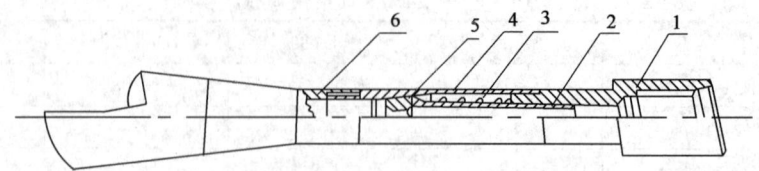

图 6-10-6 抽油杆打捞筒示意图
1—上接头；2—弹簧座；3—弹簧；4—筒体；5—卡瓦；6—引鞋

(3) 技术参数如表 6-10-6 所示。

表 6-10-6 抽油杆打捞筒技术参数

型　号	CLT11A	CGT-1
打捞筒外径（mm）	55	59
螺纹连接形式	7/8 in 抽油杆扣	7/8 in 抽油杆扣
打捞落鱼范围（mm）	15.5～25.4	21.5～46.4
形式	不可退式	园卡瓦式

(4) 工作原理：打捞筒筒体下部内壁有一倒斜锥面，装入筒体的两瓣剖分式卡瓦的外锥面与其相吻合，卡瓦内孔有锯齿形牙齿。当工具引入井下至鱼顶时，再继续旋转下放过程中，落鱼被引鞋引入筒体内向上推动卡瓦，此时卡瓦内孔逐渐变大，弹簧被压缩，抽油杆体进入卡瓦，直至弹簧座上台阶顶住上接头下端面悬重下降为止。然后上提打捞筒，在弹簧推力作用下，卡瓦下行，在筒体斜面径向力作用下其牙齿吃入抽油杆体，随着上提负荷的增加夹紧力也越大，从而实现打捞目的。

2. 三球打捞器

(1) 用途：套管内打捞抽油杆接箍或加厚台肩部位的工具。

(2) 结构：包括筒体、钢球、引鞋，如图 6-10-7 所示。

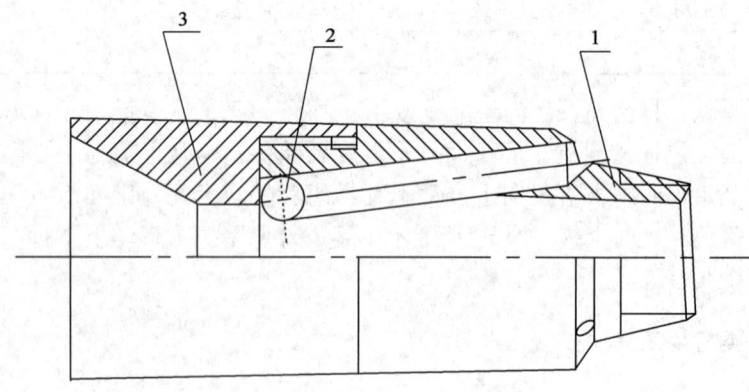

图 6-10-7 三球打捞器示意图
1—筒体；2—钢球；3—引鞋

(3) 技术参数如表 6-10-7 所示。

表 6-10-7 三球打捞器技术参数

型　号	SQ-01	SQ-02	SQ-04
螺纹连接形式	2⅜TBG	2⅜TBG	2⅜TBG
打捞落鱼范围（mm）	37～47	54～56	37～43
工具总长（mm）	305	275	320

(4) 工作原理：抽油杆接箍或台肩进入引鞋后，推动钢球沿斜孔上升，三个球形成的内切圆增大。待接箍或台肩通过三个球后，三个球依其自重沿斜孔回落，停靠在抽油杆本体上。上提钻具，抽油杆台肩或接箍尺寸较大无法通过而压在三球上，三个球给落物以径向夹紧力，从而抓住落鱼。

6.10.4.4 绳类打捞工具

螺旋式外钩的用途、结构、工作原理如下所述。
(1) 用途：打捞井内的电缆、钢丝绳、录井钢丝等。
(2) 结构：包括螺锥、钩齿、钩杆、接头，如图 6-10-8 所示。

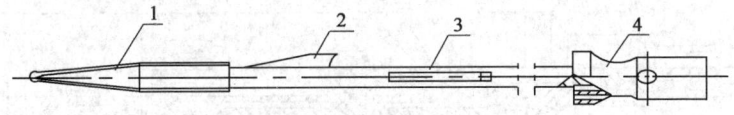

图 6-10-8 螺旋式外钩示意图
1—螺锥；2—钩齿；3—钩杆；4—接头

(3) 工作原理：靠螺锥插入绳、缆内，钩齿挂捞绳、缆，旋转管柱，形成缠绕，实现打捞。

6.11.4.5 小件类打捞工具

1. 强磁打捞器

(1) 用途：用于打捞井内小件铁磁性落物。
(2) 结构：包括上接头、压盖、壳体、磁钢、芯铁、隔磁套、平鞋、铣磨鞋、引鞋，如图 6-10-9 所示。

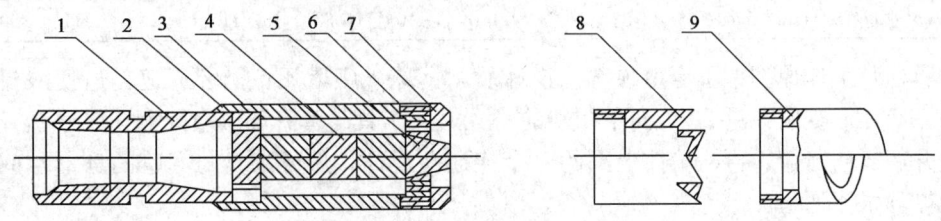

图 6-10-9 强磁打捞器示意图
1—上接头；2—压盖；3—壳体；4—磁钢；5—芯铁；6—隔磁套；7—平鞋；8—铣磨鞋；9—引鞋

(3) 技术参数如表 6-10-8 所示。

表 6-10-8 强磁打捞器技术参数

型 号	QC-86	QC-100	QC-115	QC-145
螺纹连接形式	2⅞TBG	2⅞TBG	NC31	NC31
最大吸附重力（N）	3726.5	3726.5	3922.7	6374.3
最高耐热温度（℃）	200	200	200	200

(4) 工作原理：磁力打捞器以壳体平鞋和芯铁为两个同心环形磁极，两极磁通路之间为无铁磁材料区域，使芯铁、平鞋最下端有很高的磁场强度，由于磁通路是同心的，可把小块铁磁性落物磁化吸附在磁极中心，实现打捞。

2. 局部反循环打捞篮

(1) 用途：打捞井底重量较轻，碎散落物，也可抓捞柔性落物。

(2) 结构：包括提升接头总成、上接头、单向阀罩、钢球、单向阀座、筒体总成、篮筐总成、铣鞋总成（如图 6-10-10 所示）。

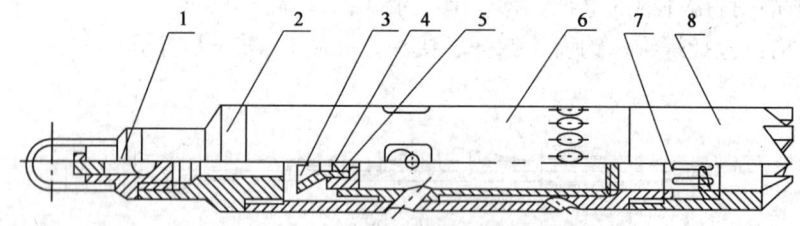

图 6-10-10 局部反循环打捞篮示意图
1—提升接头总成；2—上接头；3—单向阀罩；4—钢球；5—单向阀座；
6—筒体总成；7—篮筐总成；8—铣鞋总成

(3) 技术参数如表 6-10-9 所示。

表 6-10-9 局部反循环打捞篮技术参数

型 号	DLL-01	DLL-02	DLL-03	DLL-04	DLL-05	DLL-06
工作套管（mm, in）	114.3, 4½	127, 5	139.7, 5½	146, 5¾	168.27, 6⅜	177.8, 7
打捞落物最大直径（mm）	52	64	74	79	99	104
接头扣型	210	230	210	210	210	210
工具尺寸 D×L（mm×mm）	88×940	100×1150	110×1153	115×1153	135×1155	140×1161

(4) 工作原理：下至鱼顶洗井投球后，钢球入座堵死正循环通道，迫使液流改变流向，经环形空间穿过 20 个向下倾斜的小孔进入工具与套管环形空间而向下喷流，流体经过井底折回篮筐，再从筒体上部的 4 个连通孔返回，形成工具与套管的环形空间的局部反循环水流通道。

3. 测井仪器打捞篮

(1) 用途：专门用来打捞各种直径小、重量轻、没有卡阻的落井仪器的工具。

(2) 结构：包括上接头、钢丝环、外筒、钢丝、引鞋，如图 6-10-11 所示。

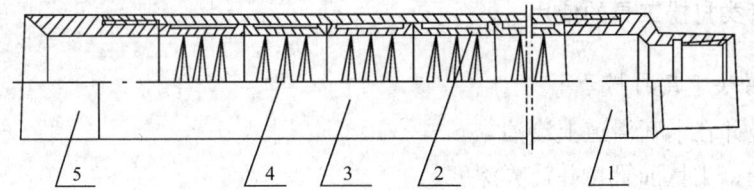

图 6-10-11 测井仪器打捞篮示意图
1—上接头；2—钢丝环；3—外筒；4—钢丝；5—引鞋

(3) 技术参数如表 6-10-10 所示。

表 6-10-10 测井仪器打捞篮技术参数

型 号	LSG-140	LSG-146	LSG-178
螺纹连接形式	NC31	NC31	NC31
适用套管规格（mm, in）	140, 5½	146, 5¾	178, 7
工具总长（mm）	1800	1800	1800

(4) 工作原理：工具入井至鱼顶，由引鞋将落井的测井仪器引入筒体后，加以适当钻压，使落鱼分开钢丝环内的钢丝上行，由于多股钢丝的弹力造成的摩擦力将落物卡住，起钻即将落井仪器捞出。

6.10.5 任务实施

6.10.5.1 准备工作

工具、用具准备如表 6-10-11 所示。

表 6-10-11 工具、用具准备

序号	名称	规格	数量	序号	名称	规格	数量
1	滑块卡瓦打捞矛		1个	10	FB型分瓣捞矛		1个
2	可退式打捞矛		1个	11	可退式卡瓦打捞筒		1个
3	电泵打捞筒		1个	12	三球打捞器		1个
4	抽油杆打捞筒		1个	13	螺旋式外钩		1个
5	强磁打捞器		1个	14	局部反循环打捞篮		1个
6	测井仪器打捞篮		1个	15	油管吊卡		2只
7	油管		若干	16	液压钳		1台
8	小滑车		1个	17	密封脂		适量
9	钢丝刷		1把	18	棉纱		适量

6.10.5.2 管类打捞工具的使用

1. 使用滑块卡瓦打捞矛

(1) 检查并在卡瓦滑道上涂油。

(2) 检查、丈量油管,并计算深度。

(3) 连接在油管下部下入井内。

(4) 下至鱼顶,记好悬重方入。

(5) 下放管柱,观察方入与悬重变化。

(6) 下至悬重下降时,上提悬重增加,起钻。

(7) 倒扣时,提至倒扣负荷,再增加 10~20kN,即可进行倒扣作业。

2. 使用 FB 型分瓣捞矛

(1) 检查工具,并记录。

(2) 检查、丈量油管,并计算深度。

(3) 将工具连接在打捞管柱最下端,下入井中。

(4) 下至距鱼顶 1~2m 处,开泵循环,冲洗鱼顶。待循环正常后停泵,入鱼。

(5) 悬重回降停止下放,慢慢上提,若悬重增加说明打捞成功。

(6) 起出打捞工具。

3. 使用可退式打捞矛

(1) 用手转动圆卡瓦使其靠近释放环,工具处于自由状态。

(2) 检查、丈量油管,并计算深度。

(3) 连接在油管下部下至鱼顶以上 2m 左右,开泵循环慢探鱼顶。

(4) 探准鱼顶后,试提记录悬重。

(5) 捞矛入鱼,悬重下降时,反转钻具 1~2 圈,卡瓦沿芯轴上行,工具处于打捞状态。

(6) 上提管柱,悬重增加捞获,可起钻;悬重不增加,重复操作直至捞获。

(7) 退鱼时下击芯轴,正转钻具 2~3 圈上提即可退出工具。

4. 使用可退式卡瓦打捞筒

(1) 检查、推动卡瓦,保证灵活,键槽合格。

(2) 检查、丈量油管,并计算深度。

(3) 连接在油管下部下至鱼顶以上 2~3m,开泵洗井,并观察泵压及悬重。

(4) 慢放钻具至鱼顶时,边正转边下放,使打捞筒进入鱼顶,并观察方入、悬重及泵压变化。

(5) 缓慢上提,若悬重增大,说明已捞获,可继续上提,若在上提时悬重一直上升至工具允许最大载荷时,应停止上提,说明遇卡严重,应将打捞筒退出落鱼,其方法是:

①如果打捞筒上部带有下击器,可按下击器操作规程进行,若无下击器,可视钻具重量加压下击,或缓慢溜钻下击。

②一边正转,一边上提即可退出。

5. 使用电泵打捞筒

(1) 地面检查卡瓦尺寸,用卡尺测量。压缩卡瓦,观察是否具有弹簧压缩力。
(2) 检查、丈量油管,并计算深度。
(3) 连接在油管下部下井,下至鱼顶以上 1~2m 处开泵洗井。
(4) 缓慢下放,观察指重表及泵压变化。若指重表指针有轻微跳动后逐渐下降,泵压也有明显变化时,说明已引入落鱼,试提,悬重明显增加证明捞获,即可起钻。若落鱼重量较轻,指重表反应不明显时,可转动工具 90°重复打捞数次。
(5) 要倒扣时,将钻具提至倒扣负荷进行倒扣作业。

6.10.5.3 杆类打捞工具的使用

1. 使用抽油杆打捞筒

(1) 地面检查卡瓦尺寸,并保养记录。
(2) 检查、丈量抽油杆,并计算深度。
(3) 将捞筒连接在抽油杆下部,下入井内。
(4) 当工具接近鱼顶时缓慢旋转下放,直至悬重有减轻显示时停止。
(5) 上提工具,若悬重增加则表示打捞成功。
(6) 起出工具。

2. 使用三球打捞器

(1) 根据落鱼规格和套管内径选择工具,检查并记录。
(2) 工具连接在管柱最下端。
(3) 下井,待通过鱼头后,再缓慢上提。若指重表悬重增加,说明捞获。
(4) 起钻。

6.10.5.4 绳类打捞工具的使用

使用螺旋式外钩:
(1) 地面检查,并保养记录。
(2) 检查、丈量油管,并计算深度。
(3) 工具连接在管柱最下端。
(4) 下至落鱼 1~2m 时,记录悬重。
(5) 缓慢下放,同时旋转管柱,加压不超过 20kN。
(6) 提管柱,悬重增加捞获,否则重复打捞。
(7) 捞获后,边上提边旋转管柱 3~5 圈。
(8) 起出管柱。

6.10.5.5 小件类打捞工具的使用

1. 使用强磁打捞器

(1) 地面检查,并保养记录。
(2) 检查、丈量油管,并计算深度。

(3) 工具连接在管柱最下端。

(4) 上紧工具下井至距井底 3～5m，开泵循环冲洗井底。

(5) 待井底冲洗干净后，边循环边缓慢下放钻具，触及落物，此时钻压不得超过 10kN，然后上提钻具 0.5～1m。转动 90°，再重复上述动作。

(6) 确认落物吸住，上提钻具 0.5～1m 停泵，起钻。

2. 使用局部反循环打捞篮

(1) 检查工具螺纹、大小水眼，篮爪转动灵活。

(2) 卸开提升接头。测量钢球直径是否合格，并将球投入工具试验，检查钢球入座情况是否正常。

(3) 检查、丈量油管，并计算深度。

(4) 工具连接在管柱最下端，下至预定深度以上一单根后，开泵正循环洗井，待洗正常平稳之后，停泵投球。

(5) 投球后，开泵洗井送球入座，根据洗井时间观察泵压变化，当泵压略有升高说明球已入座。

(6) 钢球入座形成局部反循环后，慢放钻柱至预定井深，在略上提 1～2m 之后，快速下放至井底 0.2～0.3m，反复几次，形成工具底部洗井液的紊流并增加流速，可提高打捞效果。

(7) 起出后，检查捞获落物情况，回收钢球，清洗擦净，涂油，存入球腔之内。

3. 使用测井仪器打捞篮

(1) 地面检查工具。各钢丝应完好无损坏，并记录。

(2) 检查、丈量油管，并计算深度。

(3) 工具连接在管柱最下端，下至鱼顶以上 2～3m 左右，开泵冲洗鱼顶，缓慢旋转下放管柱，下放时应特别观察指重表灵敏针的变化，如有较大变化，立即停止下放与转动，上提工具。

(4) 将钻具旋转 90°后再按上述方法操作一次，如此可数次转动钻具下放进行打捞。

6.10.6 归纳总结

(1) 管类落物打捞原则：鱼顶为油管接箍的且有内孔的落物，可选择内捞；鱼顶为油管外螺纹的或内孔堵死的落物，可选择外捞。

(2) 杆类落物打捞原则：打捞前落实清楚鱼顶形状及所处的空间，捞获后，一旦遇卡，最大上提负荷不超过抽油杆许用载荷。

(3) 绳类落物打捞原则：打捞工具必须安装防卡盘，外径与套管内径的间隙要小于被捞绳类落物的直径。对鱼顶深度不清时，不可一次插入落物太深，要采取下一根试提一根的方法进行打捞。

(4) 小件落物打捞原则：洗井液必须清洁，保证冲洗液体排量，起钻时轻提轻放，严禁猛顿或敲击钻具，以防落物重新掉入井中。

6.10.7 拓展链接

6.10.7.1 打捞难易程度划分

1. 简单打捞

凡掉入井内的落物没有卡钻遇阻等复杂情况，一般作业队的设备及技术力量能够解除的故障，并且不需要采用转盘倒扣、套铣、磨铣等工艺的作业称为简单打捞。用简单提拉、震击解卡可以解除的，均属于简单打捞。

2. 复杂打捞

凡掉入井内或卡在井内的管类、封隔器和绳类等，一般作业队设备及技术力量无法处理，须使用倒扣、套铣、钻磨及爆炸措施处理才能恢复正常生产的作业过程称为复杂打捞。

6.10.7.2 打捞落物的基本原则

（1）不能使油、水层受二次污染与破坏。
（2）不能使事故复杂化。
（3）不搞清造成落物的原因，不下打捞工具。
（4）不损坏井身结构。

6.10.7.3 井下落物的处理方法

（1）捞出落物：下各种打捞工具将落物整体或分段捞出。
（2）磨铣落物：下磨铣工具把落物磨铣掉。

6.10.7.4 打捞施工步骤

1. 打捞施工前准备

（1）落实井况。
①了解被打捞井的地质、钻井、采油资料，清楚井深结构、套管完好情况、井下有无早期落物等。
②清楚落井原因，分析落井后有无变形可能及井下卡、埋等情况。
③计算鱼顶深度，判断清楚鱼顶的规范、形状和特征。对鱼顶情况不清楚时，要用铅模或其他工具下井探明（必要时应冲洗鱼顶）。
（2）制订打捞方案。
①绘出打捞管柱示意图。
②制订出施工工序细则及打捞过程中的注意事项。
③根据打捞时可能到达的最大负荷加固井架。
④制订安全防卡措施，若井下遇卡有解卡措施。
（3）选择下井工具。

①根据鱼顶的规范、形状和所有制订的打捞方案选择合适的下井工具，下井工具的外径与套管内径之间间隙要大于或等于 6mm。若受鱼顶尺寸限制，两者直径间隙小于 6mm 时，应在下该工具之前，下入外径与长度不小于该工具的通径规通径至鱼顶以上 1~2m。

②下井工具的外表面一般不准带刃、镶焊硬质合金或敷焊钨钢粉。必要时，其紧接工具上部必须带有大于工具外径的接箍或扶正器（铣鞋除外）。公锥、捞矛等打捞工具在大直径套管中打捞时，必须带有引管和引鞋及其他定心找中装置。

③若在处理鱼顶或打捞中需循环洗井，则选择的工具必须带有水眼，优先选用可退式打捞工具。当受条件限制，选用不可退式工具时，下井管柱必须配有安全接头。工具下井前必须进行严格检查，做到规格尺寸与设计统一、强度可靠、螺纹完好、部件灵活。

（4）检查设备、井架及地面辅助工具。

①对设备、液压钳、井架、游动系统、绷绳、地锚等进行详细的安全检查，发现问题及时整改，排除一切事故隐患。

②游动滑车的大钩必须转动灵活，若在打捞过程中需循环洗井，则应配有水龙头。

③检查、校对拉力表（俗称指重表），必须确保精确好用。

2. 打捞步骤

（1）下打捞管柱。

①打捞工具在下井前必须由施工人员再检查一次规格尺寸和强度状况，确保无误，并绘出结构草图，注明主要尺寸，储备考查。

②下井管柱丈量准确，水眼畅通，螺纹完好。

③配好配准管柱，计算好鱼顶方入和打捞方入。

④管柱的接箍内螺纹要涂足螺纹密封脂，螺纹上紧，严防偏扣。

⑤管柱下放速度不可太快。当打捞工具距鱼顶以上 50m 上，下放速度要小于 0.5m/s。若有提前遇阻、有接触鱼顶显示，要及时刹车，慎重探明，严防蹾坏鱼顶或下井工具。

（2）打捞。

①打捞时分工明确、统一指挥。

②在试探鱼顶时，必须缓慢下放管柱，精心观察拉力表读数变化，对鱼顶所加钻压不准超过 10kN。

③打捞时要试放、试提。观察拉力表读数变化，判断是否捞上。

④在试提中若负载过大遇卡时，不准硬拔，应上下慢慢活动解卡。

（3）起打捞管柱。

①捞获落鱼上提时，做到上行平稳，速度要慢。若中途遇阻遇卡，应慢慢活动解除阻卡。

②每起出 10 根打捞管柱要换算校对一次拉力表悬重变化，判断落鱼是否脱落。

③管柱卸扣时一定要打好背钳，井内管柱不准转动。

（4）注意事项。

①在整个施工过程中井口必须装防掉装置。防止任何物件落入井内。

②用液压钳倒扣、造扣、套铣时，液压钳尾绳必须卡紧，两侧不准站人。

③在施工过程中要做好防喷、防火等安全工作。

6.10.8 思考练习

(1) 简述滑块卡瓦打捞矛打捞操作方法。
(2) 简述三球打捞器打捞操作方法。
(3) 简述外钩打捞操作方法。
(4) 简述一把抓打捞操作方法。

6.10.9 考核

6.10.9.1 考核规定

(1) 如违章操作,将停止考核。
(2) 考核采用百分制,考核权重:知识点30%,技能点70%。
(3) 考核方式:本项目为实际操作考题,考核过程按评分标准及操作过程进行评分。
(4) 考核说明:本项目主要考核员工对井下工具操作掌握的熟练程度。

6.10.9.2 考核时间

(1) 准备工作:5min(不计入考核时间)。
(2) 正式操作时间:30min。
(3) 在规定时间内完成,到时停止操作。

6.10.9.3 考核表

滑块卡瓦打捞矛打捞操作考核记录表见表6-10-12。

表6-10-12 滑块卡瓦打捞矛打捞操作考核记录表

序号	考核内容	评分要素	配分	评分标准	备注
1	准备工作	劳保着装整齐,选择工具、用具:管钳2把、滑块卡瓦打捞矛1个、油管若干根、油管吊卡2只、小滑车1个、钢丝刷1把、液压钳1台、密封脂适量、棉纱适量	10	未正确穿戴劳保不得进行操作;未准备工具、用具扣5分;少选一件扣1分(扣完为止)	
2	操作	丈量,检查工具,绘草图,并在卡瓦滑道上涂油	20	不丈量扣5分;不检查扣5分;不绘草图扣5分;不滑道涂油扣5分	
		连接下至鱼顶,记好悬重方入,开泵冲洗	25	不记录悬重扣10分;不记录方入扣10分;不开泵冲洗扣5分	
		下放管柱,观察方入与悬重变化	20	不观察方入扣10分;不观察悬重变化扣10分	

续表

序号	考核内容	评分要素	配分	评分标准	备注
2	操作	下至悬重下降时，上提悬重增加，起钻	10	不会判断是否捞获扣10分	
		倒扣时，提至倒扣负荷，再增加10~20kN，即可进行倒扣作业	15	倒扣负荷错误扣15分	
3	考核时限	30min，到时停止操作考核			
4		合计100分			

三球打捞器打捞操作考核记录表见表6-10-13。

表6-10-13　三球打捞器打捞操作考核记录表

序号	考核内容	评分要素	配分	评分标准	备注
1	准备工作	劳保着装整齐，选择工具、用具：管钳2把、三球打捞器1个、油管若干根、油管吊卡2只、小滑车1个、钢丝刷1把、液压钳1台、密封脂适量、棉纱适量	10	未正确穿戴劳保不得进行操作；未准备工具、用具扣5分；少选一件扣1分（扣完为止）	
2	操作	地面检查、保养，测量各部位的尺寸，绘出工具草图	30	未检查扣10分；未测量扣10分；未绘图扣10分	
		将三球打捞器连接在工具管柱的最下端	20	连接错误扣20分	
		下井，待通过鱼头后，再缓慢上提，若指重表比原悬重增加，说明抓住落鱼	30	不会判断是否捞获扣30分	
		起钻	10	顿井口扣10分	
3	考核时限	30min，到时停止操作考核			
4		合计100分			

外钩打捞操作考核记录表见表6-10-14。

表6-10-14　外钩打捞操作考核记录表

序号	考核内容	评分要素	配分	评分标准	备注
1	准备工作	劳保着装整齐，选择工具、用具：管钳2把、外钩1个、油管若干根、油管吊卡2只、小滑车1个、钢丝刷1把、液压钳1台、密封脂适量、棉纱适量	10	未正确穿戴劳保不得进行操作；未准备工具、用具扣10分；少选一件扣2分（扣完为止）	
2	操作	测量各部位的尺寸，绘出工具草图	10	未测量扣10分	
		检查工具凸轮扭簧弹性是否可靠，回位是否快速，轴销是否良好，有无弯曲与剪切现象，如不合格应更换后方能使用	10	未检查扣10分	

续表

序号	考核内容	评分要素	配分	评分标准	备注
2	操作	工具下至鱼顶后,只要有遇阻显示,应立即上提钻柱1～2m,提完后转动钻柱90°～120°,再进行下放—上提—转动—下放操作,如此多次反复进行	30	未观察遇阻显示扣10分;未上提扣10分;未转动打捞扣10分	
		在打捞中如下放方入有所加深,说明已捞获落鱼,提钻之后即可将落物取出	20	判断错误扣20分	
		在大套管中进行打捞时应加装防卡压盘,以防落物穿过外钩造成卡钻	20	未加压盘扣20分	
3	考核时限	30min,到时停止操作考核			
4		合计100分			

一把抓打捞操作考核记录表见表6-10-15。

表6-10-15 一把抓打捞操作考核记录表

序号	考核内容	评分要素	配分	评分标准	备注
1	准备工作	劳保着装整齐,选择工具、用具:管钳2把、一把抓1个、油管若干根、油管吊卡2只、小滑车1个、钢丝刷1把、液压钳1台、密封脂适量、棉纱适量	10	未正确穿戴劳保不得进行操作;未准备工具、用具扣10分;少选一件扣2分(扣完为止)	
2	操作	测量各部位的尺寸,绘出工具草图	10	未测量扣5分;未绘图扣5分	
		工具下至井底以上1～2m,开泵洗井,将落鱼上部沉砂冲净后停泵	10	未冲洗各扣5分;深度错各扣5分	
		下放钻柱,当指重表略有显示时,核对井底方入,上提钻柱并转动一个角度后再下放,如此找出最大方入	20	未观察悬重扣5分;未核对井底方入扣5分;未转动角度下放扣10分	
		在此处下放钻柱,加钻压20～30kN,再转动钻具3～4圈(井深时可增加1～2圈),待指重表悬重恢复后,再加压10kN左右,转动钻柱5～7圈	30	加压错误扣10分;转动打捞错误扣10分;操作程序错误扣10分	
		以上操作完毕之后,将钻柱提离井底,转动钻柱使其离开旋转后的位置,再下放加压20～30kN,将变形抓齿顿死,即可提钻	20	未二次下放加压扣10分;未转动角度下放扣10分	
3	考核时限	30min,到时停止操作考核			
4		合计100分			

项目七

修井相关作业

　　修井相关作业是指操作员工在修井施工过程中,要掌握一些与操作程序相关联的知识和技能才能满足施工需要,否则无法保证正常施工。因此这些知识和技能在特定情况下是要求操作员工必须掌握的。本项目设置6个学习任务,目的是使操作员工通过学习能够避免错误操作习惯,掌握正确操作方法,保障施工安全和提高施工质量。

任务1 常用几种连接操作

连接是指被连接件与连接件的组合，就是将若干个孤立件装配在一起，从而达到施工要求的过程。它在修井安装作业中应用极为广泛，具有悬挂、延长、紧固、改变方向、力传导等作用，在不同的连接方式中有着不同的标准。操作者只有充分了解、掌握这些专业知识和技能，才能够满足施工中的要求。

7.1.1 学习目标

通过本任务学习，使操作人员了解螺纹连接、卡箍连接、法兰盘连接、单锁销连接、钢丝夹头连接的特点及应用范围。掌握连接操作过程中的操作方法及技术要求，能够学会连接油管、连接弯头、连接闸门、连接液压钳尾绳等，使操作人员在连接操作施工过程中能够熟练、规范、安全操作。

7.1.2 学习任务

本学习任务包括施工准备、连接油管、连接弯头、连接闸门、连接液压钳尾绳。

7.1.3 任务分析

本任务学习应准备油管、弯头、闸门、钢丝绳、绳卡子等所需的工具、用具。操作者施工前应先了解连接的整个操作过程及注意事项。正确掌握连接的操作技能，在操作过程中注意安全，防止发生物体打击、人员摔倒等事故。操作人员要能够识别安全风险，并有效预防，避免意外伤害事故。

7.1.4 背景知识

7.1.4.1 连接方式介绍

1. 螺纹连接

特点：定位精确，结构简单、紧凑，装拆方便。
应用范围：油管连接、活接头连接、压力表安装等，如图7-1-1所示。

2. 卡箍连接

特点：简单、快捷、方便、操作空间小，具有良好的密封性。
应用范围：闸门安装、连接流程等，如图7-1-2所示。

图 7-1-1　螺纹连接示意图

3. 法兰盘连接

特点：法兰连接使用方便，能够承受较大的压力，具有防腐，耐酸碱，使用寿命长等特点。

应用范围：安装大四通、法兰、闸门等，如图 7-1-3 所示。

图 7-1-2　卡箍连接示意图

图 7-1-3　法兰盘连接示意图

4. 单锁销连接

特点：安装方便，定位精度高，圆锥销可多次装拆而不影响定位精度，适用于有冲击振动的场合。

应用范围：液压钳吊装、井架固定、绷绳固定等，如图 7-1-4 所示。

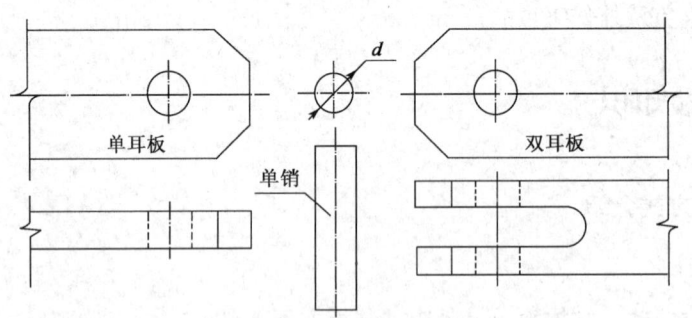

图 7-1-4　单锁销连接示意图

5. 钢丝夹头连接

特点：安装、拆卸简单方便，质量稳定，耐用防腐锈，抗击力度强。

应用范围：固定提升大绳的活绳、死绳、井架绷绳等，如图 7-1-5 所示。

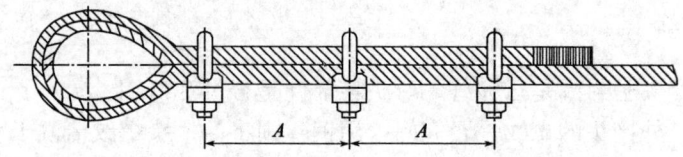

图 7-1-5 钢丝夹头连接示意图

7.1.5 任务实施

7.1.5.1 施工准备

1. 工具、用具准备

工具、用具准备见表 7-1-1。

表 7-1-1 工具、用具准备

序号	名称	规格	数量	序号	名称	规格	数量
1	油管	φ73mm	5根	10	活动弯头		1个
2	管钳	900mm	2把	11	钢丝刷		1把
3	钢丝绳	φ15mm	8m	12	活接头		3套
4	卡箍扳手		2把	13	绳卡子		10个
5	密封脂		适量	14	卡箍		3套
6	生料带		适量	15	闸门	250型	1个
7	大锤		1把	16	闸门	350型	1个
8	螺丝刀		1把	17	活动扳手		1把
9	液压钳		1台	18	开口销		若干

2. 设备与工具检查

（1）检查油管内部是否畅通，连接螺纹磨损情况。

（2）检查弯头是否灵活好用，活接头型号是否匹配。

（3）检查钢圈槽及小钢圈是否完好，规格型号是否符合要求。

（4）检查钢丝绳是否有断丝、硬弯等现象，不符合标准不得使用。

7.1.5.2 连接油管

（1）在要求位置上按顺序架起两根油管，外螺纹处顺时针缠绕生料带并抬起对准油管接箍正旋引扣，先将螺纹上满，在此过程中防止偏扣。

（2）调整管钳钳口，开口朝上将油管接箍卡入开口内，使钳口咬住接箍。另外一人用管钳卡住油管，五指伸开用掌心部位下压钳柄，然后再拉起钳柄，重新咬住管体下压，反复进行操作，将两根油管螺纹上紧，做到密封无渗漏。

（3）卸油管时，管钳使用方法与连接油管相同，逆时针转动油管卸扣，将油管螺纹卸松后抓住油管本体把油管螺纹卸开，然后将两根油管分离抬起放回原处，并回收保养工具。

7.1.5.3 连接弯头

(1) 检查活接头密封圈是否完好,弯头各部件是否灵活好用。
(2) 检查内、外接头的螺纹是否完好,用钢丝刷将活接头螺纹清洗干净。
(3) 在套管闸门上安装外接头,用管钳上紧。再将地面油管接箍上安装内接头,同样也要保证螺纹连接处密封、无渗漏。
(4) 先将弯头的压紧帽与外接头外螺纹对扣旋紧,然后调整弯头角度,连接弯头外接头与油管内接头压紧帽。连接完毕用大锤砸紧,顺序为先紧闸门处再紧油管处的连接位置。

7.1.5.4 连接闸门

1. 卡箍连接

(1) 检查、清洗小四通与闸门的钢圈槽。
(2) 涂密封脂,安装小钢圈。
(3) 将闸门卡箍头和小四通卡箍头对严,夹紧小钢圈。
(4) 安装上下卡箍,并将卡箍凸边送进沟槽内。
(5) 上螺栓并均匀轮换拧紧螺母,在拧螺母过程中用大锤适度击打卡箍,确保夹紧小钢圈,卡箍凸边需全部卡进沟槽内。

2. 法兰连接

(1) 检查、清洗闸门与大四通的钢圈槽。
(2) 涂密封脂,安装小钢圈。
(3) 安装闸门时小钢圈、钢圈槽、法兰必须保持同轴,螺栓孔中心不能偏差超过孔径的5%,并且要保证螺栓自由穿入。
(4) 用扳手将螺栓对称均匀拧紧2次,要求内螺纹上满,外螺纹至少露出2~3扣。

7.1.5.5 连接液压钳尾绳

(1) 选用一根ϕ15mm、无断丝、长约3m的钢丝绳。
(2) 将钢丝绳两端绳头用细钢丝缠绕捆扎,防止绳头散开。
(3) 钢丝绳一头用绳卡固定在井架一端,安装第一个绳卡应将鞍马座放在受力绳一边,U形卡环放在返回的短绳一边,距短绳头150mm。按同样方法排列再安装2个绳卡,卡距分别为10cm,拧紧螺母,卡紧程度以钢丝绳绳卡子直径变形1/3~1/4为准。
(4) 采用上面同样的方法,调好钢丝绳长度,卡另一头绳套,分别卡紧3个绳卡子。
(5) 将卡好绳套套入液压钳尾绳座,穿入销轴按以下方式安装开口销子。
① 按孔径尺寸选择开口销,如表7-1-2所示。

表7-1-2 按孔径尺寸选择开口销

圆柱销孔径(mm)	1	1.2	1.6	2	2.5	3.2	4	5	6.3
开口销直径(mm)	0.9	1	1.4	1.8	2.3	2.9	3.7	4.6	5.9

②开口销的标准长度 L（mm）按下列方式确定：
$$L=1.5D \quad (D>12); \quad L=D+6 \quad (D\leqslant 12)$$
式中　D——圆柱销的直径。

③用手或钳子将开口销插入圆柱销内，用螺丝刀将开口销掰开。掰开开口销的角度，原则上为 60°。若与工件相碰，可将开口销卷起来并且要求开口处朝下安装。

④使用剪切钳剪断开口销。

⑤V 开口销在打开时，注意使分开的部分平直、对称，不允许长短不齐、带 R 形和上下空档，如图 7-1-6 所示。

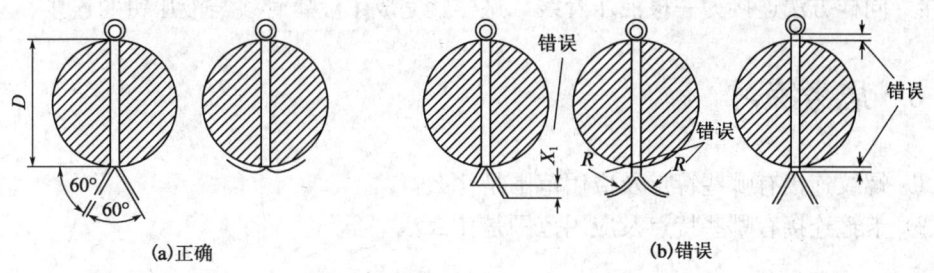

图 7-1-6　开口销打开示意图

⑥安装完毕后要求钢丝绳与液压钳应处于同一水平面内，尾绳吃力拉直后要与液压钳互相垂直，并仔细检查其牢固程度。

7.1.6　归纳总结

（1）卜卸地面管线螺纹时，不能紧握钳把，用力过猛易将手指碰伤。

（2）管钳不可当榔头用。使用大锤时砸击位置准确，身边不得站人。

（3）安装高压活动弯头时应先清洁活接头螺纹、检查密封圈是否完好，然后调整弯头角度将压紧螺母套过内接头，用手拧在外接头外螺纹上，当螺纹上满后用大锤击打螺母的三爪或二爪砸紧。

（4）活接头出现泄漏问题时，应放净放压后旋紧压紧螺母或更换密封圈。

（5）安装闸门时先将小钢圈放入钢圈槽内夹紧，然后安装上下两片卡箍。要求方向要与闸门平行，两边间隙均匀，螺栓两头内螺纹上满较紧，外螺纹外露 2~3 扣。

（6）卡箍及法兰连接所用小钢圈应符合标准，无坏损。安装时要涂密封脂，检查是否全部入槽。

（7）法兰盘螺栓要拧紧，要选择适当的顺序对称两次拧紧。螺栓按顺序拧紧是为了保证每一个螺栓的受力都均匀一致。

（8）安装绳卡时绳卡座要在长绳头一端，卡距为钢丝绳直径的 6~8 倍。将螺栓拧紧，直到绳被压扁 1/3~1/4 直径时为止，并在绳受力后，再将夹头螺栓拧紧一次，以保证接头牢固可靠。

（9）禁止重复使用开口销。

7.1.7 拓展链接

连接液压钳进出口管线首先要在是安装前检查快速接头 O 形圈是否完好,表面清洁不能附着杂物,不然会造成泄漏。快速接头的阀芯带有自动闭合功能,所以在安装前或断开前必须关闭动力源。安装时需将接头外套拉回顶紧内外接头,当两个接头体连接时单向阀阀芯前端的两顶杆相碰,迫使阀芯离开接头体的锥形孔,使两边管子内的油相通,两个接头体用钢球锁紧,外套复位在弹簧作用下把钢球压在接头体的 U 形槽内,使接头体连接。同样方法连接另一根液压管线,这样就完成了液压管线与液压钳的连接。

7.1.8 思考练习

(1) 螺纹连接有哪些特点及应用范围是什么?
(2) 卡箍连接有哪些特点及应用范围是什么?

7.1.9 考核

7.1.9.1 考核规定

(1) 如违章操作,将停止考核。
(2) 考核采用百分制,考核权重:知识点 30%,技能点 70%。
(3) 考核方式:本项目为实际操作考题,考核过程按评分标准及操作过程进行评分。
(4) 考核说明:本项目主要考核员工对连接液压钳尾绳、连接压井管线操作掌握熟练程度。

7.1.9.2 考核时间

(1) 准备工作:3min(不计入考核时间)。
(2) 正式操作时间:30min。
(3) 在规定时间内完成,到时停止操作。

7.1.9.3 考核记录表

连接油管、弯头、阀门考核记录表见表 7-1-3,连接液压钳尾绳考核记录表见表 7-1-4。

表 7-1-3 连接油管、弯头、阀门

序号	考核内容	评 分 要 素	配分	评 分 标 准	备注
1	准备工作	劳保着装整齐,选择工具、用具:弯头、活接头、油管、闸门、管钳、大锤	5	未正确穿戴劳保用品不得进行操作;未准备工具、用具及材料扣 5 分;少选一件扣 1 分	

续表

序号	考核内容	评 分 要 素	配分	评 分 标 准	备注
2	连接油管	1. 在要求位置上按顺序架起两根油管，外螺纹处顺时针缠绕生料带并抬起对准管接箍正旋引扣，先将螺纹上满，在此过程中防止偏扣； 2. 调整管钳钳口，开口朝上将油管接箍卡入开口内，使钳口咬住接箍。另外一人用管钳卡住油管，五指伸开用掌心部位下压钳柄，然后再拉起钳柄，重新咬住管体下压，反复进行操作，将两根油管螺纹上紧，做到密封无渗漏	30	1. 连接油管螺纹偏扣扣10分； 2. 使用管钳方法不正确扣10分； 3. 螺纹未上紧扣10分	
3	连接弯头	1. 检查活接头密封圈完好，弯头各部件是否灵活好用； 2. 检查活接头内外螺纹是否完好，用钢丝刷将活接头螺纹清洗干净； 3. 在套管闸门上安装外接头，用管钳上紧，再将地面油管接箍上安装内接头同样也要保证螺纹连接处密封、无渗漏； 4. 先将弯头的压紧帽与外接头外螺纹对扣旋紧，然后调整弯头角度，连接弯头外接头与油管内接头压紧帽。连接完毕用大锤砸紧，顺序为先紧闸门处再紧油管处的连接位置	30	1. 未检查活接头密封圈扣5分； 2. 内外接头未上紧扣10分； 3. 未按正确顺序砸紧各连接处扣10分； 4. 未清洗活接头扣5分	
4	连接阀门	1. 检查、清洗小四通与闸门的钢圈槽； 2. 涂密封脂，安装小钢圈； 3. 将闸门卡箍头和小四通卡箍头对严，夹紧小钢圈； 4. 安装上下卡箍，并将卡箍凸边送进沟槽内； 5. 上螺栓并均匀轮换拧紧螺母，在拧螺母过程中用大锤适度击打卡箍，确保夹紧小钢圈，卡箍凸边需全部卡进沟槽内	30	1. 钢圈槽未清洗扣5分； 2. 未涂密封脂扣5分； 3. 卡箍未卡紧扣10分； 4. 卡箍两头间隙不均匀扣5分； 5. 螺母未上满扣5分	
5	清理场地	清理现场，收拾工具	5	未收拾保养工具扣2分；未清理现场扣3分；少收一件工具扣1分	
6	考核时限	30min，到时停止操作考核			
7		合 计 100分			

表 7-1-4 连接液压钳尾绳考核记录表

序号	考核内容	评分要素	配分	评分标准	备注
1	准备工作	劳保着装整齐;选择工具、用具:φ15mm钢丝绳、绳卡子、固定扳手、液压钳、开口销	5	未正确穿戴劳保用品不得进行操作;未准备工具、用具扣5分;少选一件扣1分	
2	安装液压钳尾绳操作	选用一根φ15mm、无断丝、长约3m的钢丝绳	10	未检查钢丝绳断丝情况扣5分;选择规格错误扣5分	
		将钢丝绳两端绳头用细钢丝缠绕捆扎,防止绳头散开	10	绳头未捆扎扣10分	
3	安装液压钳尾绳操作	钢丝绳一头用绳卡固定在井架一端,安装第一个绳卡应将鞍座放在受力绳一边,U形卡环放在返回的短绳一边,距短绳头150mm。按同样方法排列再安装2个绳卡。卡距分别15cm,严禁正反排列,拧紧螺母卡紧程度以钢丝绳绳卡子直径变形1/3~1/4为准	20	绳卡打反一个扣5分;卡距错误扣5分;未卡紧扣5分;余头长度不合格扣5分	
		采用上面同样的方法,调好钢丝绳长度卡另一头绳套,分别卡好3个钢丝绳卡子	20	绳卡打反一个扣5分;卡距错误扣5分;未卡紧扣5分;余头长度不合格扣5分	
		将卡好的绳套套入液压钳尾绳座,穿入销轴安装开口销子	20	开口销未朝下安装扣10分;开口销打开不正确,出现不平直、不对称,长短不齐、带R形和上下空档扣10分	
		安装完毕后要求钢丝绳与液压钳应处于同一水平面内,尾绳吃力拉直后要与液压钳互相垂直,并仔细检查其牢固程度	10	卡好后没有进行检查扣5分;尾绳长度不合格扣5分	
4	清理场地	清理现场,收拾工具	5	未收拾保养工具扣2分;未清理现场扣3分;少收一件工具扣1分	
5	考核时限	30min,到时停止操作考核			
6		合计100分			

任务 2 测 量 长 度

在修井作业过程中测量长度应用十分广泛,无论是井下作业施工还是地面设备摆放等都有长度测量需要,数据的准确性在生产过程中非常重要,是保证施工质量的前提。所以要求对修井作业中所涉及的长度测量必须做到数据准确、记录清晰,才能够满足施工要求,避免事故的发生。

7.2.1 学习目标

通过本任务学习,使操作人员了解测量钢圈尺、游标卡尺、内外卡钳及钢板尺的工作原理及用途。掌握测量长度过程中的操作方法及技术要求,能够学会测量油管、小钢圈、卡瓦捞筒各部位长度,使操作人员在测量长度施工过程中能够熟练、规范、安全操作。

7.2.2 学习任务

本学习任务包括测量准备、使用钢圈尺测量、使用游标卡尺测量、使用内外卡钳及钢板尺测量。

7.2.3 任务分析

本任务学习应准备钢圈尺、游标卡尺、内外卡钳、钢板尺等工具、用具。操作者施工前应先了解测量长度操作过程及注意事项。正确掌握测量长度的操作技能,在操作过程中注意安全,防止测量工具及被测工件掉落损坏。操作人员要能够识别安全风险,并有效预防,避免意外伤害事故。

7.2.4 背景知识

7.2.4.1 钢卷尺

钢卷尺是测量长度的量具,由具有一定弹性的整条钢带,卷于金属(或塑料)材料制成的尺盒或框架内,如图 7-2-1 所示。按结构分自卷式、制动式、摇卷式。尺端装有拉环或尺钩。可用于测量物体的直径和周长,最小读数为 1mm。

7.2.4.2 游标卡尺

游标卡尺是测量长度的仪器,它由尺身及能在尺身上滑动的

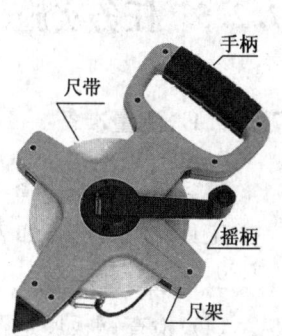

图 7-2-1 钢卷尺

游标组成,如图 7-2-2 所示。从背面看,游标是一个整体,游标与尺身之间有一弹簧片,利用弹簧片的弹力使游标与尺身靠紧。游标上部有一紧固螺钉,可将游标固定在尺身上的任意位置,尺身和游标都有量爪,利用内测量爪可以测量槽的宽度和管的内径,利用外测量爪可以测量零件的厚度和管的外径。深度尺与游标尺连在一起,可以测槽和筒的深度。

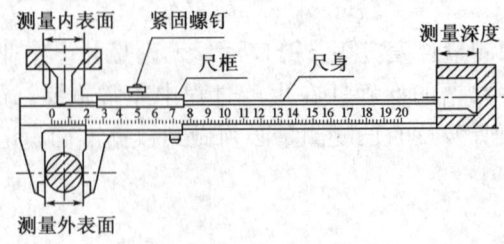

图 7-2-2 游标卡尺

7.2.4.3 内外卡钳

内外卡钳是最简单的比较量具,如图 7-2-3 所示。外卡钳用来测量外径和平面,内卡钳用来测量内径和凹槽。它们本身都不能直接读出测量结果,而是把测量得到的长度尺寸在钢直尺上进行读数或在钢直尺上先取下所需尺寸,再去检验零件的直径是否符合要求。

7.2.4.4 钢板尺

钢板尺是最简单的长度量具,由不锈钢片制成,尺的刻线面上下两侧有线纹,如图 7-2-4 所示。尺的方形一端为工作端,另一端为圆弧形并带悬挂孔,最小读数为 1mm。

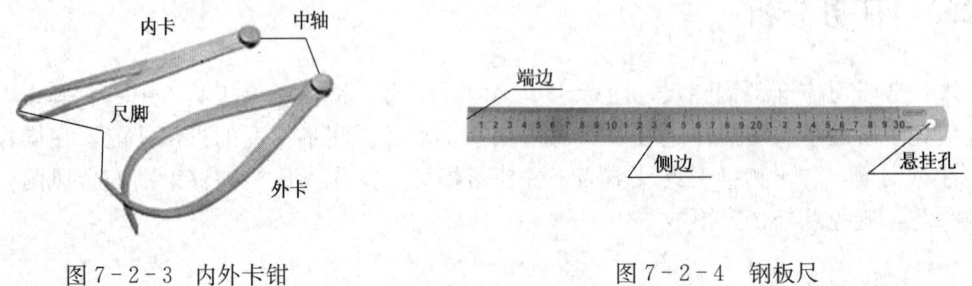

图 7-2-3 内外卡钳　　　　　图 7-2-4 钢板尺

7.2.5 任务实施

7.2.5.1 测量准备

1. 工具、用具准备

工具、用具准备如表 7-2-1 所示。

2. 测量工具检查

(1) 检查钢板尺是否在受控范围,各工作面和边缘是否被碰伤。

(2) 检查钢卷尺尺带平整光洁,色泽应均匀,无皱纹,无锈迹,分度线清晰。

(3) 用软布将卡尺量爪擦干净，使其并拢，查看游标和主尺的零刻度线是否对齐，如果对齐就可以进行测量。

表 7-2-1 工具、用具准备

序号	名称	规格	数量	序号	名称	规格	数量
1	钢板尺	300mm	1把	6	碳素笔		适量
2	钢卷尺	15m	1把	7	小钢圈		1个
3	游标卡尺	150mm	1把	8	卡瓦捞筒		1套
4	内卡钳	200mm	1把	9	记录纸		适量
5	外卡钳	200mm	1把	10	油管	$\phi73mm$	若干

7.2.5.2 使用钢圈尺测量

（1）使用经检测后标定合格的钢卷尺丈量油管，钢卷尺的有效长度要大于 15m。

（2）两人丈量时拉直钢卷尺，防止钢卷尺产生弧度，并确认丈量同一根油管。

（3）钢卷尺的零点位于接箍上端面，另一端对准油管螺纹根部（普通油管余 2 扣），读出油管单根长度，做好记录。

（4）移至下一根的过程中要将尺条拉起，防止油管夹尺。

（5）丈量的油管要整齐排列在油管桥上，从井口方向按下井顺序依次丈量。

（6）三人配合反复丈量三次，读数正确、声音洪亮、吐字清楚，记录不得涂抹，做到三对口。

（7）计算出三次丈量的管柱平均数据，累计长度误差不大于 0.02%。

7.2.5.3 使用游标卡尺测量

（1）应先拧松紧固螺钉，右手拿住尺身用大拇指移动游标，打开测量爪至适当位置。

（2）测量时左手拿小钢圈，使小钢圈位于外测量爪之间，量爪与小钢圈外圆中心线位置紧紧相贴时即可读数，测量出小钢圈外径。

（3）同样左手拿小钢圈，右手拿尺身，大拇指移动游标，打开内测量爪贴在小钢圈内圆中轴线两点位置进行读数，测量出小钢圈内径。

（4）读数方法：以游标零刻线位置为准，在主尺上读取整毫米数。看游标上哪条刻线与主尺上的某一刻线对齐，由游标上读出毫米以下的小数。总的读数为毫米整数加上毫米小数，就是测量出的小钢圈外径和内径的长度。

7.2.5.4 使用内外卡钳、钢板尺测量

（1）首先检查钳口的形状，钳口形状对测量精确性影响很大，应注意钳口形状好与坏的对比，如有变形或缺损时要修整钳口的形状。

（2）外卡钳测量是靠自重滑过卡瓦捞筒，手中的感觉应该是外卡钳与卡瓦捞筒外圆

正好是点接触,此时外卡钳两个测量面之间的距离就是被测零件的外径。

(3) 内卡钳测量内径时应使两个钳脚的测量面的连线正好垂直相交于内孔的轴线,即钳脚的两个测量面应是内孔直径的两端点,因此测量时应将下面的钳脚的测量面停在孔壁上作为支点。此时内卡钳两个测量面之间的距离就是被测零件的内径。

(4) 取下内外卡钳,一个钳脚的测量面靠在钢板尺的 0 刻度端面上,另一个钳脚的测量面对准钢板尺的尺寸刻线,且两个测量面的连线应与钢板尺平行,读数时视线要垂直于钢板尺,直接读取测量数据。

7.2.6 归纳总结

(1) 测量时钢卷尺零刻度对准测量起始点,施以适当拉力,直接读取测量终止点所对应的尺上刻度。

(2) 测量时,眼睛应与钢卷尺保持 20~30cm 的距离。

(3) 读数时,钢卷尺表盘应保持 45 倾斜角,并垂直待测工件。

(4) 游标卡尺读数时,视线应与尺面垂直。如需固定读数,可用紧固螺钉将游标固定 在尺身上,防止滑动。

(5) 游标卡尺是比较精密的测量工具,要轻拿轻放,不得碰撞或跌落地下。使用时不要用来测量粗糙的物体,以免损坏量爪,不用时应置于干燥处防止锈蚀。

(6) 游标卡尺实际测量时,对同一长度应多测几次,取其平均值来消除偶然误差。

(7) 游标卡尺使用完毕,用棉纱擦拭干净。长期不用时应将它擦上黄油或机油,两量爪合拢并拧紧紧固螺钉,放入卡尺盒内盖好。

(8) 如果用钢板尺直接测量零件的直径尺寸(轴径或孔径),测量精度更差。其原因是:除了钢板尺本身的读数误差比较大以外,还由于钢板尺无法正好放在零件直径的正确位置。所以零件直径尺寸的测量,可以利用钢直尺和内外卡钳配合起来进行。

(9) 使用卡钳测量时不要用手抓住卡钳测量,这样手感就没有了,难以比较内外卡钳在零件上的松紧程度,并使卡钳变形而产生测量误差。

(10) 调节卡钳的开度时,应轻轻敲击卡钳脚的两个侧面。先用两手把卡钳调整到和工件尺寸相近的开口,然后敲击卡钳的外侧来减小卡钳的开口,敲击卡钳的内侧来增大卡钳的开口。

7.2.7 拓展链接

测量油、套补距操作步骤:

(1) 在施工设计书中查出转盘到第一根套管接箍的长度,记录为 L。

(2) 用钢板尺(或钢卷尺)和直角尺配合测量出末根套管接箍上平面到套管短节法兰上平面之间的距离,并记录为 L_1。

(3) 用钢板尺(或钢卷尺)测量出套管短节法兰上平面与四通上平面的距离,并记录为 L_2。

(4) 数据计算:套补距 $=L-L_1$,油补距 $=L-L_1-L_2$(图 7-2-5)。

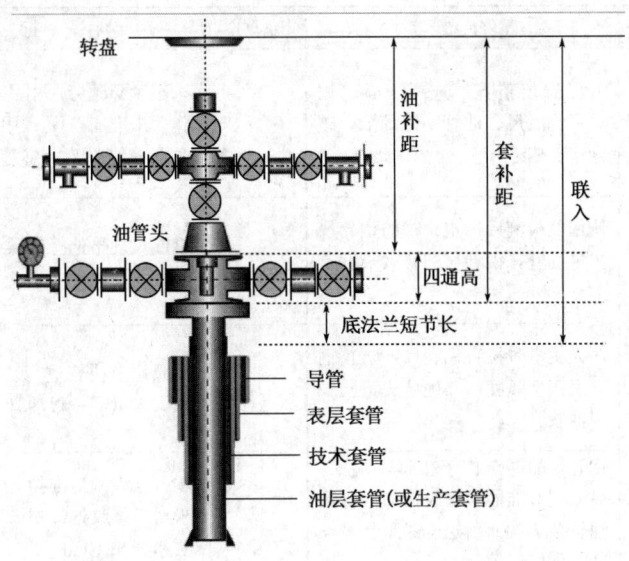

图 7-2-5 油、套补距示意图

7.2.8 思考练习

(1) 简述游标卡尺测量技术要求与注意事项有哪些?
(2) 简述内外卡钳使用技术要求与注意事项有哪些?

7.2.9 考核

7.2.9.1 考核规定

(1) 如违章操作,将停止考核。
(2) 考核采用百分制,考核权重:知识点 30%,技能点 70%。
(3) 考核方式:本项目为实际操作考题,考核过程按评分标准及操作过程进行评分。
(4) 考核说明:本项目主要考核员工对钢卷尺、游标卡尺、内外卡钳测量操作掌握熟练程度。

7.2.9.2 考核时间

(1) 准备工作:1min(不计入考核时间)。
(2) 正式操作时间:10min。
(3) 在规定时间内完成,到时停止操作。

7.2.9.3 考核记录表

钢圈尺、游标卡尺和内外卡钳测量操作考核记录表见表 7-2-2 和表 7-2-3。

表 7-2-2　钢圈尺测量操作考核记录表

序号	考核内容	评 分 要 素	配分	评 分 标 准	备注
1	准备工作	劳保着装整齐；选择工具、用具：钢圈尺、油管、记录纸、碳素笔、棉纱	5	未正确穿戴劳保用品不得进行操作；未准备工具、用具扣5分；少选一件扣1分	
2	测量操作	使用经检测后标定合格的钢卷尺丈量油管，钢卷尺的有效长度要大于15m	5	钢圈尺规格选择错误扣5分	
		两人丈量时拉直钢卷尺，防止钢卷尺产生弧度，并确认丈量同一根油管	10	钢圈尺未拉直进行丈量扣5分；两人未量同一根油管扣10分	
		钢卷尺的零点位于接箍上端面，另一端对准油管螺纹根部（普通油管余2扣），读出油管单根长度，做好记录	20	零刻度线未对准扣5分；丈量时未对准螺纹根部扣5分；丈量方法错误扣10分	
		移至下一根的过程中要将尺条拉起，防止油管夹尺	10	移动尺带时油管夹尺扣10分	
		丈量的油管要整齐排列在油管桥上，每十根拉出一根油管接箍长度，以井口方向按下井顺序依次丈量	10	丈量顺序错误扣10分	
		三人个人丈量油管，反复丈量三次，读数要正确，声音洪亮，吐字清楚，记录不得涂抹，做到三对口	25	读数错误扣10分；记录错误扣10分；记录涂抹扣5分	
		计算出三次丈量的管柱平均数据，累计长度误差不大于0.02%	10	计算错误扣10分	
3	清理现场	清理现场，收拾工具	5	未收拾保养工具扣2分；未清理现场扣3分；少收一件工具扣1分	
4	考核时限	10min，到时停止操作考核			
5		合计 100 分			

表 7-2-3　使用游标卡尺和内外卡钳测量内、外径操作考核记录表

序号	考核内容	评 分 要 素	配分	评 分 标 准	备注
1	准备工作	劳保着装整齐；选择工具、用具：游标卡尺、内外卡钳、钢板尺、油管、记录纸、碳素笔、棉纱	5	未正确穿戴劳保用品不得进行操作；未准备工具、用具扣5分；少选一件扣1分	

续表

序号	考核内容	评 分 要 素	配分	评 分 标 准	备注
2	游标测量操作	应先拧松紧固螺钉，右手拿住尺身用大拇指移动游标，打开测量爪至适当位置	10	未松紧固螺钉扣5分；未正确手法打开测量爪扣5分	
		测量时左手拿小钢圈，使小钢圈位于外测量爪之间，量爪与小钢圈外圆中心线位置紧紧相贴时即可读数，测量出小钢圈外径	15	测量时量爪未与外圆中心相贴扣10分；取出小钢圈后读取数值扣5分	
		同样左手拿小钢圈，右手拿尺身，大拇指移动游标，打开内测量爪贴在小钢圈内圆中轴线两点位置进行读数，测量出小钢圈内径	15	测量时量爪未与内圆中心相贴扣10分；取出小钢圈后读取数值扣5分	
		读数方法：以游标零刻线位置为准，在主尺上读取整毫米数。看游标上哪条刻线与主尺上的某一刻线对齐，由游标上读出毫米以下的小数。总的读数为毫米整数加上毫米小数，就是测量出的小钢圈外径和内径的长度	10	读取数值不准确扣10分	
3	内外卡钳测量操作	首先检查钳口的形状，钳口形状对测量精确性影响很大，应注意钳口形状好与坏的对比，如有变形或缺损时要修整钳口的形状	10	未检查钳口扣10分	
		外卡钳测量是靠自重滑过卡瓦捞筒，我们手中的感觉应该是外卡钳与卡瓦捞筒外圆正好是点接触，此时外卡钳两个测量面之间的距离就是被测零件的外径	10	使用外卡测量外径时调解过大或过小扣10分	
		内卡钳测量内径时应使两个钳脚的测量面的连线正好垂直相交于内孔的轴线，即钳脚的两个测量面应是内孔直径的两端点，因此测量时应将下面的钳脚的测量面停在孔壁上作为支点。此时内卡钳两个测量面之间的距离就是被测零件的内径	10	内卡两钳脚测量点不正确扣10分	
		取下内外卡钳，一个钳脚的测量面靠在钢板尺的0刻度的端面上，另一个钳脚的测量面对准所需尺寸刻线，且两个测量面的连线应与钢板尺平行，人的视线要垂直于钢板尺，直接读取测量数据	10	读取数值不准确扣10分	
4	清理现场	清理现场，收拾工具	5	未收拾保养工具扣2分；未清理现场扣3分；少收一件工具扣1分	
5	考核时限	10min，到时停止操作考核			
6		合计100分			

任务3 测量密度

在注水泥、挤水泥等施工中水泥浆的密度必须符合设计要求,而能否达到要求就得通过密度测量来判断。所以操作人员必须正确熟练掌握水泥浆密度测量,才能够进行有效控制保证施工质量,提高注水泥、挤水泥等施工一次成功率。

7.3.1 学习目标

通过本任务学习,使操作人员了解密度计工作原理及结构。掌握测量密度过程中的操作方法及技术要求,能够校正密度计、测量水泥浆密度,使操作人员在测量密度施工过程中能够熟练、规范、安全操作。

7.3.2 学习任务

本学习任务包括测量准备、校正密度计、测量水泥浆密度。

7.3.3 任务分析

本任务学习应准备密度计、水泥浆、棉纱、清水、铅粒等工具、用具。操作者施工前应先了解测量密度的操作过程及注意事项。正确掌握测量密度的操作技能,在操作过程中注意安全,防止水泥浆进入眼部。操作人员要能够识别安全风险,并有效预防,避免意外伤害事故。

7.3.4 背景知识

7.3.4.1 密度计原理

密度计是一个不等臂的天平,它的杠杆刀口搁在可固定安装在工作台的座子上,杠杆左侧为有刻度的游码装置,移动游码可在标尺上直接读出水泥浆密度。杠杆的平衡可由杠杆顶部的水平仪指标。

7.3.4.2 密度计结构

密度计用于在井场或实验室内测量水泥浆的密度,单位为 g/cm^3,其结构如图 7-3-1 所示。

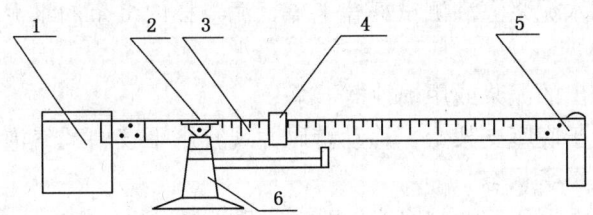

图 7-3-1 密度计结构图
1—测试杯；2—水平仪；3—标尺；4—砝码；5—平衡筒；6—支架

7.3.5 任务实施

7.3.5.1 测量准备

1. 工具、用具准备

工具、用具准备见表 7-3-1 所示。

表 7-3-1 工具、用具准备

序号	名称	规格	数量	序号	名称	规格	数量
1	密度计		1台	4	水泥浆		适量
2	棉纱		适量	5	清水		适量
3	铅粒		适量				

2. 测量工具检查

(1) 检查密度计外观是否完好，有无破损。
(2) 检查游码移动是否灵活。
(3) 检查杯盖小孔是否畅通。
(4) 检查量杯内部是否清洁。

7.3.5.2 校正密度计

(1) 将底座支架放置在水平的地面上。
(2) 将测试杯灌满清水，盖上杯盖，并将密度计置于底座支架上。
(3) 移动杠杆上的游码，使其左侧与杠杆的刻度 1.0 重合。
(4) 观察水平仪里的气泡是否在中心位置。若气泡不在中心位置则密度计不呈水平平衡状态，要拧开平衡筒上螺丝。
(5) 如水平仪的气泡向泥浆杯一侧偏移，则适当减少平衡筒内铅粒。
(6) 若水平仪的气泡向平衡筒一侧偏移，则适当向平衡筒内增加铅粒。
(7) 通过适当增减平衡筒内的铅粒，使水平仪内的气泡处于中心位置，密度计呈水平平衡状态。

7.3.5.3 水泥浆密度测量

(1) 将密度计置于施工现场中某一较平整的位置，并将一装满清水的水桶放在旁边。

（2）将需测量的水泥浆灌满测试杯盖上盖，泥浆杯内多余的水泥浆和空气从盖上的小孔溢出。

（3）用水洗净溢出的泥浆或用棉纱擦干净。

（4）将密度计置于底座支架上，移动游码并观察水平仪中的气泡，使气泡处于中心位置，密度计呈水平平衡状态。

（5）杠杆上游码左侧所示的刻度值，即为所测的水泥浆的密度。

7.3.6 归纳总结

（1）测量密度前要对密度计进行校对，测量时量杯内一定要装满被测溶液，密度计表面擦拭干净。

（2）密度计的计量系统经过严格的标定，一般情况下不得随意拆卸仪器。

（3）平衡筒内的铅粒是经过标定后确定的，一般情况下用户不要打开平衡筒盖，更不可随意增、减平衡筒内的平衡铅粒。

（4）每次使用完毕，都应用干净的布将仪器擦拭干净。

（5）长期不用时，应将仪器擦拭干净，并置于通风干燥处。

7.3.7 拓展链接

7.3.7.1 泥浆黏度计结构

泥浆黏度测量工具如图7-3-2所示。

（1）泥浆黏度计是一个漏斗状容器，末端为一个流出管，并装有手柄。

（2）量杯是圆筒状并被隔成两部分，正反两面都可以使用，一面的容量为500mL，另一面的容量为200mL，另外随仪器附有装泥浆的筛网和泥浆筒。

（3）泥浆筒容量约1000mL，其直径与黏度计上口相同，所以筛网可以放在两者之上，滤泥浆使用，筛孔为每平方英寸16孔。

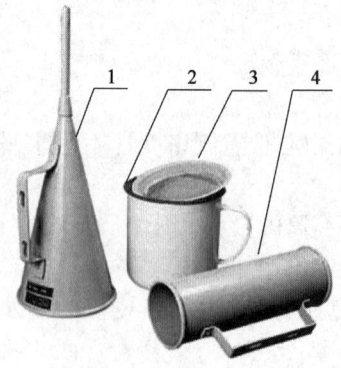

图7-3-2 泥浆黏度测量工具
1—泥浆黏度计；2—泥浆筒；3—筛网；4—量杯

7.3.7.2 泥浆黏度计操作规程

（1）在测定黏度之前，先将泥浆黏度计用水刷干净，再在泥浆搅拌机中，用量杯将700mL的泥浆通过筛网注入黏度计，其出口用手指堵住不让流出。

（2）测量时将500mL的量杯置于流出口的下方，当放开堵住出口的手指时，同时开动秒表，待泥浆流满500mL量杯，达到它的边缘时，再按动停表，记下泥浆流出的时间，就是泥浆的黏度。

（3）假如在测定黏度以前，没有将泥浆在搅拌机中充分搅拌，则应把泥浆由量杯重新倒入泥浆黏度计中，重复测量，一直到流出的时间不再减少为止。

(4) 测量后须用水将黏度计、筛网和量杯冲洗干净。泥浆黏度计应当常用清洁的水来测量出其流出的时间，这称为黏度计的"水泥浆黏度计值"。如水值大于 15s，表示流出管未冲洗干净，可用软毛刷、布条等冲刷管子；如小于 15s，就不能用了，正常水值为 15s±0.5s。

7.3.8 思考练习

(1) 简述密度测量技术有哪些要求与注意事项？
(2) 密度计由哪些部分组成？

7.3.9 考核

7.3.9.1 考核规定

(1) 如违章操作，将停止考核。
(2) 考核采用百分制，考核权重：知识点 30%，技能点 70%。
(3) 考核方式：本项目为实际操作考题，考核过程按评分标准及操作过程进行评分。
(4) 考核说明：本项目主要考核员工对测量密度操作掌握熟练程度。

7.3.9.2 考核时间

(1) 准备工作：1min（不计入考核时间）。
(2) 正式操作时间：10min。
(3) 在规定时间内完成，到时停止操作。

7.1.9.3 考核记录表

测量密度考核记录表见表 7-1-2。

表 7-1-2　测量密度考核记录表

序号	考核内容	评分要素	配分	评分标准	备注
1	准备工作	劳保着装整齐；选择工具、用具：密度计、水泥浆、清水、棉纱、铅粒	5	未正确穿戴劳保用品不得进行操作；未准备工具、用具扣 5 分；少选一件扣 1 分	
2	检验密度计	1. 将底座支架放置在水平的地面上； 2. 将测试杯灌满清水，盖上杯盖，并将密度计置于底座支架上； 3. 移动杠杆上的游码，使其左侧与杠杆的刻度 1.0 重合； 4. 观察水平仪里的气泡是否在中心位置	30	1. 底座支架未放平扣 5 分； 2. 清水没灌满扣 10 分； 3. 游码未调到刻度 1.0 扣 10 分； 4. 观察气泡不正确扣 5 分	

续表

序号	考核内容	评 分 要 素	配分	评 分 标 准	备注
2	校正密度计	1. 若气泡不在中心位置则密度计不呈水平平衡状态，要拧开平衡筒上螺丝； 2. 如水平仪里的气泡向泥浆杯一侧偏移，则适当减少平衡筒内铅粒； 3. 若水平仪里的气泡向平衡筒一侧偏移，则适当向平衡筒内增加铅粒； 4. 通过适当增减平衡筒内的铅粒，使水平仪内的气泡处于中心位置，密度计呈水平平衡状态	30	1. 不会校正不得分； 2. 铅粒增减错误扣10分； 3. 校正不准确扣10分	
	测量压井液密度	1. 将密度计置于施工现场中某一较平整的位置，并将一装满清水的水桶放在旁边； 2. 将需测量的水泥浆灌满测试杯，盖上盖； 3. 用水洗净溢出的水泥浆并用棉纱擦干净； 4. 将密度计置于底座支架上，移动游码并观察水平仪中的气泡，使气泡处于中心位置，密度计呈水平平衡状态； 5. 杠杆上游码左侧所示的刻度值，即为所测的水泥浆的密度	30	1. 底座支架未放平扣5分； 2. 水泥浆未加满扣10分； 3. 测试杯未擦干净扣5分； 4. 读取数值时气泡不在中心位置扣10分	
3	清理场地	清理现场，收拾工具	5	未收拾保养工具扣2分；未清理现场扣3分；少收一件工具扣1分	
4	考核时限	10min，到时停止操作考核			
5		合计100分			

任务 4 测量拉力

拉力测量主要是计量在修井作业过程中游动滑车、大绳、井架等所承载的拉力。在每项工序中都是通过拉力数值的变化来反映井内管柱的悬重,以此判断遇阻、卡钻等情况。在一些特殊施工中,需要准确的上提拉力和下压吨位时,也是通过拉力测量来实现。所以在修井施工中必须要保证拉力测量的准确性。

7.4.1 学习目标

通过本任务学习,使操作人员了解测量拉力中死绳固定器、重量指示仪、记录仪的工作原理及用途。掌握测量拉力过程的操作方法及技术要求,能够学会安装、调校、读取数据等,使操作人员在测量拉力施工过程中能够熟练、规范、安全操作。

7.4.2 学习任务

本学习任务包括测量准备、安装调校指重表、使用记录仪、使用重量指示仪。

7.4.3 任务分析

本任务学习应准备指重表、油管、手压泵、记录纸等所需的工具、用具。操作者施工前应先了解测量拉力的操作过程及注意事项。正确掌握测量拉力的操作技能,在操作过程中注意安全,防止出现机械伤人。操作人员要能够识别安全风险,并有效预防,避免意外伤害事故。

7.4.4 背景知识

7.4.4.1 死绳固定器

死绳固定器是将修井机的死绳拉力转换为液体压力的机构,它由绳轮、底座、传感器三大部分组成,如图 7-4-1 所示。传感器是死绳固定器的主要部件之一,它将死绳的拉力通过膜片挤压液体而转换为压力信号,传递给重量指示仪和记录仪,因而它是一个能量转换元件。

7.4.4.2 记录仪

记录仪(图 7-4-2)是由传感器产生的液体压力通

图 7-4-1 死绳固定器

过连接管线作用于记录仪弹簧管，管端产生的位移通过连动机构带动记录笔偏转，同时记录时钟带动记录纸旋转，从而记录钻井过程的工作曲线。记录仪记录方式为墨水记录。直拉式指重表出厂不配置记录仪，其他形式指重表均配记录仪。

7.4.4.3 重量指示仪

重量指示仪（图7-4-2）通过连接管线、快速接头与传感器连接。传感器产生的液体压力作用于弹簧管，经放大机构带动指针偏转而指示井下钻具重量。短指针为指重指针（黄色），长指针为灵敏指针（红色）。重量指示仪内分别有指重、灵敏弹簧管各一根，弹簧管在液体压力作用下产生自由端位移，通过放大机构的连杆及伞形齿轮转动齿轮轴，使指针产生偏转，从而指示出大钩悬重和钻压。灵敏指针偏转角度为指重指针偏转角度的4倍。

记录仪　　重量指示仪

图7-4-2　JZ系列指重表

7.4.5　任务实施

7.4.5.1　测量准备

1. 工具、用具准备

工具、用具准备如表7-4-1所示。

表7-4-1　工具、用具准备

序号	名称	规格	数量	序号	名称	规格	数量
1	修井机		1台	4	油管	φ73mm	若干
2	JZ系列指重表		1台	5	活动扳手	200mm	1把
3	手压泵		1台	6	记录纸		适量

2. 测量工具检查

(1) 检查指重表是否在受控范围，各工作面和边缘是否被碰伤。

(2) 检查传感器内液体是否充足。

(3) 检查连接油管是否畅通完好，连接螺纹完好程度。

(4) 检查指重表指针是否与零刻度线对正，表盘要求干净清洁。

7.4.5.2　安装调校指重表

(1) 将死绳沿绳轮的绳槽全部缠绕后，放入相应的绳卡中，用压紧块和螺栓螺母压紧。注意绳卡与钢丝绳必须放正、贴合，以防止钢丝绳滑动。

(2) 将指重表固定在司钻位置的前方，让司钻能直接观察到表盘数据。再将长连线与死绳固定器上的传感器相连。

(3) 打开重量指示仪上"指重、灵敏"两端的调节阀，此时指针应回零位，否则应用拔针器拔出指针并重新定位。

(4) 检查传感器内液体是否足够（观察传感器的法兰与扶圈的间隙予以判断），及时用手压泵进行补充。补充液体时，使指重表处于无载荷的情况之下补充液体，并将重量指示仪上的排气阀打开，排净空气。这是保证仪器正确显示数值的重要措施。

7.4.5.3 使用记录仪

(1) 打开记录仪箱盖，用时钟钥匙上弦器将记录时钟发条上满弦。
(2) 拧下压纸螺帽更换记录纸，调整微调螺丝，使记录笔的起始位置与指重表针的起始位置相符。
(3) 记录仪与重量指示仪配套使用，记录一天的工作曲线，以便掌握和分析钻进工作状态。

7.4.5.4 使用重量指示仪

1. 使用指重针

(1) 指重指针随着下入管柱的数量增多做机械转动，指示到相应的数值，这个数值就是整个游动系统中所有有效绳数的总载荷，也就是井架的载荷。
(2) 要得到井内管柱的净载荷，需要将这个载荷减去空悬重后所得的差值才是井内管柱（钻具）的净载荷。

2. 使用灵敏针

(1) 灵敏表指针的指示值作为掌握钻压和处理事故之用，当下入最后一根钻杆时，应将钻具悬空，转动框盖上的旋钮，使灵敏表盘的零点与长表针对正，才能正常使用灵敏表。
(2) 钻具重量的微量变化，可以从灵敏表指针的指示值直接读出。钻进时，灵敏表指针逆时针偏转，其指示值即为钻压值。

7.4.6 归纳总结

(1) 由于灵敏针的摆动幅度较大，故在起下钻具时，应轻提轻放，避免发生灵敏表指针甩松（脱）现象，必须经常检查指针是否松动。
(2) 因操作需要，使钻具出现剧烈震荡时，应提前将调节阀关小，并将连接管线盘成螺旋线形式，使液压管路系统振幅减小，从而保护指重表免受损伤。
(3) 修井机上固定死绳固定器的固定座（或固定板、固定架）应保证其安全可靠，在最大死绳拉力的作用下，不得有弯曲、倾斜等变形。如有弯曲、倾斜等变形应立即停止使用指重表，并及时整改加固固定座，保证其安全可靠后才能继续使用。
(4) 指重表在使用过程中应保证死绳在绳轮中处于正确位置。严禁死绳串位后继续使用。

7.4.7 拓展链接

7.4.7.1 电子拉力计使用方法

(1) 电子拉力计由拉力传感器和电子显示器组成，传感器上所受到的拉力以数字的形式被显示的电子显示器上,可以直观地记录载荷数值(图7-4-3)。

(2)电子数字显示拉力计的调校相对比较简单,只需在吊钩(游动滑车)空载荷的状态下,按有效绳数把显示器上的指示按钮复位清零即可,当吊钩增加载荷时,显示器自动显示出该载荷数据。

7.4.7.2 机械拉力计使用方法

(1)机械拉力计一般在固定井架上使用,随吊钩载荷变化,指重指针会机械转动指向相应的数值,指重指针所指示的数值再乘以有效绳数,所得的乘积就是该吊钩的净载荷(图7-4-4)。

图7-4-3 电子数字显示拉力计

图7-4-4 机械式表盘指针拉力表

(2)瞬时指针不是根据载荷变化做机械运动,而是靠指重指针推动做顺时针转动,当吊钩载荷增加时,瞬时指针被指重指针向表盘高数值方向推动,当吊钩载荷减小或卸载后,指重指针逆时针回落,而瞬时指针会停留在原位置,从而记录最大悬重。重新记录最大载荷需要手动把瞬时指针调回零位。

7.4.8 思考练习

(1)简述JZ系列指重表指重针的使用方法。
(2)简述JZ系列指重表灵敏针的使用方法。

7.4.9 考核

7.4.9.1 考核规定

(1)如违章操作,将停止考核。
(2)考核采用百分制,考核权重:知识点30%,技能点70%。
(3)考核方式:本项目为实际操作考题,考核过程按评分标准及操作过程进行评分。
(4)考核说明:本项目主要考核员工对测量拉力操作掌握熟练程度。

7.4.9.2 考核时间

(1) 准备工作：1min（不计入考核时间）。
(2) 正式操作时间：40min。
(3) 在规定时间内完成，到时停止操作。

7.4.9.3 考核记录表

测量拉力考核记录表见表7-4-2。

表7-4-2 测量拉力考核记录表

序号	考核内容	评分要素	配分	评分标准	备注
1	准备工作	劳保着装整齐；选择工具、用具：指重表、活动扳手、油管、手压泵、记录纸	5	未正确穿戴劳保用品不得进行操作；未准备工具、用具扣5分；少选一件扣1分	
2	安装调校指重表	将死绳沿绳轮的绳槽全部缠绕后，放入相应的绳卡中，用压紧块和螺栓螺母压紧。注意绳卡与钢丝绳必须放正、贴合，以防止钢丝绳滑动	10	钢丝绳未上紧，变形程度达不到1/3扣10分	
		将指重表固定在司钻位置的前方，让司钻能直接观察到表盘数据。再将长连线与死绳固定器上的传感器相连	10	连接头渗漏扣5分；指重表安装不合理扣5分	
		打开重量指示仪上"指重、灵敏"两端的调节阀，此时指针应回零位，否则应用拨针器拨出指针并重新定位	10	未调整指针归零扣10分	
		检查传感器内液体是否足够并及时用手压泵进行补充。补充液体时，使指重表处于无载荷的情况下补充液体，并将重量指示仪上的排气阀打开，排净空气	15	补充液体未排净空气扣5分；带载荷补液扣10分	
3	使用记录仪操作	打开记录仪箱盖，用时钟钥匙上弦器将记录时钟发条上满弦	10	未上发条扣10分	
		拧下压纸螺帽，更换记录纸，调整微调螺丝，使记录笔的起始位置与指重表针的起始位置相符	10	未安装记录纸扣10分	

续表

序号	考核内容	评 分 要 素	配分	评 分 标 准	备注
4	使用指重仪操作	指重针使用：指重指针随着下入管柱的数量增多做机械转动，指示到相应的数值，但要得到井内管柱的净载荷，需要将这个载荷减去空悬重后所得的差值才是井内管柱（钻具）的净载荷	10	计算拉力时未减去空悬重扣10分	
		灵敏针使用： (1) 灵敏表指针的指示值作为掌握钻压和处理事故之用，当下入最后一根钻杆时，应将钻具悬空，转动框盖上的旋钮，使灵敏表盘的零点与长表针对正，才能正常使用灵敏表； (2) 钻具重量的微量变化，可以从灵敏表针的指示值直接读出。钻进时，灵敏表针逆时针偏转，其指示值即为钻压值	15	使用灵敏针时未调表盘扣10分；不会计算钻压值扣5分	
5	清理场地	清理现场，收拾工具	5	未收拾保养工具扣2分；未清理现场扣3分；少收一件工具扣1分	
6	考核时限	40min，到时停止操作考核			
7		合计100分			

任务 5 测 量 压 力

修井作业中的套管试压、油管试压、采油树试压等施工中对所试压力、稳压几分钟、压降在多大范围内都有具体要求,能否达到这些要求所依靠就是压力测量过程中所获取的压力参数,所以掌握压力的测量也是修井作业中不可缺少的技能。

7.5.1 学习目标

通过本任务学习,使操作人员了解拉力测量中压力表、截止阀、表补芯的工作原理及用途。掌握测量压力过程中的操作方法及技术要求,能够学会选择压力表、安装拆卸压力表、录取压力数据等,使操作人员在测量压力施工过程中能够熟练、规范、安全操作。

7.5.2 学习任务

本学习包括压力表选择与检查、拆卸压力表、安装压力表与录取压力。

7.5.3 任务分析

本任务学习应准备压力表、截止阀、表补芯、丝扣头、卡箍等材料。操作者施工前应先了解测量压力的操作过程及注意事项。正确掌握测量压力的操作技能,在操作过程中注意安全,要侧身开关闸门,拆卸时切记要先放净压力,防止崩开伤人。操作人员要能够识别安全风险,并有效预防,避免意外伤害事故。

7.5.4 背景知识

7.5.4.1 压力表

压力表通过表内的敏感元件——波登管的弹性变形,再通过表内机芯的转换机构将压力形变传导至指针,引起指针转动来显示压力,如图 7-5-1 所示。

普通压力表适用测量无爆炸、不结晶、不凝固、对铜和铜合金无腐蚀作用的液体、气体或蒸汽的压力和真空。

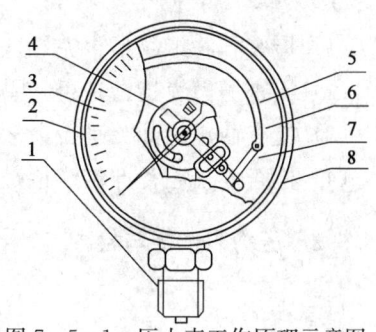

图 7-5-1 压力表工作原理示意图
1—接头;2—补圈;3—度盘;4—指针;5—弹簧管;6—传动机构(机芯);7—连杆;8—表壳

7.5.4.2 压力表补芯总成

(1) 截止阀:主要用来控制和保护压力表,也作调换压力用(图7-5-2)。截止阀选材应符合 API SPEC 6A 规范,接口为高压专用的 Autoclave 连接,需试压时,旋转截止阀手柄,工作介质便进入压力表,从而测出压力。如需安装或调换压力表,只需手柄关闭即可进行。

(2) 旋塞阀:带通孔的塞体作为启闭件的阀门叫旋塞阀(在表补芯中也叫放压顶丝)。塞体随阀杆转动,以实现启闭动作。打开时可以放掉表内压力,在测压力时必须关闭。

(3) 补芯:用于直线管路变径处。异径管箍的不同点在于它的一端是外螺纹,另一端是内螺纹,外螺纹一端通过带有内螺纹的管配件与大管径管子连接,内螺纹一端则直接与小管径管子连接。

图7-5-2 表补芯结构图
1—截止阀;2—补芯;3—旋塞阀

7.5.5 任务实施

7.5.5.1 测量准备

1. 工具、用具准备

工具、用具准备如表7-5-1所示。

表7-5-1 工具、用具准备

序号	名称	规格	数量	序号	名称	规格	数量
1	压力表补芯总成		1套	4	管钳		1把
2	压力表		1块	5	活动扳手		1把
3	生料带		适量	6	固定扳手		1把

2. 测量工具检查

(1) 检查补芯螺纹是否完好。
(2) 检查压力表指针是否归零,外观是否完好。
(3) 检查截止阀开关是否灵活。
(4) 检查表补芯各部位连接是否紧固。

7.5.5.2 压力表选择与检查

1. 选择压力表

根据现场压力选择压力表,压力表量程大于等于压力源的1.5倍。压力源在表量程的1/3~2/3之间,最好在1/2,最多不超过3/4。

2. 检查压力表

检查铅封完好；在效检日期内；检查指针是否归零；轻敲有位移；各部位螺钉紧固；防尘孔完好；通气孔畅通；表螺纹完好无损坏；精度等级符合要求；表盘无裂痕，刻度清晰。

7.5.5.3 安装压力表与录取压力

1. 安装压力表

（1）先将表补芯螺纹按顺时针方向缠好密封带，安装在井口闸门上，用管钳上紧防止刺漏。

（2）把合格的压力表螺纹也缠上密封带，用手扶正压力表在表接头上，先用手拧几扣，再用扳手上紧。

（3）安装压力表不可用力过猛以防拧坏螺纹或憋压打坏指针，压力表要独立垂直安装，在振动较大的地方，应安装抗震压力表。

（4）安装完毕后确定截止阀、旋塞阀是否关闭。

2. 录取压力

（1）侧身缓慢打开井口闸门，再开截止阀，压力缓慢上升以防压力猛增打坏指针。

（2）当达到工作压力，压力在标尺量程的 1/3～2/3 之间，不超过满量程的 3/4，不渗不漏为合格，并记录压力数值。

7.5.5.4 拆卸压力表

（1）先侧身缓慢关闭井口闸门，再关闭截止阀，然后拧松旋塞阀放压，待指针归零后方可拆卸。用活动扳手固定表接头，用固定扳手拆卸压力表，拆卸时不能损坏压力表。

（2）压力表卸松后用手扶好压力表，防止掉落。

（3）用棉纱布与螺丝刀清理压力表接头内脏物，检查压力表接头螺纹是否完好，引压孔是否堵塞，检查时压力表接头如正常不需更换，紧固压力表接头。

7.5.6 归纳总结

（1）装压力表时必须在压力表和压力表接头的螺纹上涂上密封脂，缠上少许密封胶带并上紧，但注意不得加大力矩上扣。

（2）卸压力表时，必须先关闸门，拧松压力表保护接头放压顶丝放压后，在确认无压力时，才能进行下步工作，同时应注意一只手卸压力表，另一只手握着压力表，勿使压力表掉在地上。

（3）放压时，人必须站在放压孔的侧面或背面。

（4）指针不归零的压力表不能使用。

7.5.7 拓展链接

压力单位换算见表 7-5-2。

表 7-5-2 压力单位换算

压力单位换算
1 千帕（kPa）＝0.145 磅力/英寸^2（psi）＝0.0102 千克力/厘米^2（kgf/cm^2）＝0.0098 大气压（atm）
1 磅力/英寸^2（psi）＝6.895 千帕（kPa）＝0.0703 千克力/厘米^2（kg/cm^2）＝0.0689 巴（bar）＝0.068 大气压（atm）
1 物理大气压（atm）＝101.325 千帕（kPa）＝14.696 磅力/英寸^2（psi）＝1.0333 巴（bar）
1 毫米水柱（mmH$_2$O）＝9.80665 帕（Pa）　　　　1 毫米汞柱（mmHg）＝133.322 帕（Pa）
1 巴（bar）＝10^5 帕（Pa）　　　　　　　　　　　1 托（Torr）＝133.322 帕（Pa）
1 工程大气压＝98.0665 千帕（kPa）　　　　　　　　1 达因/厘米^2（dyn/cm^2）＝0.1 帕（Pa）

7.5.8　思考练习

（1）检查压力表有哪些主要内容？

（2）简述拆装压力表操作步骤。

7.5.9　考核

7.5.9.1　考核规定

（1）如违章操作，将停止考核。

（2）考核采用百分制，考核权重：知识点 30％，技能点 70％。

（3）考核方式：本项目为实际操作考题，考核过程按评分标准及操作过程进行评分。

（4）考核说明：本项目主要考核员工对测量压力操作掌握熟练程度。

7.5.9.2　考核时间

（1）准备工作：1min（不计入考核时间）。

（2）正式操作时间：30min。

（3）在规定时间内完成，到时停止操作。

7.5.9.3　考核记录表

测量压力考核记录表见表 7-5-3。

表 7-5-3　测量压力考核记录表

序号	考核内容	评分要素	配分	评分标准	备注
1	准备工作	劳保着装整齐；选择工具、用具：压力表、压力表补芯总成、活动扳手、管钳、生料带	5	未正确穿戴劳保用具不得进行操作；未准备工具、用具扣 5 分；少选一件扣 1 分	

续表

序号	考核内容	评 分 要 素	配分	评 分 标 准	备注
2	压力测量操作	选择压力表：根据现场压力选择压力表，压力表量程大于等于压力源的1.5倍，压力源在表量程的1/3～2/3之间，最好在1/2，最多不超过3/4	10	选择错误不得分	
		检查压力表：(1) 检查铅封完好；(2) 在效检日期内；(3) 检查指针是否归零；(4) 轻敲有位移；(5) 各部位螺钉紧固；(6) 防尘孔完好；(7) 通气孔畅通；(8) 表螺纹完好无损坏；(9) 精度等级符合要求；表盘无裂痕，刻度清晰	15	检查压力表，每缺一项扣2分，扣完为止	
		安装压力表：(1) 把合格的压力表螺纹按顺时针方向缠好密封带3～5圈；(2) 用手扶正压力表在接头上，先用手拧几扣，再用扳手上紧；(3) 安装压力表不可用力过猛以防拧坏螺纹或憋压打坏指针，压力表要独立垂直安装，在振动较大的地方，应安装抗震压力表	20	密封带缠绕错误扣5分，未缠绕扣10分；未用扳手上紧压力表扣5分；压力表方向安装错误扣5分	
		读取压力：(1) 侧身缓慢打开引压阀让压力缓慢上升以防压力猛增打坏指针；(2) 当达到工作压力，压力在标尺量程的1/3～2/3之间，不超过满量程的3/4范围内，不渗不漏为合格，并记录压力数值；	20	未侧身开闸门扣10分；连接处有渗漏扣10分	
3	拆卸压力表	(1) 先侧身缓慢关闭压力表下边的截止阀，再拧松顶丝放压待指针归零后方可拆卸；用活动扳手固定表接头，用固定扳手拆卸压力表，拆卸时不能损坏压力表；(2) 压力表卸松后用手扶好压力表；(3) 用棉纱布与螺丝刀清理压力表接头内脏物，检查压力表接头螺纹是否完好，引压孔是否堵塞	25	卸表前未关闭闸门扣10分，未放表内压力扣5分；拆卸表时被损坏扣10分；压力表未清洁保养扣5分	
4	清理场地	清理现场，收拾工具	5	未收拾保养工具扣2分；未清理现场扣3分；少收一件工具扣1分	
5	考核时限	30min，到时停止操作考核			
6		合计100分			

任务6 测量容积

在油田修井作业中,各种管柱与各种修井液体经常是配合使用共同作业,施工中使用了多少管柱通过清点很容易知道,但是使用了多少液体是需要通过计算才能得到的。因此就需要我们会计算管柱的容积和地面方罐容积。

7.6.1 学习目标

通过本任务学习,使操作人员了解测量容积中的计算公式、单位名称、测量方法。掌握测量容积过程中的操作方法及技术要求,能够学会计算油管内容积、计算顶替量等,使操作人员在测量容积施工过程中能够熟练、规范、安全操作。

7.6.2 学习任务

本学习任务包括测量准备、测量油管内容积、计算注入井内液量。

7.6.3 任务分析

本任务学习应准备钢卷尺、所需管柱、游标卡尺、计算器等所需工具、用具。操作者施工前应先了解测量容积的操作过程及注意事项。正确掌握测量容积的操作技能,在操作过程中注意安全、防止污染,有效控制现场用水,禁止倾倒在现场。操作人员要能够识别安全风险,并有效预防,避免意外伤害事故。

7.6.4 背景知识

7.6.4.1 测量原理

在计算物体的体积或容积前一般要先测量长、宽、高,求物体的体积是从该物体的外部来测量,而求容积却是从物体的内部来测量。一种既有体积又有容积的封闭物体,它的体积一定大于它的容积。

7.6.4.2 单位名称

体积单位一般用:立方米(m^3)、立方分米(dm^3)、立方厘米(cm^3)。固体的容积单位与体积单位相同,而液体和气体的体积与容积单位一般都用升(L)、毫升(mL)。

7.6.4.3 公式

$$V_{长方体} = abc \text{(长×宽×高)}$$
$$V_{正方体} = a^3 \text{(棱长×棱长×棱长)}$$

$V_{圆柱}=Sh$（圆面积×高）
$V_{圆锥}=1/3Sh$（圆面积×高×1/3）

7.6.5 任务实施

7.6.5.1 测量油管内容积

1. 选择相应公式

$$S=\pi d^2/4; V=Sh$$

2. 工具、用具准备

工具、用具准备见表7-6-1。

表7-6-1 工具、用具准备

序号	名称	规格	数量	序号	名称	规格	数量
1	油管		若干	4	计算器		1个
2	游标卡尺		一副	5	钢卷尺		1把
3	记录纸		适量				

3. 测量油管容积

（1）将油管每10根为一组在管桥上摆好。
（2）两人配合用钢卷尺丈量每个油管的长度并将数据记录在记录纸上。
（3）算出丈量油管的累积长度，用 h 表示。
（4）用游标卡尺测出所丈量油管的内径，用 d 表示。
（5）算出底面积 $S=1/4\pi d^2$。
（6）套用公式 $V_{圆柱}=Sh=1/4\pi d^2 h$，得出油管容积。

7.6.5.2 测量注入井内液量

1. 选择相应公式

$$S=ab; h_1=V/S; h=h_1+h_2$$

2. 工具、用具准备

工具、用具准备见表7-6-2所示。

表7-6-2 工具、用具准备

序号	名称	规格	数量	序号	名称	规格	数量
1	泵车	400型	1台	5	计算器		1个
2	钢板尺	1.5m	1把	6	钢卷尺		1把
3	方罐	15m³	1台	7	记录纸		适量
4	罐车	15m³	2台				

3. 测量注入井内液量

（1）两人配合用钢卷尺丈量方罐内边的长度和宽度，并将数据记录在记录纸上。

（2）打开罐车放水闸门将方罐内放满液体。

（3）在方罐边缘处选择一固定位置，用钢板尺测量出罐边到液面的距离为，用 h_2 表示。

（4）如要求注入液量是固定值并在 $10m^3$ 以内，就先算出液面下降高度，记为 h_1。

（5）套用公式，算出方罐内面积 $S=ab$，再算出液面下降高度 $h_1=V/S$。

（6）最后算出液面下降到什么位置正好是所要求注入井内的液量，用 $h=h_1+h_2$，计算，并在钢板尺这一刻度处做好记号方便观察。

（7）开泵放水后，液面逐渐下降，当钢板尺0刻度贴在水面，记号位置正好处于罐边时，就是所要求的注入量。

（8）如果注入量超过罐的内容积，就需要分两次计算，即中间停泵，重新将罐内液体放满，采用同样方法计算出来，再将剩余液体注入井内。

7.6.6 归纳总结

7.6.6.1 技术要求

（1）丈量管柱时钢卷尺应拉直，读数声音洪亮。

（2）数据记录要准确清晰。

（3）多次测量取平均值让数据更精确。

（4）选准容积公式。

7.6.6.2 注意事项

（1）测量所使用的钢板尺要刻度线清晰，表面清洁无油污。

（2）丈量油管时要两人密切配合，确保数据正确。

（3）计算单位要统一。

（4）不能把管柱的外径当做内径丈量。

7.6.7 拓展链接

油管、套管内容积查询可见表7-6-3。

表7-6-3 油管、套管内容积表

序号	类别	规格(in)	外径(mm)	内径(mm)	壁厚(mm)	壁厚所占体积（L/m）	内容积(L/m)	质量(kg/m)
1	油管	3½	88.9	76	6.45	1.67	4.54	13.69
2	油管	2⅞	73	62	5.5	1.17	3.02	9.52
3	油管	2⅜	60.32	50.66	4.83	0.84	2.02	6.85
4	套管	4½	114.3	101.6	6.35	2.15	8.11	17.26
5	套管	4½	114.3	99.56	7.37	2.48	7.79	20.09
6	套管	5	127	111.96	7.52	2.82	9.84	22.32

续表

序号	类别	规格 (in)	外径 (mm)	内径 (mm)	壁厚 (mm)	壁厚所占 体积（L/m）	内容积 (L/m)	质量 (kg/m)
7	套管	5	127	108.62	9.19	3.40	9.27	26.79
8	套管	5½	139.7	124.26	7.72	3.20	12.13	25.3
9	套管	5½	139.7	121.36	9.17	3.76	11.57	29.76
10	套管	5½	139.7	118.62	10.54	4.28	11.05	34.23
11	套管	7	177.8	159.42	9.19	4.87	19.96	38.69
12	套管	7	177.8	157.08	10.36	5.45	19.38	43.16
13	套管	9⅝	244.5	222.4	11.05	8.10	38.85	64.73
14	套管	9⅝	244.5	220.52	11.99	8.76	38.19	69.94
15	套管	13⅜	339.7	320.4	9.65	10.01	80.63	81.1
16	套管	13⅜	339.7	315.32	12.19	12.54	78.09	101.19

7.6.8 思考练习

（1）简述计算注入井液量的操作步骤。

（2）简述计算油管内容积的操作步骤。

7.6.9 考核

7.6.9.1 考核规定

（1）如违章操作，将停止考核。

（2）考核采用百分制，考核权重：知识点30%，技能点70%。

（3）考核方式：本项目为实际操作考题，考核过程按评分标准及操作过程进行评分。

（4）考核说明：本项目主要考核员工对测量注入井内液量和测量油管内容积操作掌握熟练程度。

7.6.9.2 考核时间

（1）准备工作：1min（不计入考核时间）。

（2）正式操作时间：30min。

（3）在规定时间内完成，到时停止操作。

7.6.9.3 考核记录表

测量油管内容积、测量注入井内液量考核记录表见表7-6-4和表7-6-5。

表 7-6-4 测量油管内容积考核记录表

序号	考核内容	评分要素	配分	评分标准	备注
1	准备工作	劳保着装整齐；选择工具、用具：油管、游标卡尺、钢圈尺、计算器、记录纸	5	未正确穿戴劳保用品不得进行操作；未准备工具、用具扣5分；少选一件扣1分	
2	测量注入井内液量操作	将油管每10根为一组在管桥上摆好	10	未按要求每10根一组摆放油管扣10分	
		两人配合用钢卷尺丈量每个油管的长度并将数据记录在记录纸上	10	油管长度测量不准确扣10分	
		算出丈量油管的累积长度，用h表示	10	油管累计长度计算错误扣10分	
		用游标卡尺测出所丈量油管的内径，用d表示	10	测量油管内径不正确扣10分	
		算出底面积 $S=1/4\pi d^2$	20	计算底面积错误扣20分	
		套用公式 $V_{圆柱}=Sh=1/4\pi d^2 h$，得出油管内容积	30	计算容积错误扣20分	
3	清理场地	清理现场，收拾工具	5	未收拾保养工具扣2分；未清理现场扣3分；少收一件工具扣1分	
4	考核时限	30min，到时停止操作考核			
5		合计100分			

表 7-6-5 测量注入井内液量考核记录表

序号	考核内容	评分要素	配分	评分标准	备注
1	准备工作	劳保着装整齐；选择工具、用具：泵车、罐车、方罐、钢板尺、钢圈尺、计算器、记录纸	5	未正确穿戴劳保用品不得进行操作；未准备工具、用具扣5分；少选一件扣1分	
2	测量注入井内液量操作	两人配合用钢卷尺丈量方罐内边的长度和宽度，并将数据记录在记录纸上	10	测量位置错误扣5分；测量数据不准确扣5分	
		打开罐车放水闸门将方罐内放满液体	10	放水管线漏失，洒落地面扣10分	
		在方罐边缘处选择一固定位置，用钢板尺测量出罐边到液面的距离为h_2	10	没按一个固定位测量液面扣5分；无记录扣5分	
		如要求注入液量是固定值并在$10m^3$以内，先算出液面下降高度为h_1。套用公式求算出方罐内面积$S=ab$，再算出液面下降高度$h_1=V/S$	10	计算错误扣10分	

续表

序号	考核内容	评 分 要 素	配分	评 分 标 准	备注
2	测量注入井内液量操作	算出液面下降到什么位置正好是所要求注入井内的液量，用公式 $h=h_1+h_2$ 计算，并在钢板尺这一刻度处做好记号方便观察	20	计算错误或不会计算扣 10 分；没做记号扣 10 分	
		开泵放水后，液面逐渐下降，当钢板尺 0 刻度贴在水面，记号位置正好处于罐边时，就是所要求的注入量	20	测量方法错误扣 10 分；注入量不准确扣 10 分	
		如果注入量超过罐内容积，就需要分两次计算，即中间停泵，重新将罐内液体放满，采用同样方法计算出来，再将剩余液体注入井内	10	计算错误扣 10 分	
3	清理场地	清理现场，收拾工具	5	未收拾保养工具扣 2 分；未清理现场扣 3 分；少收一件工具扣 1 分	
4	考核时限	30min，到时停止操作考核			
5		合计 100 分			

项目八

安全防护用品的使用

安全防护用品是指为保护劳动者在生产过程中的人身安全与健康所必备的一种防御性装备,对减少职业危害起着重要的作用。分为头部护具类、呼吸护具类、眼防护具、听力护具、防护鞋、防护服、防护手套、防坠落护具、护肤用品等。各种防护用具、用品都有一套正确的使用规程,会正确使用安全防护用具、用品是保护操作者生命安全和职业健康的重要前提。

本项目设置了5个学习任务,目的是使操作者了解安全防护用品的作用、原理,能够让操作者正确使用,给操作员工提供安全保障,避免造成人身伤害。

任务1 安 全 带

安全带是预防高处作业工人坠落事故的个人防护用品，由带子、绳子和金属配件组成，总称安全带。适用于围杆、悬挂、攀登等高处作业，不适用于消防和吊物。使用安全带，可防止高空坠落等人身伤害事故的发生，对高处作业人员的生命安全起保证作用。

8.1.1 学习目标

通过本任务学习，使操作人员了解安全带的用途、结构和使用范围，掌握安全带的使用原则和注意事项，能够正确使用安全带，使操作人员在安全带穿戴过程中能够达到熟练、规范。工作中能够保证操作人员人身安全。

8.1.2 学习任务

本学习任务包括安全带穿戴准备、使用安全带。

8.1.3 任务分析

本任务学习应准备一套安全带。操作者应了解安全带的用途、结构和使用范围，掌握安全带的使用方法。在安全带使用过程中，操作人员应规范操作，防止出现坠落事故。

8.1.4 背景知识

8.1.4.1 安全带的用途和分类

安全带的用途是防止高处作业人员发生坠落或发生坠落后将作业人员安全悬挂，保护作业人员人身安全。安全带可分为两大种：悬挂作业安全带和围杆作业安全带。其中悬挂作业安全带又分单腰带式、双背带式和攀登安全带。

8.1.4.2 安全带材质一般要求及其有关技术条件

（1）安全带和绳必须用锦纶、维纶、蚕丝料制成。金属配件用普通碳素钢或铝合金钢。包裹绳子的套则采用皮革、维纶或橡胶。

（2）腰带必须是一整根，其宽度为40～50mm，长度为1300～1600mm。

（3）护腰带宽度不小于80mm，长度约为600～700mm。带子在触腰部分垫有柔软材料，外层用织带或轻革包好，边缘圆滑无角。

（4）带子颜色主要采用深绿、草绿、橘红、深黄，其次为白色等。缝线颜色必须与带子颜色一致。

（5）安全绳直径不小于13mm，吊绳、围杆绳直径不小于16mm，电焊工用悬挂绳必须全部加套，其他悬挂绳只是部分加套，吊绳不加套。绳头要编成3～4道加捻压股插花，股绳不准有松紧。

（6）金属钩必须有保险装置，铁路专用钩例外。自锁钩的卡齿用在钢丝绳上时，硬度为洛氏HRC60。金属钩舌弹簧有效复原次数不少于20000次。钩体和钩舌的咬口必须平整，不得偏斜。

（7）金属配件圆环、半圆环、三角环、8字环、品字环、三道联，不许焊接，边缘应成圆弧形。

8.1.5 任务实施

8.1.5.1 安全带穿戴准备

（1）准备安全带一套并认真阅读使用说明。
（2）认真检查安全带的制造标准、使用年限及产品编号是否符合安全要求。
（3）检查安全带没有出现断裂或损坏，D形环没有变形。
（4）保证安全带的组合与作用的匹配，扣环工作正常。
（5）保证金属部件状况良好，缝合牢靠。

8.1.5.2 使用安全带

如图8-1-1所示，按以下方式使用安全带：

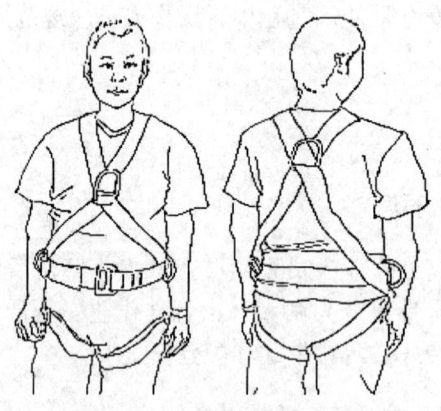

图8-1-1 安全带使用示意图

（1）抓住后部的D形环，拿起安全带。
（2）把安全带套在头上，就好像穿T恤衫一样。
（3）把腿带套在腿上，确保腿带没有交叉。
（4）拉紧或松开吊带末端，以调整腿带。
（5）调整安全带后，检查确定吊带没有扭曲或交叉，而且后部D形环位于肩胛骨处。

(6) 确保缓冲系绳上无打结。

(7) 高处作业时同时使用两条安全绳，严禁单挂。

8.1.6 归纳总结

(1) 必须重视安全带的作用。无数事例证明，安全带是"救命带"。

(2) 所有的安全带都必须按制造商的说明正确佩戴及使用。

(3) 安全带及悬挂绳要远离火花、热源或热的物体。

(4) 安全带不得接触酸、碱，以免受其侵蚀，降低安全性能。

(5) 严格禁止将两条安全带的悬挂绳扣在一起。

(6) 安全带上的各种部件不得任意拆卸，以免降低其安全系数。

(7) 高挂低用。将安全带挂在高处，人在下面工作就叫高挂低用。它可以使坠落发生时的实际冲击距离减小。与之相反的是低挂高用。因为当坠落发生时，实际冲击的距离会加大，人和绳都要受到较大的冲击负荷。所以安全带必须高挂低用，杜绝低挂高用。

8.1.7 拓展链接

安全带储存时，不得受到挤压，以免受到损坏或变形，影响其安全性能。使用完后，将安全带上的汗、油污及灰尘用干布擦拭干净，对安全带上的金属部分，特别是活动部分要加以润滑防锈。不可接触高温、明火、强酸、强碱或尖锐物体，不要存放在潮湿的仓库中保管。安全带使用两年后，按批量购入情况，抽验一次。围杆带做静负荷试验，以 2206N 拉力拉伸 5mm，如无破断方可继续使用。悬挂安全带冲击试验时，以 80kg 质量做自由坠落试验，若不破断，该批安全带可继续使用。对抽试过的样带，必须更换安全绳后才能继续使用。使用频繁的绳，要经常进行外观检查，发现异常时，应立即更换新绳。带子使用期为 3~5 年，发现异常应提前报废。

8.1.8 思考练习

安全带的用途是什么？

8.1.9 考核

8.1.9.1 考核规定

(1) 如违章操作，将停止考核。

(2) 考核采用百分制，考核权重：知识点 30%，技能点 70%。

(3) 考核方式：本项目为实际操作考题，考核过程按评分标准及操作过程进行评分。

(4) 考核说明：本项目主要考核员工对安全带使用的熟练程度。

8.1.9.2 考核时间

(1) 准备工作：3min（不计入考核时间）。

(2) 正式操作时间：10min。

(3) 在规定时间内完成，到时停止操作。

8.1.9.3 考核记录表

正确使用安全带考核记录表见表 8-1-1。

表 8-1-1 正确使用安全带考核记录表

序号	考核内容	评 分 要 素	配分	评 分 标 准	备注
1	安全带穿戴准备	劳保着装整齐；准备安全带一套并认真阅读使用说明；认真检查安全带的制造标准、使用年限及产品编号是否符合安全要求；检查安全带没有出现断裂或损坏，D形环没有变形；保证安全带的组合与作用的匹配，扣环工作正常；保证金属部件状况良好，缝合牢靠	40	未正确穿戴劳保用品不得进行操作；未阅读使用说明扣8分；未检查安全带扣16分；扣环未扣到位扣8分；金属部件及缝合处有问题扣8分	
2	使用安全带	抓住后部的D形环，拿起安全带，把安全带套在头上，就好像穿T恤衫一样；把腿带套在腿上，确保腿带没有交叉；拉紧或松开吊带末端，以调整腿带；调整安全带后，检查确定吊带没有扭曲或交叉，而且后部D形环位于肩胛骨处；确保缓冲系绳上无打结	60	穿戴方法不对停止考核；腿带未系牢扣20分；扣环有交叉扣20分；绳带有打结扭曲或交叉扣20分	
3	考核时限	10min，到时停止操作考核			
4		合计100分			

任务 2　硫化氢检测仪

硫化氢是容易致人死亡，毒性仅次于氰化物的剧毒气体，而硫化氢检测仪是检测空气中是否含有硫化氢及所含硫化氢浓度的仪器，因此正确使用硫化氢检测仪是修井作业现场安全防护中一项非常重要的任务。只有准确检测出空气中是否含有硫化氢气体及所含硫化氢气体浓度的大小，才能掌握施工现场周围的空气是否在安全范围内，确保安全施工。

8.2.1　学习目标

通过本任务学习，使操作人员了解硫化氢气体的性质和危害；能够开启和关闭硫化氢检测仪，能够使用硫化氢检测仪检测气体，并准确读数，做好记录；使操作人员使用硫化氢检测仪检测气体过程中能熟练、规范、安全操作。

8.2.2　学习任务

本学习任务包括操作准备、使用硫化氢检测仪。

8.2.3　任务分析

本任务学习应准备硫化氢检测仪、笔和硫化氢检测记录本。操作员工应掌握开启和关闭硫化氢检测仪的操作方法；掌握正确检测硫化氢气体的操作方法；能够准确读取数据并做好记录；能够识别安全风险，并有效预防，避免意外伤害事故。

8.2.4　背景知识

8.2.4.1　硫化氢气体性质及危害

（1）无色、有臭鸡蛋气味；在 $0.3\sim4.6\text{mL}/\text{m}^3$ 的低浓度时，可闻到臭鸡蛋味；当浓度高于 $4.6\text{mL}/\text{m}^3$ 时，人的嗅觉迅速钝化而感觉不出它的存在，因此气味不能用作警示措施。

（2）剧毒，硫化氢的毒性较一氧化碳高 5~6 倍，比氰化氢的毒性稍低，致死浓度为 $500\text{mL}/\text{m}^3$。

（3）在 15℃、1 个标准大气压下相对密度为 1.189，比空气略重，极易在通风条件差的环境或低洼处聚集，不易飘散。

（4）可燃，燃点为 260℃，燃烧时呈蓝色火焰，产生有毒的二氧化硫，危害人的眼睛和肺部。

(5) 具有爆炸性,其与空气混合浓度达 4.3%～46%(体积分数)时将形成易爆的混合气体,遇火可引起强烈爆炸。

(6) 易溶于水、油、乙醇,在 20℃、1 个标准大气压下,1 体积的水可溶解 2.6 体积的硫化氢。发生硫化氢泄漏时,可用凉水喷洒泄漏区域。

(7) 含硫化氢的水溶液呈酸性,能与多种金属反应,会严重腐蚀金属,以至造成容器、管道的泄漏。

(8) 由硫化氢引起的火灾,所用灭火剂有二氧化碳、干粉、泡沫和水喷雾。

8.2.4.2 硫化氢检测仪

(1) 硫化氢检测仪是用来准确检测空气中是否含有硫化氢和所含硫化氢浓度的仪器。

(2) 硫化氢检测仪由报警灯、显示屏、气体种类、蜂鸣器、开/关键、传感器、腰带夹、上键和下键组成,如图 8-2-1 所示。

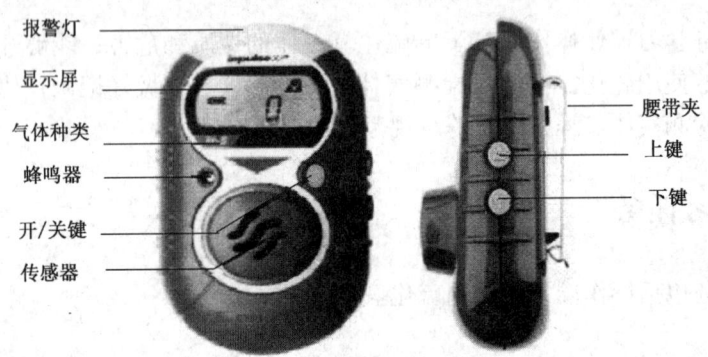

图 8-2-1 硫化氢检测仪

8.2.5 任务实施

8.2.5.1 操作准备

(1) 根据施工设计查看本井硫化氢历史记录。

(2) 工具、用具准备,见表 8-2-1。

表 8-2-1 工具、用具准备

序号	名称	规格	数量	序号	名称	规格	数量
1	便携式硫化氢检测仪		1 台	3	笔		1 只
2	硫化氢记录本	1.8m	1 个				

8.2.5.2 使用硫化氢检测仪

1. 开启硫化氢检测仪

操作人员取出存放在指定位置、检测合格的硫化氢检测仪,手指摁在开/关键上直到显示屏开启并显示数字。待显示数字消失后表示检测仪正式启动,将摁在开/关键上的手指松开,并将仪器带到井口。

2. 检测硫化氢气体

操作人员戴好正压差呼吸器后,站在上风口处,将硫化氢检测仪上的传感器对准井口,进行气体检测,检测时要注意声光报警。

3. 读数

准确读出显示屏上的数字,并将数值填写在硫化氢气体检测记录本上,做好记录。

4. 关闭硫化氢检测仪

操作员工手指摁住检测仪上的开/关键,直到检测仪显示屏上显示数字。数字消失后将摁在开/关键上的手指松开,关闭检测仪,并将仪器放回指定位置。

8.2.6 归纳总结

(1) 硫化氢检测仪为精密仪器,不能随意拆动,以免破坏防爆结构。
(2) 使用仪器检测时操作员工应站在上风口处。
(3) 记录数据应在数据显示稳定后准确记录。
(4) 仪器长时间不用应定期对仪器进行充电处理,一般每月一次。
(5) 仪器需定期进行校正检测,一般为一年一次。

8.2.7 拓展链接

随着科技的发展,科技工作者已发明出四合一气体检测仪。这种仪器可同时检测以下四种气体:可燃气体、一氧化碳、氧气和硫化氢,具有更方便、更多用的特点,外观如图8-2-2所示。

8.2.8 思考练习

(1) 简述硫化氢气体的性质及危害?
(2) 简述硫化氢检测仪使用时的技术要求及注意事项?

8.2.9 考核

8.2.9.1 考核规定

(1) 如违章操作,将停止考核。
(2) 考核采用百分制,考核权重:知识点30%,技能点70%。
(3) 考核方式:本项目为实际操作考题,考核过程按评分标准及操作过程进行评分。

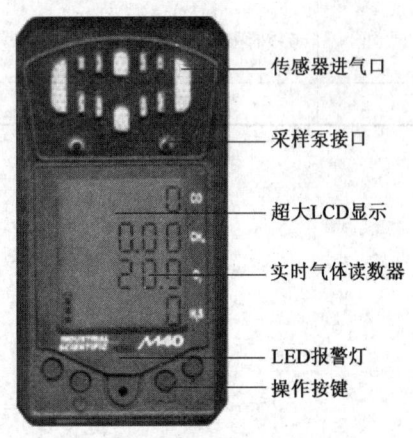

图8-2-2 四合一气体检测仪

(4) 考核说明：本项目主要考核员工操作硫化氢检测仪检测气体的熟练程度。

8.2.9.2 考核时间

(1) 准备工作：2min（不计入考核时间）。

(2) 正式操作时间：20min。

(3) 在规定时间内完成，到时停止操作。

8.2.9.3 考核记录

使用硫化氢检测仪考核记录表见表8-2-2。

表8-2-2 使用硫化氢检测仪考核记录表

序号	考核内容	评分要素	配分	评分标准	备注
1	准备工作	劳保着装整齐；选择工具、用具：硫化氢检测仪、笔、硫化氢检测记录本	5	未正确穿戴劳保用品不得进行操作；少选一件工具扣2分，扣完为止	
2	正确使用硫化氢检测仪	检查检测仪是否在有效检测期内，手揿开/关键至显示屏上数字消失	15	不会操作本题不得分；未验证是否在检测期内扣10分	
		操作人员站在上风口处，将仪器传感器对准井口	15	人员未站在上风口处扣10分；传感器未对准井口扣10分	
		检测气体，并时刻观察显示屏上数字的显示情况，直到数字显示稳定后停止检测	20	未时刻观察显示屏上数字扣10分；数字未稳定就停止检测扣10分	
		准确读数并做好记录	20	读数不准确扣10分；未作记录扣10分	
		手指揿住开/关键至显示屏上数字消失	20	不会操作或操作错误扣20分	
3	考核时限	20min，到时停止操作考核			
4		合计100分			

任务 3 正压式空气呼吸器

正压式空气呼气器采用气瓶自带压缩空气为气源，呼吸气流的流通方式是自给开放式。当使用者佩戴上呼气器吸气时，新鲜空气由气瓶，经气瓶阀、减压器、中压导管、供气阀、面罩，被吸入到人肺中，呼气时，呼出气体通过面罩上的呼气阀排到外界环境大气中，以此呼吸循环，直至工作结束。在呼吸过程中，吸入的气体由供气阀控制，供气阀工作时靠腔室内的倾斜隔膜和偏弹簧实现系统的气压平衡，供气阀输出的气体量始终大于或等于被吸入的气体量，保证了面罩内的气压始终不小于外界环境的大气压力。正压式空气呼吸器可让使用者能够安全、正常地呼吸，为消防队员、抢险救灾人员、厂矿作业人员在浓烟、毒气、有毒粉尘、蒸气、缺氧等各种恶劣环境中提供洁净的空气。

8.3.1 学习目标

通过本任务学习，使操作人员了解正压式空气呼吸器的工作原理及用途，能够熟练掌握检查正压式空气呼吸器面罩、气瓶、连接管及其附件的方法；能够熟练快速佩戴使用正压式空气呼吸器进行工作和救护；使操作人员在使用正压式空气呼吸器施工过程中能够熟练、规范、安全操作。

8.3.2 学习任务

本学习任务包括准备工作、正压式空气呼吸器穿戴前的检查操作、穿戴操作、拆卸操作。

8.3.3 任务分析

本任务学习应准备正压式空气呼吸器一台。操作者应了解正压式空气呼吸器的规格型号及原理，掌握正压式空气呼吸器的检查方法、佩戴方法；掌握正压式空气呼吸器使用的基本知识；熟练掌握正压式空气呼吸器的使用性能；在整个操作过程中，操作人员应熟练掌握使用正压式空气呼吸器施工操作的程序；能够识别安全风险，并有效预防，避免意外伤害事故。

8.3.4 背景知识

8.3.4.1 正压式空气呼吸器各部件组成

正压式空气呼吸器各部件名称见图 8-3-1。

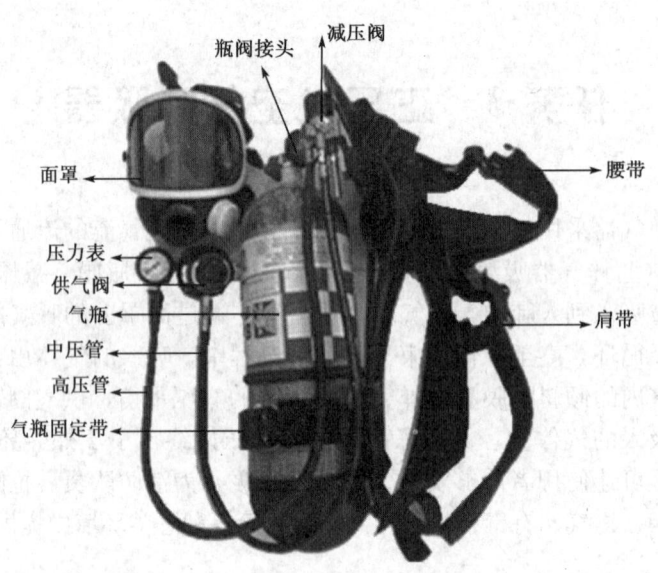

图 8-3-1 正压式空气呼吸器各部件名称

1. 气瓶

（1）气瓶是储存供人体呼吸用压缩空气的高压容器，其内部为铝合金内胆，内胆外部缠绕一层碳纤维保护层。

（2）空气呼吸器使用时，为保证供气充足，最好将气瓶阀开启到最大位置。

2. 减压阀

减压阀可把高压气体从高压减至 0.4~0.9MPa，在减压阀上装有安全阀、高压导管和中压导管。减压阀的输入端和气瓶的气瓶阀相连接。

3. 中压导管

由两端带接头的耐压橡胶软管组成，它一端接在减压阀上，另一端和供气阀相连接，构成输送压缩气体的通道。

4. 面罩

面罩是密合型单眼窗、大视野、双层环状片密封的正压型面罩。面罩内有与口、鼻相贴合的口鼻罩，减少了面罩的实际有害空间，口鼻罩上设有吸气阀，由供气阀来的新鲜空气经此被佩戴者吸入。口鼻罩和正压型呼气阀相连接，呼出的气体经此阀排入大气中。面罩上装有传音膜，以便在使用过程中相互通话。在使用中，由于口鼻罩的作用，呼出气体从面罩排出，所以面罩的镜片始终保持清晰、明亮、不上雾气。

5. 供气阀

供气阀最大输出流量为 300L/min，因此吸气时非常舒适。供气阀设有自动开启开关，当打开储气瓶开关时，压缩空气经减压器、中压导管进入供气阀，此时自动开启开关置于关闭位置，供气阀无空气输出；当佩戴者着装完毕后，深吸一口气，自动开关开启，供气阀有空气输出。在使用时，无论是吸气和呼气，供气阀保证面罩内的压力始终高于大气压力，环境中的有毒有害气体都不能进入面罩内，保证了使用的安全性。

6. 背板和背带

气瓶、减压阀都固定在背板上，肩带和腰带可根据人体身高进行快速调整，保证着装舒适。

7. 压力表

压力表盘采用荧光材料，可在暗光中使用，有防水、防雾、夜光、防尘特点，镜面采用抗冲击材料制作，并设有橡胶护套。

8. 余气报警器

余气报警器通过高压导管和减压阀高压腔相连接，当气瓶内压力降至 4~6MPa 时，余气报警器发出警报声响，报警后可继续使用 5~8min。佩戴者在听到警报后应及时撤离作业现场，更换气瓶后可继续工作。

8.3.4.2 正压式空气呼吸器背气瓶方法

1. 高举法

气瓶平放，气瓶阀向外，两手平行抓住背板两侧把手，轻快地从头顶越过，停在后背上面，伸出一只手穿进肩带，然后抓住背板原来位置，再伸出另一只手穿进另一条肩带，然后两只手分别抓住肩带，双手扣住身体两侧肩带 D 形环，身体前倾，向后下方拉紧，直到肩带及背板与身体充分贴合，扣紧腰带、拉紧，如图 8-3-2 所示。

2. 穿衣式背法

气瓶平放，瓶底向外，两手交叉抓住两条肩带，从后背背到身上，背板落在人体背部（气瓶开关在下方），双手扣住身体两侧肩带 D 形环，身体前倾，向后下方拉紧，直到肩带及背板与身体充分贴合，扣紧腰带、拉紧，如图 8-3-3 所示。

图 8-3-2 高举法背气瓶方法

图 8-3-3 穿衣式背法背气瓶方法

3. 固定式背法

气瓶固定在呼吸器架上，使用者直接靠在背板上，两手伸进肩带，背板落在人体背部（气瓶开关在下方），双手扣住身体两侧肩带 D 形环，身体前倾，向后下方拉紧，直到肩带及背板与身体充分贴合；扣紧腰带、拉紧。

8.3.5 任务实施

8.3.5.1 准备工作

工具、用具准备，如表8-3-1所示。

表8-3-1 工具、用具准备

序号	名称	规格	数量	序号	名称	规格	数量
1	正压式空气呼吸器		1套	3	消毒湿巾		适量
2	计时器		1个				

8.3.5.2 检查

1. 检查面罩

如图8-3-4所示，按以下方式检查面罩：

(1) 穿戴前检查看面罩玻璃是否清晰完好，无划痕、无裂痕、无模糊不清。

(2) 检查系带是否完好，不缺、不断，系带卡子灵活好用。

(3) 检查口鼻罩、传音膜是否完好，呼吸道是否畅通；戴好面罩，用手掌捂住供气口吸气，看是否密封不透气，无"咝咝"的响声。

2. 检查肩带、腰带

如图8-3-5所示，检查肩带、腰带：

(1) 腰带组、卡扣必须完好无损，与背板连接必须牢固。

(2) 检查肩带调节卡扣是否好用，腰带与背板固定必须牢固。

图8-3-4 检查面罩

图8-3-5 检查肩带、腰带

3. 检查气瓶

如图8-3-6所示，检查气瓶：

(1) 检查气瓶表面是否光滑，有无裂纹，橡胶衬垫是否齐全，检验标签是否在有效期内。

(2) 检查气瓶与减压阀连接是否牢固，气瓶固定在背板上必须牢靠。

(3) 各压力表、管线连接紧固，不松动不漏气，打开和关闭气瓶阀，在1min内压力不允许下降。

4. 检查压力表及压力

如图8-3-7所示,检查压力表外观是否完好,打开气瓶阀,工作压力为30MPa,最小应为28MPa。

图8-3-6 检查气瓶

图8-3-7 检查压力

5. 检查供气阀

如图8-3-8所示,检查供气阀外观是否完好,关闭气瓶阀,按一下放气阀,观察工作是否正常。

6. 报警装置检查

缓慢按住放气阀,观察压力表压力,当压力下降至5MPa或到红线区域时,报警哨报警,说明报警装置工作正常。

8.3.5.3 穿戴正压式空气呼吸器

(1) 把气瓶平放,瓶底向外,两手交叉抓住两条肩带,从后背背到身上,背板落在人体背部(气瓶开关在下方),双手扣住身体两侧肩带D形环,身体前倾,向后下方拉紧,直到肩带及背板与身体充分贴合,扣紧腰带、拉紧。

图8-3-8 检查供气阀

(2) 拿起面罩,一只手托住面罩,将面罩和口鼻罩与脸部完全贴合(头发不能夹在脸部和面罩之间),另一只手将头带后拉,罩住头部,收紧头带。面部应感觉舒适,无明显的压迫感及头痛。用左手堵住供气口测试面罩气密性,戴好安全帽并系好安全帽系带。

(3) 右手快速打开气瓶阀两圈以上,左手拿起供气阀,将供气阀推进面罩供气口,听到"咔嗒"的声音,同时快速接口的两侧按钮同时复位,则表示已正确连接。呼吸器正常工作,穿戴完成,如图8-3-9所示。在使用期间,应注意观看压力表,气瓶压力在5.5MPa±0.5MPa时,报警哨开始鸣叫,此时人员应尽快撤离危险区域。

8.3.5.4 拆卸操作

(1) 佩戴人员到达安全区域后,按住供气阀上的两个黄色按钮,拔下供气阀。

(2) 将面罩系带卡子松开,摘下面罩;关闭气瓶阀。

(3) 先松腰带，再松肩带，从身上卸下呼吸器。

(4) 按下快速接头上的黄色按钮，排空管路空气，压力表指针回零。

8.3.6 归纳总结

8.3.6.1 正压式空气呼吸器使用注意事项

(1) 由于必须摘掉眼镜才能佩戴面罩，高度近视者如果不能看清周围景物，不能使用呼吸器，以免发生意外。

(2) 使用前仔细检查正压式空气呼吸器各部件完好，连接牢固。

(3) 确认气瓶压力达到安全使用要求。

(4) 正压式空气呼吸器使用期间，应注意观看压力表，气瓶压力在 $5.5MPa\pm0.5MPa$ 时，报警哨开始鸣叫，此时人员应尽快撤离危险区域。

图 8-3-9 穿戴完成示意图

(5) 蓄有虬髯胡须、面部有很深疤痕的人不得使用正压式空气呼吸器。

(6) 切勿使头发卡在面罩和脸部之间，以免影响密封性。

(7) 在使用过程中如发现面罩或与之相连的呼吸保护装置的性能有问题，应立即离开工作区域，在离开时，切勿将面罩褪下。

(8) 在紧急情况下（如有人员受伤、呼吸困难或佩戴者需要额外空气补给时），按下供气阀上的额外空气补给按钮，空气流量将会增大。

(9) 应急处置：操作时发生人身意外伤害，立即停止操作；脱离危险源后立即进行救治，如果伤情较重，立即拨打"120"急救电话送医院救治并汇报。

8.3.6.2 正压式空气呼吸器的维护与保养

(1) 呼吸器使用结束后，应仔细清洗被污染的零部件并消毒。

(2) 用海绵蘸消毒剂擦洗面罩，消毒后，用流动干净水清洗面罩。

(3) 把面罩进行彻底地自然干燥，干燥时应远离热源避免阳光直射。

(4) 储气瓶的保养人员和操作人员应严格按照国家高压容器的使用规定进行管理和使用，要按照气瓶上规定标记的日期，定期进行检验。

(5) 充满气体的储气瓶禁止在阳光下暴晒，不得碰撞和划伤表面。

(6) 气瓶不能全部放空，最低要保留 0.5MPa 的压力，否则外界潮湿水蒸气进入气瓶，形成露珠，可能堵塞高压管或压力表，造成读数不准或影响供气。如果已经放空，重新打气前必须对气瓶进行干燥处理。干燥处理有烘干气瓶和向气瓶内吹热空气两种方式，这两种方式的温度都不能超过 90℃，以免损坏气瓶。

(7) 从面罩卸下的供气阀不允许自行卸装；不能把供气给阀浸在水中，可用海绵或软布将供气阀外表明显污垢去除干净。

(8) 报警器已按规定进行调试，不需要自行重新调节，否则会改变报警时间。

(9) 减压器上装有中压安全阀,当中压安全阀开启时,证明减压器已超过规定压力,减压器阀门泄漏,应立即修理。

(10) 空气呼吸器及零件应避免日光直接照射,以免橡胶件老化。

(11) 呼吸器与人体呼吸器官直接接触,因此要求保护清洁,放置在清洁的地方,以免损害身体健康。

(12) 空气呼吸器严禁沾污油脂。

(13) 保管室内的温度在+5~30℃之间,相对湿度40%~80%,呼吸器距离取暖设备不小于1.5m,空气中不应含有腐蚀性的酸碱性气体或烟雾。

8.3.7 拓展链接

常见故障及排除措施见表8-3-2。

表8-3-2 常见故障及排除措施

故障	可能原因	排除措施
高压连接渗漏	(1) 连接不严密; (2) 密封环损坏	(1) 重新紧固; (2) 更换密封件
在4~6MPa时无报警哨音	(1) 余气报警哨位置变化; (2) 报警哨脏	(1) 重调节报警哨位置; (2) 清洗后重新调节
安全阀排气	(1) 高压密封损坏 (2) 减压器阀门漏气	更换新件

8.3.8 思考练习

简述穿戴正压式空气呼吸器的注意事项。

8.3.9 考核

8.3.9.1 考核规定

(1) 如违章操作,将停止考核。
(2) 考核采用百分制,考核权重:知识点30%,技能点70%。
(3) 考核方式:本项目为实际操作考题,考核过程按评分标准及操作过程进行评分。
(4) 考核说明:本项目主要考核考生对穿戴正压式空气呼吸器掌握的熟练程度。

8.3.9.2 考核时间

(1) 准备工作:1min(不计入考核时间)。
(2) 正式操作时间:3min。
(3) 在规定时间内完成,到时停止操作。

8.3.9.3 考核表

正确使用正压式空气呼吸器考核记录表见表8-3-3。

表8-3-3 正确使用正压式空气呼吸器考核记录表

序号	考核内容	评分要素	配分	评分标准	备注
1	准备工作	劳保着装整齐；选择工具、用具：正压式空气呼吸器，消毒湿巾，计时器	5	未正确穿戴劳保用品不得进行操作；未准备工具、用具扣5分；少准备一件扣3分	
2	使用前检查	检查面罩、肩带和腰带、气瓶、压力表、供气阀、报警装置配件灵活好用；检查各部位连接紧固无渗漏；检查气瓶压力合格	15	面罩、肩带和腰带、气瓶、压力表、供气阀、报警装置少检查一项扣5分；未检查气瓶压力扣5分；未检查肩带、背带等扣5分	
3	佩戴使用正压式空气呼吸器	把气瓶平放，瓶底向外，两手交叉抓住两条肩带，从后背背到身上，背托落在人体背部（气瓶开关在下方），双手扣住身体两侧肩带D形环，身体前倾，向后下方拉紧，直到肩带及背架与身体充分贴合，扣紧腰带、拉紧	10	肩带调整不合适扣5分；腰带调整不合适扣5分	
		拿起面罩，一只手托住面罩，将面罩和口鼻罩与脸部完全贴合（头发不能夹在脸部和面罩之间），另一只手将头带后拉，罩住头部，收紧头带；用左手堵住供气口测试面罩气密性，戴好安帽并系好安全帽系带	10	面罩的系带未系紧扣5分；未测试面罩的气密性扣5分	
		右手快速打开气瓶阀两圈以上，左手拿起供气阀，将供气阀推进面罩供气口，听到"咔嗒"的声音，同时快速接口的两侧按钮同时复位，则表示已正确连接；呼吸器正常工作期间应注意观看压力表，气瓶压力在5.5MPa±0.5MPa时，报警哨开始鸣叫，此时人员应尽快撤离危险区域	20	气瓶阀未开2圈扣5分；面罩漏气扣10分；未观察压力扣5分	
4	考核时限	按操作程序在40s内完成佩戴得40分，每超过1s扣1分，每提前1s加1分，违章操作或超过60s整个项目不得分			
5		合计100分			

任务 4　劳动保护用品

劳动保护用品是保护劳动者在生产过程中的人身安全与健康所必备的一种防御性装备，对于减少职业危害起着相当重要的作用。

8.4.1　学习目标

通过本任务学习，使劳动者能够正确使用劳动防护用品，在生产施工时使操作人员能够得到有效的安全防护，切实做到安全生产。

8.4.2　学习任务

本学习任务包括准备工作、正确使用安全帽、正确使用防护手套、正确使用工服、正确使用工鞋。

8.4.3　任务分析

本任务学习应准备安全帽1个、手套1副、工服1套、工鞋1双，保证完好、齐全。了解使用工服、工鞋、安全帽、手套的注意事项，掌握其穿戴方法。在整个操作过程中，操作人员应熟练掌握劳动保护用品的正确穿戴。通过正确使用劳动保护用品消除或减轻职业病危害，保护自身健康。

8.4.4　背景知识

8.4.4.1　劳动保护用品的种类

劳动防护用品是劳动者在生产过程中为免遭或减轻事故伤害和职业危害，个人随身穿（佩）戴的用品。国际上称为 PPE（Personal Protective Equipment），即个人防护器具。从劳动卫生学角度，PPE 按照防护部位不同，分类如下：
(1) 头部防护，如安全帽等。
(2) 眼面部防护，如护目镜等。
(3) 听力防护，如耳塞等。
(4) 呼吸防护，如口罩、防毒面罩等。
(5) 手部防护，如防酸碱手套等。
(6) 足部防护，如防砸安全鞋等。
(7) 躯体防护，如各种防护服等。

(8) 坠落防护，如安全带等。
(9) 皮肤防护，如皮肤防护膜等。

8.4.4.2 安全帽

1. 安全帽结构

安全帽主要由帽壳、帽箍、顶带、后箍、下颚带、吸汗带、缓冲垫等部件组成。

2. 安全帽的选择

(1) 检查"三证"。即生产许可证、产品合格证、安全鉴定证。凡是在我国国内生产销售的安全帽，按规定应具备以上证书。

(2) 检查标识。检查永久性标识和产品说明是否齐全、准确。安全帽属于国家劳动防护产品，应该具有"安全防护"的盾牌标识。

(3) 检查产品质量。合格的产品做工较细，不会有毛边，质地均匀。用手称一下重量，目测一下水平距离、垂直距离、佩戴高度等指标。

(4) 对于材料的环保性能，难以通过肉眼识别。不过，若安全帽产品散发出明显的某种气味，那么该产品的材料很可能是不合格的。

(5) 检查产品工效学性能。好的产品会在产品工效学上下很大工夫，用厚不锈钢板冲压成型的帽子其抗冲击性能一般不会有问题，但却不适合人佩戴。对使用者而言，在选择安全帽前，可先试用一下，要感觉戴着舒适。

8.4.4.3 防护手套

防护手套（图8-4-1）包括各种橡胶手套、棉纱手套、浸塑手套、牛皮手套、耐高温手套、焊工手套、防割手套、电工绝缘手套、消防手套等。是用于防御劳动中物理、化学和生物等外界因素伤害劳动者手部的护品。

图8-4-1 防护手套

8.4.4.4 工服

抗油拒水防护服分为抗油拒水罩衣工服、抗油拒水单工服。工服的颜色与材料无直接关系。井下作业工对工服的要求是防静电，以保证安全。目前各石油单位对工服要求较高，采用棉花制成，并经过防静电处理。一般来说，这种工服安全系数较高，不会产生静电而引起安全事故。

8.4.4.5 工鞋

1. 品种

防水耐油安全工作鞋（靴）分为以下两个品种：
(1) 冬季防水耐油安全工作鞋（靴）(有毛皮里、毡里两式)。
(2) 夏季防水耐油安全工作鞋（靴）。

2. 要求

工鞋有靴式、系带式两种样式，如图8-4-2所示。

图 8-4-2 防水耐油安全工鞋（靴）样式

成鞋结构如图 8-4-3 所示。

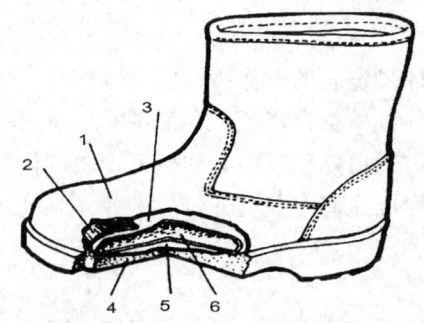

图 8-4-3 夏季防水耐油安全工作鞋（靴）结构示意图
1—帮面；2—钢包头；3—帮里；4—微孔聚氨酯底；5—中底防刺层；6—蹭底

8.4.5 任务实施

8.4.5.1 准备工作

准备安全帽 1 个、手套 1 副、工服 1 套、工鞋 1 双，保证完好、齐全。

8.4.5.2 正确使用安全帽

（1）首先调整安全帽使其与自身头型相适应。

（2）佩戴安全帽前，仔细检查合格证、使用说明、使用期限，并调整帽衬尺寸。

（3）帽衬顶端与帽壳内顶之间必须保持 20～50mm 的空间。有了这个空间，才能形成一个能量吸收系统，使遭受的冲击力分布在头盖骨的整个面积上，减轻对头部的伤害。

（4）戴正安全帽，如果戴歪了，一旦头部受到物体打击，就不能减轻对头部的伤害。

（5）系好下颌带。如果没有系好下颌带，一旦发生坠落或物体打击，安全帽就会离开头部，这样起不到保护作用，或达不到最佳效果。

（6）安全帽在使用过程中会逐渐损坏，要经常进行外观检查。如果发现帽壳与帽衬有异常损伤、裂痕等现象，或水平垂直间距达不到标准要求，就不能再使用，而应当更换新的安全帽。

（7）佩戴一定要戴正、戴牢，不能晃动，调节好后箍，以防安全帽脱落。不要随意对安全帽进行拆卸或添加附件，以免影响其原有的防护性能。

8.4.5.3　正确使用防护手套

（1）选择适当尺码的手套。
（2）使用之前检查手套是否有损坏。
（3）处理有害物质或操作危险工序前戴上防护手套。
（4）除下已污染的手套后要避免污染物外露及接触皮肤。
（5）已被污染的手套要先包好再丢弃至规定的地方。
（6）再用式防护手套使用后要彻底清洁及风干。

8.4.5.4　正确使用工服

（1）选择与自己身高体型适合的工作服。
（2）穿工作服前，要仔细检查合格证、穿戴说明、使用期限，检查有无破损。
（3）工作服穿戴完毕后领口要整齐，必须翻下，领口扣要扣紧。
（4）员工牌佩戴在工作服左侧兜盖上方。
（5）衣襟扣要扣紧。
（6）袖口扣要扣紧。
（7）裤腰用腰带扎紧，裤扣应系牢，裤腿应围死，用工鞋带扎紧。

8.4.5.5　正确使用工鞋

（1）选择与自己脚型大小适合的工鞋。
（2）穿工鞋前，要仔细检查合格证、使用说明、使用期限、使用范围。
（3）后鞋跟提上。
（4）鞋带系牢系好。

8.4.6　归纳总结

（1）了解各种安全帽的有效期限：植物枝条编织的安全帽有效期为2年，塑料安全帽的有效期限为2年半，玻璃钢（包括维纶钢）和胶质安全帽的有效期限为3年半，超过有效期的安全帽应报废。
（2）安全帽只要受过一次强力撞击，就无法再次有效吸收外力，有时尽管外表上看不到任何损伤，但是内部已经遭到损伤，不能继续使用。
（3）不能随意对工作服进行拆卸或添加附件，以免影响其原有的防护性能。
（4）工作服如果较长时间不用，则需清洗干净存放在干燥通风的地方，以免生菌腐蚀。
（5）不得擅自修改工鞋的构造。
（6）正确穿着，不要拖穿。

(7) 注意个人卫生，使用者应维持脚部及鞋履清洁干爽。

(8) 定期清理工鞋，但不应采用溶剂作清洁剂。此外，鞋底亦须经常清扫，避免积聚污垢物，因鞋底的导电性或防静电效能会受粘附污垢物多少和摺曲情况而影响。

(9) 工鞋应在阴凉、干爽和通风处存放。

8.4.7 拓展链接

劳保型防噪耳塞（图8-4-4所示）一般是由硅胶或低压泡模材质、高弹性聚酯材料制成。插入耳道后与外耳道紧密接触，以隔绝声音进入中耳和内耳（耳鼓），达到隔音的目的，从而保护工人听力。劳保型防噪耳塞能防止机器发出的声音导致的耳膜不适，抗噪性能好，但比较硬，戴起来有明显的胀痛感，不适合睡眠使用。一般劳保型的耳塞均带绳子，方便随时摘除。

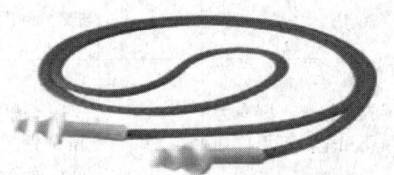

图8-4-4 劳保型防噪耳塞

8.4.8 思考练习

如何正确使用安全帽？

8.4.9 考核

8.4.9.1 考核规定

(1) 如违章操作，将停止考核。

(2) 考核采用百分制，考核权重：知识点30%，技能点70%。

(3) 考核方式：本项目为实际操作考题，考核过程按评分标准及操作过程进行评分。

(4) 考核说明：本项目主要考核员工是否会正确使用劳动保护用品。

8.4.9.2 考核时间

(1) 准备工作：5min（不计入考核时间）。

(2) 正式操作时间：20min。

(3) 在规定时间内完成，到时停止操作。

8.4.9.3 考核记录表

正确使用劳动保护用品考核记录表见表8-4-1。

表 8-4-1　正确使用劳动保护用品考核记录表

序号	考核内容	评 分 要 素	配分	评 分 标 准	备注
1	准备工作	准备安全帽1个；手套1副；工服1套；工鞋1双；保证完好、齐全	10	未准备安全帽扣2分；未准备手套扣2分；未准备工服扣2分；未准备工鞋扣2分；准备用品不完好扣2分	
2	正确使用安全帽	选择与头型相适的安全帽；检查安全帽的外观；安全帽戴正；检查安全帽是否超过使用寿命；帽带系牢固	30	安全帽不合头型扣6分；未检查外观扣6分；明显戴歪扣6分；超过使用寿命扣6分；未系牢固扣6分	
3	正确使用防护手套	选择适合手型的防护手套；检查手套干净无破损；手部皮肤无外露	20	手套不适合手型扣12分；手套不干净或有破损扣4分；手部皮肤外露扣4分	
4	正确使用工服	选择合身的工服；检查工服有无破损；衣扣扣死全；不得挽袖挽裤脚	20	工服不合身扣5分；工服有破损扣5分；衣扣未扣死全扣5分；挽袖挽裤脚扣5分	
5	正确使用工鞋	选择适合操作者脚型的工鞋；检查工鞋的外观有无破损；工鞋鞋带系牢	20	工鞋大小不适合操作者脚型扣10分；工鞋外观有破损扣5分；工鞋鞋带未系牢扣5分	
6	考核时限	20min，到时停止操作考核			
7		合计100分			

任务5 防 烫 服

防烫服常用于高温带压及有蒸汽等环境下的作业。在油田生产中，稠油蒸汽驱井，井口可能出现热水、蒸汽混合液及蒸汽等刺漏情况，或修井施工中发生井喷及井喷着火，普通工作服不具备高温防护功能，操作人员会被烫伤。这种情况下操作人员需要穿戴耐高温防烫服进行抢险工作，防止烫伤。因此防烫服是稠油驱井作业中极为重要的防护用品之一。

8.5.1 学习目标

通过本任务学习，使大家了解防烫服的用途、结构、适合使用范围，掌握正确的穿戴方法，掌握使用过程中的安全注意事项，使操作员工在穿戴防烫服作业时不会出现人身伤害。

8.5.2 学习任务

本学习任务是使用防烫服。

8.5.3 任务分析

本任务学习应准备防烫服一套。操作人员应了解、掌握防烫服的用途、适用范围，掌握穿戴方法。能够在高温条件下正确使用，掌握使用过程中的注意事项，才能避免因使用不正确造成人身伤害。

8.5.4 背景知识

常用于蒸汽环境作业中的防烫服有普通耐高温防蒸汽服和分体可背呼吸器消防隔热服两种，它们都具有隔热、防水、耐高温的特点，但普通耐高温防蒸汽服适用可自由呼吸的工作环境，而分体可背呼吸器消防隔热服配有呼吸器背囊，可以配合正压式空气呼吸器使用，适用于不能自由呼吸的工作环境。

8.5.4.1 普通耐高温防烫服

如图8-5-1所示，LC-F02型耐高温防烫服，主要用于高温带压的管路堵漏、抢修及有蒸汽环境中作业。这种耐高温防烫服是由阻燃层、防水透湿层、隔热层、舒适层组合材料制成，具有阻燃、防烫、耐高温、防蒸汽的特性，耐高温达到1000℃。

8.5.4.2 可背呼吸器防烫服

如图 8-5-2 所示，可背呼吸器防烫服，有时又称为消防防护服。主要是针对消防员或其他工作在高温场所的作业人员提供隔热保护，穿上该服装能有效地保障高温场所作业人员即使接近热源也不会被酷热、火焰、蒸汽而灼伤。这种防烫服是由阻燃纤维织物与真空镀铝膜的复合材料混合在一起而制作成的，它的特点是不含石棉、密度轻、强度高、阻燃、耐高温、抗热辐射、防水、耐磨、耐折且对人体无害等，抗热辐射热温度高达 1000℃，并能够有效防护高温水蒸气的喷溅。带呼吸器背囊，可以配合正压式空气呼吸器使用。

图 8-5-1 普通耐高温防烫服

图 8-5-2 可背呼吸器防烫服

8.5.5 任务实施

1. 准备防烫服

准备普通耐高温防烫服和分体可背呼吸器防烫服各一套。

2. 使用防烫服

(1) 任何一种防烫服首先都要检查确认是否完好，配件有无缺损。

(2) 普通耐高温防烫服的穿戴顺序是先穿隔热裤子，扣上绷带；穿隔热鞋，套上鞋套；再穿隔热上衣，系好搭扣；再戴上头罩，系好帽带和锁扣，最后戴上手套。

(3) 分体可背呼吸器防烫服的穿戴，顺序是先穿隔热裤子，扣上绷带；然后将呼吸器气瓶阀朝下方，双肩背上呼吸器，调节肩带，收紧腰带至舒适；再穿隔热上衣，将快速接头盒压力接头从上衣袋中伸出，插入接头打开气瓶开关，戴上呼吸面罩，理顺收紧带；再戴安全帽和专用帽子，系好帽带和锁扣；最后戴上专用手套，挂上安全绳索。

(4) 检查抬腿抬手没有绷挂之处即可进行抢险作业。

8.5.6 归纳总结

(1) 防烫服在使用之前必须认真检查是否完好,有无破损的地方。
(2) 在蒸汽环境中应注意防止蒸汽经降温凝结成热水流入防护手套造成烫伤。
(3) 使用普通防烫服时感觉身体过热或呼吸困难应立即撤离危险环境。
(4) 使用配有呼吸器的防烫服时听到呼吸器残气报警器报警哨声后,或感觉呼吸阻力增大、呼吸困难、出现头晕等不适现象,以及其他不明原因时马上撤离现场,并尽快撤离危险环境。
(5) 穿戴防烫服作业时,头罩视屏凝结水雾视野不清时应立即撤到安全区域处理后方可再次作业。
(6) 有些高温条件下即使穿戴防烫服也不一定就是安全的,所以还要对操作人员辅助一些安全措施,如给操作人员系上钢丝绳等撤离绳索,当操作人员突然失去自主能力时,其他人员可将其迅速拉出危险区域进行救治。
(7) 防烫服严禁在有化学和放射性伤害的场所使用。

8.5.7 思考练习

可背呼吸器防烫服的穿戴顺序是什么?

8.5.8 考核

8.5.8.1 考核规定

(1) 如违章操作,将停止考核。
(2) 考核采用百分制,考核权重:知识点 30%,技能点 70%。
(3) 考核方式:本项目为实际操作考题,考核过程按评分标准及操作过程进行评分。
(4) 考核说明:本项目主要考核操作员工是否能正确使用防烫服。

8.5.8.2 考核时间

(1) 准备工作:5min(不计入考核时间)。
(2) 正式操作时间:10min。
(3) 在规定时间内完成,到时停止操作。

8.5.8.3 考核记录表

使用防烫服考核记录表见表 8-5-1。

8-5-1 使用防烫服考核记录表

序号	考核内容	评 分 要 素	配分	评 分 标 准	备注
1	使用防烫服	检查确认防烫服是否完好，配件有无缺损	5	穿戴前不对防烫服进行检查扣5分	
		普通耐高温防烫服的穿戴顺序是先穿隔热裤子，扣上绷带；穿隔热鞋，套上鞋套；再穿隔热上衣，系好搭扣；再戴上头罩，系好帽带和锁扣，最后戴上手套	45	穿戴时操作错误或穿戴顺序错误每处扣10分，扣完为止，穿戴完成后不符合安全要求为不合格，停止考核	
		分体可背呼吸器防烫服的穿戴，顺序是先穿隔热裤子，扣上绷带；然后将呼吸器气瓶阀朝下方，双肩背上呼吸器，调节肩带，收紧腰带至舒适，再穿隔热上衣，将快速接头盒压力接头从上衣袋中伸出，插入接头打开气瓶开关，戴上呼吸面罩，理顺收紧带；再戴安全帽和专用帽子，系好帽带和锁扣；最后戴上专用手套，挂上安全绳索	45	穿戴时操作错误或穿戴顺序错误每处扣10分，扣完为止，穿戴完成后不符合安全要求为不合格，停止考核	
		检查抬腿抬手没有绷挂之处即可进行抢险作业	5	穿戴完不检查有无绷挂之处扣5分	
2	考核时限	10min，到时停止考核			
3	考核时限	合计100分			

参 考 文 献

1. 万仁溥,罗英俊.采油技术手册.第五分册.修井工具与技术.北京:石油工业出版社,1989.
2. 中国石油天然气集团公司职业技能鉴定指导中心.井下作业工教程.北京:石油工业出版社,2012.
3. 吴奇.井下作业工程师手册.北京:石油工业出版社,2002.
4. 白玉,王俊亮.井下作业实用数据手册.北京:石油工业出版社,2007.
5. 唐一心.修井工具图册.四川石油管理局钻采工艺研究所,1995.
6. 中国石油天然气集团公司职业技能鉴定指导中心.井下作业工试题库.北京:石油工业出版社,2008.